Babingtonit

Triklin

Im triklinen System sind alle drei Achsen des Achsenkreuzes verschieden lang. Die Winkel zwischen ihnen sind alle schief.

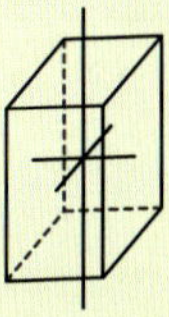

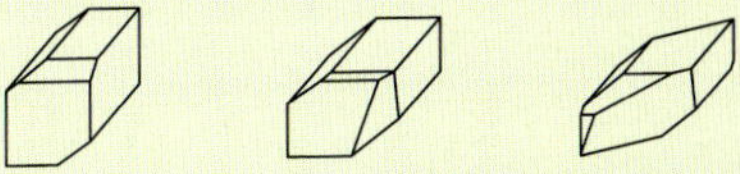

Drehachsen und Spiegelebenen

Zu welchem Kristallsystem ein bestimmter Kristall gehört, lässt sich auch durch Betrachtung seiner Symmetrieeigenschaften erkennen. Als symmetrisch bezeichnet man einen Körper, wenn man ihn durch Drehen oder Spiegeln in eine Stelllung bringen kann, die von der vorherigen nicht zu unterscheiden ist. Die Achse, um die er dabei gedreht wird, heißt Drehachse. Eine zweizählige Drehachse bedeutet, dass der Gegenstand nach zwei Drehungen um jeweils 180° wieder genau in seiner Ausgangsposition ist. Bei einer dreizähligen Drehachse sind dazu drei Drehbewegungen um je 120° notwendig, bei einer vierzähligen vier Drehungen um je 90° und so fort.

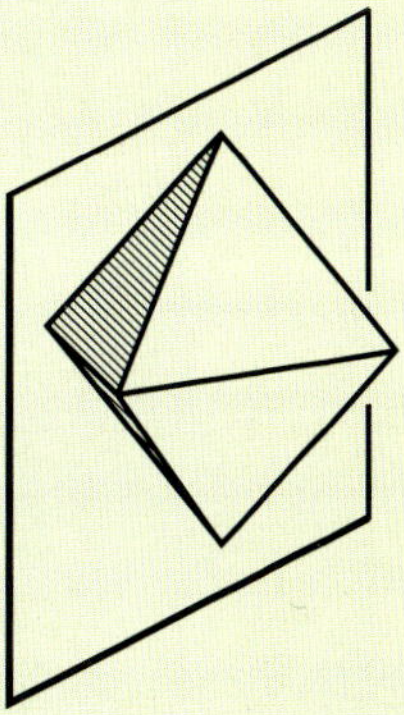

Eine Spiegelebene teilt einen Gegenstand, also auch einen Kristall, in zwei spiegelbildlich gleiche Hälften.

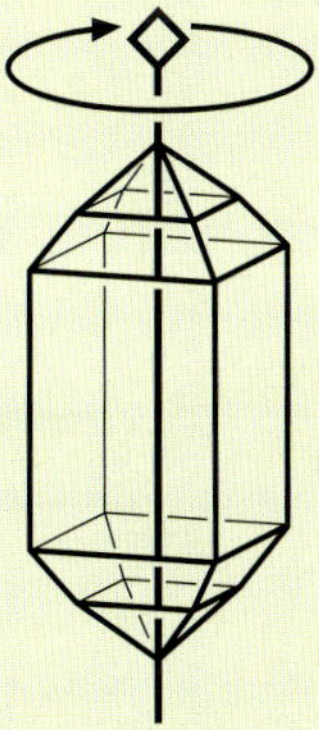

Bei einer vierzähligen Drehachse hat der Kristall nach jeder Drehung um 120° wieder das gleiche Aussehen.

Dr. Rupert Hochleitner

Der neue Kosmos-Mineralienführer

700 Mineralien, Edelsteine und Gesteine

KOSMOS

Inhalt

Artenporträts

Welcher Stein ist das?

Diese Frage stellt sich immer wieder, sei es, dass man beim Spaziergang einen Kieselstein aufhebt, im Gebirge einen Kristall findet, auf der Halde eines Erzbergwerkes golden oder silbern glänzende Brocken findet, über den Bordstein stolpert, oder ein schönes Schmuckstück betrachtet. Immer wieder möchte man wissen, welches Mineral ist das, welches Gestein habe ich vor mir, welcher Edelstein glitzert so schön bunt?

Diese Fragen soll das vorliegende Buch beantworten – als ständiger Begleiter auf Wanderungen, auf Reisen, beim Bergsteigen, beim Mineraliensammeln, in Steinbrüchen und auf Halden, auf Mineralienbörsen und auch beim Juwelier.

Dabei gibt es ein paar grundlegende Dinge zu beachten:

Mineralien sind mit einer Ausnahme, dem gediegenen Quecksilber, immer fest. Das Mineralwasser mag noch so gut schmecken, das Etikett noch so viele Mineralstoffe nachweisen, es ist flüssig und damit kein Mineral.

Alles was der Mensch hergestellt hat, vom Fensterglas bis zum Quarzkristall in der Armbanduhr und zum künstlichen Diamanten, ist kein Mineral. Ein Mineral muss immer natürlicher Entstehung sein.

Etwas anders steht es beim Begriff **Kristall**. Kristalle sind feste chemische Substanzen, deren Atome nach einem einheitlichen gesetzmäßigen Schema angeordnet sind. Diese gesetzmäßige Anordnung der Atome äußert sich in den ebenen, regelmäßigen Flächen, von denen ein Kristall begrenzt ist. Um einen Gegenstand als Kristall bezeichnen zu können, ist es im Gegensatz zum Mineral nicht notwendig, dass er natürlich entstanden ist. Kristalle werden in großen Mengen industriell hergestellt, und selbst Kinder können – z. B. mit einem Kristallzucht-Kasten – selber Kristalle wachsen lassen. So gibt es also natürlich entstandene Kristalle, die man auch als Mineral bezeichnen kann, genauso wie künstlich hergestellte, die man nicht als Mineral bezeichnen darf.

Japaner Zwilling des Quarzes von der Grube La Gardette in Frankreich

Fast alle Mineralien sind Kristalle, auch wenn man es ihnen äußerlich manchmal nicht ansieht. Solche Kristallindividuen, die ihre glatten äußeren Flächen, vielleicht durch Verwitterung oder durch einen fehlgegangenen Hammerschlag, verloren haben, besitzen immer noch ihre innere gesetzmäßige Anordnung der Atome, das Kristallgitter, man nennt sie kristallin. Es gibt nur wenige Minerale, deren Atome nicht gesetzmäßig in Form eines Kristallgitters angeordnet sind, diese nennt man amorph. Bekanntestes Beispiel ist der Opal, der im Gegensatz zum fast genauso zusammengesetzten Quarz keine Kristalle bilden kann.

Edelsteine sind Mineralien, die für Schmuckzwecke verschliffen werden. Um als Edelstein zu gelten, muss ein Mineral verschiedene Vorgaben erfüllen:
Es muss schön sein, also ästhetischen Ansprüchen genügen. Das bedeutet, dass es schön gefärbt sein sollte und im geschliffenen Zustand möglichst glänzen und glitzern sollte. Letzteres ist umso wichtiger, wenn das Mineral, wie etwa der Diamant, im Normalfall farblos ist.
Ein Edelsteinmineral sollte mindestens die Härte 7 aufweisen. Das hat einen ganz einfachen Grund: Ein großer Teil der Staubkörnchen, die durch unsere Luft fliegen und sich zwangsläufig immer wieder auf dem Edelstein ablagern, sind Quarz. Quarz hat die Härte 7, wäre das Edelsteinmineral weicher, würde es durch diese Quarzkörnchen zerkratzt und schnell matt. Ist das Edelsteinmineral dagegen härter als Quarz, bleibt es völlig unbehelligt glänzend und glitzernd – ein echter Edelstein also.

Gesteine kann man als große geologische Körper beschreiben, die aus vielen Individuen einer oder mehrerer verschiedener Mineralarten aufgebaut sind. So besteht Marmor zum Beispiel nur aus vielen Körnern des Minerals Kalkspat. Granit wird dagegen aus den drei Mineralarten Feldspat, Quarz und Glimmer aufgebaut.

Berücksichtigt man ihre Entstehung, so kann man die Gesteine in vier grundlegende Gruppen einteilen:
1) **Tiefengesteine** entstehen, wenn glutflüssiges Magma (Gesteinsschmelze) in der Tiefe erstarrt und zum festen Gestein wird, ohne vorher die Erdoberfläche zu erreichen.
2) Kommt das glutflüssige Magma aber, z. B. in einem Vulkan an die Oberfläche und erstarrt erst dann, entsteht ein **vulkanisches Gestein**.
3) Gesteine, die dadurch entstehen, dass sich kleine Teilchen, wie etwa Sandkörner, ablagern und wieder verfestigen, nennt man **Ablagerungsgesteine** oder **sedimentäre Gesteine**, kurz auch **Sedimente**.
4) Werden solche Sedimente in die Tiefe transportiert, dann wandeln sie sich bei steigender Temperatur und steigendem Druck um, ab diesem Moment nennt man die so entstehenden Gesteine **Umwandlungsgesteine** oder **metamorphe Gesteine**, kurz **Metamorphite**. Den Vorgang nennt man Metamorphose. Je nach Höhe von Druck und Temperatur spricht man von niedrig, mittel- oder hochgradiger Metamorphose. Werden Gesteine durch Kontakt zu heißem Magma umgewandelt, spricht man von Kontaktmetamorphose.
Werden Gesteine schnell in große Tiefen versetzt, wodurch der hohe Druck sofort auf sie einwirkt, und werden Sie dann schnell wieder nach oben transportiert, so dass die Temperatur nicht stark ansteigen kann, dann nennt man diese Art der Metamorphose Versenkungsmetamorphose.
Das teilweise Aufschmelzen von Gesteinen nennt man Anatexis, die dabei entstandenen Gesteine Anatexite.

Die Eigenschaften der Mineralien

Will man Mineralien bestimmen, so muss man ihre Eigenschaften bestimmen. Jede Mineralart besitzt eine Reihe von Eigenschaften, die alle zusammen in ihrer Kombination für das jeweilige Mineral einmalig sind. Das bedeutet, um ein Mineral sicher zu bestimmen, muss man möglichst viele seiner Eigenschaften überprüfen. Das ist bei einigen, wie etwa der Härte oder der Strichfarbe leicht und bedarf keiner oder nur leicht erhältlicher Hilfsmittel, bei anderen, wie etwa der chemischen Zusammensetzung, bedarf eine exakte Feststellung eines großen apparativen Aufwandes, den der einzelne normalerweise nicht betreiben kann.

Aus diesem Grunde sind im vorliegenden Bestimmungsbuch besonders die Eigenschaften hervorgehoben, die möglichst einfach festzustellen sind und im Normalfall zur sicheren Bestimmung eines Minerals führen können.

Die Strichfarbe

Die Strichfarbe erhält man, wenn man mit dem Mineral auf einer unglasierten und daher etwas rauen Porzellantafel einen Strich zieht. Die Farbe der so erhaltenen Spur ist charakteristisch für die Mineralart. So verschiedenfarbig ein und dieselbe Mineralart auch auftreten mag, die Strichfarbe ist immer gleich. So kann Fluorit farblos, gelb, grün, blau, braun, rosa oder violett sein, seine Strichfarbe ist immer weiß.

> Eine Strichtafel kann man für wenig Geld (2 Euro) im Mineralienhandel erwerben. Sollte sie einmal gerade nicht zur Hand sein, genügt als Notbehelf auch eine alte Porzellansicherung oder der unglasierte Unterrand eines Tellers oder einer Tasse.

Die Strichfarbe ist also ein eindeutiges Merkmal eines Minerals, das gut zur Einteilung geeignet ist. Aus diesem Grund sind im vorliegenden Bestimmungsbuch auch alle Mineralien in Gruppen gleicher Strichfarben zusammengefasst. So kann man schnell feststellen, in welchem Teil des Buches man nachschlagen muss.

Innerhalb der Gruppen gleicher Strichfarben sind die Mineralien dann nach aufsteigender Härte geordnet.

Die Härte

Die Härte eines Minerals lässt sich recht leicht feststellen. Jeder weiß, dass man mit Diamant sogar Glas schneiden kann, in der Tat ist Diamant die härteste Substanz, die es auf unserem Planeten gibt. Andere Mineralien, wie etwa der Speckstein, sind so weich, dass man daraus, wie aus Holz, Figuren schnitzen kann und ihn sogar mit dem Fingernagel kratzen kann.

Je nachdem, ob ein Mineral das andere ritzt, oder von ihm selbst geritzt wird, kann man alle Mineralien nach ihrer Härte ordnen. Da diese Eigenschaft für jedes Mineral charakteristisch ist, wird sie in diesem Buch neben der Strichfarbe als wichtigstes Bestimmungs- und Ordnungsmerkmal verwendet.

Man kann die Härte eines zu bestimmenden Minerals am einfachsten bestimmen, wenn man es mit den Mineralien der Mohsschen Härteskala vergleicht. Diese Skala besteht aus einer Folge von zehn Mineralien, von denen jedes alle vor ihm stehenden ritzt.

<table>
<tr><td>1</td><td>Talk</td><td rowspan="2">mit dem Fingernagel ritzbar</td><td rowspan="5">mit dem Messer ritzbar</td></tr>
<tr><td>2</td><td>Gips</td></tr>
<tr><td>3</td><td>Kalkspat</td><td rowspan="3"></td></tr>
<tr><td>4</td><td>Fluorit</td></tr>
<tr><td>5</td><td>Apatit</td></tr>
<tr><td>6</td><td>Feldspat</td><td rowspan="5" colspan="2">ritzen Glas</td></tr>
<tr><td>7</td><td>Quarz</td></tr>
<tr><td>8</td><td>Topas</td></tr>
<tr><td>9</td><td>Korund</td></tr>
<tr><td>10</td><td>Diamant</td></tr>
</table>

Härteskalen, also eine Zusammenstellung der neun Prüfmineralien (Diamant als härteste Substanz wird nicht benötigt) kann man im Mineralienhandel erwerben.

Im Notfall, z. B. im Gelände, kann man sich auch mit Fingernagel (etwa Härte 2) und

Taschenmesser (etwa Härte 6) und mit einer kleinen Glasscherbe (härter als Härte 6) behelfen, die Mineralien zu erkennen.
Bei der Härtebestimmung geht man folgendermaßen vor:
Man nimmt als Erstes ein Mineral mittlerer Härte, zum Beispiel Apatit, Härte 5, und untersucht, ob das zu bestimmende Mineral damit geritzt werden kann. Ist das der Fall, macht man mit dem nächstweicheren weiter, bis man zu einem kommt, mit dem man das Mineral nicht mehr ritzen kann. Kann man umgekehrt mit dem zu bestimmenden Mineral das Prüfmineral auch nicht ritzen, dann haben beide die gleiche Härte. Man ist zum Ziel gekommen. Lässt sich das zu bestimmende Mineral dagegen von dem zuerst gewählten Prüfmineral mittlerer Härte nicht ritzen, dann macht man einfach analog mit dem nächsthärteren weiter.
Auf diese Weise kann man die Härte eines jeden Minerals im Rahmen der Mohsschen Härteskala feststellen.
Prüfen Sie die Härte immer mit scharfen Kanten und an frisch gebrochenen Stellen! Wischen Sie nach dem Ritzen immer den Staub weg, um sicherzugehen, dass auch wirklich geritzt worden ist und sich nicht nur das Prüfmineral abgerieben hat. Bei sehr feinkörnigen Mineralaggregaten können bei der Ritzprobe einzelne Körnchen herausbrechen. Das kann eine geringere Härte vortäuschen. Auf sehr glatten Kristallflächen misst man oft fälschlicherweise eine zu hohe Härte. Hier muss man besonders fest aufdrücken, um sicher sein zu können, dass das Mineral wirklich nicht zu ritzen ist.

Wichtig: Beim Härteprüfen immer die Gegenprobe machen! Wenn das Prüfmineral das zu bestimmende Mineral ritzt, muss immer auch geprüft werden, ob nicht etwa umgekehrt das Prüfmineral geritzt wird. Nur so können Sie sicher sein.

Tenazität

Mit der Tenazität wird beschrieben, wie ein Mineral sich beim Ritzen oder Biegen verhält. Die meisten Mineralien sind spröde, das heißt, beim Ritzen, etwa mit einer Stahlnadel, springt das Ritzpulver weg. Ist das nicht der Fall, so bezeichnet man das Mineral als milde (z. B. Bleiglanz). Kann man eine Ritzspur erzeugen, ohne dass überhaupt ein Pulver entsteht, etwa so, wie man mit dem Messer in Butter schneidet, bezeichnet man das Mineral als schneidbar (z. B. Silberglanz, Gold). Gold kann man darüber hinaus auch zu Blättchen hämmern. Solche Mineralien bezeichnet man als duktil.
Andere Mineralien wiederum sind elastisch biegsam, wie etwa die Glimmer, das heißt, man kann sie biegen und sie kehren nach dem Biegen wieder in die Ausgangsstellung zurück. Unelastisch biegsame Mineralien, wie etwa Gips, verharren dagegen nach dem Biegen in der neuen Stellung.

Gips-Kristalle sind unelastisch biegsam. Einmal verbogen, behalten sie diese Form bei.

Farbe

Auf den ersten Blick scheint die Farbe die nützlichste Eigenschaft eines Minerals zu sein. Schnell wird man aber feststellen, dass das nicht der Fall ist. Zwar gibt es Mineralien, deren Farbe sehr charakteristisch ist, wie etwa der grüne Malachit oder der blaue Azurit. Ein großer Teil der Mineralien tritt jedoch nicht nur in einer Farbe auf, sondern kann in den verschiedensten Farbtönen gefunden werden. So kann Quarz farblos, rosa, violett, braun, schwarz oder gelb sein, Diamant gibt es in den Farben Weiß, Gelb, Grün, Braun, Blau und Schwarz. Dazu kommt noch, dass sich manche Minerale an der Luft mit einer andersfarbigen Schicht überziehen. So ist der Bornit im ganz frischen Bruch rosa metallisch, während er sich in wenigen Stunden mit einer blau-rot-grün schillernden Oxidationsschicht überzieht. Die Farbe eines Minerals muss also immer an einer frischen Stelle geprüft werden.

Glanz

Jedes unbearbeitete Mineral hat einen ganz bestimmten, für die jeweilige Mineralart charakteristischen Glanz. Dieser Glanz ist allerdings nur schwer messbar. Man kann ihn nur im Vergleich mit Gegenständen des täglichen Lebens beschreiben.

Glasglanz entspricht dem Glanz von einfachem Fensterglas. Er ist am häufigsten.

Metallglanz entspricht dem Glanz von poliertem Metall, wie etwa Alufolie.

Seidenglanz ist ein Glanz, der mit dem wogenden Lichtschimmer auf Naturseide vergleichbar ist.

Pechglanz ist der Glanz von Pech, vergleichbar mit dem von Teerbrocken, wie man sie bei Straßenausbesserungsarbeiten sehen kann.

Fettglanz sieht aus wie der Glanz von Fettflecken auf Papier.

Diamantglanz ist der strahlende Glanz, den man von geschliffenen Diamanten, aber auch von Bleikristallglas kennt.

Minerale mit **Perlmuttglanz** zeigen einen Glanz, der den Innenseiten mancher Muschelschalen ähnelt, die einen weißlichen Schimmer mit farbigem Lichtschein zeigen.

Dichte

Die Dichte oder das spezifische Gewicht ist das Gewicht eines Minerals pro Volumeneinheit (angegeben in Gramm pro Kubikzentimeter). Die Dichte zu messen, ist nicht einfach und bedarf präziser Geräte. Trotzdem kann man die Dichte als Bestimmungsmerkmal nützen. Durch einfaches Abwiegen in der Hand kann man feststellen, ob ein Mineral leicht (Dichte unter 2), normal (Dichte um 2,5), schwer (Dichte über 3,5) oder sehr schwer (6 oder höher) ist. Noch besser kann man abschätzen, wenn man ein gleich großes Stück eines Minerals mit bekannter Dichte in die andere Hand nimmt und vergleicht.

Spaltbarkeit und Bruch

Zerschlägt man ein Mineral (z. B. mit dem Hammer) oder zerbricht es, so entstehen je nach Mineralart unterschiedlich aussehende Bruchflächen. Das Mineral kann in ebene glatte Spaltflächen oder in immer gleiche geometrische Körper zerfallen. Bleiglanz zerfällt z. B. in lauter kleine Würfelchen, Kalkspat in lauter kleine Rhomboeder. In der Mineralbeschreibung steht dann im ersteren Fall „Spaltbarkeit nach dem Würfel“, im zweiten Fall „Spaltbarkeit nach dem Rhomboeder“. Manchmal sind auch die Winkel der Spaltflächen zueinander für die Bestimmung eines Minerals von Bedeutung. Augit kann man z. B. von der ähnlichen Hornblende sehr gut dadurch unterscheiden, weil seine Spaltflächen sich in einem Winkel von etwa 90 Grad schneiden. Hornblende weist dagegen einen Spaltwinkel von etwa 120 Grad auf. Die Spaltbarkeit kann verschiedene Qualitäten von „vollkommen“ bis „nicht erkennbar“ aufweisen. Die letztere Angabe bedeutet, dass eine Spaltbarkeit wohl existiert, sie aber mit einfachen Mitteln im Normalfall nicht erkennbar ist.

Steinsalz (links) zerfällt beim Spalten in lauter perfekte Würfel, genauso wie Bleiglanz (rechts).

Unter dem Stichwort „Bruch“ werden alle Trennungsflächen beschrieben, die keine Spaltflächen sind. Je nach Aussehen der Flächen kann der Bruch als muschelig (z. B. bei Bergkristall), spätig (z. B. bei Kalkspat), uneben (z. B. bei Feldspat) oder hakig (z. B. bei Gold) beschrieben werden.

Fluoreszenz, Phosphoreszenz

Bestrahlt man manche Mineralien mit ultraviolettem Licht, so können sie mehr oder weniger stark in den verschiedensten Farben leuchten. Schaltet man die UV-Quelle ab, so leuchten manche Mineralien noch einige Sekunden nach. Diese Erscheinung nennt man Phosphoreszenz. Beide Eigenschaften sind in der Regel keine charakteristischen Eigenschaften eines Minerals. Einzelne Proben der gleichen Mineralart können ganz unterschiedliche Fluoreszenzfarben zeigen, manche Proben können sogar überhaupt nicht fluoreszieren. Das liegt daran, dass Fluoreszenz normalerweise keine grundsätzliche Eigenschaft eines Minerals ist, sondern nur durch meist geringfügige Verunreinigungen hervorgerufen wird. Nur beim Mineral Scheelit ist die intensive Fluoreszenz ein brauchbares Bestimmungsmerkmal. Manche Mineralien mit Gehalten an Seltenerd-Elementen, wie etwa Monazit oder manche Zirkone, leuchten im ungefilterten UV-Licht charakteristisch gelbgrün.

Es gibt zwei verschiedene Sorten von UV-Licht: Langwelliges UV-Licht wird auch Schwarzlicht genannt, es kommt zum Beispiel in Diskotheken zum Einsatz und ist bei normalem Gebrauch unschädlich. Zur Erzeugung dieses Lichts gibt es spezielle Glühbirnen und Leuchtstoffröhren, die in ganz normale Fassungen eingesetzt werden können. Kurzwelliges UV-Licht ist sehr viel energiereicher, zu seiner Erzeugung braucht man ganz spezielle (und nicht ganz billige) Lampen mit speziellen Filtern. Unter kurzwelligem UV-Licht fluoreszieren sehr viel mehr Minerale, und dies auch meist intensiver, als unter langwelligem. Es gibt allerdings auch Minerale (zum Beispiel Rubin), die unter langwelligem UV besser oder sogar ausschließlich fluoreszieren.
Vorsicht beim Umgang mit UV-Licht: UV-Licht (speziell kurzwelliges) kann die Augen schädigen. Daher immer eine Schutzbrille tragen! Sie ist für wenige Euro beim Lieferanten der UV-Lampe erhältlich.

Die Entstehung und das Vorkommen von Mineralien

Mineralien wachsen in Zeiträumen von vielen Tausenden bis zu Hunderttausenden von Jahren.
Die Bildung von Mineralien wird in drei verschiedene Entstehungsabfolgen unterteilt:
Die *magmatische Abfolge* umfasst Mineralien und Gesteine, die aus einer heißen Schmelze entweder im Erdinneren (Tiefengesteine) oder an der Erdoberfläche (Vulkanite) entstehen.
Tiefengesteine zeichnen sich dadurch aus, dass sie relativ grobkörnig sind, das heißt, auch die einzelnen Körner der Grundmasse können mit dem Auge erkannt werden. Vulkanische Gesteine sind sehr feinkörnig, die einzelnen Körner der Grundmasse kön-

nen mit dem bloßen Auge und auch mit der Lupe nicht erkannt werden.
In der *sedimentären Abfolge* entstehen Mineralien meistens durch Verwitterung von Mineralien oder Gesteinen, die durch Wasser oder Wind transportiert und später wieder abgesetzt werden.
Sedimentgesteine sind meist deutlich geschichtet, Einzelkristalle der Gesteinsbestandteile sind nicht erkennbar. Häufig enthalten Sedimentgesteine im Gegensatz zu allen anderen Gesteinen Fossilien.
Bei der *metamorphen Abfolge* entstehen die Mineralien und Gesteine durch sich ändernde Druck- und Temperaturverhältnisse in einer gewissen Tiefe unterhalb der Erdoberfläche.
Metamorphe Gesteine sind oft deutlich geschichtet und gefaltet, die Einzelkristalle der Gesteinsbestandteile sind meist gut erkennbar.

Die Oxidationszone ist charakterisiert durch das Vorherrschen des Eisenminerals Limonit. Sie heißt deshalb auch Eiserner Hut.

Magmatische Bildungen

Intramagmatische Lagerstätten
Intramagmatische Lagerstätten sind Anreicherungen von Mineralien innerhalb von Tiefengesteinskörpern.
Aus solchen Lagerstätten werden besonders die Metalle Chrom, Platin und Nickel gewonnen.
Ein besonderer Typ des Auftretens von Mineralien in magmatischen Gesteinen stellen die Kimberlit-Pipes dar. Es handelt sich um riesige vulkanische Explosionsschlote, die mit einem speziellen Gestein, dem Kimberlit, gefüllt sind. Dieser Kimberlit enthält eingewachsene Diamantkristalle, die das glutflüssige Magma aus der Tiefe, dort, wo hohe Drücke und Temperaturen das Wachstum solcher Kristalle begünstigen, heraufgebracht hat.

Pegmatite
Pegmatite sind sehr grobkörnige Gesteine, die Spalten eines älteren Gesteinskörpers ausgefüllt haben. Sie bestehen hauptsächlich aus Feldspat, Quarz und Glimmer. Feldspat wird als Rohstoff für die Porzellanindustrie gewonnen, Glimmer dient als Isoliermaterial und neuerdings zur Herstellung von Autolacken.
Zusätzlich enthalten Pegmatite oft eine ganze Reihe von Mineralien, oft auch Edelstein-Mineralien, die in großen Kristallen im Gestein eingewachsen sind, so z.B. Beryll, Topas, Turmalin und viele andere. Diese Kristalle sind allerdings fast immer trüb und undurchsichtig und zur Verwendung als Edelsteine zu Schmuckzwecken nicht zu gebrauchen.
In Drusen und Hohlräumen innerhalb der Pegmatite finden sich als jüngere Bildungen aber auch schöne aufgewachsene Kristalle, die oft Schleifqualität besitzen. Besonders aus Pegmatiten gewonnen werden die Edelsteine Topas, Turmalin, Aquamarin und Morganit. Für diese Edelsteine sind Pegmatite die Hauptlieferanten.

Pneumatolytische Lagerstätten
Pneumatolytische Lagerstätten sind in der Tiefe unserer Erde aus heißen Gasen entstanden. Mineralien, die in solchen Bildungen auftreten können, sind z.B. Zinnstein,

Fluorit, Topas und Turmalin. Aus pneumatolytischen Lagerstätten wird besonders Zinn, seltener auch Wolfram gewonnen. Eine Ausnahme bildet der berühmte Topas vom Schneckenstein im Vogtland, der in einer pneumatolytisch veränderten Turmalinschieferbrekkzie auftritt und mehrere Jahrhunderte lang zu Schleifzwecken abgebaut wurde.

Hydrothermale Gänge

Mit „Gang" bezeichnet man die Ausfüllung einer Spalte im Gestein mit Mineralien, die jünger als das Gestein sind. Gänge enthalten häufig offene Hohlräume, in denen Kristalle frei wachsen können, darunter auch Edelsteinmineralien, wie z.B. Amethyst. Hydrothermale Gänge enthalten wichtige Erzminerale, aus denen man Metalle gewinnt, wie z.B. Kupfer, Zink, Blei, Silber oder Gold.

Einen Spezialfall stellen die alpinen Klüfte dar: Diese Risse und Spalten im Gestein enthalten wunderschöne und zum Teil sehr große Exemplare von Bergkristall, Rauchquarz, Citrin, Hämatit oder Feldspat.

Vulkanische Bildungen

Beim Abkühlungs- und Verfestigungsprozess glutflüssiger Lava sondern sich die in der Schmelze enthaltenen Gase ab. Ein Teil tritt an der Oberfläche des Lavastroms aus, ein Teil bleibt aber auch in Form von „Gasblasen" im schnell fest werdenden Gestein stecken und bildet auf diese Weise mehr oder weniger runde Hohlräume, die viele Zentimeter, selten auch Meter groß sein können. Diese Hohlräume können im Laufe des Abkühlungsprozesses des bereits festen Gesteins durch eindringende heiße Lösungen mit Mineralbildungen gefüllt werden. Riesige Vorkommen solcher Mineralbildungen in Brasilien und Uruguay liefern große Mengen von Amethyst und Achat. Viele Zeolithmineralien, wie Phillipsit, Chabasit oder Stilbit haben in diesen Hohlräumen vulkanischer Gesteine ebenfalls ihre Hauptvorkommen.

Sedimentäre Bildungen

Auf Klüften von Verwitterungsbildungen silikatischer Gesteine kann sich bei Vorhandensein bereits geringer Kupfergehalte das als Schmuckstein sehr beliebte Kupferphosphat Türkis bilden. Bei der Verwitterung kieselsäurereicher Gesteine können sich, besonders in Wüstengebieten, im Bereich des Grundwasserspiegels Ablagerungen der Kieselsäure in Form des Edelsteins Opal bilden.

Oxidations- und Zementationszone

Wo eine Ganglagerstätte bis an die Erdoberfläche reicht, ist diese in Aussehen und Mineralgehalt stark verändert. Der Gang enthält keine sulfidischen Erze mehr, das häufigste Mineral ist das Eisenhydroxid Limonit, mit ihm verwachsen oder in seinen Höhlungen aufgewachsen, findet man Oxidationsmineralien, wie z.B. Malachit, Azurit, Wulfenit, Vanadinit, Zinkspat und viele andere. Einige der Mineralien, die in der Oxidationszone insbesondere von Kupfer-Lagerstätten vorkommen, werden zu Schmuckzwecken verschliffen. Neben dem am weitesten verbreiteten Malachit sind es auch Chrysokoll, Azurit und Türkis.

Seifen

Dass man aus dem Sand von Bächen und Flüssen manchmal Gold herauswaschen kann, ist bekannt. Weniger bekannt ist, dass dort auch andere Mineralien zu finden sind. Es sind hauptsächlich Mineralien, die sich durch ihr hohes spezifisches Gewicht und durch ihre chemische Widerstandsfähigkeit auszeichnen, wie z.B., Platin, Granat, Ilmenit, Rutil, Monazit sowie zahlreiche Edelsteinmineralien, wie z.B. Diamant, Rubin, Saphir, Chrysoberyll, Topas, Spinell und viele andere.

Solche Lagerstätten – sie werden Seifenlagerstätten genannt – entstehen, wenn Mineralien bei der Verwitterung von Gesteinen oder Lagerstätten freigelegt, mit dem Wasser weitertransportiert, dabei angereichert und wieder abgelagert werden.

Metamorphe Bildungen
Typische Mineralien, die in metamorphen Gesteinen und hier insbesondere in Marmoren vorkommen, sind der Rubin und der Spinell, seltener auch der Saphir. In Gneisen oder Glimmerschiefern finden sich manchmal Lagerstätten mit schönen Kristallen von Smaragd. Die einzige, zeitweise zur Edelsteingewinnung abgebaute europäische Smaragd-Lagerstätte an der Leckbachscharte im Habachtal in den österreichischen Alpen gehört zu diesem Typ. Auch Granatkristalle aus Glimmerschiefern (meist Almandine) wurden lange Zeit zur Gewinnung von Steinen für den mitteleuropäischen Granatschmuck gewonnen.
Jadeit und Nephrit bilden sich ebenfalls durch Umwandlung von basischen Gesteinen, meist im Bereich großer Serpentinitkörper.

Die Einteilung der Gesteine

Nach ihrer Bildungsweise kann man die meisten Gesteine in drei verschiedene Gruppen einteilen:

Magmatische Gesteine (Magmatite)

Die Gruppe der Magmatite enthält die Tiefengesteine und die vulkanischen Gesteine, die alle durch eine mehr oder weniger schnelle Erstarrung einer Gesteinsschmelze entstanden sind.
Da bei der Erstarrung in der Tiefe das Kristallwachstum langsam vor sich geht, weil der Magmenkörper, geschützt durch die umgebenden Gesteine, nur langsam abkühlen kann, entstehen relativ große Kristallite: Als Ergebnis sind die meisten Tiefengesteine recht grobkörnig, so dass man die einzelnen Bestandteile meist mit dem bloßen Auge gut erkennen kann. Manchmal wachsen Kristalle bereits lange bevor der Hauptteil der Schmelze erstarrt, solche Kristalle bezeichnet man als Einsprenglinge. Derartige Gesteine bezeichnet man als porphyrisch. Porphyrische Tiefengesteine zeichnen sich dadurch aus, dass auch die Bestandteile der Grundmasse noch relativ grobkörnig sind. Porphyrische vulkanische Gesteine enthalten ebenfalls bis mehrere Zentimeter große Einsprenglinge. Ihre Grundmasse ist dagegen so fein, dass man mindestens eine Lupe braucht, um einzelne Bestandteile erkennen zu können. Dies ist das generelle Kennzeichen von vulkanischen Gesteinen, die immer – abgesehen von Einsprenglingen oder Xenolithen (= Fremdgesteins-Einschlüssen) – äußerst feinkörnig sind, was auf die schnelle Abkühlung der Schmelze an der Erdoberfläche zurückzuführen ist. Dies kann so weit gehen, dass überhaupt kein Kristallwachstum mehr möglich ist. Auf diese Weise entstehen die sogenannten vulkanischen Gläser, zum Beispiel der Obsidian.
Bei den Pyroklastiten (vulkanischen Tuffen) handelt es sich um Gesteine, die bei Vulkanausbrüchen entstanden sind. Vom Vulkan ausgestoßenes Material lagert sich wie ein Sedimentgestein am Boden ab. Sie zeigen die typische Schichtstruktur von Ablagerungsgesteinen, bestehen aber ganz oder nahezu ganz aus vulkanischem Material. Sie bilden sozusagen einen Übergang zwischen diesen beiden Gesteinsgruppen.

Ablagerungsgesteine (Sedimente)

Die Sedimente oder Ablagerungsgesteine entstehen durch die vorherige Zerstörung bereits vorhandener Gesteine, deren Auflösung in ihre Einzelbestandteile und die spätere Wiederablagerung der Einzelteilchen nach einem mehr oder weniger langen Transport. Dabei entstehen, je nach Mineralgehalt, Sandsteine mit den verschiedensten Bindungsmitteln, Tone, Mergel oder Konglomerate und Brekkzien. Eine Ausnahme bilden die meisten Kalksteine, die aus biogenem (durch Lebewesen erzeugten) Kalk bestehen. Sie sind meist aus Gehäusen bzw. Skelettteilen Kalkschalen bzw. Kalkskelette bauender Lebewesen aufgebaut. Viel seltener ist die direkte anorganische Ausfällung von Calciumcarbonat aus dem Wasser, wie dies zum Beispiel an heißen Quellen stattfindet. Ebenfalls anorganischer Fällung aufgrund der Verdunstung des Meerwassers verdanken Salz- und Gipsgesteine ihre Entstehung. Durch Umwandlung organischer Substanz (nämlich von Holz und Pflanzenteilen zu mehr oder weniger reinem Kohlenstoff) entstehen die verschiedenen Kohlen, die damit ein Zwischenglied zwischen den Sediment- und den Umwandlungsgesteinen darstellen, in diesem Buch aber noch zu den Sedimenten gezählt werden.

Umwandlungsgesteine (Metamorphite)

Wird der Druck auf ein Gestein durch Überlagerung langsam erhöht, verfestigen sich die ursprünglich lockeren Sedimente zu festen Gesteinen, Tonschlamm zum Beispiel unter Austreibung des Wassers zu Tonschiefer. Diesen Vorgang nennt man Diagenese. Auch dabei finden schon erste chemische Veränderungen statt. So können sich zum Beispiel feinverteilte Gehalte an Silizium oder Eisen in Kalksteinen um bestimmte Keime (meist organischer Art) konzentrieren, es entstehen Feuersteine oder Pyrit-Konkretionen. Steigen Druck und Temperatur weiter, so sind viele der ursprünglichen Minerale nicht mehr stabil, die Mineralgesellschaften wandeln sich in solche um, die den veränderten Bedingungen besser entsprechen. Solche, durch Druck- und Temperatureinwirkung umgewandelten Gesteine nennt man Umwandlungsgesteine, Metamorphite oder metamorphe Gesteine. So werden zum Beispiel Tongesteine bei steigender Temperatur und steigendem Druck erst zu Phylliten, dann zu Glimmerschiefern und zuletzt zu Gneisen. Welches Gestein entsteht, hängt immer zuallererst davon ab, welches Ausgangsgestein betroffen ist. Dies müssen nicht nur Sedimente sein, auch vulkanische Gesteine oder Tiefengesteine können der Metamorphose unterworfen sein. Bei Gneisen unterscheidet man zum Beispiel Orthogneise, die durch die Umwandlung eines magmatischen Gesteins, zum Beispiel eines Granits, entstanden sind, von Paragneisen, deren Ausgangsgestein ein Sediment war.

Je nach geologischer Situation und dem Verhältnis von Druck- und Temperaturänderung unterscheidet man verschiedene Typen der Metamorphose:

Bei der **Regionalmetamorphose** werden große Gesteinspakte („ganze Regionen"), etwa im Rahmen der Gebirgsbildung, über lange Zeit in große Tiefen verfrachtet. Die Gesteine sind einer gleichmäßigen Steigerung von Druck und Temperatur ausgesetzt. Typische Gesteine der Regionalmetamorphose sind z.B. Glimmerschiefer, Chloritschiefer, Amphibolite oder Gneise.

Typisch für besonders hochgradige Regionalmetamorphose sind Eklogite und Granulite, die in Ausnahmefällen sogar Diamanten enthalten können. Steigt die Temperatur besonders hoch, so können die Gesteine teilweise oder sogar ganz aufschmelzen. Diesen Vorgang nennt man Anatexis. Als Endprodukte entstehen Schmelzen, aus denen wieder magmatische Gesteine entstehen können. Der Kreislauf der Gesteine ist dann geschlossen. Gesteine, bei denen die helleren Gesteinsbestandteile bereits geschmolzen waren, während die dunkleren Anteile noch metamorphe Strukturen zeigen, bezeichnet man als Migmatite oder Anatektite.

Dringt glutflüssiges Magma in andere, bereits feste Gesteinspartien (Sedimente, aber auch alle anderen Gesteinstypen) ein, dann werden diese durch die Temperatureinwirkung umgewandelt, während sich der Umgebungsdruck nicht ändert. Diese Metamorphose beruht also rein auf der Temperatureinwirkung, sie wird deshalb Thermometamorphose oder **Kontaktmetamorphose** genannt. Typische Gesteine der Kontaktmetamorphose sind Hornfelse oder Knoten- und Garbenschiefer, zum Beispiel der Chiastolithschiefer.

Werden Gesteinspakte dort, wo sich einzelne Platten unserer Erdkruste übereinanderschieben, wobei eine der beiden in die

Tiefe gedrückt wird (= Subduktion), sehr schnell in die Tiefe transportiert, sind sie dort sofort dem hohen Druck ausgesetzt, während es wegen der schlechten Wärmeleitfähigkeit sehr lange dauert, bis die Temperatur ansteigt. Werden solche Gesteine relativ schnell (z. B. durch Hebungen bei der Gebirgsbildung) wieder an die Erdoberfläche gebracht, verdanken sie ihren Mineralbestand allein dem hohen Druck. Diesen Typ der Metamorphose nennt man **Versenkungsmetamorphose**, charakteristische Gesteine sind z. B. Glaukophanschiefer.

Mineralien, Gesteine und Edelsteine bestimmen

So bestimmen Sie ein Mineral

1. Prüfen Sie die Strichfarbe, damit stellen Sie fest, in welcher Abteilung des Buches Sie suchen müssen.
2. Stellen Sie die Härte fest. Damit bleiben innerhalb der Gruppe gleicher Strichfarbe nur noch wenige Mineralien übrig, um die es sich handeln könnte.
3. Prüfen Sie die weiteren im Text angegebenen Eigenschaften. Unter dem Stichwort ähnliche Mineralien erfahren Sie, mit welchen Mineralien das von Ihnen favorisierte Mineral verwechselt werden könnte und welche Merkmale Ihnen bei der Unterscheidung helfen können.

Sind Sie zum Ziel gekommen, können Sie unter den Stichworten Vorkommen und Begleitmineralien weitere interessante Informationen über Ihr Mineral erhalten. Als Begleitmineralien werden manchmal auch Mineralien genannt, die in diesem Bestimmungsbuch nicht beschrieben werden. Da helfen Ihnen dann Spezialwerke weiter, wie sie im Literaturverzeichnis auf Seite 437 verzeichnet sind.

So bestimmen Sie ein Gestein

Stellen Sie als Erstes fest, um welche Gesteinsgruppe es sich handelt. Benutzen Sie dazu die Beschreibungen auf der hinteren Klappe. Wissen Sie, in welche Gruppe das Gestein gehört, versuchen Sie, die Hauptgemengteile zu bestimmen. Bei der Unterscheidung von Kalkstein und anderen ähnlich aussehenden Gesteinen leistet verdünnte Salzsäure oft gute Dienste.

Haben Sie die Hauptgemengteile identifiziert, können Sie das Gestein bereits einer der abgebildeten Gesteinsarten zuordnen. Auffallende Nebengemengteile lassen manchmal noch eine genauere Bestimmung zu (z. B. Hornblende-Granit oder Granat-Peridotit).

So bestimmen Sie einen Edelstein

Die Bestimmung von Edelsteinen ist nicht ganz einfach, da sich verschiedene Bestimmungsmethoden für Mineralien, z. B. die Härteprüfung oder die Prüfung von Bruch und Spaltbarkeit von selbst verbieten. Der wertvolle Stein darf ja nicht beschädigt werden. Allerdings gibt es sehr viel weniger Edelsteine als Mineralien und daher sehr viel weniger Verwechslungsmöglichkeiten. Man geht daher beim Bestimmen am besten folgendermaßen vor:

Haben Sie einen Edelstein vor sich, stellen Sie sofort fest, welche Farbe er hat und ob er durchsichtig oder undurchsichtig ist. Suchen Sie sich nun im Bestimmungsteil einen beliebigen Edelstein mit diesen Eigenschaften aus. Unter dem Stichwort Unterscheidungsmöglichkeiten erfahren Sie,

Der Landschaftsachat ist mit seiner charakteristischen Zeichnung unverwechselbar.

welche Edelsteine die gleichen Eigenschaften haben, und wie Sie sie unterscheiden können. So erfahren Sie auf kürzestem Weg, welchen Edelstein Sie besitzen.

Was sind Meteoriten?

Meteoriten sind Gesteinsbruchstücke, die vom Beginn der Entstehung unseres Sonnensystems stammen. Sie sind entweder, wie die Eisenmeteoriten, Überreste eines in den Anfängen der Bildung unseres Planetensystems entstandenen und gleich wieder zerstörten Planeten, oder, wie die Chondrite, Materie aus der solaren Wolke, die nie Teil eines Planeten war. Sie haben sich 4,5 Milliarden Jahre lang auf ihrem Weg durchs Weltall um die Sonne bewegt und sind dann auf unsere Erde gestürzt.
Die bekannten Sternschnuppen sind winzige Staubkörner, die beim Eintritt in unsere Atmosphäre kurz aufleuchten und dann sofort verglüht sind. Größere Teile, die trotz der starken Erhitzung in der Atmosphäre nicht völlig verglühen, sondern als Meteoriten unseren Erdboden erreichen und dann gefunden werden können, sind viel seltener.
Ganz grob teilt man die Meteoriten in drei Gruppen ein:

1. **Eisenmeteoriten**, die fast ganz aus Nickel-Eisen bestehen,
2. **Steineisenmeteoriten**, die aus Nickeleisen bestehen, in dem Silikat-Kristalle oder Kristallbruchstücke schwimmen und
3. **Steinmeteoriten**, die hauptsächlich aus Silikatmineralien bestehen, obwohl sie immer noch durchaus beträchtliche Metallgehalte aufweisen können.

Daneben gibt es noch eine ganz geringe Anzahl von Meteoriten, die von anderen Planeten oder Monden abstammen, die Lunaite von unserem irdischen Mond, die Shergottite, Nakhlite und Chassignite vom Mars, die Howardite, Eukrite und Diogenite vom großen Asteroiden Vesta. Sie alle wurden bei großen Meteoriteneinschlägen auf ihren Mutterkörpern (Mond oder Mars) ins All hinausgeschleudert und haben sich auf ihrer Bahn um die Sonne bewegt, bis sie nach Millionen oder Milliarden Jahren im Weltall auf unsere Erde stürzten.

Wie erkenne ich Meteoriten

Einen gefundenen Meteoriten mit Sicherheit als solchen identifizieren können nur Spezialisten.
Es gibt allerdings einige Indizien, die es auch für den Laien wahrscheinlich machen können. Vergleichen Sie Ihren Fund mit der nachfolgenden Check-Liste.

Check-Liste Meteoriten

1. *Der Fund unterscheidet sich deutlich von allen anderen in seiner Umgebung herumliegenden Steinen.*
2. *Das Stück ist dunkel bis schwarz, seine Oberfläche erscheint relativ glatt, etwa wie geschmolzen.*
3. *Das Stück ist erkennbar schwerer als die meisten anderen Steine.*
4. *Das Stück weist keine Blasenhohlräume auf.*
5. *Das Stück ist magnetisch, das heißt, es wird vom Magneten angezogen.*

Trifft ein größerer Teil der Aussagen auf Ihren Fund zu, besteht die, wenn auch immer noch geringe Möglichkeit, dass es sich um einen Meteoriten handelt. Dann sollten Sie das Stück einem Fachmann in einem Museum oder einem Mineralogischen Institut zur Bestimmung vorlegen.
Wird ein Meteorit von der International Meteoritical Society als solcher anerkannt, so erhält er einen Namen. In der Regel ist das der Name der dem Auffindungspunkt nächstgelegenen geografischen Einheit. So wurde der 2002 über Bayern niedergegangene Meteorit Neuschwanstein genannt, weil er ganz in der Nähe des bayerischen Königsschlosses Neuschwanstein gefunden wurde.

Die Mineralien und Edelsteine

1 Chalkoalumit

Chem. Formel $CuAl_4(SO_4)(OH)_{12} \cdot 3\ H_2O$
Härte 2½, **Dichte** 2,29
Farbe Hellblau
Strichfarbe Blauweiß
Glanz Glasglanz bis matt
Spaltbarkeit Vollkommen
Bruch Blättrig
Tenazität Spröde bis milde
Kristallform Monoklin

Ausbildung Kugelige Aggregate, blättrige Kristallaggregate krustig, derb.
Entstehung und Vorkommen In der Oxidationszone von sulfidischen Kupfer-Lagerstätten, besonders dort, wo aluminiumreiche Nebengesteine auftreten.
Begleitmineralien Chalkopyrit, Bornit, Chalkosin, Malachit, Cuprit, Brochantit, Azurit.
Ähnliche Mineralien Azurit ist dunkler blau; Gibbsit ist härter; Chalkanthit ist im Gegensatz zu Chalkoalumit wasserlöslich.

2 Chalkanthit *Kupfervitriol*

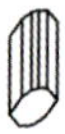

Chem. Formel $CuSO_4 \cdot 5\ H_2O$
Härte 2½, **Dichte** 2,2–2,3
Farbe Blau
Strichfarbe Blau
Glanz Glasglanz
Spaltbarkeit Kaum erkennbar
Bruch Muschelig
Tenazität Spröde
Kristallform Triklin

Ausbildung Selten prismatische bis linsenförmige Kristalle, stalaktitische Aggregate, krustig, derb.
Entstehung und Vorkommen In der Oxidationszone von sulfidischen Kupfer-Lagerstätten, oft entstandenen aus den an sich recht geringen Kupfergehalten in Pyrit-Lagerstätten, die Bildung ist abhängig von den Niederschlägen.
Begleitmineralien Kupferkies, Malachit, Brochantit.
Besonderheit Chalkanthit ist wasserlöslich.
Ähnliche Mineralien Azurit ist dunkler blau und im Gegensatz zu Chalkanthit nicht wasserlöslich.

3 Lirokonit *Linsenerz*

Chem. Formel $Cu_2Al(AsO_4)(OH)_4 \cdot 4\ H_2O$
Härte 2–2½, **Dichte** 2,95
Farbe Blau bis blaugrün
Strichfarbe Blau bis blaugrün
Glanz Glasglanz
Spaltbarkeit Schlecht
Bruch Muschelig
Tenazität Spröde
Kristallform Monoklin

Ausbildung Kristalle tafelig, prismatisch, linsenförmig, krustig, erdig, derbe Überzüge.
Entstehung und Vorkommen In der Oxidationszone von Kupfer-Lagerstätten, deren Erze einen gewissen Arsen-Gehalt aufweisen, zum Beispiel aus Primärerzen wie Fahlerz oder Arsenkies.
Begleitmineralien Klinoklas, Azurit, Malachit.
Ähnliche Mineralien Azurit und Malachit haben eine andere Farbe und brausen mit Salzsäure; Klinoklas hat eine charakteristische linsenförmige Kristallform und ist viel dunkler blau.

4 Linarit

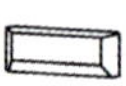

Chem. Formel $PbCu[(OH)_2/SO_4]$
Härte 2½, **Dichte** 5,3–5,5
Farbe Blau
Strichfarbe Hellblau
Glanz Glasglanz
Spaltbarkeit Gut sichtbar, aber nur bei größeren Kristallen erkennbar
Bruch muschelig
Tenazität Spröde
Kristallform Monoklin

Ausbildung Prismatisch bis seltener tafelig, oft flächenreich, krustig, erdig.
Entstehung und Vorkommen In der Oxidationszone.
Begleitmineralien Bleiglanz, Kupferkies, Brochantit, Malachit, Cerussit.
Besonderheit Wird beim Betupfen mit HCl hellblau bis weiß.
Ähnliche Mineralien Azurit braust beim Betupfen mit HCl und wird nicht heller, Caledonit ist heller blau und zeigt eine andere Kristallform.

Fundorte

1 Grandview Mine, Arizona, USA	3 Wheal Gorland, Cornwall, Großbritannien
2 Arkansas, USA	4 Leadhills, Schottland, Großbritannien

1

2

3

4

1 Caledonit

Chem. Formel $Cu_2Pb_5(SO_4)_3CO_3(OH)_6$
Härte 2½–3, **Dichte** 5,6
Farbe Blau, blaugrün
Strichfarbe Weißlich blau
Glanz Glasglanz
Spaltbarkeit Vollkommen
Bruch Uneben
Tenazität Spröde
Kristallform Orthorhombisch

Ausbildung Prismatisch, nadelig, faserig, Kristalle meist aufgewachsen, krustig.
Entstehung und Vorkommen In der Oxidationszone von Blei-Lagerstätten, wenn zusätzlich zu den Blei-Erzen auch Kupfer-Erze vorhanden sind.
Begleitmineralien Leadhillit, Anglesit.
Ähnliche Mineralien Linarit hat eine andere Kristallform und wird beim Betupfen mit Salzsäure weiß; Azurit hat ein deutlich anderes Blau, eine andere Kristallform und braust beim Betupfen mit Salzsäure.

2 Cumengeit

Chem. Formel $Pb_{21}Cu_{20}Cl_{42}(OH)_{40} \cdot 6H_2O$
Härte 2½, **Dichte** 4,67
Farbe Blau
Strichfarbe Blau
Glanz Glasglanz
Spaltbarkeit Gut
Bruch Blättrig bis muschelig
Tenazität Spröde bis milde
Kristallform Tetragonal

Ausbildung Oktaeder-ähnliche Kristalle, auf- und eingewachsene Einzelkristalle, kugelige Kristallaggregate, Krusten.
Entstehung und Vorkommen In der Oxidationszone von Kupfer-Lagerstätten und in antiken Schlacken.
Begleitmineralien Laurionit, Cumengeit, Anglesit, Phosgenit.
Ähnliche Mineralien Diaboleit und Boleit haben eine andere Kristallform; Linarit wird beim Betupfen mit Salzsäure weiß; Azurit hat eine andere Kristallform und braust beim Betupfen mit Salzsäure.

3 Boleit

Chem. Formel $Pb_9Cu_8Ag_3Cl_{21}(OH)_{16} \cdot H_2O$
Härte 3–3½, **Dichte** 5,10
Farbe Blau
Strichfarbe Blau
Glanz Glasglanz
Spaltbarkeit Vollkommen
Bruch Muschelig
Tenazität Spröde
Kristallform Tetragonal

Ausbildung Oktaeder- und würfelähnlich, auf- und eingewachsene Einzelkristalle, Krusten.
Entstehung und Vorkommen In der Oxidationszone von Kupfer-Lagerstätten und antiken Schlacken.
Begleitmineralien Laurionit, Cumengeit, Anglesit, Phosgenit.
Ähnliche Mineralien Diaboleit und Cumengeit haben eine andere Kristallform; Linarit wird beim Betupfen mit Salzsäure weiß; Azurit hat eine andere Kristallform und braust beim Betupfen mit Salzsäure.

4 Diaboleit

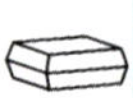

Chem. Formel $Pb_2CuCl_2(OH)_4$
Härte 2½, **Dichte** 5,42
Farbe Blau
Strichfarbe Blau
Glanz Glasglanz
Spaltbarkeit Vollkommen
Bruch Blättrig bis muschelig
Tenazität Spröde
Kristallform Tetragonal

Ausbildung Tafelige bis prismatische, meist aufgewachsene Einzelkristalle, Krusten.
Entstehung und Vorkommen In der Oxidationszone von Kupfer-Lagerstätten und antiken Schlacken.
Begleitmineralien Laurionit, Cumengeit, Anglesit, Phosgenit.
Ähnliche Mineralien Boleit und Cumengeit haben eine andere Kristallform; Linarit wird beim Betupfen mit Salzsäure weiß; Azurit hat eine andere Kristallform und braust beim Betupfen mit Salzsäure.

Fundorte

1 Leadhills, Schottland, Großbritannien	**3** Boleo, Baja California, Mexiko
2 Boleo, Baja California, Mexiko	**4** Lavrion, Griechenland

1

2

3

4

1 Likasit

Chem. Formel $Cu_3[(OH)_5NO_3] \cdot 2\ H_2O$
Härte 2–3, **Dichte** 2,96–2,98
Farbe Blau
Strichfarbe Hellblau
Glanz Glasglanz
Spaltbarkeit Vollkommen
Bruch Blättrig bis muschelig
Tenazität Spröde
Kristallform Orthorhombisch

Ausbildung Tafelige Kristalle, blättrige Aggregate, Krusten.
Entstehung und Vorkommen In der Oxidationszone von Kupfer-Lagerstätten.
Begleitmineralien Cuprit, Malachit, Brochantit, Buttgenbachit.
Ähnliche Mineralien Boleit und Cumengeit haben eine andere Kristallform; Linarit wird beim Betupfen mit Salzsäure weiß; Azurit hat eine andere Kristallform und braust beim Betupfen mit Salzsäure; Buttgenbachit ist immer nadelig.

2 Connellit

Chem. Formel $Cu_{19}Cl_4SO_4(OH)_{32} \cdot H_2O$
Härte 3, **Dichte** 3,41
Farbe Blau
Strichfarbe Blau
Glanz Glasglanz
Spaltbarkeit Nicht erkennbar
Bruch Muschelig
Tenazität Spröde
Kristallform Hexagonal

Ausbildung Nadelige Kristalle, oft zu Büscheln verwachsen, radialstrahlige Aggregate.
Entstehung und Vorkommen In der Oxidationszone von Kupfer-Lagerstätten.
Begleitmineralien Azurit, Malachit, Olivenit, Lirokonit.
Ähnliche Mineralien Cyanotrichit lässt sich von Connellit mit einfachen Mitteln manchmal nicht unterscheiden, ist aber meist etwas heller blau; Azurit ist dunkler blau; Agardit ist etwas grünlich und hat keinen blauen Strich; Buttgenbachit ist ohne chemische Analyse nicht unterscheidbar, ist aber viel seltener.

3 Langit

Chem. Formel $Cu_4(SO_4)(OH)_6 \cdot 2\ H_2O$
Härte 3–4, **Dichte** 3,48–3,5
Farbe Blau mit leichtem Stich ins Grüne
Strichfarbe Bläulich
Glanz Glasglanz
Spaltbarkeit Schlecht
Bruch Muschelig
Tenazität Spröde
Kristallform Orthorhombisch

Ausbildung Prismatisch bis tafelig, Skelettbildung, aufgewachsene Kristalle, Krusten.
Entstehung und Vorkommen In der Oxidationszone von Kupfer-Lagerstätten, meist als sehr junge Bildung, oft auch erst auf den Halden oder auf Stollenwänden entstanden.
Begleitmineralien Brochantit, Malachit, Azurit, Tirolit, Parnauit, Antlerit.
Ähnliche Mineralien Azurit braust beim Betupfen mit Salzsäure und ist dunkler blau; Linarit ist dunkler blau und wird beim Betupfen mit Salzsäure weiß.

4 Buttgenbachit

Chem. Formel $Cu_{19}Cl_4(NO_3)_2(OH)_{32} \cdot 2\ H_2O$
Härte 3, **Dichte** 3,41
Farbe Blau
Strichfarbe Blau
Glanz Glasglanz
Spaltbarkeit Nicht erkennbar
Bruch Muschelig
Tenazität Spröde
Kristallform Hexagonal

Ausbildung Nadelige Kristalle, oft zu Büscheln verwachsen, radialstrahlige Aggregate.
Entstehung und Vorkommen In der Oxidationszone von Kupfer-Lagerstätten.
Begleitmineralien Azurit, Malachit, Olivenit, Lirokonit.
Ähnliche Mineralien Cyanotrichit lässt sich von Buttgenbachit mit einfachen Mitteln manchmal nicht unterscheiden, ist aber meist etwas heller blau; Azurit ist dunkler blau; Agardit ist etwas grünlich und hat keinen blauen Strich; Connellit ist ohne chemische Analyse nicht unterscheidbar.

Fundorte

1 Kasachstan	**3** Richelsdorf, Hessen
2 St. Just, Cornwall, Großbritannien	**4** Almeria, Spanien

1

2

3

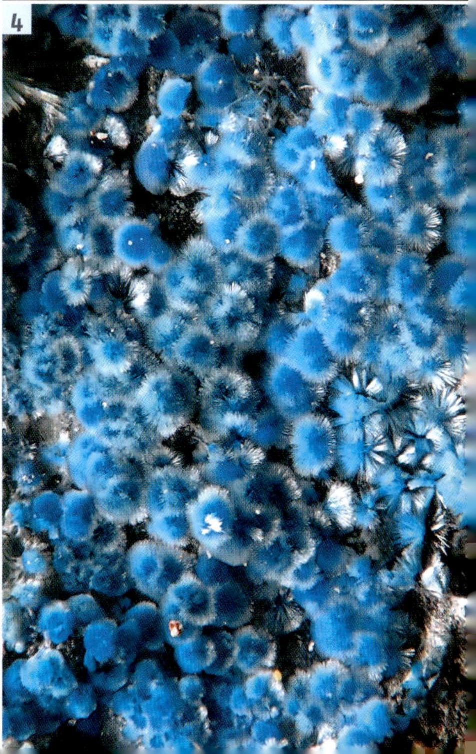
4

1 Azurit *Kupferlasur*

Chem. Formel $Cu_3[OH/CO_3]_2$
Härte 3½–4, **Dichte** 3,7–3,9
Farbe Tiefblau, derb etwas heller
Strichfarbe Blau
Glanz Glasglanz
Spaltbarkeit Vollkommen
Bruch Muschelig
Tenazität Spröde
Kristallform Monoklin

Ausbildung Säulige bis tafelige Kristalle, kugelige Gruppen und Krusten, radialstrahlige Aggregate, derb, erdig.
Entstehung und Vorkommen In der Oxidationszone von Kupfer-Lagerstätten, insbesondere solchen, die als Primärerz Fahlerz oder andere arsenhaltige Kupfererze enthalten.
Begleitmineralien Malachit, Cuprit und viele andere Kupferoxidationsmineralien.
Ähnliche Mineralien Klare Unterscheidung von anderen Mineralien durch die dunkelblaue Farbe, das Brausen beim Betupfen mit Salzsäure und das Vorkommen als Verwitterungsbildung von Kupfererzen.

2 Keyit

Chemische Formel $Cu_3(Zn,Cu)_4Cd_4(AsO_4)_6 \cdot 2\,H_2O$
Härte 4, **Dichte** 5,10
Farbe Intensiv himmelblau
Strichfarbe Blassblau
Glanz Glasglanz
Spaltbarkeit Gut
Bruch Uneben
Tenazität Spröde
Kristallform Monoklin

Ausbildung Prismatische bis langtafelige oder nadelige Kristalle, Kristallbüschel, radialstrahlige oder parallelnadelige Aggregate.
Entstehung und Vorkommen In der Oxidationszone von Kupfer-Lagerstätten.
Begleitmineralien Malachit, Cuproadamin, Zeunerit, Olivenit.
Ähnliche Mineralien Azurit und Klinoklas haben eine andere Farbe; Azurit braust beim Betupfen mit Salzsäure; Linarit kommt in einer anderen Paragenese vor und wird beim Betupfen mit Salzsäure weiß.

3 Cornetit

Chemische Formel $Cu_3PO_4(OH)_3$
Härte 4½, **Dichte** 4,1
Farbe Grünlich blau bis dunkelblau
Strichfarbe Blau
Glanz Glasglanz
Spaltbarkeit Keine
Bruch Uneben
Tenazität Spröde
Kristallform Orthorhombisch

Ausbildung Kurzprismatisch, oft gerundet; Krusten, radialstrahlige, sonnenförmige Aggregate auf Muttergestein.
Entstehung und Vorkommen In der Oxidationszone von Kupfer-Lagerstätten.
Begleitmineralien Malachit, Pseudomalachit, Brochantit.
Ähnliche Mineralien Azurit und Klinoklas haben eine andere Farbe; Azurit braust beim Betupfen mit Salzsäure; Linarit kommt in einer anderen Paragenese vor und wird beim Betupfen mit Salzsäure weiß.

4 Cyanotrichit *Lettsomit, Kupfersamterz*

Chem. Formel $Cu_4Al_2[(OH)_{12}/SO_4] \cdot 2\,H_2O$
Härte 3½–4, **Dichte** 3,7–3,9
Farbe Himmelblau
Strichfarbe Blau
Glanz Seidenglanz bis Glasglanz
Spaltbarkeit Keine
Bruch Uneben
Tenazität Spröde
Kristallform Orthorhombisch

Ausbildung Nadelig bis langtafelig, haarförmig, büschelig, radialstrahlig, bildet oft samtartige Überzüge (=Kupfersamterz) auf dem Muttergestein.
Entstehung und Vorkommen In der Oxidationszone von Kupfer-Lagerstätten.
Begleitmineralien Brochantit, Smithsonit, Malachit, Azurit, Cuproadamin, Olivenit.
Ähnliche Mineralien Azurit ist viel dunkler; Connellit lässt sich mit einfachen Mitteln nicht unterscheiden; Agardit ist etwas grünlich und hat keinen blauen Strich.

Fundorte	
1 Tsumeb, Namibia	3 Mine de l'Etoile, Zaire
2 Tsumeb, Namibia	4 Lavrion, Griechenland

1

2

3
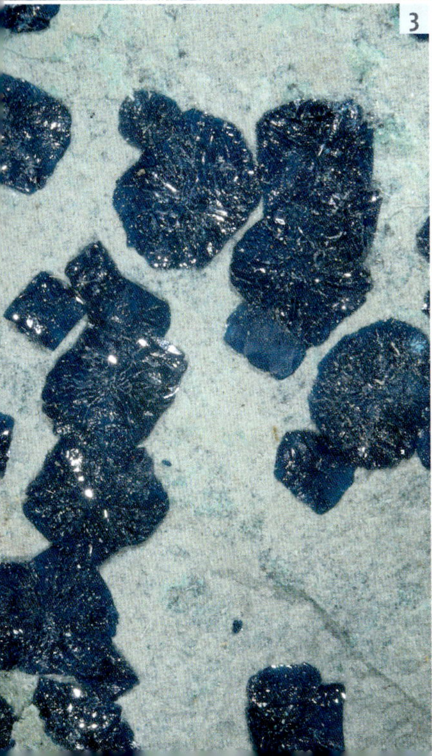
4

1 Lasurit *Lapis-Lazuli*

Chem. Formel $Na_8[S/(AlSiO_4)_6]$
Härte 5–6, **Dichte** 2,38–2,42
Farbe Blau
Strichfarbe Blau
Glanz Glasglanz, auf dem Bruch Fettglanz
Spaltbarkeit Kaum erkennbar
Bruch Muschelig
Tenazität Spröde
Kristallform Kubisch

Ausbildung Selten eingewachsene Rhombendodekaeder, meist derbe Massen, körnig, dicht.
Entstehung und Vorkommen In natriumreichen Marmoren. Lasurit kommt nur in wenigen Lagerstätten auf unserer Erde vor, wird dort aber dann meist in großen Mengen gefunden.
Begleitmineralien Diopsid, Pyrit, Kalkspat.
Ähnliche Mineralien Azurit braust beim Betupfen mit verdünnter Salzsäure. Das Vorkommen zusammen mit Pyrit ist außerordentlich typisch für Lapis-Lazuli.

2 Lapis-Lazuli

Edelstein

Farbe Blau, oft mit weißen (Kalkspat-) und goldfarbenen (Pyrit-) Einschlüssen, undurchsichtig
Glanz Glasglanz
Schliffform Cabochonschliff, Kugeln

Verwendung Cabochons als Ringsteine und für Broschen, Anhänger, Kugeln für Steinketten, daneben oft auch kunsthandwerkliche Gegenstände.
Behandlung Nicht schön blauer Lapis-Lazuli wird gern durch Einlegen in Farblösungen gefärbt. Dies lässt sich aber durch Abreiben mit Alkohol oder Aceton leicht feststellen, gefärbte Steine färben dabei den Wattebausch blau.
Unterscheidung Die praktisch immer vorhandenen Einschlüsse von Pyrit und Kalkspat sind sehr charakteristisch. Sie fehlen gefärbten anderen Steinen immer.

3 Glaukophan

Chem. Formel $Na_2Mg_3Al_2[(OH)_2|Si_8O_{22}]$
Härte 6, **Dichte** 3–3,1
Farbe Dunkelblau bis graublau
Strichfarbe Graublau
Glanz Glasglanz
Spaltbarkeit Vollkommen
Bruch Muschelig
Tenazität Spröde
Kristallform Monoklin

Ausbildung Prismatisch, tafelig, faserig, nadelig, oft strahlige Massen, körnig, dicht.
Entstehung und Vorkommen In natriumreichen, kristallinen Schiefern, typisch für Gesteine, die dort auftreten, wo Gesteinsmaterial schnell in große Tiefen transportiert wurde.
Begleitmineralien Chlorit, Muskovit, Rutil, Epidot, Pumpellyit.
Ähnliche Mineralien Azurit braust beim Betupfen mit verdünnter Salzsäure und hat keine vollkommene Spaltbarkeit; Pumpellyit und Epidot sind grün.

4 Crossit

Chem. Formel $Na_2(Mg,Fe)_3(Fe,Al)_2[(OH)_2|Si_8O_{22}]$
Härte 6, **Dichte** 3–3,1
Farbe Blaugrau
Strichfarbe Graublau
Glanz Glasglanz
Spaltbarkeit Vollkommen
Bruch Muschelig
Tenazität Spröde
Kristallform Monoklin

Ausbildung Prismatisch, tafelig, faserig, nadelig, oft strahlige Massen, körnig, dicht.
Entstehung und Vorkommen In natriumreichen, kristallinen Schiefern, typisch für die Blauschieferfazies, Gesteine, die schnell in große Tiefen transportiert wurden.
Begleitmineralien Chlorit, Muskovit, Rutil, Epidot, Pumpellyit.
Ähnliche Mineralien Azurit braust beim Betupfen mit verdünnter Salzsäure und hat keine vollkommene Spaltbarkeit; Pumpellyit und Epidot sind grün; Glaukophan ist mit einfachen Mitteln nicht zu unterscheiden.

Fundorte

1 Sar-e-Sang, Badakshan, Afghanistan	3 Minas Gerais, Brasilien
2 Sar-e-Sang, Badakshan, Afghanistan	4 Bretagne, Frankreich

1 2

3 4

1 Kermesit *Rotspießglanz*

Chem. Formel Sb_2S_2O
Härte 1–1½, **Dichte** 4,68
Farbe Rot
Strichfarbe Bräunlich rot, rot
Glanz Glasglanz bis Diamantglanz
Spaltbarkeit Kaum erkennbar
Bruch Faserig
Tenazität Milde
Kristallform Monoklin

Ausbildung Selten prismatische, fast immer nadelige Kristalle, haarförmig, radialstrahlige Aggregate, als derber Überzug.
Entstehung und Vorkommen In der Oxidationszone von Antimon-Lagerstätten.
Begleitmineralien Antimonit, Quarz, Valentinit.
Ähnliche Mineralien Bei Beachtung der Paragenese mit Antimonit, ist Kermesit aufgrund seiner roten Farbe unverwechselbar; Realgar hat einen gelben Strich und tritt normalerweise nicht so nadelig auf; Piemontit ist viel härter; Hämatit ist nie so nadelig.

2 Hutchinsonit

Chem. Formel $(Tl,Pb)_2(Cu,Ag)As_5S_{10}$
Härte 1½–2, **Dichte** 4,6
Farbe Kirschrot bis schwärzlich rot
Strichfarbe Rot
Glanz Diamantglanz
Spaltbarkeit Schlecht
Bruch Muschelig
Tenazität Spröde
Kristallform Orthorhombisch

Ausbildung Prismatisch bis nadelig, faserig, radialstrahlig, Überzüge.
Entstehung und Vorkommen In hydrothermalen Kupfer-Silber-Lagerstätten mit hohen Arsen-Gehalten.
Begleitmineralien Auripigment, Enargit, Pyrit, Sartorit, Realgar, Quarz, Dolomit.
Ähnliche Mineralien Enargit und Realgar haben keinen roten Strich; Miargyrit, Proustit und Pyrargyrit sind härter.

3 Erythrin *Kobaltblüte*

Chem. Formel $Co_3(AsO_4)_2 \cdot 8\,H_2O$
Härte 2, **Dichte** 3,07
Farbe Rot, rosaviolett, rosa
Strichfarbe Rot
Glanz Glasglanz, auf Spaltflächen Perlmuttglanz, in Krusten auch erdig matt
Spaltbarkeit Vollkommen
Bruch Uneben
Tenazität Milde, dünne Blättchen biegsam
Kristallform Monoklin

Ausbildung Nadelige bis tafelige Kristalle, strahlige Aggregate, oft erdig, krustig, derb.
Entstehung und Vorkommen In der Oxidationszone kobaltführender Lagerstätten.
Begleitmineralien Safflorit, Kobaltglanz, Skutterudit, gediegen Wismut.
Besonderheit Die rosafarbenen Überzüge von Erythrin sind immer ein deutlicher Hinweis auf kobalthaltige Erze.
Ähnliche Mineralien Die charakteristische rosaviolette bis rosa Farbe von Erythrin erlaubt keine Verwechslung; Roselith und Wendwilsonit haben eine ganz andere Kristallform.

4 Miargyrit

Chem. Formel $AgSbS_2$
Härte 2½, **Dichte** 5,25
Farbe Grau bis schwarz
Strichfarbe Rot
Glanz Metallglanz
Spaltbarkeit Nicht erkennbar
Bruch Muschelig
Tenazität Spröde
Kristallform Monoklin

Ausbildung Dicktafelige bis blockige Kristalle, strahlige Aggregate, derbes Erz.
Entstehung und Vorkommen In hydrothermalen Silbererz-Gängen, dort besonders in der Zementationszone.
Begleitmineralien Pyrargyrit, Argentit, Proustit, Quarz, Antimonit.
Ähnliche Mineralien Stephanit und Polybasit haben einen grauen bis schwarzen Strich; Proustit ist intensiv rot; Pyrargyrit ist zumindest rötlich; Hutchinsonit ist deutlich weicher.

Fundorte

1 Bräunsdorf, Sachsen	3 Bou Azzer, Marokko
2 Quiruvilca, Peru	4 Baia Sprie, Rumänien

1

2

3

4

1 Zinnober *Cinnabarit*

Chem. Formel HgS
Härte 2–2½, **Dichte** 8,1
Farbe Hellrot, dunkelrot, braunrot
Strichfarbe Rot
Glanz Diamantglanz, feinkörnig oft matt
Spaltbarkeit Nach dem Prisma vollkommen
Bruch Splittrig
Tenazität Milde
Kristallform Trigonal

Ausbildung Dicktafelige bis rhomboedrische Kristalle sind eher selten; meist ist Zinnober derb, körnig, erdig, strahlig.
Entstehung und Vorkommen In niedrig temperierten, hydrothermalen Gängen, in der Oxidationszone, besonders als Verwitterungsbildung von quecksilberhaltigem Fahlerz, an Austrittsstellen von vulkanischen Gasen auf dem Nebengestein.
Begleitmineralien Quarz, Chalcedon, Pyrit, Fluorit.
Ähnliche Mineralien Rote Zinkblende ist viel leichter, härter und hat eine Spaltbarkeit nach dem Rhombendodekaeder; Hämatit, Cuprit und Rutil sind härter.

2 Proustit *Lichtes Rotgültigerz*

Chem. Formel Ag_3AsS_3
Härte 2½, **Dichte** 5,5–5,7
Farbe Scharlach- bis zinnoberrot
Strichfarbe Scharlachrot
Glanz Diamantglanz bis Metallglanz, manchmal matt angelaufen
Spaltbarkeit Nach dem Rhomboeder manchmal erkennbar
Bruch Muschelig
Tenazität Spröde
Kristallform Trigonal

Ausbildung Prismatische bis pyramidale Kristalle sind meist aufgewachsen, oft tritt Proustit aber derb auf.
Entstehung und Vorkommen In subvulkanischen Gold-Silber-Lagerstätten und in hydrothermalen Gängen.
Begleitmineralien Argentit, Stephanit, Polybasit, gediegen Silber, Calcit.
Ähnliche Mineralien Pyrargyrit ist dunkler und hat einen dunkleren Strich; Cuprit hat eine andere Kristallform (meist Oktaeder, Würfel oder Rhombendodekaeder); Hutchinsonit ist viel weicher.

3 Pyrargyrit *Dunkles Rotgültigerz*

Chem. Formel Ag_3SbS_3
Härte 2½–3, **Dichte** 5,85
Farbe Dunkelrot bis grauschwarz, rot durchscheinend
Strichfarbe Kirschrot
Glanz Metallglanz
Spaltbarkeit Manchmal erkennbar
Bruch Muschelig
Tenazität Spröde
Kristallform Trigonal

Ausbildung Rhomboeder- und skalenoederähnlich, manchmal prismatisch, immer aufgewachsen, selten derb eingewachsen.
Entstehung und Vorkommen In Silbererzgängen, besonders in der Reicherzzone zusammen mit anderen Silbermineralien.
Begleitmineralien Proustit, Argentit, Stephanit, Miargyrit, Bleiglanz, Kalkspat.
Ähnliche Mineralien Proustit ist dunkel angelaufen, hat ein helleres Rot und unterscheidet sich von Pyrargyrit durch den helleren Strich; Miargyrit und Hutchinsonit sind weicher.

4 Krokoit *Rotbleierz*

Chem. Formel $PbCrO_4$
Härte 2½–3, **Dichte** 5,9–6
Farbe Rot mit gelegentlichem Stich ins Gelbe
Strichfarbe Orangerot
Glanz Fettglanz bis Diamantglanz
Spaltbarkeit Erkennbar
Bruch Muschelig
Tenazität Milde
Kristallform Monoklin

Ausbildung Nadelig bis prismatisch, tafelig, radialstrahlig, derb, als Anflug.
Entstehung und Vorkommen In der Oxidationszone von Blei-Lagerstätten; beim Kontakt mit chromführenden Verwitterungslösungen, die meist aus naheliegenden Serpentinen stammen.
Begleitmineralien Cerussit, Pyromorphit, Embreyit, Dundasit.
Ähnliche Mineralien Zinnober und Cuprit haben eine andere Kristallform; Realgar unterscheidet sich durch seine typische Paragenese.

Fundorte	
1 Erzberg, Steiermark, Österreich	3 St. Andreasberg, Harz
2 Schlema, Sachsen	4 Dundas, Tasmanien, Australien

1

2

3

4

1–2 Kupfer, gediegen

Chem. Formel Cu
Härte 2½–3, **Dichte** 8,93
Farbe Kupferrot, oft dunkler angelaufen
Strichfarbe Kupferrot, metallisch
Glanz Metallglanz
Spaltbarkeit Keine
Bruch Hakig
Tenazität Milde, dehnbar
Kristallform Kubisch

Ausbildung Würfel, Oktaeder, meist stark verzerrt, auch tafelig, skelettförmig, blechförmig, drahtförmig, derb.
Entstehung und Vorkommen In der Zementationszone vieler Kupfer-Lagerstätten, dort oft in großen Massen und Blechen (bis mehrere Tonnen Gewicht), in Blasenhohlräumen vulkanischer Gesteine.
Begleitmineralien Malachit, Cuprit, Kupferglanz, Buntkupferkies, Epidot, Datolith, gediegen Silber, Kalkspat.
Ähnliche Mineralien Silber hat eine andere Farbe und einen anderen Strich, Gleiches gilt für Gold. Mit Malachit überzogenes Kupfer zeigt beim Ritzen immer seine kupferrote Farbe. Nickelin hat einen andersfarbigen Strich.

3 Wendwilsonit

Chem. Formel
$Ca_2(Mg,Co)(AsO_4)_2 \cdot 2\,H_2O$
Härte 3½, **Dichte** 3,5–3,74
Farbe Dunkelrosa
Strichfarbe Rötlich
Glanz Glasglanz
Spaltbarkeit Vollkommen, Bruch uneben
Tenazität Spröde
Kristallform Monoklin

Ausbildung Dicktafelige Kristalle, derbe Krusten.
Entstehung und Vorkommen In der Oxidationszone von Kobalt-Lagerstätten, insbesondere bei dolomitischer Gangart.
Begleitmineralien Erythrin, Roselith.
Ähnliche Mineralien Die Kristallform von Wendwilsonit ist sehr charakteristisch und lässt kaum Verwechslungen zu, Roselith kann allerdings nur mittels chemischer Analyse unterschieden werden.

4 Roselith

Chem. Formel
$Ca_2(Co, Mg)(AsO_4)_2 \cdot 2\,H_2O$
Härte 3½, **Dichte** 3,5–3,74
Farbe Dunkelrosa
Strichfarbe Rötlich
Glanz Glasglanz
Spaltbarkeit Vollkommen, Bruch uneben
Tenazität Spröde
Kristallform Monoklin

Ausbildung Dicktafelige Kristalle, derbe Krusten.
Entstehung und Vorkommen In der Oxidationszone von Kobalt-Lagerstätten, in Hohlräumen der Erze und Gangarten.
Begleitmineralien Erythrin, Wendwilsonit, Chloanthit.
Ähnliche Mineralien Die Kristallform und Farbe von Roselith ist sehr charakteristisch und lässt kaum Verwechslungen zu, Wendwilsonit kann allerdings nur mittels chemischer Analyse unterschieden werden.

5–6 Cuprit *Rotkupfererz, Chalkotrichit*

Chem. Formel Cu_2O
Härte 3½ –4, **Dichte** 6,15
Farbe Tiefrot bis braunrot
Strichfarbe Braunrot
Glanz Metallglanz, Diamantglanz, in Aggregaten auch matt
Spaltbarkeit Nach dem Oktaeder erkennbar
Bruch Muschelig
Tenazität Spröde
Kristallform Kubisch

Ausbildung Oktaedrisch, seltener würfelig, haarförmig (Chalkotrichit Abb. 5), körnig, derb.
Entstehung und Vorkommen In der Oxidationszone von Kupfer-Lagerstätten, insbesondere an der Grenze zur Zementationszone.
Begleitmineralien Gediegen Kupfer, Malachit, Limonit, Calcit, Chalkosin, Chalkopyrit.
Ähnliche Mineralien Hämatit ist härter; Zinnober hat eine andere Kristallform; charakteristisch für Cuprit ist die Paragenese mit Malachit.

Fundorte

1 Keeweenaw, Michigan, USA	**3** Bou Azzer, Marokko	**5** Grube Wolf, Siegerland
2 Grube Käusersteimel, Siegerland	**4** Bou Azzer, Marokko	**6** Tsumeb, Namibia

1

2

3

4

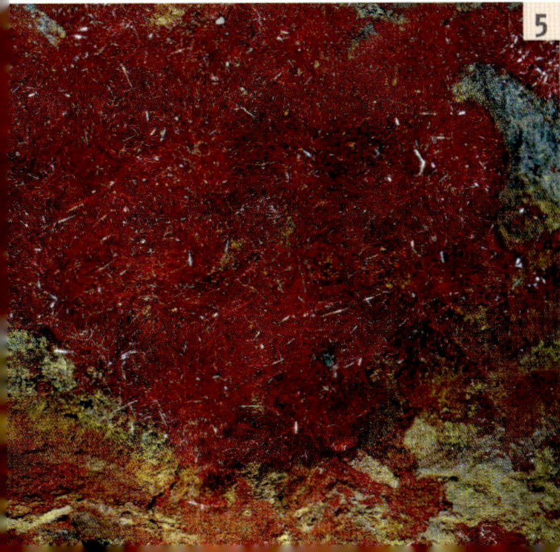

5

6

1 Auricuprid

Chem. Formel Cu_3Au
Härte 3–3½, **Dichte** 11,5
Farbe Bronzegelb bis kupferrot
Strichfarbe Kupferrot metallisch
Glanz Metallglanz
Spaltbarkeit Keine
Bruch Hakig
Tenazität Milde, dehnbar
Kristallform Kubisch

Ausbildung Eingewachsene Körner, Krusten um andere Goldlegierungen.
Entstehung und Vorkommen In Serpentiniten eingewachsen, entstanden durch Entmischung anderer Gold-Kupfer-Legierungen.
Begleitmineralien Gold, Kupfer und andere Gold-Kupfer-Legierungen.
Ähnliche Mineralien Silber hat eine andere Farbe und einen anderen Strich, Gleiches gilt für Gold. Kupfer kommt fast immer in anderer Paragenese vor, ist aber ansonsten mit einfachen Mitteln nur schwer zu unterscheiden.

2 Heterosit

Chem. Formel $(Fe,Mn)PO_4$
Härte 4–4½, **Dichte** 3,4
Farbe Braun mit violettem Schimmer, violett
Strichfarbe Blass violettrot
Glanz Glasglanz, auf Spaltflächen etwas seidig
Spaltbarkeit Gut
Bruch Uneben
Tenazität Spröde
Kristallform Orthorhombisch

Ausbildung Eingewachsene Massen, Spaltstücke, derbe Einschlüsse.
Entstehung und Vorkommen In Phosphatpegmatiten.
Begleitmineralien Triphylin, Feldspat, Quarz, Lithiophilit, Ferrisicklerit, Rockbridgeit.
Ähnliche Mineralien Die violette Farbe ist bei Beachtung des Vorkommens in Phosphatpegmatiten außerordentlich charakteristisch. Die violette Farbe intensiviert sich beim Betupfen mit Salzsäure deutlich. Viele starkviolette Heterosite in den Sammlungen (oft fälschlich als Purpurit bezeichnet) wurden durch Salzsäurebäder „farbverbessert".

3 Lepidokrokit *Rubinglimmer*

Chem. Formel FeOOH
Härte 5, **Dichte** 4
Farbe Rubinrot bis gelbrot
Strichfarbe Rötlich
Glanz Diamantglanz
Spaltbarkeit Vollkommen
Bruch Uneben
Tenazität Spröde
Kristallform Orthorhombisch

Ausbildung Tafelige Kristalle aufgewachsen, strahlig, blättrig, derb.
Entstehung und Vorkommen In der Oxidationszone von Eisen-Lagerstätten, deutlich seltener als Goethit.
Begleitmineralien Goethit, Pyrolusit.
Ähnliche Mineralien Von Goethit unterscheidet sich Lepidokrokit durch die rote Farbe und Strichfarbe; Jarosit, Natrojarosit und Beudantit haben eine andere Strichfarbe; Hämatit ist härter.

4 Piemontit

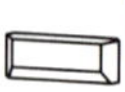

Chem. Formel $Ca_2(Mn,Al)(Al_2[O/OH/SiO_4/Si_2O_7]$
Härte 6½, **Dichte** 3,4
Farbe Hell- bis dunkelrot
Strichfarbe Schwärzlich rot
Glanz Glasglanz
Spaltbarkeit Schlecht erkennbar
Bruch Muschelig
Tenazität Spröde
Kristallform Monoklin

Ausbildung Prismatische bis nadelige Kristalle, faserig, strahlige Aggregate, ein- und aufgewachsen.
Entstehung und Vorkommen In metamorphen Mangan-Lagerstätten und Drusen von Pegmatiten, auf Klüften metamorpher Gesteine.
Begleitmineralien Braunit, Rhodonit, Rhodochrosit, Sursassit.
Ähnliche Mineralien Bei Beachtung von Farbe, Ausbildung und Paragenese mit anderen Mangan-Mineralien kaum verwechselbar.

Fundorte	
1 Ural, Russland	3 Grube Ameise, Siegerland
2 Sandamab, Namibia	4 St. Marcel, Piemont, Italien

1

2

3

4

1–3 Hämatit *Roteisenstein, Eisenglimmer, Roter Glaskopf, Blutstein*

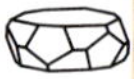

Chem. Formel Fe_2O_3
Härte 6½, **Dichte** 5,2–5,3
Farbe Derbe Aggregate (roter Glaskopf) und dünne Blättchen rot, sonst metallisch schwarzgrau, oft bunt angelaufen
Strichfarbe Rotbraun, bei geringen Titangehalten aber schwarz
Glanz Metallglanz bis matt
Spaltbarkeit Keine, aber oft blättrig
Bruch Muschelig
Tenazität Spröde
Kristallform Trigonal

Roter Glaskopf aus Cumberland

Runder Cabochon von Hämatit (Blutstein)

Ausbildung Dipyramidal, an Oktaeder erinnernd, dick- bis dünntafelig, rosettenförmig (= Eisenrosen, Abb. 1), oft derb, blättrig, radialstrahlig, mit glatter Oberfläche (roter Glaskopf), erdig, krustig.

Entstehung und Vorkommen Mikroskopisch in fast allen, besonders metamorphen Gesteinen, dort auch größere Lagerstätten; in pneumatolytischen und hydrothermalen Gängen, an Austrittsstellen vulkanischer Gase (sog. Fumarolenspalten), als färbender Bestandteil vieler Sedimentgesteine, in kontaktmetasomatischen Lagerstätten. Tongesteine, die durch hohe Gehalte an feinverteiltem Hämatit ausgezeichnet sind, werden als Rötel bezeichnet. Schöne Kristalle, speziell auch rosettenförmige Aggregate, die Eisenrosen, finden sich besonders auf alpinen Klüften der Österreichischen und Schweizer Alpen. Hervorragende flächenreiche Hämatit-Kristalle stammen aus den Eisenlagerstätten der italienischen Insel Elba und aus den brasilianischen Eisenlagerstätten.

Begleitmineralien Magnetit, Pyrit.

Besonderheit Rosettenförmige Aggregate werden Eisenrosen genannt, feinblättriger, silbriger Hämatit trägt auch den Namen Eisenglimmer.

Ähnliche Mineralien Magnetit und Ilmenit haben einen schwarzen Strich, letzterer ist allerdings von titanhaltigem Hämatit kaum zu unterscheiden. Brauner Glaskopf (Goethit) hat einen braunen Strich. Lepidokrokit, Cuprit, Miargyrit, Zinnober, Realgar sind weicher. Haematit in Form von Eisenglimmer unterscheidet sich von Glimmer und Glimmerschiefern durch seinen mehr metallischen Glanz und durch seinen roten Strich. Feinblättriger Hämatit schreibt sogar rötlich auf Papier, dadurch unterscheidet er sich von Graphit und Molybdänit, mit denen man schwarz schreiben kann, beide sind auch deutlich weicher und nicht so spröde.

4 Hämatit *Edelstein*

Farbe Schwarz, metallisch glänzend
Glanz Metallglanz
Schliffform Cabochonschliff, Kugeln

Verwendung Als Ringstein, Ketten, Broschen.

Besonderheit Besonders schöner Hämatit in Form von Rotem Glaskopf kommt aus Cumberland. Dieses Material wird auch zu Schmucksteinen verschliffen und als Blutstein bezeichnet. Der Name wurde aufgrund der Beobachtung gegeben, dass Hämatit beim Schleifen wegen seiner roten Strichfarbe die Schleifflüssigkeit rot färbt, so als ob der Stein bluten würde.

Unterscheidung Für Schmuckzwecke wird oft billiger Magnetit statt des teureren Hämatits verschliffen. Dieser ist deutlich magnetisch und zeigt im geschliffenen Zustand einen leicht bräunlichen Farbstich.

Fundorte	
1 Fibbia, St. Gotthard, Schweiz	3 Grube Haardt, Siegerland
2 Cumberland, Grossbritannien	4 Siegerland

1

2

3

4

1 Realgar *Rauschrot*

Chem. Formel AsS
Härte 1–1½, **Dichte** 3,5–3,6
Farbe Tiefrot, durchscheinend bis undurchsichtig
Strichfarbe Orangegelb
Glanz Diamantglanz bis Fettglanz
Spaltbarkeit Kaum erkennbar
Bruch Muschelig
Tenazität Dünne Blättchen biegsam, milde
Kristallform Monoklin

Ausbildung Prismatisch, nadelig, pulvrig, derb.
Entstehung und Vorkommen In Erzgängen niedriger Bildungstemperatur, als Abscheidung heißer Quellen und vulkanischer Gase, auf Tonen und Kalksteinen, als Verwitterungsprodukt von arsenhaltigen Erzen.
Begleitmineralien Auripigment, Antimonit, Dolomit, Wakabayashilit.
Ähnliche Mineralien Cuprit hat eine andere Kristallform und einen anderen Strich; Zinnober ist viel schwerer und hat im Gegensatz zu Realgar eine vollkommene Spaltbarkeit.

2 Karibibit

Chem. Formel $Fe_2As_4(O,OH)_9$
Härte 1–1½, **Dichte** 4,07
Farbe Braungelb bis orange
Strichfarbe Hellgelb
Glanz Glasglanz
Spaltbarkeit Kaum erkennbar
Bruch Faserig
Tenazität Nädelchen biegsam
Kristallform Orthorhombisch

Ausbildung Prismatisch, nadelig, büschelig, samtige Überzüge, pulvrig, derb.
Entstehung und Vorkommen In der Oxidationszone von Erzgängen der Kobalt-Nickel-Arsen-Formation, in Pegmatiten als Umwandlungsprodukt von Löllingit.
Begleitmineralien Löllingit, Schneiderhöhnit, Skorodit, Parasymplesit, Quarz.
Ähnliche Mineralien Goethit ist viel härter und nicht flexibel, die Paragenese mit Löllingit und die Farbe sind außerordentlich charakteristisch.

3 Carnotit

Chem. Formel $K_2(UO_2)_2(V_2O_8) \cdot 1\text{–}3\ H_2O$
Härte 2, **Dichte** 4,7
Farbe Gelb
Strichfarbe Gelb
Glanz Auf Kristallflächen Seidenglanz, sonst matt
Spaltbarkeit Vollkommen
Bruch Uneben
Tenazität Spröde bis milde
Kristallform Monoklin

Ausbildung Tafelige Kristalle, meist aufgewachsen, krustig, erdig, pulvrig.
Entstehung und Vorkommen In der Oxidationszone von Uran-Lagerstätten, in uranhaltigen Sandsteinen, in Kalken.
Begleitmineralien Torbernit, Quarz, Volborthit, Uraninit, Davidit.
Ähnliche Mineralien Torbernit ist grün und fluoresziert nicht, Autunit und Novacekit sind mit einfachen Mitteln oft nicht zu unterscheiden, sind aber meist etwas gelber.
Achtung! Carnotit ist radioaktiv!

4 Wakabayashilit

Chem. Formel $(As,Sb)_{11}S_{16}$
Härte 1½ –2, **Dichte** 3,96
Farbe Zitronengelb bis orangegelb
Strichfarbe Orangegelb
Glanz Fettglanz
Spaltbarkeit Sehr vollkommen
Bruch Blättrig
Tenazität Milde, schneidbar, dünne Nadeln sind biegsam
Kristallform Monoklin

Ausbildung Kristalle prismatisch, nadelig, faserig, strahlig, derb.
Entstehung und Vorkommen In hydrothermalen Gängen und niedrigtemperierten Arsen-Lagerstätten.
Begleitmineralien Realgar, Antimonit, Auripigment, Quarz, Pyrit, Calcit.
Ähnliche Mineralien Greenockit hat eine andere Kristallform, seine Paragenese mit Zinkblende ist charakteristisch; Auripigment ist mehr blättrig, bei gleicher Farbe nie so nadelig wie Wakabayashilit.

Fundorte

1 Hunan, China	**3** Radium Hill, Australien
2 Bou Azzer, Marokko	**4** Jas Roux, Fankreich

1

2

3

4

1 Auripigment *Rauschgelb*

Chem. Formel As_2S_3
Härte 1½–2, **Dichte** 3,48
Farbe Zitronengelb bis orangegelb
Strichfarbe Hellgelb
Glanz Fettglanz
Spaltbarkeit Sehr vollkommen
Bruch Blättrig
Tenazität Milde, schneidbar, dünne Blättchen von Auripigment sind biegsam
Kristallform Monoklin

Ausbildung Kristalle prismatisch, nadelig, linsenförmig, radialstrahlig, blättrig, strahlig, derb.
Entstehung und Vorkommen In hydrothermalen Gängen und auf Klüften und Rissen in Tongesteinen.
Begleitmineralien Realgar, Arsenmineralien.
Besonderheit Auripigment wurde lange Zeit als – allerdings giftiges – leuchtend gelbes Malpigment verwendet und unter dem Namen Rauschgelb verkauft.
Ähnliche Mineralien Greenockit hat eine andere Kristallform, seine Paragenese mit Zinkblende ist charakteristisch.

2 Amarantit

Chem. Formel $Fe_2O(SO_4)_2 \cdot 7\,H_2O$
Härte 2½, **Dichte** 2,19–2,29
Farbe Orangegelb
Strichfarbe Gelb
Glanz Glasglanz
Spaltbarkeit Vollkommen
Bruch Uneben
Tenazität Spröde
Kristallform Monoklin

Ausbildung Kristalle prismatisch, nadelig, linsenförmig, strahlig, körnig, derb.
Entstehung und Vorkommen In der Oxidationszone von Erz-Lagerstätten insbesondere im Wüstenklima.
Begleitmineralien Chalkanthit, Copiapit, Coquimbit, Sideronatrit.
Ähnliche Mineralien Copiapit ist reiner gelb, Coquimbit ist immer leicht violett, Goethit ist nicht so glasig wie Amarantit und das Braun ist dunkler.

3 Nontronit

Chem. Formel $Na_{0,33}Fe_2(Al,Si)_4(OH)_2 \cdot n\,H_2O$
Härte 1–2, **Dichte** 2–3
Farbe Gelb bis grüngelb
Strichfarbe Gelblich
Glanz Harzglanz bis matt
Spaltbarkeit Vollkommen
Bruch Muschelig bis erdig
Tenazität Milde
Kristallform Monoklin

Ausbildung Derb, erdig, als Überzüge.
Entstehung und Vorkommen Als Umwandlungsprodukt von Silikaten bei tiefgründiger Verwitterung.
Begleitmineralien Opal, Quarz.
Besonderheit Mit Opal dicht verwachsener Nontronit wird als Chloropal bezeichnet.
Ähnliche Mineralien Bei Beachtung der Paragenese ist Nontronit unverwechselbar; Kaolinit ist nicht gelbgrün; Carnotit ist gelblicher und radioaktiv.

4 Saleeit

Chem. Formel $Mg[UO_2/AsO_4]_2 \cdot 8\text{–}10\,H_2O$
Härte 2½, **Dichte** 3,6
Farbe Gelb mit Stich ins Grüne; Glasglanz
Strichfarbe Gelblich
Glanz Auf Spaltflächen Perlmuttglanz
Spaltbarkeit Vollkommen
Bruch Uneben
Tenazität Spröde bis milde
Kristallform Tetragonal

Ausbildung Tafelige Kristalle, meist aufgewachsen, krustig.
Entstehung und Vorkommen In der Oxidationszone von Uran-Lagerstätten.
Begleitmineralien Zeunerit, Schwerspat, Quarz.
Besondere Eigenschaft Saleeit fluoresziert bei Bestrahlung mit der UV-Lampe deutlich gelbgrün.
Ähnliche Mineralien Torbernit und Zeunerit sind grün und fluoreszieren nicht; Autunit und Novacekit sind mit einfachen Mitteln oft nicht zu unterscheiden, sind aber meist etwas gelber gefärbt.
Achtung! Saleeit ist radioaktiv!

Fundorte	
1 Quiruvilca, Peru	3 Kropfmühl, Bayerischer Wald
2 Chucquicamata, Chile	4 Großschloppen, Fichtelgebirge

1

2

3

4

1 Novacekit

Chem. Formel $Mg[UO_2/AsO_4]_2 \cdot 12\ H_2O$
Härte 2½, **Dichte** 3,5
Farbe Gelb mit Stich ins Grüne
Strichfarbe Gelblich
Glanz Glasglanz, auf Spaltflächen Perlmuttglanz
Spaltbarkeit Vollkommen
Bruch Uneben
Tenazität Spröde bis milde
Kristallform Tetragonal

Ausbildung Tafelige Kristalle, aufgewachsen, Krusten.
Entstehung und Vorkommen In der Oxidationszone von Uran-Lagerstätten.
Begleitmineralien Zeunerit, Schwerspat, Quarz, Skorodit.
Besondere Eigenschaft Novacekit fluoresziert bei Bestrahlung mit der UV-Lampe deutlich gelbgrün.
Ähnliche Mineralien Torbernit ist grün und fluoresziert nicht; Autunit und Uranocircit sind mit einfachen Mitteln oft nicht zu unterscheiden; Saleeit ist mehr grün.
Achtung! Novacekit ist radioaktiv!

2 Beraunit

Chem. Formel $Fe_3[(OH)_3/(PO_4)_2] \cdot 2½\ H_2O$
Härte 3–4, **Dichte** 2,9
Farbe Gelb, grün, braun, rot
Strichfarbe Gelb
Glanz Glasglanz
Spaltbarkeit Gut, aber nur an größeren Kristallen erkennbar
Bruch Uneben
Tenazität Spröde
Kristallform Monoklin

Ausbildung Kristalle tafelig, langtafelig bis nadelig, radialstrahlige Aggregate, Krusten.
Entstehung und Vorkommen In Phosphatpegmatiten als Verwitterungsbildung primärer Phosphatmineralien, in Brauneisen-Lagerstätten.
Begleitmineralien Kakoxen, Strengit, Rockbridgeit, Strunzit, Laubmannit, Kidwellit.
Ähnliche Mineralien Gelber Beraunit ist mit einfachen Mitteln manchmal nicht von Strunzit zu unterscheiden, allerdings ist dieser meist deutlicher strohgelb, Laubmannit und Kidwellit bilden keine tafeligen Kristalle.

3 Cetineit

Chem. Formel $(K\ Na)_{3+x}(Sb_2O_3)_3(SbS_3)(OH)_x \cdot 2{,}4\ H_2O$
Härte 2½, **Dichte** 4,21
Farbe Rotorange
Strichfarbe Orangegelb
Glanz Fettglanz
Spaltbarkeit Gut, aber kaum erkennbar
Bruch Uneben
Tenazität Milde, schneidbar
Kristallform Hexagonal

Ausbildung Kristalle prismatisch, nadelig, radialstrahlig, faserig, strahlig, derb.
Entstehung und Vorkommen In der Oxidationszone niedrigthermaler Antimonerzgänge.
Begleitmineralien Antimonit, Senarmontit, Klebelsbergit.
Ähnliche Mineralien Klebelsbergit ist gelber, Valentinit eher weiß, Stibiconit ist gelblich. Cetineit unterscheidet sich von allen anderen ähnlichen Mineralien durch die typische Paragenese mit Antimon-Mineralien.

4 Nealit

Chem. Formel $Pb_4Fe[Cl_2|AsO_3]_2 \cdot 2\ H_2O$
Härte 4, **Dichte** 5,88
Farbe Gelb bis etwas orange
Strichfarbe Hellgelb
Glanz Diamantglanz bis Fettglanz
Spaltbarkeit Kaum erkennbar
Bruch Muschelig
Tenazität Spröde
Kristallform Triklin

Ausbildung Prismatisch, nadelig, selten radialstrahlige Aggregate.
Entstehung und Vorkommen In antiken Blei-Schlacken, die aus der Verhüttung arsenhaltiger Erze stammen und ins Meer gekippt wurden.
Begleitmineralien Georgiadesit, Anglesit, Phosgenit, Laurionit, Paralaurionit.
Ähnliche Mineralien Typische Kristallform, bei Beachtung der Art des Vorkommens kaum Verwechslung möglich.

Fundorte

1 Wittichen, Schwarzwald	3 Le Cetine, Italien
2 Cornwall, Großbritannien	4 Lavrion, Griechenland

1

2

3

4

1–2 Gold, gediegen

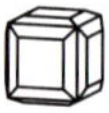

Chem. Formel Au
Härte 2½–3, **Dichte** 15,5–19,3
Farbe Gold bis messinggelb
Strichfarbe Goldgelb metallisch
Glanz Metallglanz
Spaltbarkeit Keine
Bruch Hakig
Tenazität Milde, sehr dehnbar
Kristallform Kubisch

Ausbildung Oktaeder, Würfel, selten gut ausgebildet, meist verzerrt, skelettförmig, blechförmig, drahtförmig, oft derb, eingewachsen, abgerollte Nuggets.
Entstehung und Vorkommen In hydrothermalen Quarz-Gängen hoher bis mäßiger Temperatur, in Seifen in Flüssen und Bächen.
Begleitmineralien Quarz, Arsenkies, Pyrit, Turmalin, Fluorit.
Besonderheit Gold lässt sich zu Blättchen hämmern und zu langen, dünnen Drähten ziehen.
Ähnliche Mineralien Pyrit, Kupferkies und Markasit haben einen schwarzen Strich und sind nicht dehnbar. Sie sind außerdem deutlich härter. Siderit ist manchmal goldgelb angelaufen, unterscheidet sich aber durch Spaltbarkeit und Tenazität. Angelaufenes gediegenes Silber zeigt beim Kratzen sofort seine silberweiße Farbe. Bereits geringe Goldgehalte (wenige Gramm pro Tonne) machen eine Gold-Lagerstätte bauwürdig, wenn sie auf einfache Weise im Tagebau abgebaut werden kann. Dies zieht allerdings oft große Umweltzerstörungen nach sich und ist in stärker besiedelten Gebieten mit hohen Umweltstandards meist unmöglich.

3 Walpurgin

Chem. Formel $(BiO)_4UO_2(AsO_4)_2 \cdot 3\,H_2O$
Härte 3½, **Dichte** 5,95
Farbe Gelb bis blassorange
Strichfarbe Gelb
Glanz Fettiger Glasglanz
Spaltbarkeit Vollkommen
Bruch Blättrig
Tenazität Spröde
Kristallform Triklin

Ausbildung Tafelige Kristalle, aufgewachsen, radialstrahlig, erdig, krustig.
Entstehung und Vorkommen In der Oxidationszone von Uranlagerstätten der Wismut-Kobalt-Nickel-Formation.
Begleitmineralien Torbernit, Zeunerit, Bismutit, Quarz, Annabergit.
Ähnliche Mineralien Autunit, Saleeit und Novacekit haben eine andere Kristallform.
Achtung! Walpurgin ist radioaktiv!

4 Kakoxen

Chem. Formel $Fe_4[OH/PO_4]_3 \cdot 12\,H_2O$
Härte 3, **Dichte** 2,3
Farbe Goldgelb bis bräunlich
Strichfarbe Gelb
Glanz Seidenglanz bis Glasglanz
Spaltbarkeit Wegen seiner dünnnadeligen bis faserigen Ausbildung nicht erkennbar
Bruch Faserig
Tenazität Spröde
Kristallform Hexagonal

Ausbildung Nadelig, haarförmig, meist kugelig, faserig, radialstrahlig.
Entstehung und Vorkommen In Phosphatpegmatiten und Brauneisenlagerstätten.
Begleitmineralien Beraunit, Strengit, Rockbridgeit, Goethit, Strunzit, Phosphosiderit.
Besonderheit Der Name Kakoxen bedeutet soviel wie „unerwünschter Gast", weil er in Eisenerzen einen nicht erwünschten Phosphor-Gehalt anzeigt.
Ähnliche Mineralien Strunzit ist blasser gelb, aber manchmal mit einfachen Mitteln von Kakoxen nicht zu unterscheiden.

Fundorte

1 Eagle's Nest Mine, Kalifornien, USA	3 Wittichen, Schwarzwald
2 Beresowsk, Russland	4 Svappavaara, Schweden

1

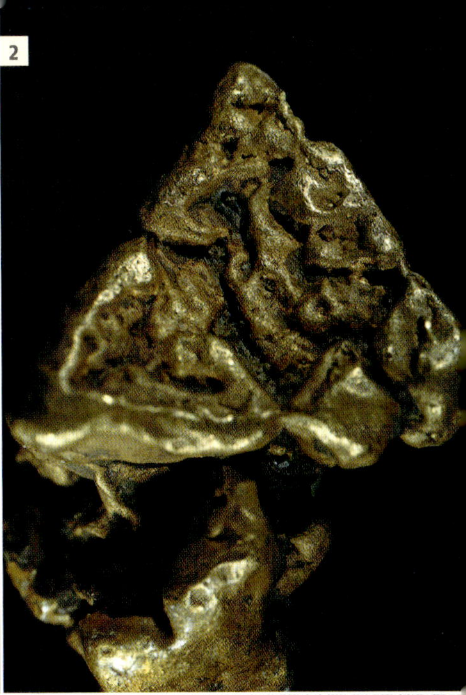
2

3

4

1 Kleinit

Chem. Formel $Hg_2N(Cl,SO_4) \cdot n\ H_2O$
Härte 3–4, **Dichte** 7,9–8
Farbe Gelb bis etwas orange
Strichfarbe Schwefelgelb
Glanz Diamantglanz bis Fettglanz
Spaltbarkeit Kaum erkennbar
Bruch Muschelig
Tenazität Spröde
Kristallform Hexagonal

Ausbildung Prismatische bis isometrische Kristalle, nadelig, selten radialstrahlige Aggregate, Krusten, derb.
Entstehung und Vorkommen In der Oxidationszone von Quecksilber-Lagerstätten.
Begleitmineralien Gediegen Quecksilber, Zinnober, Kalomel, Kalkspat.
Ähnliche Mineralien Bei Berücksichtigung der Paragenese mit anderen Quecksilbermineralien ist eine Verwechslung wegen der intensiv gelben Farbe kaum möglich; Auripigment ist nicht spröde.

2 Natrojarosit

Chem. Formel $NaFe_3(OH)_6(SO_4)_2$
Härte 3–4, **Dichte** 3,1–3,3
Farbe Gelb bis braun
Strichfarbe Gelb
Glanz Glasglanz
Spaltbarkeit Nach der Basis manchmal erkennbar
Bruch Uneben
Tenazität Spröde
Kristallform Trigonal

Ausbildung Tafelig bis rhomboedrisch, körnig, pulvrig, krustig, als Überzug, erdig, traubig.
Entstehung und Vorkommen In der Oxidationszone von hydrothermalen Lagerstätten.
Begleitmineralien Goethit, Skorodit, Arseniosiderit, Pharmakosiderit.
Ähnliche Mineralien Von Jarosit kann Natrojarosit nur chemisch unterschieden werden; Beudantit ist etwas härter; Goethit ist härter und hat eine andere Kristallform.

3 Jarosit

Chem. Formel $KFe_3(OH)_6(SO_4)_2$
Härte 3–4, **Dichte** 3,1–3,3
Farbe Gelb bis braun
Strichfarbe Gelb
Glanz Glasglanz
Spaltbarkeit Nach der Basis manchmal erkennbar
Bruch Uneben
Tenazität Spröde
Kristallform Trigonal

Ausbildung Tafelig bis rhomboedrisch, körnig, pulvrig, krustig, als Überzug, erdig, traubig.
Entstehung und Vorkommen In der Oxidationszone von hydrothermalen Lagerstätten.
Begleitmineralien Goethit, Skorodit, Arseniosiderit, Pharmakosiderit.
Ähnliche Mineralien Von Natrojarosit kann Jarosit nur chemisch unterschieden werden; Beudantit ist etwas härter; Goethit ist härter und hat eine andere Kristallform.

4 Chiavennit

Chem. Formel $CaMn_2Be_2Si_5O_{13}(OH)_2 \cdot 2\ H_2O$
Härte 3–4, **Dichte** 2,65
Farbe Gelb bis orangegelb
Strichfarbe Blass ockergelb
Glanz Glasglanz
Spaltbarkeit Vollkommen
Bruch Blättrig
Tenazität Spröde
Kristallform Orthorhombisch

Ausbildung Tafelige, sechsseitige Kristalle, blättrig, krustige Überzüge, erdig, traubig.
Entstehung und Vorkommen In Pegmatiten, z. T. als Überzüge auf Beryll, in Syenit-Pegmatiten.
Begleitmineralien Beryll, Mikroklin, Albit, Bavenit, Analcim, Natrolith.
Ähnliche Mineralien Glimmer sind nie so orangefarben; die Vergesellschaftung mit Beryll ist sehr charakteristisch; Stilbit und Heulandit haben eine andere Kristallform.

Fundorte

1 McDermitt Mine, Nevada, USA	3 Barranco Jaroso, Nijar, Spanien
2 Lavrion, Griechenland	4 Tvedalen, Norwegen

1

2

3

4

1 Beudantit

Chem. Formel $PbFe_3[(OH)_6/SO_4/AsO_4]$
Härte 4, **Dichte** 4,3
Farbe Gelb, braun, grünlich, oliv
Strichfarbe Gelb
Glanz Glasglanz
Spaltbarkeit Keine
Bruch Muschelig
Tenazität Spröde
Kristallform Trigonal

Ausbildung Rhomboedrisch, pseudowürfelig, aufgewachsene Kristalle, Kristallrasen, tafelig, krustig, erdig, derb.
Entstehung und Vorkommen In der Oxidationszone von bleiführenden Lagerstätten, die auch arsenführende Primärminerale aufweisen.
Begleitmineralien Mimetesit, Jarosit, Konichalcit, Skorodit.
Ähnliche Mineralien Jarosit und Natrojarosit sind etwas weicher und zeigen im Gegensatz zu Beudantit eine Spaltbarkeit; Tsumcorit ist etwas härter und hat eine andere Kristallform.

2 Desautelsit

Chem. Formel $Mg_6Mn_{23} + (CO_3)(OH)_{16} \cdot 4\ H_2O$
Härte 2–3, **Dichte** 2,1
Farbe Orangegelb, braun
Strichfarbe Gelb
Glanz Glasglanz
Spaltbarkeit Vollkommen
Bruch Blättrig
Tenazität Spröde
Kristallform Hexagonal

Ausbildung Sechsseitige tafelige Kristalle, Kristallrasen, Krusten, Überzüge, erdig, derb.
Entstehung und Vorkommen Auf Klüften von brekkziierten Serpentinen, auf Klüften ultrabasischer Gesteine.
Begleitmineralien Serpentin, Artinit, Magnesit, Kalkspat, Aragonit.
Ähnliche Mineralien Aragonit ist etwas härter; Serpentin ist mehr gelbgrün; Artinit ist nie orange; Brucit und Hydrotalkit haben eine andere Farbe. Die Farbe ist bei Betrachtung der Paragenese sehr typisch.

3 Pucherit

Chem. Formel $Bi_2V_2O_8$
Härte 4, **Dichte** 6,25
Farbe Rötlich braun bis gelblich
Strichfarbe Gelb
Spaltbarkeit Vollkommen
Bruch Muschelig
Tenazität Spröde
Kristallform Orthorhombisch

Ausbildung Dicktafelig, isometrisch, nadelig, aufgewachsene Kristalle, krustig, erdig, derb.
Entstehung und Vorkommen In der Oxidationszone von Lagerstätten der Wismut-Kobalt-Nickel-Formation.
Begleitmineralien Wismut, Wismutocker, Eulytin, Quarz, Skorodit.
Ähnliche Mineralien Bei Beachtung der Paragenese mit Wismutmineralien ist keine Verwechslung mit anderen Mineralien möglich.

4 Zinkit

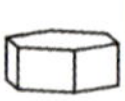

Chem. Formel ZnO
Härte 4, **Dichte** 5,66
Farbe Gelblich, tiefrot
Strichfarbe Gelborange
Glanz Glasglanz
Spaltbarkeit Vollkommen
Bruch Uneben
Tenazität Spröde
Kristallform Hexagonal

Ausbildung Selten pyramidale Kristalle, hemimorph (d. h. die beiden Kristallenden sind unterschiedlich), Spaltstücke, körnig, derb.
Entstehung und Vorkommen In metamorphen Zink-Mangan-Lagerstätten, in der Oxidationszone von Zink-Lagerstätten, in vulkanischen Exhalationen.
Begleitmineralien Willemit, Franklinit, Kalkspat, Smithsonit, Hemimorphit.
Ähnliche Mineralien Zinkblende und Wurtzit sind meist dunkler braun und haben keinen gelben Strich.

Fundorte

1 Tsumeb, Namibia	**3** Pucherschacht, Schneeberg, Sachsen
2 San Benito County, Kalifornien, USA	**4** Franklin, New Jersey, USA

1

2

3

4

1 Tsumcorit

Chem. Formel $PbZnFe(AsO_4)_2 \cdot H_2O \cdot$
Härte 4½, **Dichte** 5,2
Farbe Gelblich braun bis orange
Strichfarbe Gelblich
Glanz Glasglanz
Spaltbarkeit Nicht erkennbar
Bruch Uneben
Tenazität Spröde
Kristallform Monoklin

Ausbildung Kurzprismatisch, tafelig, blättrig, radialstrahlig, erdige Krusten.
Entstehung und Vorkommen In der Oxidationszone Blei- und zinkführender Lagerstätten.
Begleitmineralien Malachit, Cerussit, Mimetesit, Beudantit, Quarz, Kalkspat.
Ähnliche Mineralien Mimetesit hat eine andere Kristallform; Beudantit ist meist eher braun, manchmal mit einfachen Mitteln nicht zu unterscheiden.

2 Ojuelait

Chem. Formel $ZnFe_2^{3+}(AsO_4)_2(OH)_2 \cdot 4\,H_2O$
Härte 3–4, **Dichte** 3,39
Farbe Gelb, blassgelb
Strichfarbe Blassgelb
Glanz Seidenglanz
Spaltbarkeit Kaum erkennbar
Bruch Faserig
Tenazität Spröde
Kristallform Monoklin

Ausbildung Nadelige Kristalle, Kristallrasen, faserige, samtige Krusten, aufgewachsen, erdig, derb.
Entstehung und Vorkommen In der Oxidationszone von zinkführenden Lagerstätten, die auch arsenführende Primärminerale aufweisen.
Begleitmineralien Mimetesit, Smithsonit, Paradamin, Goethit, Legrandit, Skorodit.
Ähnliche Mineralien Strunzit sieht ähnlich aus, kommt aber nur in Phosphat-Paragenesen vor, Legrandit ist nie so nadelig-faserig.

3 Saneroit

Chem. Formel $Na_2(Mn^{2+},Mn^{3+})_{10}(Si_{11}V^{5+})O_{34}(OH)_4$
Härte 4, **Dichte** 3,47
Farbe Orange bis orangerot
Strichfarbe Gelb
Glanz Harzglanz
Spaltbarkeit Gut in zwei Richtungen
Bruch Uneben
Tenazität Spröde
Kristallform Triklin

Ausbildung Tafelige Kristalle, selten prismatisch bis isometrisch, meist eingewachsen, körnig, derb.
Entstehung und Vorkommen In metamorphen Mangan-Lagerstätten.
Begleitmineralien Aegirin, Quarz, Rhodochrosit, Ganophyllit, Sursassit.
Ähnliche Mineralien Sursassit ist faseriger; Tinzenit hat eine andere Kristallform; Kalkspat braust beim Betupfen mit verdünnter Salzsäure.

4 Durangit

Chem. Formel $NaAl(AsO_4)F$
Härte 5–5½, **Dichte** 3,9–4,1
Farbe Orange bis orangerot, orangebraun, rot
Strichfarbe Gelb
Glanz Glasglanz
Spaltbarkeit Erkennbar
Bruch Uneben
Tenazität Spröde
Kristallform Monoklin

Ausbildung Tafelige Kristalle, selten prismatisch bis isometrisch, meist aufgewachsen, körnig, derb.
Entstehung und Vorkommen In Hohlräumen rhyolitischer Gesteine, in Zinn-Lagerstätten, in Pegmatiten.
Begleitmineralien Zinnstein, Hämatit, Quarz, Topas, Tridymit, Cristobalit.
Ähnliche Mineralien Bei Beachtung der Paragenese ist eine Verwechslung kaum möglich; Topas ist viel härter; Quarz ist härter und hat keine so rote Farbe.

Fundorte

1 Tsumeb, Namibia	**3** Gambatesa, Piemont, Italien
2 Ojuela Mine, Mapimi, Mexiko	**4** Durango, Mexiko

1

2

3

4

1 McGovernit

Chem. Formel $Mn_9Mg_4Zn_2As_2Si_2O_{17}(OH)_{14}$
Härte 2–3, **Dichte** 3,7
Farbe Ockerbraun bis kastanienbraun
Strichfarbe Braun
Glanz Glasglanz
Spaltbarkeit Vollkommen
Bruch Blättrig
Tenazität Spröde
Kristallform Hexagonal

Ausbildung Tafelige Kristalle, blättrige Aggregate, meist eingewachsen.
Entstehung und Vorkommen In metamorphen Mangan-Lagerstätten und Mangan-Zink-Lagerstätten.
Begleitmineralien Franklinit, Willemit, Rhodonit, Spessartin, Zinkit.
Ähnliche Mineralien Glimmer sind elastisch biegsam und nicht spröde; Klinochlor ist grün; Rhodonit ist rot; Spessartin hat keine Spaltbarkeit.

2 Berthierit

Chem. Formel $FeSb_2S_4$
Härte 2–3, **Dichte** 4,6
Farbe Stahlgrau, oft gelb angelaufen
Strichfarbe Braungrau
Glanz Metallglanz
Spaltbarkeit In Längsrichtung erkennbar
Bruch Uneben
Tenazität Spröde
Kristallform Orthorhombisch

Ausbildung Nadelig, faserig, strahlige Aggregate, selten Einzelkristalle.
Entstehung und Vorkommen Auf Antimonerzgängen zusammen mit anderen niedrigthermalen Erzmineralien.
Begleitmineralien Quarz, Antimonit, Semseyit.
Ähnliche Mineralien Antimonit ist heller und unelastisch biegsam; Boulangerit und Jamesonit haben eine andere Strichfarbe, Gleiches gilt für Meneghinit. Millerit ist eher golden metallisch.

3 Baumhauerit

Chem. Formel $Pb_{12}As_{16}S_{36}$
Härte 3, **Dichte** 5,33
Farbe Stahlgrau, oft tiefrote Innenreflexe
Strichfarbe Braun
Glanz Metallglanz, manchmal matt
Spaltbarkeit Nur schlecht erkennbar
Bruch Muschelig
Tenazität Spröde
Kristallform Triklin

Ausbildung Prismatische Kristalle, meist mit gerundeten Kanten, derb eingewachsen.
Entstehung und Vorkommen In Drusen im Dolomitmarmor und in diesem derb eingewachsen.
Begleitmineralien Dolomit, Realgar, Skleroklas, Jordanit, Pyrit, Tennantit.
Ähnliche Mineralien Skleroklas hat schiefe Endflächen und besitzt keine roten Innenreflexe; Fahlerz hat nie prismatische Kristalle; Antimonit hat eine andere Strichfarbe und ist nicht spröde. Emplektit und Bismuthinit sind nicht spröde und kommen in anderer Paragenese vor.

4 Sartorit *Skleroklas*

Chem. Formel $PbAs_2S_4$
Härte 3, **Dichte** 5,05
Farbe Stahlgrau
Strichfarbe Braun
Glanz Metallglanz
Spaltbarkeit Nur schlecht erkennbar
Bruch Muschelig
Tenazität Spröde
Kristallform Monoklin

Ausbildung Prismatische bis nadelige Kristalle, mit schiefer Endfläche, oft längsgerieft, derb eingewachsen.
Entstehung und Vorkommen In Drusen im Dolomitmarmor und in diesem derb eingewachsen.
Begleitmineralien Dolomit, Realgar, Baumhauerit.
Ähnliche Mineralien Baumhauerit hat gerundete Kristallkanten und besitzt rote Innenreflexe; Fahlerz hat nie prismatische Kristalle; Antimonit hat eine andere Strichfarbe und ist nicht spröde.

Fundorte

1 Franklin, New Jersey, USA	**3** Lengenbach, Wallis, Schweiz
2 Baia Sprie, Rumänien	**4** Lengenbach, Wallis, Schweiz

1

2

3

4

1 Descloizit

Chem. Formel $Pb(Zn,Cu)[OH/VO_4]$
Härte 3½, **Dichte** 5,5–6,2
Farbe Braun, rotbraun, gelbbraun, schwarzbraun
Strichfarbe Hellbraun
Glanz Harzglanz
Spaltbarkeit Keine
Bruch Uneben
Tenazität Spröde
Kristallform Orthorhombisch

Ausbildung Kristalle prismatisch, seltener tafelig, oft dendritisch, radialstrahlig, krustig, derb.
Entstehung und Vorkommen In der Oxidationszone von Blei-Lagerstätten. Das Vanadium stammt meist aus Schwarzschiefern der Umgebung.
Begleitmineralien Vanadinit, Wulfenit.
Ähnliche Mineralien Magnetit ist härter; brauner Kalkspat oder Smithsonit sind leichter und zeigen eine deutliche Spaltbarkeit, Wulfenit hat eine andere Strichfarbe.

2 Jamesit

Chem. Formel $Pb_2ZnFe_2^{3+}(Fe^3,Zn)_4(AsO_4)_4(OH)_8(OH,O)_2$
Härte 3½, **Dichte** 5,08
Farbe Braun, rotbraun
Strichfarbe Hellbraun
Glanz Glasglanz bis Diamantglanz
Spaltbarkeit Keine
Bruch Uneben, faserig
Tenazität Spröde
Kristallform Triklin

Ausbildung Kristalle prismatisch, langtafelig, oft dendritisch, radialstrahlig, krustig, derb.
Entstehung und Vorkommen In der Oxidationszone von Blei-Zink-Lagerstätten mit höheren Arsen-Gehalten.
Begleitmineralien Duftit, Tsumcorit, Goethit, Kalkspat, Mimetesit.
Ähnliche Mineralien Faseriger Goethit ist nicht so rotbraun und hat einen dunkleren Strich, außerdem ist er deutlich härter; Descloizit hat eine andere Kristallform und einen deutlichen Harzglanz.

3–6 Zinkblende *Sphalerit, Schalenblende*

Chem. Formel ZnS
Härte 3½–4, **Dichte** 3,9–4,2
Farbe Gelb, braun, rot, grün, schwarz, selten farblos bis weiß
Strichfarbe Hellbraun bis braun
Glanz Halbmetallischer Diamantglanz, in dichten Aggregaten Fettglanz
Spaltbarkeit Vollkommen nach dem Rhombendodekaeder
Bruch Muschelig, splittrig
Tenazität Spröde
Kristallform Kubisch

Ausbildung Oft aufgewachsene Kristalle, hauptsächlich Tetraeder, Rhombendodekaeder, durch Kombination zweier Tetraeder oft oktaederähnlich, Flächen oft gestreift, häufig verzwillingt, derb radialstrahlig, spätig, körnig.
Entstehung und Vorkommen In Graniten, Gabbros als akzessorisches Mineral, als Erzmineral in kontaktmetasomatischen Lagerstätten, hydrothermalen Gängen und Verdrängungslagerstätten, sedimentären und daraus entstandenen metamorphen Lagerstätten.
Begleitmineralien Bleiglanz, Pyrit, Magnetkies, Markasit, Kalkspat, Baryt, Kupferkies.
Besonderheit Rote bis orangerote durchsichtige Zinkblende kann zu facettierten Steinen geschliffen werden. Wegen ihrer hohen Lichtbrechung haben diese Steine ein außerordentliches Feuer, das dem des Brillanten vergleichbar ist. Allerdings ist Zinkblende so weich und empfindlich, dass es nicht möglich ist, solche Steine zu fassen und zu tragen. Sie sind nur eine Zierde von Sammlungen geschliffener Mineralien.
Ähnliche Mineralien Von Bleiglanz, Granat, Fahlerz und Schwefel unterscheidet sich Zinkblende durch Härte und Spaltbarkeit.

Fundorte

1 Berg Aukas, Namibia	**3** Rüdersdorf, Berlin	**5** Joplin, Missouri, USA
2 Tsumeb, Namibia	**4** Marburg, Hessen	**6** Wiesloch, Baden

1
2
3
4
5
6

1 Wurtzit

Chem. Formel ZnS
Härte 3½–4, **Dichte** 4,0
Farbe Hellbraun bis dunkelbraun
Strichfarbe Hellbraun
Glanz Harzglanz
Spaltbarkeit Nach der Basis und dem Prisma
Bruch Uneben
Tenazität Spröde
Kristallform Hexagonal

Ausbildung Kristalle spindelförmig, Pyramiden mit Basis, horizontal gestreift, strahlig, nierig, faserig, dicht.
Entstehung und Vorkommen In hydrothermalen Gängen und Zinkerz-Lagerstätten.
Begleitmineralien Zinkblende, Bleiglanz, Pyrit, Markasit, Quarz, Kalkspat.
Ähnliche Mineralien Zinkblende hat eine andere Kristallform und Spaltbarkeit, kann jedoch ebenfalls nierig und strahlig sein; in der Varietät Schalenblende ist sie aber immer konzentrisch aufgebaut.

2 Manganit

Chem. Formel $MnOOH$
Härte 4, **Dichte** 4,3–4,4
Farbe Braunschwarz bis schwarz
Strichfarbe Braun
Glanz Metallglanz
Spaltbarkeit Deutlich
Bruch Uneben
Tenazität Spröde
Kristallform Monoklin

Ausbildung Langprismatisch bis kurzprismatisch, selten tafelig, kreuzförmige Zwillinge, radialstrahlig, erdig, derb.
Entstehung und Vorkommen In hydrothermalen Gängen zusammen mit anderen Manganerzen.
Begleitmineralien Pyrolusit, Limonit, Braunit, Baryt, Kalkspat, Quarz.
Ähnliche Mineralien Goethit hat eine andere Farbe; Pyrolusit hat im Gegensatz zum Manganit einen rein schwarzen Strich und eine größere Härte.

3 Arseniosiderit

Chem. Formel $Ca_3Fe_4(OH)_6(H_2O)_3(AsO_4)_4$
Härte 1½ bis 4, **Dichte** 3,6
Farbe Gelblich bis braun
Strichfarbe Gelblich braun
Glanz Seidenglanz bis leichter Metallglanz
Spaltbarkeit Schlecht erkennbar
Bruch Uneben
Tenazität Spröde
Kristallform Monoklin

Ausbildung Radialstrahlig, körnig, derb, oft als Pseudomorphose nach Skorodit.
Entstehung und Vorkommen In der Oxidationszone.
Begleitmineralien Skorodit, Natrojarosit.
Ähnliche Mineralien Das typische Vorkommen und der charakteristische Glanz von Arseniosiderit verhindern meist jede Verwechslung. Die Pseudomorphosen nach Skorodit-Kristallen unterscheiden sich von frischen Skorodit-Kristallen durch ihre Undurchsichtigkeit und den typischen metallartigen Glanz.

4 Hausmannit

Chem. Formel Mn_3O_4
Härte 5½, **Dichte** 4,7–4,8
Farbe Eisenschwarz, etwas bräunlich
Strichfarbe Braun
Glanz Metallglanz
Spaltbarkeit Vollkommen nach der Basis
Bruch Uneben
Tenazität Spröde
Kristallform Tetragonal

Ausbildung Oktaederähnlich, häufig gesetzmäßige Verwachsung von fünf Kristallen (Fünflinge), wie abgebildet, körnig, derb.
Entstehung und Vorkommen In metamorphen Mangan-Lagerstätten, auf hydrothermalen Manganerzgängen.
Begleitmineralien Braunit, Manganit, Baryt, Kalkspat, Pyrolusit, Psilomelan.
Ähnliche Mineralien Magnetit hat einen schwarzen Strich; Braunit eine meist nicht erkennbare Spaltbarkeit; Manganit und Pyrolusit haben eine andere Kristallform.

Fundorte

1 Oruro, Bolivien	**3** Romaneche, Frankreich
2 Ilfeld, Harz	**4** Ilmenau, Thüringen

1

2

3

4

1 Keckit

Chem. Formel $Ca(Mn,Zn)_2Fe_3(OH)_3(PO_4)_4 \cdot 2\ H_2O$
Härte 4, **Dichte** 2,7–2,9
Farbe Gelblich bis braun
Strichfarbe Gelblich braun
Glanz Glasglanz
Spaltbarkeit Gut
Bruch Uneben
Tenazität Spröde
Kristallform Monoklin

Ausbildung Prismatische Kristalle, radialstrahlige, faserige Aggregate, Pseudomorphosen nach Rockbridgeitfasern, krustig, körnig.
Entstehung und Vorkommen In Pegmatiten als Umwandlungsprodukt von Rockbridgeit und anderen Phosphaten.
Begleitmineralien Mitridatit, Apatit, Rockbridgeit, Frondelit.
Ähnliche Mineralien Die Mineralien der Jahnsit-Gruppe sind mit einfachen Mitteln nicht von Keckit zu unterscheiden; das Auftreten als Pseudomorphosen nach Rockbridgeit ist aber sehr charakteristisch.

2 Frondelit

Chem. Formel $(Mn,Fe)Fe_4[(OH)_5/(PO_4)_3]$
Härte 4½, **Dichte** 3,4
Farbe Braun
Strichfarbe Braun
Glanz Glasglanz
Spaltbarkeit Vorhanden, aber selten erkennbar
Bruch Uneben
Tenazität Spröde
Kristallform Orthorhombisch

Ausbildung Prismatische bis tafelige Kristalle, oft radialstrahlige Aggregate, glaskopfartig, nierig, krustig, faserig, derb.
Entstehung und Vorkommen In Phosphatpegmatiten als Umwandlungsprodukt von primären Phosphatmineralen und in phosphorreichen Brauneisenlagerstätten.
Begleitmineralien Beraunit, Strengit, Phosphosiderit, Apatit.
Ähnliche Mineralien Farbe und Strichfarbe sind sehr charakteristisch. Beachtet man dazu das typische Vorkommen, sind Verwechslungen kaum möglich; der nahe Verwandte Rockbridgeit ist immer schwarz bis grün.

3 Hauerit

Chem. Formel MnS_2
Härte 4½, **Dichte** 3,46
Farbe Schwarz, braunschwarz
Strichfarbe Braun
Glanz Glasglanz
Spaltbarkeit Gut
Bruch Uneben
Tenazität Spröde
Kristallform Kubisch

Ausbildung Oktaedrische bis rhombendodekaedrische Kristalle, radialstrahlige, kugelige Aggregate, derb.
Entstehung und Vorkommen In Schwefel-Lagerstätten, oft im Ton eingewachsen, in zersetzten Extrusivgesteinen, in Solfataren-Bildungen.
Begleitmineralien Schwefel, Realgar, Gips, Kalkspat, Coelestin, Aragonit.
Ähnliche Mineralien Pyrit ist härter und goldgelb; Pseudomorphosen von Limonit nach Pyrit sind mehr braun und härter.

4 Sursassit

Chem. Formel $Mn_2(Al,Mn)_3[(OH)_3|SiO_4|Si_2O_7] \cdot 3\ H_2O$
Härte 4½, **Dichte** 3,25
Farbe Rötlich braun
Strichfarbe Braun
Glanz Glasglanz
Spaltbarkeit Nicht erkennbar
Bruch Faserig
Tenazität Spröde
Kristallform Monoklin

Ausbildung Faserige, radialstrahlige Aggregate, eingewachsen, körnig, derb.
Entstehung und Vorkommen In metamorphen Manganerz-Lagerstätten.
Begleitmineralien Rhodonit, Rhodochrosit, Spessartin, Tinzenit, Braunit, Quarz, Saneroit.
Ähnliche Mineralien Bei Beachtung der Paragenese ist keine Verwechslung mit anderen Mineralien möglich; Piemontit ist viel dunkler rot; Saneroit ist nicht strahlig; Aktinolith ist grün und hat einen grünen Strich; Spessartin ist nicht strahlig; Gleiches gilt für Rhodonit.

Fundorte

1 Hagendorf-Süd, Ostbayern	3 Tarnobrzeg, Polen
2 Minas Gerais, Brasilien	4 Gambatesa, Piemont, Italien

1

2

3

4

1–2 Goethit *Brauneisenstein, Brauner Glaskopf, Limonit*

Chem. Formel FeOOH
Härte 5–5½, **Dichte** 4,3
Farbe Lichtgelb, braun bis schwarzbraun, rötlich braun, schwarz
Strichfarbe Braun
Glanz Metallglanz bis matt
Spaltbarkeit Vollkommen, aber nur an guten Kristallen erkennbar
Bruch Uneben
Tenazität Spröde
Kristallform Orthorhombisch

Ausbildung Nadelige, prismatische und langtafelige Kristalle, strahlig, nierig mit glatter Oberfläche (brauner Glaskopf), derb, erdig (Limonit).

Entstehung und Vorkommen Kristalle in Blasenhohlräumen vulkanischer Gesteine, in den Oxidationszonen der verschiedensten Erz-Lagerstätten. Er bildet dort die Hauptmasse der Oxidationszone. In seinen Hohlräumen finden sich viele, meist bunte Oxidationsmineralien.

Begleitmineralien Kommt zusammen mit außerordentlich vielen, insbesondere Oxidationsmineralien vor, Malachit, Cuprit, Azurit.

Besonderheit Goethit bildet oft Pseudomorphosen nach anderen Mineralien, zum Beispiel nach Pyrit-Kristallen oder Markasit-Kristallen.

Ähnliche Mineralien Lepidokrokit ist deutlich rötlicher und meist blättrig; roter Glaskopf hat einen roten, schwarzer Glaskopf einen schwarzen Strich.

3 Ferberit

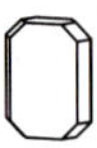

Chem. Formel $(Fe,Mn)WO_4$
Härte 5–5½, **Dichte** 7,14–7,54
Farbe Braun bis schwarz
Strichfarbe Gelbbraun bis dunkelbraun, manchmal fast Schwarz
Glanz Fettiger Metallglanz
Spaltbarkeit Sehr gut
Bruch Uneben
Tenazität Spröde
Kristallform Monoklin

Ausbildung Tafelige bis prismatische Kristalle, auch nadelig, strahlig, spätig, derb.

Entstehung und Vorkommen In Graniten, Pegmatiten, pneumatolytischen und hydrothermalen Gängen.

Begleitmineralien Turmalin, Zinnstein, Quarz, Fluorit, Apatit, Arsenkies, Molybdänglanz.

Besonderheit Ferberit ist Glied einer Mischungsreihe mit den beiden Endgliedern Ferberit ($FeWO_4$) und Hübnerit ($MnWO_4$).

Ähnliche Mineralien Columbit ist etwas härter und hat keine so gute Spaltbarkeit, Zinnstein hat eine andere Kristallform, Hübnerit ist erkennbar rötlich, Turmalin hat keine Spaltbarkeit und ist immer deutlich trigonal.

4 Hübnerit

Härte 5–5½, **Dichte** 7,14–7,54
Chem. Formel $(Mn, Fe)WO_4$
Farbe Braun, rötlich durchscheinend (Hübnerit), bis schwarz
Strichfarbe Gelbbraun bis dunkelbraun, manchmal fast schwarz
Glanz Fettiger Metallglanz
Spaltbarkeit Sehr gut
Bruch Uneben
Tenazität Spröde
Kristallform Monoklin

Ausbildung Tafelige bis prismatische Kristalle, auch nadelig, strahlig, spätig, derb.

Entstehung und Vorkommen In Graniten, Pegmatiten, pneumatolytischen und hydrothermalen Gängen.

Begleitmineralien Turmalin, Zinnstein, Quarz, Fluorit, Apatit, Arsenkies, Molybdänglanz.

Besonderheit Hübnerit ist Glied einer Mischungsreihe mit den beiden Endgliedern Ferberit ($FeWO_4$) und Hübnerit ($MnWO_4$).

Ähnliche Mineralien Columbit ist etwas härter und hat keine so gute Spaltbarkeit; Zinnstein hat eine andere Kristallform; Ferberit ist dunkelbraun bis schwarz und nicht rötlich.

Fundorte

1 Siegen, Siegerland	**3** Tae-Wha, Korea
2 Freisen, Saarland	**4** Pasto Bueno, Peru

1

2

3

4

1 Chromit *Chromeisenstein, Chromeisenerz*

Chem. Formel $(Fe, Mg)Cr_2O_4$
Härte 5½, **Dichte** 4,5–4,8
Farbe Braunschwarz bis eisenschwarz
Strichfarbe Gelbbraun bis Braun
Glanz Metallglanz bis Fettglanz
Spaltbarkeit Keine
Bruch Muschelig
Tenazität Spröde
Kristallform Kubisch

Ausbildung Selten Oktaeder, meist körnig, derb, oft in Form rundlicher Körner im Gestein eingewachsen.

Entstehung und Vorkommen In basischen Gesteinen wie Peridotit, Anorthosit, Serpentinit in Körnern und Kristallen eingewachsen; wegen seiner hohen Härte und chemischen Beständigkeit oft auch in Seifenlagerstätten in Form abgerollter Körner.

Begleitmineralien Olivin, Magnetit, Anorthit, Pyroxen.

Ähnliche Mineralien Magnetit hat einen schwarzen Strich und ist deutlich magnetisch; Augit hat eine gute Spaltbarkeit.

2 Nickelin *Rotnickelkies*

Chem. Formel NiAs
Härte 5½, **Dichte** 7,8
Farbe Metallisch rosa, dunkler angelaufen
Strichfarbe Braun bis schwärzlich braun
Glanz Metallglanz
Spaltbarkeit Kaum sichtbar
Bruch Uneben
Tenazität Spröde bis milde
Kristallform Hexagonal

Ausbildung Selten Pyramiden und spindelartige Kristalle, Kristalle insgesamt selten, fast immer derb, radialstrahlig, nierige Aggregate.

Entstehung und Vorkommen In hydrothermalen Erzgängen, in Gabbros.

Begleitmineralien Maucherit, Schwerspat, Nickelblüte.

Ähnliche Mineralien Maucherit ist etwas heller, sonst ist Nickelin wegen seiner Farbe unverwechselbar; Pyrit ist gelber und härter; Magnetkies hat einen schwarzen Strich.

3 Neptunit

Chem. Formel $Na_2FeTi[Si_4O_{12}]$
Härte 5½, **Dichte** 3,23
Farbe Schwarz bis dunkelbraun
Strichfarbe Braun
Glanz Glasglanz
Spaltbarkeit Meist nicht erkennbar
Bruch Muschelig
Tenazität Spröde
Kristallform Monoklin

Ausbildung Kristalle prismatisch, oft flächenreich, derb.

Entstehung und Vorkommen In Alkalipegmatiten, in Natrolithgängen eingewachsene Kristalle.

Begleitmineralien Benitoit, Aegirin, Natrolith, Feldspat.

Ähnliche Mineralien Turmalin hat deutlich andere Kristallform und ist härter; Aegirin hat die typische Spaltbarkeit mit Spaltwinkel 90°, Gleiches gilt für Augit; Hornblende hat eine Spaltbarkeit mit 120° Spaltwinkel.

4 Hypersthen

Chem. Formel $(Fe, Mg)_2[Si_2O_6]$
Härte 5–6, **Dichte** 3,5
Farbe Schwarz, braun, grün
Strichfarbe Grünlich bis bräunlich, selten weiß
Glanz Glasglanz, oft metallischer Schimmer
Spaltbarkeit Erkennbar, oft blättrig, Spaltwinkel etwa 90°
Bruch Uneben
Tenazität Spröde
Kristallform Orthorhombisch

Ausbildung Tafelige bis prismatische Kristalle, blättrig, körnig, derb.

Entstehung und Vorkommen In magmatischen Gesteinen, auf Klüften auch aufgewachsen in metamorphen Schiefern, in vulkanischen Auswürflingen.

Begleitmineralien Olivin, Diopsid.

Ähnliche Mineralien Bronzit und Enstatit sind von Hypersthen mit einfachen Mitteln oft nicht unterscheidbar; Augit und Hornblende haben eine andere Kristallform; Hornblende hat zudem noch einen anderen Spaltwinkel.

Fundorte

1 Guleman, Türkei	**3** San Benito County, Kalifornien, USA
2 Sangerhausen, Thüringen	**4** Summit Rock, Oregon, USA

1

2

3

4

1 Aeschynit-(Ce)

Chem. Formel $(Ce,Th,Ca)(Ti,Nb,Ta)_2O_6$
Härte 5–6, **Dichte** 4,9–5,1
Farbe Braun bis schwarz (eingewachsen), gelb bis braun durchscheinend (aufgewachsen)
Strichfarbe Gelbbraun
Glanz Pechglanz (eingewachsen), Glasglanz (aufgewachsen)
Spaltbarkeit Keine
Bruch Muschelig
Tenazität Spröde
Kristallform Orthorhombisch

Ausbildung Tafelige bis prismatische Kristalle, auf- und eingewachsen, derb.
Entstehung und Vorkommen In Granitpegmatiten eingewachsen, auf alpinen Klüften aufgewachsen.
Begleitmineralien Xenotim, Monazit, Zirkon, Hämatit, Rutil, Quarz Albit, Mikroklin.
Ähnliche Mineralien Rutil hat eine tetragonale Symmetrie; Orthit ist in aufgewachsenen Kristallen mehr violett und hat wie Samarskit eine andere Strichfarbe. Gadolinit ist mehr grün oder hat zumindest eine grünliche Strichfarbe.

2 Pinakiolith

Chem. Formel $Mg_3MnMn_2B_2O_{10}$
Härte 6, **Dichte** 3,9
Farbe Schwarz
Strichfarbe Braun
Glanz Metallglanz
Spaltbarkeit Gut
Bruch Muschelig
Tenazität Spröde
Kristallform Monoklin

Ausbildung Langtafelige, prismatische Kristalle, fast immer eingewachsen.
Entstehung und Vorkommen In regionalmetamorphen Mangan-Lagerstätten eingewachsen.
Begleitmineralien Dolomit, Hausmannit, Braunit, Manganit.
Ähnliche Mineralien Kristallform und Vorkommen lassen keine Verwechslung von Pinakiolith mit anderen Mineralien zu; Hornblende hat keinen so rötlichen Strich; Aktinolith hat einen grünlichen Strich; Turmalin hat einen weißen Strich.

3 Euxenit-(Y)

Chem. Formel $(Y,Ce,U)(Nb,Ta,Ti)_2O_6$
Härte 5½–6½, **Dichte** 4,3–5,8
Farbe Schwarz, oft gelblicher Überzug
Strichfarbe Gelblich, bräunlich
Glanz Fettglanz
Spaltbarkeit Keine
Bruch Muschelig
Tenazität Spröde
Kristallform Orthorhombisch

Ausbildung Tafelige, prismatische Kristalle, oft Parallelverwachsungen.
Entstehung und Vorkommen In Pegmatiten, auf alpinen Klüften in metamorphen Schiefern.
Begleitmineralien Monazit, Feldspat, Quarz, Samarskit, Beryll, Columbit.
Ähnliche Mineralien Monazit ist nicht schwarz; Wolframit hat eine gute Spaltbarkeit.
Achtung! Euxenit ist radioaktiv!

4 Bronzit

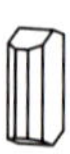

Chem. Formel $(Mg,Fe)_2[Si_2O_6]$
Härte 5–6, **Dichte** 3,1–3,2
Farbe Braun, grünlich
Strichfarbe Braun
Glanz Glasglanz, auf Spaltflächen Seidenglanz
Spaltbarkeit Gut
Bruch Muschelig
Tenazität Spröde
Kristallform Orthorhombisch

Ausbildung Selten kurzprismatische oder tafelige Kristalle, oft spätig, strahlig, derb.
Entstehung und Vorkommen Als Gemengeteil in Noriten, Gabbros, Peridotiten, Andesiten, Melaphyren.
Begleitmineralien Talk, Apatit, Serpentin.
Ähnliche Mineralien Hornblende hat einen Spaltwinkel von 120°; während der Spaltwinkel bei Bronzit etwa 90° ist; Olivin hat eine andere Kristallform; Augit ist schwarz; Enstatit und Hypersthen sind mit einfachen Mitteln oft nicht zu unterscheiden.

Fundorte

1 Birkelund, Norwegen	**3** Antsirabé, Madagaskar
2 Langban, Schweden	**4** Bernstein, Burgenland, Österreich

1

2

3

4

1–2 Hornblende

Chem. Formel $(Ca,Na,K)_{2-3}(Mg,Fe,Al)_5[(OH,F)_2/(Si,Al)_2Si_6O_{22}]$
Härte 5–6, **Dichte** 2,9–3,4
Farbe Dunkelgrün, schwarz
Strichfarbe Graugrün bis graubraun
Glanz Glasglanz bis Fettglanz
Spaltbarkeit Vollkommen, die Spaltflächen bilden einen Winkel von etwa 120°
Bruch Uneben
Tenazität Spröde
Kristallform Monoklin

Ausbildung Prismatische Kristalle, mit oft dreiflächiger Endbegrenzung, stängelig, derb, radialstrahlige Aggregate, eingewachsen.

Entstehung und Vorkommen In Graniten, Syeniten, Dioriten und vielen vulkanischen Gesteinen eingewachsen, auf deren Klüften aufgewachsen, in vulkanischen Tuffen oft, zum Teil große, lose, rundum ausgebildete Kristalle, in Gneisen, Glimmerschiefern und Chloritschiefern eingewachsen.

Begleitmineralien Biotit, Augit, Magnetit, Feldspat, Chlorit, Almandin.

Ähnliche Mineralien Augit hat einen anderen Spaltwinkel als Hornblende; Turmalin hat keine Spaltbarkeit; Neptunit hat eine andere Kristallform und keine Spaltbarkeit.

3 Aenigmatit

Chem. Formel $Na_2Fe_5TiSi_6O_{20}$
Härte 5–6, **Dichte** 3,74–3,85
Farbe Schwarz
Strichfarbe Rötlich braun
Glanz Glasglanz bis Pechglanz
Spaltbarkeit Vollkommen
Tenazität Spröde
Kristallform Triklin

Ausbildung Langprismatische, tafelige Kristalle, meist eingewachsen.

Entstehung und Vorkommen In alkalireichen magmatischen Gesteinen eingewachsen, insbesondere in Trachyten und Rhyolithen sowie in Alkaligraniten und Alkalisyeniten, praktisch nie aufgewachsen.

Begleitmineralien Sodalith, Feldspat, Quarz, Biotit, Nephelin, Zirkon.

Ähnliche Mineralien Hornblende hat keinen so rötlichen Strich und einen Spaltwinkel von 120°, Aktinolith hat einen grünlichen Strich und ebenfalls einen Spaltwinkel von 120°; Turmalin hat einen weißen Strich, Neptunit hat eine andere Kristallform und keine Spaltbarkeit.

4 Fergusonit

Chem. Formel $Y(Nb,Ta)O_4$
Härte 5–6½, **Dichte** 4,7–6,2
Farbe Braun bis schwarz
Strichfarbe Hellbraun
Glanz Fettglanz
Spaltbarkeit Keine
Bruch Muschelig bis uneben
Tenazität Spröde
Kristallform Tetragonal

Ausbildung Pyramidale bis prismatische Kristalle, ein- oder aufgewachsen, derb.

Entstehung und Vorkommen In Granitpegmatiten, meist eingewachsene, zum Teil sehr große Kristalle, in vulkanischen Auswürflingen und auf alpinen Klüften aufgewachsene, aber nur bis wenige Millimeter große Kristalle.

Begleitmineralien In Pegmatiten: Monazit, Samarskit, Aeschynit, Feldspat, Quarz; in vulkanischen Auswürflingen: Sanidin, Rutil, Titanit, Allanit; auf alpinen Klüften: Rutil, Hämatit, Synchisit, Monazit, Quarz, Feldspat.

Ähnliche Mineralien Samarskit, Aeschynit haben eine andere Strichfarbe; Monazit besitzt eine vollkommene Spaltbarkeit, Gleiches gilt für Ferberit und Hübnerit, Synchisit zeigt immer einen sechsseitigen Querschnitt.

Fundorte

1 Daun, Eifel	3 Naujakasik, Grönland
2 Zillertal, Österreich	4 Tsaratanana, Madagaskar

1

2

3

4

1 Franklinit

Chem. Formel $ZnFe_2O_4$
Härte 6–6½, **Dichte** 5–5,2
Farbe Schwarz
Strichfarbe Rotbraun
Glanz Metallglanz
Spaltbarkeit Keine
Bruch Muschelig
Tenazität Spröde
Kristallform Kubisch

Ausbildung Meist Oktaeder, derb, eingewachsen, selten aufgewachsen.
Entstehung und Vorkommen In metamorphen Zink-Lagerstätten.
Begleitmineralien Zinkit, Willemit, Calcit, Jeffersonit, Hardystonit.
Ähnliche Mineralien Von Magnetit unterscheidet sich Franklinit durch die Paragenese mit Zinkmineralien; Gahnit ist in dünnen Splittern immer etwas grünlich.

2 Jeffersonit

Chem. Formel $Ca(Mn,Zn,Fe)[Si_2O_6]$
Härte 6, **Dichte** 3,4–3,7
Farbe Dunkelbraun, schwarz
Strichfarbe Braun
Glanz Glasglanz
Spaltbarkeit Nach dem Prisma deutlich, Winkel zwischen den Spaltflächen (Spaltwinkel) ungefähr 90°
Bruch Muschelig
Tenazität Spröde
Kristallform Monoklin

Ausbildung Kurzprismatisch bis langprismatisch, radialstrahlige Aggregate, selten aufgewachsen, meist eingewachsen, körnig, derb.
Entstehung und Vorkommen In metamorphen Zink-Mangan-Lagerstätten.
Begleitmineralien Sphalerit, Willemit, Zinkit, Franklinit, Galenit, Kalkspat.
Ähnliche Mineralien Hornblende hat eine andere Spaltbarkeit und einen mehr sechsseitigen Querschnitt im Gegensatz zum mehr vier- bzw. achtseitigen des Jeffersonit; Augit hat eine andere Strichfarbe. Von Johannsenit ist Jeffersonit mit einfachen Mitteln nicht zu unterscheiden.

3 Cafarsit

Chem. Formel $Ca_8(Ti,Fe^{2+},Fe^{3+},Mn)_{6-7}(As^{3+}O_3)_{12} \cdot 4\,H_2O$
Härte 6, **Dichte** 3,9
Farbe Braun, schwarz
Strichfarbe Gelbbraun
Glanz Glasglanz bis Harzglanz
Spaltbarkeit Keine
Bruch Muschelig
Tenazität Spröde
Kristallform Kubisch

Ausbildung Oktaedrische bis rhombendodekaedrische Kristalle, aufgewachsen, derb.
Entstehung und Vorkommen Auf alpinen Klüften in Gesteinen mit arsenführenden Mineralien.
Begleitmineralien Asbecasit, Titanit, Synchisit, Chlorit, Quarz, Feldspat, Hämatit.
Ähnliche Mineralien Anatas hat eine andere Kristallform, Pyrit ist goldgelb, Pseudomorphosen von Limonit nach Pyrit sind meist heller, aber manchmal nur schwer zu unterscheiden.

4 Johannsenit

Chem. Formel $Ca(Mn, Fe)Si_2O_6$
Härte 6, **Dichte** 3,4–3,6
Farbe Grünlich, braun, schwarz
Strichfarbe Braun
Glanz Glasglanz
Spaltbarkeit Gut
Bruch Muschelig
Tenazität Spröde
Kristallform Monoklin

Ausbildung Kurzprismatische bis dicktafelige Kristalle, ein- und aufgewachsen, derb.
Entstehung und Vorkommen In metamorphen Mangan-Lagerstätten.
Begleitmineralien Rhodonit, Bustamit, Franklinit, Willemit, Zinkit, Spessartin.
Ähnliche Mineralien Bei Beachtung der manganreichen Paragenese ist eine Verwechslung kaum möglich, von Jeffersonit ist Johannsenit mit einfachen Mitteln nicht unterscheidbar.

Fundorte

1 Franklin, New Jersey, USA	3 Cherbadung, Wallis, Schweiz
2 Franklin, New Jersey, USA	4 Broken Hill, Australien

1

2

3

4

1 Babingtonit

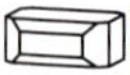

Chem. Formel $Ca_2FeFeSi_5O_{14}OH$
Härte 5½–6, **Dichte** 3,25–3,35
Farbe Schwarz
Strichfarbe Schwarzbraun
Glanz Glasglanz
Spaltbarkeit Vollkommen
Bruch Uneben
Tenazität Spröde
Kristallform Triklin

Ausbildung Dicktafelige bis kurzprismatische Kristalle, meist aufgewachsen, selten derb.
Entstehung und Vorkommen Auf Klüften in Granit, in Pegmatiten und Hohlräumen vulkanischer Gesteine.
Begleitmineralien Epidot, Quarz, Prehnit.
Ähnliche Mineralien Axinit hat einen anderen Strich und ist meist heller und besitzt deutlich scharfkantigere Kristalle; Augit und Diopsid besitzen im Gegensatz zu Babingtonit eine Spaltbarkeit mit einem Spaltwinkel von 90°; Hornblende hat eine solche mit 120°.

2 Ardennit

Chem. Formel $Mn_5Al_5(As,V)O_4Si_5O_{20}(OH)_2 \cdot 2\ H_2O$
Härte 6–7, **Dichte** 3,62
Farbe Gelbbraun
Strichfarbe Gelblich braun
Glanz Glasglanz
Spaltbarkeit Vollkommen
Bruch Uneben
Tenazität Spröde
Kristallform Orthorhombisch

Ausbildung Strahlig, parallelstrahlig, radialstrahlig, fast immer eingewachsen.
Entstehung und Vorkommen In metamorphen Mangan-Lagerstätten als Mangan- und Vanadium-Träger.
Begleitmineralien Quarz, Calcit, Spessartin, Rhodonit, Sursassit, Rhodochrosit.
Ähnliche Mineralien Sursassit und Saneroit sind mehr rötlich; Klinozoisit und Zoisit sind nicht so gelblich; das Vorkommen in metamorphen Mangan-Paragenesen zusammen mit anderen Mangan-Mineralien ist sehr typisch.

3 Lorenzenit

Chem. Formel $Na_2Ti_2Si_2O_9$
Härte 6, **Dichte** 3,4
Farbe Braun bis schwarz
Strichfarbe Schwärzlich braun
Glanz Glasglanz bis Fettglanz
Spaltbarkeit Schlecht
Bruch Uneben
Tenazität Spröde
Kristallform Orthorhombisch

Ausbildung Dicktafelige, nadelige Kristalle, faserige, strahlige Aggregate.
Entstehung und Vorkommen In Alkaligesteinen eingewachsen.
Begleitmineralien Aegirin, Nephelin, Feldspat, Astrophyllit, Phlogopit.
Ähnliche Mineralien Orthit, Zirkon haben eine andere Kristallform; Monazit ist nie schwarz; Turmalin hat einen anderen Strich und eine andere Kristallform. Hämatit glänzt metallisch und hat einen roten Strich.

4 Helvin

Chem. Formel $(Fe,Mn,Zn)_8[S_2/(BeSiO_4)_6]$
Härte 6, **Dichte** 3,1–3,66
Farbe Hellgelb, rötlich braun, dunkel braunrot
Strichfarbe Bräunlich
Glanz Glasglanz
Spaltbarkeit Keine
Bruch Muschelig
Tenazität Spröde
Kristallform Kubisch

Besonderheit Helvin ist Glied einer Mischreihe, die Endglieder heißen Danalith (Fe), Helvin (Mn) und Genthelvin (Zn).
Ausbildung Tetraeder, manchmal zu oktaederähnlichen Kristallen kombiniert, selten Rhombendodekaeder, aufgewachsen, eingewachsen, körnig, dicht.
Entstehung und Vorkommen In Skarnlagerstätten.
Begleitmineralien Fluorit, Granat.
Ähnliche Mineralien Tetraedrische Kristalle von Helvin sind sehr charakteristisch; Granat hat weißen Strich; Zinkblende ist weicher und hat deutliche Spaltbarkeit.

Fundorte

1 Poona, Indien	3 Kola, Russland
2 Salm-Chateau, Belgien	4 Schwarzenberg, Sachsen

1

2

3

4

1 Polymignit

Chem. Formel $(Ca,Fe,Y,Th)(Nb,Ti,Ta)O_4$
Härte 6½, **Dichte** 4,7–4,8
Farbe Schwarz
Strichfarbe Braun
Glanz Fettiger Metallglanz
Spaltbarkeit Keine
Bruch Muschelig
Tenazität Spröde
Kristallform Orthorhombisch

Ausbildung Langtafelige Kristalle, strahlige Aggregate, eingewachsen, derb.
Entstehung und Vorkommen In Pegmatiten eingewachsen, insbesondere in Alkalipegmatiten.
Begleitmineralien Feldspat, Zirkon, Aegirin.
Ähnliche Mineralien Thortveitit ist nicht schwarz; Columbit hat einen schwarzen Strich, Aegirin hat einen grünlichen Strich, Turmalin hat eine andere Strichfarbe und eine andere Kristallform.

2 Pseudobrookit

Chem. Formel Fe_2TiO_5
Härte 6, **Dichte** 4,4
Farbe Rot, schwarz, rotschwarz
Strichfarbe Bräunlich bis rötlich, ockergelb
Glanz Metallglanz
Spaltbarkeit Kaum erkennbar
Bruch Muschelig
Tenazität Spröde
Kristallform Orthorhombisch

Ausbildung Prismatische bis tafelige Kristalle, auf- und eingewachsen, nadelig, aufgewachsene büschelige und strahlige Aggregate.
Entstehung und Vorkommen In Drusen und Hohlräumen vulkanischer Gesteine.
Begleitmineralien Pyroxen, Hornblende, Tridymit, Apatit, Perowskit.
Ähnliche Mineralien Bei Beachtung der Paragenese sind kaum Verwechslungen möglich, Enstatit und Hypersthen haben eine andere Kristallform und glänzen nicht so metallisch.

3 Braunit

Chem. Formel $MnMn_6SiO_{12}$
Härte 6–6½, **Dichte** 4,7–4,8
Farbe Schwarz
Strichfarbe Dunkelbraun
Glanz Metallglanz
Spaltbarkeit Vollkommen, aber meist schlecht erkennbar
Bruch Uneben
Tenazität Spröde
Kristallform Tetragonal

Ausbildung Oktaeder- und würfelähnliche Kristalle, auf- und eingewachsen, körnig, derb.
Entstehung und Vorkommen In metamorphen Manganlagerstätten.
Begleitmineralien Hausmannit, Manganit, Pyrolusit, Psilomelan, Baryt, Calcit.
Ähnliche Mineralien Magnetit ist deutlich magnetisch; Hausmannit ist oft mit einfachen Mitteln nur schwer erkennbar; typischerweise sind bei ihm die Kristallkanten meist geknickt; charakteristisch ist die Bildung von Fünflingen.

4 Rutil

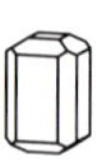

Chem. Formel TiO_2
Härte 6, **Dichte** 4,2–4,3
Farbe Strohgelb, gelblich braun, braunrot, rot, schwarz
Strichfarbe Gelb bis braun
Glanz Diamant- bis Metallglanz
Spaltbarkeit Vollkommen nach dem Prisma, aber nur an dicken Kristallen sichtbar
Bruch Muschelig
Tenazität Spröde
Kristallform Tetragonal

Ausbildung Prismatisch bis nadelig, haarförmig, knieförmige Zwillinge, regelrechte Gitter (= Sagenit), zusammen mit Hämatit oder Ilmenit attraktive Sterne.
Entstehung und Vorkommen In Pegmatiten, auf alpinen Klüften, in metamorphen Gesteinen und Seifen.
Begleitmineralien Anatas, Brookit, Titanit, Hämatit.
Besonderheit Rutil bildet häufig Zwillinge nach verschiedenen Gesetzen, wobei Kniezwillinge mit flachem Winkel und Herzzwillinge mit spitzem Winkel vorkommen.
Ähnliche Mineralien Turmalin ist härter und hat anderen Glanz; Brookit und Anatas haben eine andere Kristallform.

Fundorte

1 Tjölling, Norwegen	3 Langban, Schweden
2 Thomas Range, Utah, USA	4 Habira, Brasilien

1

2

3

4

1 Tirolit

Chem. Formel $Ca_2Cu_9[(OH)_{10}/(AsO_4)_4] \cdot 10\ H_2O$
Härte 2, **Dichte** 3,2
Farbe Blaugrün bis hellgrün
Strichfarbe Blaugrün
Glanz Perlmuttglanz
Spaltbarkeit Nach der Basis sehr vollkommen. Bruch blättrig
Tenazität Milde, Blättchen biegsam
Kristallform Orthorhombisch

Ausbildung Dünntafelige Kristalle, oft zu Rosetten verwachsen, kugelige Aggregate, derb, krustig, als Überzug.
Entstehung und Vorkommen In der Oxidationszone von Kupfer-Lagerstätten.
Begleitmineralien Brochantit, Langit, Posnjakit.
Ähnliche Mineralien Posnjakit ist reinblau, Brochantit reingrün; Azurit ist dunkler blau; Chalkophyllit hat eine andere Kristallform; Klinotirolit ist mit einfachen Mitteln nicht unterscheidbar.

2 Klinotirolit

Chem. Formel $Ca_2Cu_9[(OH)_{10}/(AsO_4)_4] \cdot 10\ H_2O$
Härte 2, **Dichte** 3,2
Farbe Blaugrün bis hellgrün
Strichfarbe Blaugrün
Glanz Perlmuttglanz
Spaltbarkeit Nach der Basis sehr vollkommen. Bruch blättrig
Tenazität Milde, Blättchen biegsam
Kristallform Monoklin

Ausbildung Dünntafelige Kristalle, oft zu Rosetten verwachsen, kugelige Aggregate, derb, krustig, als Überzug.
Entstehung und Vorkommen In der Oxidationszone von Kupfer-Lagerstätten.
Begleitmineralien Brochantit, Langit, Posnjakit.
Ähnliche Mineralien Posnjakit ist reinblau; Brochantit reingrün; Azurit ist dunkler blau; Chalkophyllit hat eine andere Kristallform; Tirolit ist mit einfachen Mitteln nicht unterscheidbar, allerdings viel seltener.

3–4 Ktenasit

Chem. Formel $(Cu,Zn)_3(SO_4)(OH)_4 \cdot 2\ H_2O$
Härte 2–2½, **Dichte** 2,9
Farbe Blaugrün, grün
Strichfarbe Grünlich
Glanz Glasglanz
Spaltbarkeit Erkennbar
Bruch Uneben
Tenazität Spröde
Kristallform Monoklin

Ausbildung Tafelige Kristalle, Kristallrasen, krustig, Überzüge, erdig.
Entstehung und Vorkommen In der Oxidationszone von Kupfer-Zink-Lagerstätten.
Begleitmineralien Glaukokerinit, Serpierit, Chalkanthit, Azurit.
Ähnliche Mineralien Glaukokerinit ist weicher; Serpierit bildet keine tafeligen Kristalle, sondern ist mehr nadelig, Chalkanthit ist tiefblau.

5 Chalkophyllit

Chem. Formel $Cu_{18}Al_2[(OH)_{27}/(AsO_4)_3/(SO_4)_3] \cdot 36\ H_2O$
Härte 2, **Dichte** 2,67
Farbe Blaugrün bis smaragdgrün
Strichfarbe Grünlich
Glanz Glasglanz
Spaltbarkeit Vollkommen
Bruch Blättrig
Tenazität Biegsam
Kristallform Hexagonal

Ausbildung Dünntafelige, sechsseitige Blättchen, Rosetten, Krusten.
Entstehung und Vorkommen In der Oxidationszone von Kupfer-Lagerstätten, die Gehalte an arsenhaltigen Erzmineralien aufweisen.
Begleitmineralien Devillin, Malachit, Spangolith, Tirolit.
Ähnliche Mineralien Mit Chalkophyllit verwechselbare Mineralien mit grünem Strich bilden keine sechsseitigen Täfelchen; Serpierit ist mehr nadelig; Claringbullit hat einen weißen Strich.

Fundorte

1 Brixlegg, Tirol, Österreich	**3** Rodalquilar, Spanien	**5** Redruth, Cornwall, Großbritannien
2 Molvizar, Spanien	**4** Letmathe, Iserlohn	

1

2

3

4

5

1 Glaukonit

Chem. Formel $(K,Na)(Fe^{3+},Al,Mg)_2(Si,Al)_4O_{10}(OH)_2$
Härte 2, **Dichte** 2,4–2,95 (je nach Eisengehalt)
Farbe Grün, gelbgrün, blaugrün
Strichfarbe Grünlich
Glanz Glasglanz, auf Spaltflächen Perlmuttglanz
Spaltbarkeit Vollkommen
Bruch Blättrig, erdig
Tenazität Milde, unelastisch biegsam
Kristallform Monoklin

Ausbildung Pseudomorphosen nach Biotit, eingewachsene Körner oder Knöllchen, derb.
Entstehung und Vorkommen Als Umwandlungsprodukt von Biotit; in Meeresablagerungen unter reduzierenden Bedingungen entstanden, in Sandsteinen, in Kalken.
Begleitmineralien Quarz, Feldspat, Kalkspat, Siderit, Dolomit, Glaukophan, Ankerit, Pyrit.
Besonderheit Glaukonit ist färbender Bestandteil vieler Farberden, z. B. der Böhmischen grünen Erde.
Ähnliche Mineralien Glimmer sind härter und elastisch biegsam; die Paragenese ist absolut typisch.

2 Klinochlor

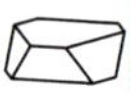

Chem. Formel $(Fe,Mg,Al)_6[(OH)_2/(Si,Al)_4O_{10}]$
Härte 2, **Dichte** 2,6–3,3
Farbe Dunkelgrün bis braun
Strichfarbe Grün
Glanz Glasglanz, Perlmuttglanz
Spaltbarkeit Vollkommen
Bruch Blättrig
Tenazität Milde, unelastisch biegsam
Kristallform Monoklin

Ausbildung Dick- bis dünntafelige Kristalle, körnig, sandförmig, blättrig, derb.
Entstehung und Vorkommen In metamorphen Gesteinen (Chloritschiefer) und Sedimenten gesteinsbildend, auf alpinen Klüften, hier auch schöne Kristalle, zum Teil Rosetten bildend.
Begleitmineralien Grossular, Almandin, Rutil, Muskovit, Biotit, Vesuvian, Diopsid, Quarz, Adular, Periklin, Apatit, Magnetit, Pyrit.
Ähnliche Mineralien Glimmer sind härter und mit Ausnahme von Margarit elastisch biegsam.

3 Rhipidolith

Chem. Formel $(Mg,Fe,Al)_6[(OH)_2/(Si,Al)_4O_{10}]$
Härte 2, **Dichte** 2,6–3,3
Farbe Dunkelgrün bis braun
Strichfarbe Grün
Glanz Glasglanz, Perlmuttglanz
Spaltbarkeit Vollkommen
Bruch Blättrig
Tenazität Milde, unelastisch biegsam
Kristallform Monoklin

Ausbildung Dick- bis dünntafelige Kristalle, wurmförmig gekrümmte Aggregate, körnig, sandförmig.
Entstehung und Vorkommen In metamorphen Gesteinen (Chloritschiefer) und Sedimenten gesteinsbildend, auf alpinen Klüften, hier auch Kristalle, meist wurmförmig gebogen.
Begleitmineralien Grossular, Almandin, Rutil, Muskovit, Biotit, Vesuvian, Diopsid, Quarz, Adular, Periklin, Apatit, Magnetit, Pyrit.
Ähnliche Mineralien Glimmer sind härter und mit Ausnahme von Margarit elastisch biegsam.

4 Devillin

Chem. Formel $CaCu_4[(OH)_6/(SO_4)_2 \cdot 3\,H_2O$
Härte 2½, **Dichte** 3,13
Farbe Blau bis grünlich blau
Strichfarbe Grünlich
Glanz Seidenglanz
Spaltbarkeit Vollkommen
Bruch Blättrig
Tenazität Spröde
Kristallform Monoklin

Ausbildung Blättrige bis langtafelige Kristalle, Büschel, strahlige Aggregate, schaumige Kristallkrusten, Überzüge.
Entstehung und Vorkommen In der Oxidationszone von Kupfer-Zink-Lagerstätten.
Begleitmineralien Gips, Spangolith, Serpierit, Schulenbergit, Aragonit, Kalkspat.
Ähnliche Mineralien Linarit wird beim Betupfen mit Salzsäure im Gegensatz zu Devillin weiß; Serpierit ist mehr nadelig bis prismatisch; Schulenbergit ist blättrig.

Fundorte

1 Bellegarde, Frankreich	**3** Zillertal, Österreich
2 Val Casaccia, Schweiz	**4** Grube Glücksrad, Harz

1

2

3

4

1 Torbernit

Chem. Formel $Cu[UO_2/PO_4]_2 \cdot 8\text{-}12\ H_2O$
Härte 2–2½, **Dichte** 3,3–3,7.
Farbe Smaragdgrün
Strichfarbe Grün
Glanz Glasglanz, auf Spaltflächen Perlmuttglanz
Spaltbarkeit Vollkommen nach der Basis
Bruch Uneben
Tenazität Spröde bis milde
Kristallform Tetragonal

Ausbildung Dünn- bis dicktafelige Kristalle, bipyramidal, aufgewachsen, erdig, krustig.
Entstehung und Vorkommen In der Oxidationszone von Kupfer- und Uran-Lagerstätten, auf Klüften von Graniten.
Begleitmineralien Autunit, Uranocircit, Fluorit, Baryt.
Ähnliche Mineralien Autunit und Uranocircit fluoreszieren im Gegensatz zu Torbernit beim Bestrahlen mit UV-Licht und sind eher gelber; Zeunerit lässt sich mit einfachen Mitteln nicht unterscheiden, die Paragenese mit arsenhaltigen Mineralien gibt aber Hinweise.
Achtung! Torbernit ist radioaktiv!

2 Zeunerit

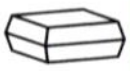

Chem. Formel $Cu[UO_2/AsO_4]_2 \cdot 8\text{-}12\ H_2O$
Härte 2–2½, **Dichte** 3,79
Farbe Smaragdgrün
Strichfarbe Grün
Glanz Glasglanz, auf Spaltflächen Perlmuttglanz
Spaltbarkeit Vollkommen nach der Basis
Bruch Uneben
Tenazität Spröde bis milde
Kristallform Tetragonal

Ausbildung Dünn- bis dicktafelige Kristalle, bipyramidal, aufgewachsen, erdig, krustig.
Entstehung und Vorkommen In der Oxidationszone von Kupfer- und Uran-Lagerstätten, auf Klüften von Graniten.
Begleitmineralien Autunit, Uranocircit, Fluorit, Baryt.
Ähnliche Mineralien Autunit und Uranocircit fluoreszieren im Gegensatz zu Zeunerit beim Bestrahlen mit UV-Licht und sind eher gelber; Torbernit lässt sich mit einfachen Mitteln nicht unterscheiden, die Paragenese von Zeunerit mit arsenhaltigen Mineralien gibt aber Hinweise.
Achtung! Zeunerit ist radioaktiv!

3 Klinoklas

Chem. Formel $Cu_3[(OH)_3/AsO_4]$
Härte 2½–3, **Dichte** 4,2–4,4
Farbe Grünlich bis dunkelblau
Strichfarbe Bläulich grün
Glanz Glasglanz
Spaltbarkeit Vollkommen
Bruch Blättrig
Tenazität Spröde
Kristallform Monoklin

Ausbildung Prismatische bis tafelige Kristalle, strahlig, nierig, krustig, als Überzug.
Entstehung und Vorkommen In der Oxidationszone von Kupfer-Lagerstätten.
Begleitmineralien Olivenit, Azurit, Malachit.
Ähnliche Mineralien Azurit ist reiner blau, hat eine blaue Strichfarbe; Ktenasit ist grünlicher; Chalkophyllit nicht so dunkelblau.

4 Nissonit

Chem. Formel $Cu_2Mg_2(PO_4)(OH)_2 \cdot 5\ H_2O$
Härte 2½, **Dichte** 2,73
Farbe Blaugrün
Strichfarbe Grünlich
Glanz Glasglanz
Spaltbarkeit Schlecht erkennbar
Bruch Uneben
Tenazität Spröde
Kristallform Monoklin

Ausbildung Tafelige bis langtafelige Kristalle, meist Krusten, Überzüge, derb.
Entstehung und Vorkommen In der Oxidationszone von Kupfer-Lagerstätten als Umwandlungsprodukt von Kupfererzen.
Begleitmineralien Türkis, Chrysokoll, Azurit, Malachit.
Ähnliche Mineralien Chrysokoll ist von derbem Nissonit nur schwer zu unterscheiden; Malachit ist deutlich smaragdgrün; Serpierit ist mehr blau; Schulenbergit ist blättrig; Connellit ist intensiv blau.

Fundorte

1 Rudolfstein, Fichtelgebirge	**3** Majuba Hill, Nevada, USA
2 Wittichen, Schwarzwald	**4** Panoche Valley, Kalifornien, USA

1

2

3

4

1 Chrysokoll

Chem. Formel $CuSiO_3$ + aq.
Härte 2–4, **Dichte** 2–2,2
Farbe Hellblau, blau, grünblau
Strichfarbe Grünlich weiß
Glanz Glasglanz, etwas fettig
Spaltbarkeit Keine
Bruch Muschelig
Tenazität Spröde
Kristallform Meist amorph

Ausbildung Traubige, nierige Massen, radialstrahlige Aggregate, krustig, stalaktitisch, derb, oft Pseudomorphosen nach anderen Kupfermineralien, zum Beispiel Azurit.
Entstehung und Vorkommen In der Oxidationszone von Kupfer-Lagerstätten.
Begleitmineralien Cuprit, Malachit, Azurit, Limonit.
Ähnliche Mineralien Malachit hat eine andere Farbe; Türkis ist härter, Azurit ist immer dunkler und intensiver blau, Lapis-Lazuli und Sodalith sind härter.

2 Chrysokoll

Edelstein

Farbe Blau bis blaugrün, oft mit grünen und schwarzen Verwachsungen
Strichfarbe Grünlich weiß
Glanz Glasglanz
Schliffform Cabochonschliff, Kugeln

Verwendung Cabochons als Ringsteine und für Broschen, Anhänger, Kugeln für Steinketten, daneben oft auch kunsthandwerkliche Gegenstände.
Unterscheidung Die praktisch immer vorhandenen Verwachsungen mit Malachit (grün) machen den Stein im Aussehen sehr typisch und unverwechselbar.

3 Olivenit

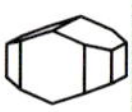

Chem. Formel $Cu_2[OH/AsO_4]$
Härte 3, **Dichte** 4,3
Farbe Hell- bis olivgrün, schwarzgrün, braun, weißlich
Strichfarbe Gelb bis olivgrün
Glanz Glasglanz bis Seidenglanz
Spaltbarkeit Keine
Bruch Muschelig
Tenazität Spröde
Kristallform Orthorhombisch

Ausbildung Tafelige bis prismatische Kristalle, nadelig, haarförmig, faserig, radialstrahlige, traubige, nierige Aggregate, erdig, derb.
Entstehung und Vorkommen In der Oxidationszone von Kupfer-Lagerstätten.
Begleitmineralien Cornwallit, Klinoklas, Azurit, Malachit, Agardit, Limonit.
Ähnliche Mineralien Adamin ist meist viel heller grün, in der kupferhaltigen Varietät Cuproadamin aber oft nur schwer zu unterscheiden, Gleiches gilt für Libethenit, allerdings gibt die Paragenese mit anderen arsenhaltigen Mineralien Hinweise auf das Vorkommen von Olivenit.

4 Libethenit

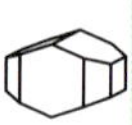

Chem. Formel $Cu_2[OH/PO_4]$
Härte 3, **Dichte** 4,3
Farbe Hell- bis olivgrün, schwarzgrün
Strichfarbe Grün
Glanz Glasglanz
Spaltbarkeit Keine
Bruch Muschelig
Tenazität Spröde
Kristallform Monoklin

Ausbildung Pseudoorthorhombisch, tafelige bis prismatische Kristalle, nadelig, radialstrahlige, traubige, nierige Aggregate.
Entstehung und Vorkommen In der Oxidationszone von Kupfer-Lagerstätten.
Begleitmineralien Pseudomalachit, Azurit, Malachit, Chalkosiderit.
Ähnliche Mineralien Adamin ist meist viel heller grün, in der kupferhaltigen Varietät Cuproadamin aber oft nur schwer zu unterscheiden. Gleiches gilt für Olivenit, allerdings gibt die Paragenese mit anderen phosphorhaltigen Mineralien Hinweise auf das Vorkommen von Libethenit.

Fundorte

1 Eilath, Israel	**3** Wheal Gorland, Cornwall, Großbritannien
2 Ajo, Arizona, USA	**4** Estremoz, Portugal

1

2

3

4

1 Atacamit

Chem. Formel $Cu_2(OH)_3Cl$
Härte 3–3½, **Dichte** 3,76
Farbe Smaragdgrün bis schwärzlich grün
Strichfarbe Grün
Glanz Glasglanz
Spaltbarkeit Vollkommen
Bruch Muschelig
Tenazität Spröde
Kristallform Orthorhombisch

Ausbildung Prismatische bis nadelige Kristalle, selten tafelig, strahlig, blättrig, krustig, derb als Anflug.
Entstehung und Vorkommen In der Oxidationszone von Kupfer-Lagerstätten, besonders im ariden Wüstenklima.
Begleitmineralien Cuprit, Malachit, gediegen Kupfer, Claringbullit, Connellit.
Ähnliche Mineralien Malachit braust beim Betupfen mit Salzsäure; Brochantit ist etwas härter und nicht so schwärzlich grün wie Atacamit.

2 Hagendorfit

Chem. Formel $(Na,Ca)_2(Fe,Mn)_3[PO_4]_3$
Härte 4, **Dichte** 3,5–3,7
Farbe Schwarzgrün
Strichfarbe Grün
Glanz Glas- bis Fettglanz
Spaltbarkeit In drei Richtungen erkennbar
Bruch Spätig
Tenazität Spröde
Kristallform Monoklin

Ausbildung Selten eingewachsene Kristalle, prismatisch, meist derbe, spätige Massen, verwachsen mit anderen Primärphosphaten.
Entstehung und Vorkommen In Phosphatpegmatiten.
Begleitmineralien Zwieselit, Triphylin, Wolfeit, Pyrit, Arrojadit, Quarz, Feldspat.
Ähnliche Mineralien Verwechslung von Hagendorfit mit anderen Phosphaten ist kaum möglich: Rockbridgeit ist immer strahlig, Hornblende zeigt eine deutliche Spaltbarkeit mit einem Spaltwinkel von 120°.

3 Mottramit

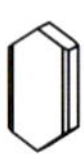

Chem. Formel $Pb(Cu,Zn)[OH/VO_4]$
Härte 3½, **Dichte** 5,7–6,2
Farbe Olivgrün bis schwarzgrün
Strichfarbe Grün
Glanz Harzglanz
Spaltbarkeit Keine
Bruch Uneben
Tenazität Spröde
Kristallform Orthorhombisch

Ausbildung Selten prismatische Kristalle, meist strahlig, krustig, nierige Aggregate, dendritisch.
Entstehung und Vorkommen In der Oxidationszone von vanadiumreichen Blei- und Kupfer-Lagerstätten.
Begleitmineralien Descloizit, Azurit, Malachit, Vanadinit, Mimetesit, Kalkspat.
Ähnliche Mineralien Descloizit ist mehr braun; Malachit braust beim Betupfen mit Salzsäure und ist mehr smaragdgrün; Ktenasit ist bläulicher; Brochantit ist deutlich smaragdgrün, ebenso Atacamit.

4 Brochantit

Chem. Formel $Cu_4[(OH)_6/SO_4]$
Härte 3½–4, **Dichte** 3,97
Farbe Smaragdgrün
Strichfarbe Grün bis hellgrün
Glanz Glasglanz, auf Spaltflächen Perlmuttglanz
Spaltbarkeit Vollkommen, wegen der nadeligen Kristalle aber meist nicht erkennbar
Bruch Uneben
Tenazität Spröde
Kristallform Monoklin

Ausbildung Nadelige, seltener tafelige Kristalle, radialstrahlige, faserige, nierige Aggregate, körnig, erdig.
Entstehung und Vorkommen In der Oxidationszone von Kupfer-Lagerstätten.
Begleitmineralien Malachit, Azurit, Langit, Posnjakit, Atacamit, Cuprit.
Ähnliche Mineralien Malachit braust beim Betupfen mit Salzsäure, Atacamit ist weicher und meist etwas dunkler, Olivenit ist nicht so smaragdgrün, ebenso Cornwallit und Pseudomalachit. Langit ist im Gegensatz zu Brochantit mehr blau gefärbt.

Fundorte	
1 La Farola, Chile	**3** Tsumeb, Namibia
2 Hagendorf-Süd, Ostbayern	**4** Potrerillos, Chile

1 2

3 4

1 Euchroit

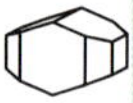

Chem. Formel $Cu_2AsO_4OH \cdot 3\,H_2O$
Härte 3½–4, **Dichte** 3,45
Farbe Grün
Strichfarbe Grün
Glanz Glasglanz
Spaltbarkeit Nicht erkennbar
Bruch Muschelig
Tenazität Spröde
Kristallform Orthorhombisch

Ausbildung Kurzprismatische bis dicktafelige Kristalle, meist aufgewachsen.

Entstehung und Vorkommen In der Oxidationszone von Kupfer-Lagerstätten.

Begleitmineralien Libethenit, Azurit, Malachit, Olivenit, Dolomit, Calcit.

Ähnliche Mineralien Olivenit und Libethenit haben eine andere Kristallform; Malachit und Brochantit sind meist nadelig und mehr smaragdgrün; Olivenit ist mehr olivgrün.

2 Zaratit

Chem. Formel $Ni_3CO_3(OH)_4 \cdot 4\,H_2O$
Härte 3½, **Dichte** 2,6–2,7
Farbe Smaragdgrün
Strichfarbe Grün
Glanz Glasglanz
Spaltbarkeit Keine
Bruch Muschelig
Tenazität Spröde
Kristallform Kubisch

Ausbildung Derb, krustig, dünne glasige Überzüge, erdig, dichte Massen.

Entstehung und Vorkommen In Serpentingesteinen auf Klüften aufgewachsen, entstanden bei der Verwitterung primärer Nickelmineralien.

Begleitmineralien Serpentin, Chromit, Millerit, Asbest, Annabergit, Garnierit.

Ähnliche Mineralien Bei Beachtung der Paragenese und Farbe gibt es keine Verwechslung mit anderen Mineralien; Annabergit hat eine andere Kristallform und ist nicht so glasig; Antigorit-Serpentin ist blättrig.

3 Arthurit

Chem. Formel $Cu_2Fe_4(AsO_4)_4(O,OH)_4 \cdot 8\,H_2O$
Härte 3–4, **Dichte** 3,02
Farbe Apfelgrün bis gelblich smaragdgrün
Strichfarbe Grünlich
Glanz Glasglanz
Spaltbarkeit Nicht erkennbar
Bruch Uneben
Tenazität Spröde
Kristallform Monoklin

Ausbildung Prismatische bis nadelige Kristalle, lockere Büschel, faserige, radialstrahlige oder nierige Aggregate, krustig, derb.

Entstehung und Vorkommen In der Oxidationszone von Kupfer-Lagerstätten.

Begleitmineralien Pharmakosiderit, Beudantit, Olivenit, Malachit, Jarosit, Azurit.

Ähnliche Mineralien Feinfaseriger Olivenit ist mit einfachen Mitteln von Arthurit oft nicht leicht unterscheidbar; Arthurit ist aber meist etwas gelblich grüner; Malachit und Brochantit sind reiner smaragdgrün.

4 Antlerit

Chem. Formel $Cu_3SO_4(OH)_4$
Härte 3½, **Dichte** 3,8–3,9
Farbe Smaragdgrün
Strichfarbe Grün
Glanz Glasglanz
Spaltbarkeit Vollkommen
Bruch Uneben
Tenazität Spröde
Kristallform Orthorhombisch

Ausbildung Dicktafelige bis kurzprismatische Kristalle, faserige Aggregate, schuppige Massen, nadelig.

Entstehung und Vorkommen In der Oxidationszone von kupferführenden Lagerstätten.

Begleitmineralien Malachit, Atacamit, Chalkopyrit, Chalkosin, Kalkspat.

Ähnliche Mineralien Malachit braust im Gegensatz zu Antlerit beim Betupfen mit verdünnter Salzsäure; Atacamit ist etwas dunkler grün.

Fundorte

1 Libethen, Slowakei	3 Chovar, Spanien
2 Lord Brassey Mine, Tasmanien, Australien	4 Bisbee, Arizona, USA

1

2

3

4

1 Agardit-Ce

Chem. Formel $(Ce,Ca)_2Cu_{12}[(OH)_{12}/(AsO_4)_6] \cdot 6\,H_2O$
Härte 3–4, **Dichte** 3,6–3,7
Farbe Gelblich grün bis bläulich grün
Strichfarbe Blassgrün
Glanz Glasglanz
Spaltbarkeit Nicht erkennbar
Bruch Uneben
Kristallform Hexagonal

Ausbildung Nadelig, faserig, filzig.
Entstehung und Vorkommen In der Oxidationszone von Kupfer-Lagerstätten, entstanden beim Vorhandensein geringer Mengen von Selten-Erd-Elementen in den Primärerzen (zum Beispiel als Xenotim).
Begleitmineralien Adamin, Olivenit, Limonit, Malachit, Azurit.
Ähnliche Mineralien Die Unterscheidung der einzelnen Agardit-Mineralien untereinander und von Mixit ist mit einfachen Mitteln nicht möglich. Malachit braust beim Betupfen mit Salzsäure.

2 Agardit-Y

Chem. Formel $(Y,Ca)_2Cu_{12}[(OH)_{12}/(AsO_4)_6] \cdot 6\,H_2O$
Härte 3–4, **Dichte** 3,6–3,7
Farbe Gelblich grün bis bläulich grün
Strichfarbe Grünlich
Glanz Glasglanz
Spaltbarkeit Nicht erkennbar
Bruch Uneben
Kristallform Hexagonal

Ausbildung Nadelig, faserig, filzig.
Entstehung und Vorkommen In der Oxidationszone von Kupfer-Lagerstätten, entstanden beim Vorhandensein geringer Mengen von Selten-Erd-Elementen in den Primärerzen (zum Beispiel als Xenotim).
Begleitmineralien Adamin, Olivenit, Limonit, Malachit, Azurit.
Ähnliche Mineralien Die Unterscheidung der einzelnen Agardit-Mineralien untereinander und von Mixit ist mit einfachen Mitteln nicht möglich, Malachit braust beim Betupfen mit Salzsäure.

3 Agardit-La

Chem. Formel $(La,Ca)_2Cu_{12}[(OH)_{12}/(AsO_4)_6] \cdot 6\,H_2O$
Härte 3–4, **Dichte** 3,6–3,7
Farbe Gelblich grün bis bläulich grün
Glanz Glasglanz
Spaltbarkeit Nicht erkennbar
Bruch Uneben
Kristallform Hexagonal

Ausbildung Nadelig, faserig, filzig.
Entstehung und Vorkommen In der Oxidationszone von Kupfer-Lagerstätten, entstanden beim Vorhandensein geringer Mengen von Selten-Erd-Elementen in den Primärerzen (zum Beispiel als Xenotim).
Begleitmineralien Adamin, Olivenit, Limonit, Malachit, Azurit.
Ähnliche Mineralien Die Unterscheidung der einzelnen Agardit-Mineralien untereinander und von Mixit ist mit einfachen Mitteln nicht möglich, Malachit braust beim Betupfen mit Salzsäure.

4 Mixit

Chem. Formel $(Bi,CaH)Cu_6[(OH)_6/(AsO_4)_3] \cdot 3\,H_2O$
Härte 3–4, **Dichte** 3,8
Farbe Bäulich grün bis gelbgrün
Strichfarbe Grün
Glanz Glas- bis Seidenglanz
Spaltbarkeit Nicht erkennbar
Bruch Faserig
Tenazität Spröde
Kristallform Hexagonal

Ausbildung Nadelige Kristalle, haarförmig, radialstrahlig, erdig, krustig, derb.
Entstehung und Vorkommen In der Oxidationszone von arsenreichen Wismut-Kobalt-Nickel-Lagerstätten.
Begleitmineralien Pharmakosiderit, Zeunerit, Emplektit, Wittichenit.
Ähnliche Mineralien Die Mineralien der Agardit-Gruppe sind mit einfachen Mitteln nicht leicht zu unterscheiden, die Paragenese mit Wismuterzen gibt aber oft Hinweise.

Fundorte

1 Grube Clara, Schwarzwald	**3** Lavrion, Griechenland
2 Bou Skour, Marokko	**4** El Pinar, Spanien

1

2

3

4

1 Spangolith

Chem. Formel
$Cu_6AlSO_4(OH)_{12}Cl \cdot 3\ H_2O$
Härte 3, **Dichte** 3,14
Farbe Dunkelgrün bis blaugrün
Strichfarbe Blassgrün
Glanz Glasglanz
Spaltbarkeit Vollkommen
Bruch Uneben
Tenazität Spröde
Kristallform Hexagonal

Ausbildung Kurzprismatische bis dicktafelige Kristalle, Krusten, Krusten, Überzüge.

Entstehung und Vorkommen In der Oxidationszone von Kupfer-Lagerstätten.

Begleitmineralien Serpierit, Brochantit, Azurit, Malachit, Cuproadamin.

Ähnliche Mineralien Chalkophyllit und Devillin sind immer dünntafelig; Serpierit bildet eher nadelige bis langtafelige Kristalle; Langit hat eine andere Kristallform; Azurit hat einen blauen Strich.

2 Dufrenit

Chem. Formel
$Fe^{2+}Fe_4^{3+}(OH)_5(PO_4)_3 \cdot H_2O$
Härte 3½–4, **Dichte** 3,1–3,3
Farbe Gelbgrün bis schwarzgrün, durch Oxidation braun
Strichfarbe Grün
Glanz Glasglanz bis matt
Spaltbarkeit Vollkommen
Bruch Uneben
Tenazität Spröde
Kristallform Monoklin

Ausbildung Dicktafelige Kristalle, wäscheklammerartige Zwillinge, strahlige Krusten, kugelige Aggregate, Überzüge, derbe Massen.

Entstehung und Vorkommen In Phosphatpegmatiten durch Umwandlung primärer Phosphate, in phosphorreichen Brauneisen-Lagerstätten.

Begleitmineralien Hureaulith, Laubmannit, Rockbridgeit, Goethit.

Ähnliche Mineralien Rockbridgeit ist schwärzer, die wäscheklammerartigen Zwillinge von Dufrenit sind sehr typisch.

3 Laubmannit

Chem. Formel
$Fe_3^{2+}Fe_6^{3+}[(OH)_3/PO_4]_4$
Härte 4, **Dichte** 3,3
Farbe Grau- bis olivgrün, gelbgrün
Strichfarbe Grün
Glanz Glasglanz
Spaltbarkeit Nicht erkennbar
Bruch Faserig
Tenazität Spröde
Kristallform Orthorhombisch

Ausbildung Nadelige bis faserige Kristalle, Büschel, radialstrahlige Aggregate, kugelige, nierige Überzüge und Krusten.

Entstehung und Vorkommen In phosphorhaltigen Brauneisen-Lagerstätten.

Begleitmineralien Rockbridgeit, Beraunit, Strengit, Kakoxen, Dufrenit.

Ähnliche Mineralien Rockbridgeit ist meist dunkler, manchmal aber schwer von Laubmannit zu unterscheiden; dieser kann nadelige Fortwachsungen auf Rockbridgeit bilden; Kakoxen ist mehr goldgelb; Strunzit ist mehr strohgelb.

4 Kidwellit

Chem. Formel
$NaFe_9(PO_4)_6(OH)_{10} \cdot 5\ H_2O$
Härte 4, **Dichte** 2,5
Farbe Gelblich grün
Strichfarbe Grünlich
Glanz Glasglanz
Spaltbarkeit Nicht erkennbar
Bruch Faserig
Tenazität Spröde
Kristallform Monoklin

Ausbildung Nadelige Kristalle, faserige, radialstrahlige Krusten, Überzüge.

Entstehung und Vorkommen In Phosphat-Lagerstätten als Umwandlungsbildung primärer Phosphate.

Begleitmineralien Rockbridgeit, Strengit, Dufrenit, Laubmannit, Goethit.

Ähnliche Mineralien Beraunit bildet meist nur einzelne Büschel und keine dichten Krusten; Laubmannit hat einen helleren Strich, ist aber mit einfachen Mitteln nur schwer zu unterscheiden.

Fundorte

1 Lavrion, Griechenland	**3** Grube Rothläufchen, Gießen
2 Grube Eleonore, Gießen	**4** Polk Co., Arkansas, USA

1

2

3

4

1–3 Malachit

Chem. Formel $Cu_2[(OH)_2/CO_3]$
Härte 4, **Dichte** 4
Farbe Smaragdgrün bis hellgrün
Strichfarbe Grün
Glanz Glasglanz, in Aggregaten Seidenglanz, auch matt
Spaltbarkeit Gut, aber wegen der meist nadeligen oder faserigen Ausbildung praktisch nicht sichtbar
Bruch Muschelig
Tenazität Spröde
Kristallform Monoklin

Ausbildung Nadelige Büschel, tafelige bis prismatische Kristalle, faserig, strahlig, nierige Krusten, derb, erdig.
Entstehung und Vorkommen In der Oxidationszone von Kupfer-Lagerstätten, hier häufigstes Oxidationsmineral.
Begleitmineralien Limonit, Azurit, Brochantit, Cuprit, gediegen Kupfer und viele andere Kupferoxidationsminerale.
Besonderheit Malachit bildet oft Pseudomorphosen nach Azurit-Kristallen. Dabei bleibt die Kristallform des Azurits erhalten, während sich die Farbe zu Grün ändert.
Ähnliche Mineralien Verwechselbare Mineralien brausen nicht beim Betupfen mit verdünnter Salzsäure.

4 Malachit

Edelstein

Farbe Grün, meist mit typischen helleren und dunkleren Bänderungen
Glanz Glasglanz
Schliffform Cabochonschliff, Kugeln

Verwendung Cabochons selten als Ringsteine und für Broschen, Anhänger, Kugeln für Steinketten, daneben oft auch kunsthandwerkliche Gegenstände. Malachit ist allerdings sehr weich und wird bei Gebrauch schnell matt. Er ist gegenüber Säuren und Laugen empfindlich.
Unterscheidung Die praktisch immer vorhandenen Bänderungen machen den Stein im Aussehen sehr typisch und unverwechselbar.

5 Pseudomalachit

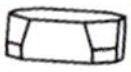

Chem. Formel $Cu_5[(OH)_2/PO_4]_2$
Härte 4½, **Dichte** 4,34
Farbe Dunkel- bis schwärzlich grün
Strichfarbe Grün
Glanz Glas- bis Fettglanz
Spaltbarkeit Keine
Bruch Muschelig
Tenazität Spröde
Kristallform Monoklin

Ausbildung Tafelige Kristalle sind eher selten, meist radialstrahlige Aggregate, nierige Aggregate, krustig, erdig.
Entstehung und Vorkommen In der Oxidationszone von Kupfer-Lagerstätten.
Begleitmineralien Malachit, Libethenit.
Ähnliche Mineralien Malachit braust im Gegensatz zu Pseudomalachit beim Betupfen mit verdünnter Salzsäure; Cornwallit ist mit einfachen Mitteln nicht zu unterscheiden, die Paragenese von Pseudomalachit zusammen mit phosphorhaltigen Mineralien gibt aber immer Hinweise.

6 Cornwallit

Chem. Formel $Cu_5[(OH)_2/AsO_4]_2$
Härte 4½–5, **Dichte** 4–4,1
Farbe Smaragdgrün
Strichfarbe Grün
Glanz Glasglanz
Spaltbarkeit Keine
Bruch Muschelig
Tenazität Spröde
Kristallform Monoklin

Ausbildung Tafelige Kristalle, kugelige, radialstrahlige Aggregate, krustig, nierig, erdig.
Entstehung und Vorkommen In der Oxidationszone von Kupfer-Lagerstätten.
Begleitmineralien Olivenit, Chlorotil, Klinoklas, Malachit, Konichalcit.
Ähnliche Mineralien Malachit braust im Gegensatz zu Cornwallit beim Betupfen mit verdünnter Salzsäure; Pseudomalachit ist mit einfachen Mitteln nicht zu unterscheiden, kommt aber nie zusammen mit arsenhaltigen Mineralien vor.

Fundorte

1 Grube Friedrich, Siegerland	3 Kamariza, Griechenland	5 Nishni Tagil, Russland
2 Grube Friedrich, Siegerland	4 Shaba, Zaire	6 Grube Clara, Schwarzwald

1

2

3

4

5

6

1 Bayldonit

Chem. Formel $PbCu_3[OH/AsO_4]_2$
Härte 4½, **Dichte** 5,5
Farbe Grün bis gelbgrün
Strichfarbe Grün
Glanz Harzglanz
Spaltbarkeit Keine
Bruch Uneben
Tenazität Spröde
Kristallform Monoklin

Ausbildung Dicktafelige Kristalle, pseudohexagonale Drillinge, krustig, radialstrahlig, oft als prismatische Pseudomorphose nach Mimetesit (Abb. 1), die oft im Inneren noch Mimetesit-Reste zeigt.
Entstehung und Vorkommen In der Oxidationszone von Kupfer-Blei-Lagerstätten.
Begleitmineralien Mimetesit, Azurit, Malachit, Cerussit.
Ähnliche Mineralien Malachit ist immer nadelig; Olivenit hat eine andere Kristallform, ebenso wie Konichalcit, Cornwallit und Pseudomalachit.

2 Chalkosiderit

Chem. Formel
$CuFe_6[(OH)_8/(PO_4)_4] \cdot 4\,H_2O$
Härte 4½, **Dichte** 3,22
Farbe Dunkelgrün
Strichfarbe Grün
Glanz Glasglanz
Spaltbarkeit Vollkommen
Bruch Uneben
Tenazität Spröde
Kristallform Triklin

Ausbildung Kurzprismatische bis dicktafelige Kristalle, Krusten, Überzüge, derb.
Entstehung und Vorkommen In der Oxidationszone von Kupfer-Lagerstätten, in Phosphatpegmatiten.
Begleitmineralien Malachit, Olivenit, Libethenit, Pseudomalachit, Kakoxen, Türkis.
Ähnliche Mineralien Olivenit und Libethenit haben eine andere Kristallform, ebenso wie Pseudomalachit. Malachit und Brochantit sind fast immer nadelig.

3 Konichalcit

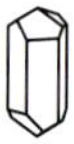

Chem. Formel $CaCu[OH/AsO_4]$
Härte 4½, **Dichte** 4,33
Farbe Hell- bis apfelgrün
Strichfarbe Hellgrün
Glanz Glasglanz
Spaltbarkeit Nicht erkennbar
Bruch Uneben
Tenazität Spröde
Kristallform Orthorhombisch

Ausbildung Selten prismatische Kristalle, meist radialstrahlige, nierige Aggregate, warzig, krustig, derbe Überzüge.
Entstehung und Vorkommen In der Oxidationszone von Kupfer-Lagerstätten zusammen mit anderen Arsenatmineralien.
Begleitmineralien Cuproadamin, Olivenit, Beudantit, Skorodit, Azurit, Malachit.
Ähnliche Mineralien Die apfelgrüne Farbe ist sehr charakteristisch und unterscheidet Konichalcit von Malachit, Olivenit, Cuproadamin oder Cornwallit. Skorodit kann grünlich sein, zeigt aber eine andere Kristallform.

4 Rockbridgeit *Grüneisenerz*

Chem. Formel
$(Fe,Mn)Fe_4[(OH)_5/(PO_4)_3]$
Härte 4½, **Dichte** 3,4
Farbe Schwarz, schwarzgrün
Strichfarbe Grün
Glanz Glasglanz
Spaltbarkeit Vorhanden, aber selten erkennbar
Bruch Uneben
Tenazität Spröde
Kristallform Orthorhombisch

Ausbildung Prismatische bis tafelige Kristalle, oft radialstrahlige Aggregate, glaskopfartig, nierig, krustig, faserig, derb.
Entstehung und Vorkommen In Phosphatpegmatiten als Umwandlungsprodukt von primären Phosphatmineralen und in phosphorreichen Brauneisen-Lagerstätten.
Begleitmineralien Beraunit, Strengit, Phosphosiderit, Apatit, Limonit.
Ähnliche Mineralien Farbe und Strichfarbe sind sehr charakteristisch. Beachtet man dazu das typische Vorkommen, sind Verwechslungen kaum möglich, der nah verwandte Frondelit ist immer braun.

Fundorte

1 Tsumeb, Namibia	3 Lavrion, Griechenland
2 Estremoz, Portugal	4 Siegerland

1

2

3

4

1 Gormanit

Chem. Formel $Fe_3Al_4(PO_4)_4(OH)_6 \cdot 2\,H_2O$
Härte 4–5, **Dichte** 3,1–3,2
Farbe Blaugrün bis grün
Strichfarbe Grünlich
Glanz Glasglanz
Spaltbarkeit Meist nicht erkennbar
Bruch Splittrig
Tenazität Spröde
Kristallform Triklin

Ausbildung Nadelige Kristalle, Kristallbüschel, radialstrahlige Aggregate.
Entstehung und Vorkommen Auf Klüften von phosphorreichen Sedimenten, auf Klüften von Tonaliten.
Begleitmineralien Quarz, Whiteit, Lazulith, Kulanit, Baricit, Siderit.
Ähnliche Mineralien Vivianit ist weicher, Azurit ist dunkler blau und kommt in ganz anderer Paragenese vor, er hat zudem einen blauen Strich. Blauer Beryll ist deutlich härter, Kulanit ist mehr grün. Lazulith ist nicht so nadelig.

2 Dioptas

Chem. Formel $Cu_6[Si_6O_{18}] \cdot 6\,H_2O$
Härte 5, **Dichte** 3,3
Farbe Smaragdgrün
Strichfarbe Grün
Glanz Glasglanz
Spaltbarkeit Nach dem Grundrhomboeder erkennbar
Bruch Muschelig
Tenazität Spröde
Kristallform Trigonal

Ausbildung Lang- bis kurzprismatische Kristalle, nadelig, strahlige Aggregate.
Entstehung und Vorkommen In der Oxidationszone von Kupfer-Lagerstätten, besonders bei kieselsäurereichem Nebengestein.
Begleitmineralien Malachit, Azurit, Duftit, Wulfenit, Cerussit, Chrysokoll, Quarz.
Ähnliche Mineralien Malachit hat eine andere Kristallform und braust mit verdünnter Salzsäure, Smaragd ist viel härter und hat eine andere Kristallform.

3 Omphacit

Chem. Formel $(Ca,Na)(Mg,Al)(Si,Al)_2O_6$
Härte 6, **Dichte** 3,3–3,4
Farbe Grün, schwarz
Strichfarbe Grünlich
Glanz Glasglanz
Spaltbarkeit Gut
Bruch Uneben
Tenazität Spröde
Kristallform Monoklin

Ausbildung Selten prismatische bis tafelige Kristalle, strahlig, derb, körnig, eingewachsen.
Entstehung und Vorkommen Gesteinsbildend in Eklogiten und manchen Kimberliten, seltener in Blauschiefern.
Begleitmineralien Pyrop, Disthen, Muskovit, Korund, Hornblende, Epidot, Skapolith.
Ähnliche Mineralien Grossular, Vesuvian haben eine weiße Strichfarbe; Aktinolith hat eine andere Spaltbarkeit mit einem Spaltwinkel von 120°; Diopsid hat eine andere Strichfarbe; Olivin hat eine andere Kristallform.

4 Pumpellyit

Chem. Formel $Ca_2MgAl_2[(OH)_2/Si_2O_7] \cdot H_2O$
Härte 5½, **Dichte** 3,2
Farbe Graugrün, schwarzgrün, dunkelgrün
Strichfarbe Graugrün bis grün
Glanz Glasglanz
Spaltbarkeit Keine
Bruch Muschelig bis uneben
Tenazität Spröde
Kristallform Monoklin

Ausbildung Selten prismatische Kristalle, meist nadelig, radialstrahlig, faserig.
Entstehung und Vorkommen In metamorphen Gesteinen, in Blasenhohlräumen vulkanischer Gesteine, in Drusen von Pegmatiten.
Begleitmineralien Epidot, Stilbit, Chabasit, Laumontit, Heulandit.
Ähnliche Mineralien Epidot ist nicht so nadelig und etwas härter; Aktinolith hat eine deutliche Spaltbarkeit mit einem Spaltwinkel von 120°.

Fundorte

1 Rapid Creek, Yukon Territory, Kanada	**3** Fichtelgebirge, Bayern
2 Altyn Tyube, Kasachstan	**4** Norilsk, Russland

1

2

3

4

1–2 Aktinolith *Strahlstein*

Chem. Formel $(Ca,Fe)_2(Mg,Fe)_5[OH/Si_4O_{11}]_2$
Härte 5½–6, **Dichte** 2,9–3,1
Farbe Hell- bis dunkelgrün
Strichfarbe Graugrün
Glanz Glasglanz
Spaltbarkeit Vollkommen, Spaltwinkel etwa 120°
Bruch Uneben
Tenazität Spröde
Kristallform Monoklin

Ausbildung Stängelig bis nadelig, prismatische Kristalle, strahlige Aggregate heißen Strahlstein, feinfaserige bis haarförmige Ausbildungen werden Amiant oder Byssolith genannt. Feinfaserige Varietäten werden auch als Aktinolith-Asbest bezeichnet.

Entstehung und Vorkommen Eingewachsen in metamorphen Gesteinen, insbesondere Talk- und Chloritschiefern, in Eklogiten, auf alpinen Klüften (hier insbesondere als Amiant und Byssolith), in Skarn-Gesteinen und kontaktmetamorphen und kontaktmetasomatischen Lagerstätten.

Begleitmineralien Albit, Talk, Muskovit, Biotit, Kalkspat, Epidot, Feldspat.

Besonderheit Besonders dichte Varietäten werden als Nephrit bezeichnet und werden ähnlich wie Jade für Schmuckzwecke und zur Herstellung von Kunstgegenständen verwendet. Nephrit ist allerdings viel weniger wertvoll als Jade. Zur besseren Verkäuflichkeit erhält Nephrit oft auch irreführende Lokanamen, wie zum Beispiel „Russische Jade".

Ähnliche Mineralien Pyroxene haben einen anderen Spaltwinkel; Turmalin hat eine andere Kristallform und keine Spaltbarkeit; Hornblende ist mehr schwarz; Tremolit hat einen weißen Strich; Epidot bildet keine strahligen Aggregate, Wollastonit ist mehr weißlich.

3 Fassait

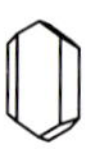

Chem. Formel $Ca(Mg,Fe,Al)(Si,Al)_2O_6$
Härte 6, **Dichte** 2,9–3,3
Farbe Grün, schwarz
Strichfarbe Grünlich
Glanz Glasglanz
Spaltbarkeit Gut
Bruch Uneben
Tenazität Spröde
Kristallform Monoklin

Ausbildung Prismatische bis tafelige Kristalle, strahlig, derb, körnig.

Entstehung und Vorkommen In kontaktmetamorphen Gesteinen und vulkanischen Auswürflingen.

Begleitmineralien Grossular, Vesuvian, Gehlenit, Spinell.

Ähnliche Mineralien Grossular, Vesuvian haben eine weiße Strichfarbe; Aktinolith hat eine andere Spaltbarkeit mit einem Spaltwinkel von 120°; Diopsid hat eine andere Strichfarbe; Olivin hat eine andere Kristallform.

4 Enstatit

Chem. Formel $Mg_2[Si_2O_6]$
Härte 5–6, **Dichte** 3,1–3,2
Farbe Weiß, gelb, grün, bräunlich
Strichfarbe Weißlich bis grüngrau
Glanz Glasglanz
Spaltbarkeit Kaum erkennbar
Bruch Muschelig
Tenazität Spröde
Kristallform Orthorhombisch

Ausbildung Kurzprismatische oder tafelige Kristalle, oft spätig, strahlig, derb.

Entstehung und Vorkommen Als Gemengteil in Noriten, Gabbros, Peridotiten, Andesiten, Melaphyren, in Hohlräumen in vulkanischen Auswürflingen.

Begleitmineralien Talk, Apatit.

Ähnliche Mineralien Hornblende hat eine andere Spaltbarkeit mit einem Spaltwinkel von 120°, während der Spaltwinkel bei Enstatit etwa 90° ist; Olivin hat eine andere Kristallform; Augit ist schwarz.

Fundorte

1 Zillertal, Österreich	3 Monzoni, Südtirol, Italien
2 Krimmler Tal, Hohe Tauern, Österreich	4 Bamle, Norwegen

1

2

3

4

1 Aegirin

Chem. Formel $NaFeSi_2O_6$
Härte 5–6, **Dichte** 3,5–3,6
Farbe Dunkelgrün bis schwarz
Strichfarbe Grünlich
Glanz Glasglanz bis Fettglanz
Spaltbarkeit Vollkommen, Spaltwinkel etwa 90°
Bruch Uneben
Tenazität Spröde
Kristallform Monoklin

Ausbildung Tafelige bis prismatische Kristalle, nadelig, aufgewachsen, oft eingewachsen, parallelfaserige Aggregate, radialstrahlige Sonnen, kugelige Aggregate.
Entstehung und Vorkommen In Alkaligesteinen und ihren Pegmatiten.
Begleitmineralien Zirkon, Titanit, Feldspat, Nephelin, Xenotim, Astrophyllit.
Ähnliche Mineralien Hornblende hat eine andere Spaltbarkeit; Augit kommt in ganz anderen Gesteinen vor.

2 Hedenbergit

Chem. Formel $CaFe[Si_2O_6]$
Härte 6, **Dichte** 3,55
Farbe Dunkelgrün bis schwarz
Strichfarbe Hellbraun bis grünlich
Glanz Glasglanz
Spaltbarkeit Erkennbar, Spaltwinkel ungefähr 90°
Bruch Spätig
Tenazität Spröde
Kristallform Monoklin

Ausbildung Prismatische Kristalle, meist radialstrahlig, Stängelig, derb.
Entstehung und Vorkommen In kontaktmetasomatischen Eisen-Lagerstätten, in vulkanischen Auswürflingen, in Sanidiniten.
Begleitmineralien Magnetit, Pyrit, Ilvait, Andradit, Hämatit, Quarz.
Ähnliche Mineralien Die Paragenese macht Hedenbergit unverwechselbar; Ilvait ist schwarz; Aktinolith hat eine andere Spaltbarkeit.

3 Augit

Chem. Formel $(Ca,Mg,Fe)_2[(Si,Al)_2O_6]$
Härte 6, **Dichte** 3,3–3,5
Farbe Dunkelgrün, schwarz
Strichfarbe Schwärzlich grün
Glanz Glasglanz
Spaltbarkeit Nach dem Prisma deutlich, Winkel zwischen den Spaltflächen (Spaltwinkel) ungefähr 90°
Bruch Muschelig
Tenazität Spröde
Kristallform Monoklin

Ausbildung Kurz- bis langprismatisch, nadelig, körnig, derb.
Entstehung und Vorkommen In vulkanischen Gesteinen als Gesteinsgemengeteil, gut ausgebildete Kristalle besonders in vulkanischen Tuffen zum Beispiel der Eifel oder von Lanzarote.
Begleitmineralien Biotit, Olivin, Hornblende, Sanidin, Nosean, Sodalith.
Ähnliche Mineralien Hornblende hat eine andere Spaltbarkeit mit einem Spaltwinkel von 120° und einen mehr sechsseitigen Querschnitt im Gegensatz zum mehr vier- bzw. achtseitigen des Augit.

4–5 Gadolinit

Chem. Formel $Y_2FeBe_2[O/SiO_4]_2$
Härte 6½, **Dichte** 4–4,7
Farbe Schwarz, undurchsichtig, grün durchsichtig
Strichfarbe Grünlich
Glanz Pech- bis Glasglanz
Spaltbarkeit Meist nicht erkennbar
Bruch Muschelig
Tenazität Spröde
Kristallform Monoklin

Ausbildung Derbe Massen eingewachsen (undurchsichtig, Pechglanz), prismatisch, aufgewachsen (durchsichtig, Glasglanz).
Entstehung und Vorkommen In Pegmatiten eingewachsen, auf alpinen Klüften aufgewachsen.
Begleitmineralien Synchisit, Aeschynit, Xenotim, Monazit, Feldspat, Quarz.
Ähnliche Mineralien Der grüne, aufgewachsene Gadolinit ist unverwechselbar; der schwarze, eingewachsene unterscheidet sich von anderen schwarzen Mineralien durch die grüne Strichfarbe.

Fundorte

1 Dara-i-Pioz, Tadshikistan	**3** Predazzo, Südtirol, Italien	**5** Gasteiner Tal, Österreich
2 Rio Marina, Elba, Italien	**4** Birkelund, Norwegen	

1

2

3

4

5

1 Graphit

Chem. Formel C
Härte 1, **Dichte** 2,1–2,3
Farbe Dunkel bis hell stahlgrau, undurchsichtig
Strichfarbe Schwarz
Glanz Metallglanz bis matt
Spaltbarkeit Nach der Basis vollkommen
Bruch Blättrig
Tenazität Biegsam, milde
Kristallform Hexagonal

Ausbildung Tafelige Kristalle, blättrige, schuppige Aggregate, dicht.

Entstehung und Vorkommen In kristallinen Schiefern, Marmoren, Pegmatiten.

Begleitmineralien Kalkspat, Wollastonit, Spinell, Pyrrhotin, Olivin, Granat.

Ähnliche Mineralien Molybdänglanz ist härter, sein Strich ist, mit einer Strichtafel verrieben, leicht grünlich, der von Graphit eher bräunlich; Hämatit hat einen roten Strich und ist wie Ilmenit härter und spröde.

2 Ozokerit

Chem. Formel Natürlich vorkommendes Paraffin
Härte 1, **Dichte** 0,85–0,95
Farbe Hellbraun bis schwarz
Strichfarbe Hellbraun bis schwarz
Glanz Pechglanz
Spaltbarkeit Keine
Bruch Uneben
Tenazität Milde
Kristallform Amorph

Ausbildung Wachsige, derbe, oft muschelige Massen, kugelige Aggregate, Einschlüsse, Gangfüllungen, Imprägnationen im Gestein, zum Beispiel in Sandsteinen.

Entstehung und Vorkommen Auf hydrothermalen Gängen, auf Klüften im Gestein.

Begleitmineralien Quarz, Kalkspat, Siderit.

Besonderheit Ozokerit ist in organischen Lösungsmitteln, wie Alkohol, Aceton, löslich.

Ähnliche Mineralien Farbe und geringe Härte, sowie die wachsartige Tenazität sind sehr charakteristisch.

3 Nagyagit

Chem. Formel $Au(Pb,Sb,Fe)_8(Te,S)_{11}$
Härte 1–1½, **Dichte** 7,4–7,6
Farbe Dunkel bleigrau
Strichfarbe Grauschwarz
Glanz Metallglanz
Spaltbarkeit Nach der Basis vollkommen
Bruch Hakig
Tenazität Blättchen biegsam
Kristallform Orthorhombisch

Ausbildung Pseudotetragonale Kristalle, tafelig, blättrig.

Entstehung und Vorkommen In subvulkanischen Golderzgängen auf Klüften und in Hohlräumen.

Begleitmineralien Krennerit, Sylvanit, gediegen Gold, Tetradymit, Quarz, Pyrit.

Ähnliche Mineralien Molybdänglanz hat einen anderen Strich, Graphit schreibt auf Papier und färbt ab. Hämatit hat einen roten Strich und ist wie Ilmenit härter und spröde. Die Paragenese mit Gold und anderen Tellurmineralien ist sehr charakteristisch.

4 Molybdänit *Molybdänglanz*

Chem. Formel MoS_2
Härte 1–1½, **Dichte** 4,7–4,8
Farbe Bleigrau mit Stich ins Blaue, Violette, undurchsichtig
Strichfarbe Dunkelgrau
Glanz Metallglanz
Spaltbarkeit Vollkommen
Bruch Blättrig
Tenazität Unelastisch biegsam, milde
Kristallform Hexagonal

Ausbildung Selten tafelige Kristalle, blättrig, schuppig, derb.

Entstehung und Vorkommen In Pegmatiten, pneumatolytischen Bildungen, Quarzgängen, Granatfelsen, kontaktmetasomatischen Lagerstätten.

Begleitmineralien Quarz, Pyrit, Wolframit.

Besondere Eigenschaft Zeigt eine schmutzig grünliche Farbe beim Verreiben des Strichs mit einer zweiten Strichtafel.

Ähnliche Mineralien Der verriebene Strich von Graphit ist metallischer und eher bräunlich; Hämatit hat eine rote, Ilmenit eine schwarze Strichfarbe, beide sind viel härter und spröde.

Fundorte

1 Windhuk, Namibia	**3** Nagyag, Rumänien
2 Pribram, Tschechien	**4** Alpeiner Scharte, Zillertaler Alpen, Österreich

1

2

3

4

1 Tetradymit

Chem. Formel Bi_2Te_2S
Härte 1½–2, **Dichte** 7,1–7,5
Farbe Stahlgrau
Strichfarbe Grau
Glanz Metallglanz
Spaltbarkeit Vollkommen
Bruch Uneben
Tenazität Milde
Kristallform Hexagonal

Ausbildung Tafelige Kristalle, aufgewachsen, blättrige Aggregate, körnig, derb.
Entstehung und Vorkommen In hydrothermalen Gängen, in subvulkanischen Gold-Lagerstätten.
Begleitmineralien Gold, Quarz, Arsenkies, Sylvanit, Nagyagit, gediegen Tellur.
Ähnliche Mineralien Molybdänglanz und Graphit haben eine andere Farbe, Sylvanit hat eine andere Kristallform, Nagyagit hat eine andere Kristallform.

2 Blei

Chem. Formel Pb
Härte 1½, **Dichte** 11,4
Farbe Bleigrau, oft dunkler angelaufen
Strichfarbe Grau
Glanz Matt
Spaltbarkeit Keine
Bruch Hakig
Tenazität Milde, schneidbar
Kristallform Kubisch

Ausbildung Würfel und Oktaeder, meist nur Bleche, Körner, drahtförmig.
Entstehung und Vorkommen In metamorphen Mangan-Lagerstätten, aufgewachsen auf Klüften.
Begleitmineralien Manganophyllit, Braunit, Lithargit, Kalkspat, Cerussit.
Ähnliche Mineralien Bei Beachtung der Paragenese und seiner Tenazität ist Blei unverwechselbar; Silber hat einen hellen Strich und ist zumindest im nicht angelaufenen Zustand silberweiß.

3 Polybasit

Chem. Formel $(Ag,Cu)_{16}Sb_2S_{11}$
Härte 1½–2, **Dichte** 6–6,2
Farbe Eisenschwarz, an den Kanten rötlich durchscheinend
Strichfarbe Schwarz bis leicht rötlich
Glanz Metallglanz
Spaltbarkeit Nach der Basis vollkommen
Bruch Uneben
Tenazität Milde
Kristallform Monoklin

Ausbildung Pseudohexagonale Kristalle, sechsseitige Tafeln mit Dreiecksstreifung, blättrige Aggregate, derb.
Entstehung und Vorkommen In hydrothermalen Silbererzgängen.
Begleitmineralien Argentit, gediegen Silber, Pyrargyrit, Stephanit, Quarz, Rhodochrosit, Dolomit.
Ähnliche Mineralien Stephanit ist etwas härter und zeigt keine Dreiecksstreifung und kaum Spaltbarkeit, Molybdänit und Graphit sind weicher; Hämatit und Ilmenit sind viel härter als Polybasit.

4 Pearceit

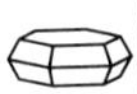

Chem. Formel $Ag_{16}As_2S_{11}$
Härte 1½–2, **Dichte** 6,13
Farbe Schwarz
Strichfarbe Schwarz
Glanz Metallglanz
Spaltbarkeit Keine
Bruch Muschelig
Tenazität Spröde
Kristallform Monoklin

Ausbildung Tafelige Kristalle, blättrige und strahlige Aggregate, derb.
Entstehung und Vorkommen In hydrothermalen Gängen.
Begleitmineralien Argentit, Fluorit, Baryt, Quarz, Polybasit, Stephanit.
Ähnliche Mineralien Polybasit lässt sich mit einfachen Mitteln von Pearceit nicht unterscheiden; Stephanit ist härter, Argentit hat eine andere Kristallform, Hämatit und Ilmenit sind viel härter, Molybdänit ist viel weicher.

Fundorte

1 Oravica, Rumänien	**3** Freiberg, Sachsen
2 Langban, Schweden	**4** Rudnui, Kasachstan

1

2

3

4

1 Covellin *Kupferindig*

Chem. Formel CuS
Härte 1½–2, **Dichte** 4,68
Farbe Blauschwarz
Strichfarbe Blauschwarz, verrieben dunkelblau
Glanz Metallglanz bis matt
Spaltbarkeit Nach der Basis vollkommen
Bruch Blättrig
Tenazität Milde, dünne Blättchen biegsam
Kristallform Hexagonal

Ausbildung Tafelige Kristalle, blättrige Aggregate, meist derb, krustig, erdig, Überzüge.
Entstehung und Vorkommen In hydrothermalen Gängen, als Überzug auf anderen Sulfiden, insbesondere Pyrit, entstanden bei der Verwitterung primärer Kupfersulfide.
Begleitmineralien Pyrit, Kupferkies, Kupferglanz.
Besondere Eigenschaft Farbe wird bei Benetzen mit Wasser violett.
Ähnliche Mineralien Die blauschwarze Farbe und der Farbwechsel beim Befeuchten verhindern eine Verwechslung mit anderen Mineralien.

2 Sylvanit *Schrifterz*

Chem. Formel $AgAuTe_4$
Härte 1½–2, **Dichte** 8–8,3
Farbe Silbergrau, weißlich, oft dunkler angelaufen
Strichfarbe Grau
Glanz Metallglanz
Spaltbarkeit Vollkommen
Bruch Uneben
Tenazität Milde
Kristallform Monoklin

Ausbildung Prismatische bis tafelige Kristalle, oft gestreift, häufig zu schriftartigen Aggregaten (Zweitname!) verwachsen, selten derb.
Entstehung und Vorkommen In subvulkanischen und hydrothermalen Golderz-Gängen zusammen mit anderen Tellurmineralien.
Begleitmineralien Nagyagit, Krennerit, Calaverit, Gold, Quarz, Pyrit.
Ähnliche Mineralien Tetradymit hat eine andere Kristallform; Nagyagit ist weicher; Krennerit und Calaverit sind härter; die schriftförmigen von Sylvanit Verwachsungen sind sehr charakteristisch.

3–4 Antimonit *Antimonglanz, Grauspießglanz*

Chem. Formel Sb_2S_3
Härte 2, **Dichte** 4,6–4,7
Farbe Bleigrau, undurchsichtig
Strichfarbe Schwarz
Glanz Metallglanz
Spaltbarkeit Sehr vollkommen
Bruch Spätig, blättrig
Tenazität Dünne Blättchen und Kristalle unelastisch biegsam, milde
Kristallform Orthorhombisch

Ausbildung Prismatische bis nadelige Kristalle, meist aufgewachsen, häufig verbogen, stängelige, radialstrahlige Aggregate, körnig, derb, dicht.
Entstehung und Vorkommen In hydrothermalen, insbesondere Antimonit-Quarz-Gängen, seltener neben anderen Sulfiden in Gold-, Silber-, Bleierz-Gängen, selten metasomatisch in Kalksteinen.
Begleitmineralien Gold, Arsenkies, Realgar, Zinnober, Kermesit, Fluorit, Baryt, Kalkspat.
Besonderheit Antimonit wandelt sich oft unter Beibehaltung der Kristallform in Antimon-Oxide zum Beispiel Cervantit oder Stibiconit um (Pseudomorphosen).
Ähnliche Mineralien Bismuthinit ist viel schwerer und mehr gelblich weiß; Arsenkies ist härter und ist deutlich spröde; Bleiglanz hat eine andere Spaltbarkeit. Emplektit ist nicht unelastisch biegsam; Rutil ist viel härter und nicht metallisch grau. Die vollkommene Spaltbarkeit und die häufig verbogenen Kristalle sind sehr charakteristisch.

Fundorte

1 Leogang, Österreich	**3** Siegerland
2 Baia de Aries, Rumänien	**4** Shikoku, Japan

1

2

3

4

1 Emplektit

Chem. Formel $CuBiS_2$
Härte 2, **Dichte** 6,38
Farbe Stahlgrau, gelb anlaufend
Strichfarbe Schwarz
Glanz Metallglanz
Spaltbarkeit Manchmal sichtbar
Bruch Uneben
Tenazität Milde
Kristallform Orthorhombisch

Ausbildung Nadelige bis prismatische Kristalle, strahlige Aggregate, derb, eingewachsen.
Entstehung und Vorkommen In hydrothermalen Gängen, insbesondere der Wismut-Kobalt-Nickel-Formation.
Begleitmineralien Wittichenit, Skutterudit, Chloanthit, Baryt, Quarz.
Ähnliche Mineralien Emplektit von anderen Sulfosalzen zu unterscheiden, ist mit einfachen Mitteln meist nicht möglich; Wittichenit ist etwas schwärzer und hat keine Spaltbarkeit. Antimonit und Bismuthinit sind unelastisch biegsam.

2 Bismuthinit *Wismutglanz*

Chem. Formel Bi_2S_3
Härte 2, **Dichte** 6,8–7,2
Farbe Bleigrau bis gelblich weiß, undurchsichtig
Strichfarbe Grau
Glanz Metallglanz
Spaltbarkeit Sehr vollkommen
Bruch Blättrig
Tenazität Dünne Kristalle unelastisch biegsam, milde
Kristallform Orthorhombisch

Ausbildung Prismatische bis nadelige Kristalle, aufgewachsen, oft eingewachsen, stängelige und parallelstrahlige Aggregate, derb.
Entstehung und Vorkommen In Gängen der Zinn- und Silber-Kobalt-Formation, seltener in Kontakt-Lagerstätten und Pegmatiten.
Begleitmineralien Gold, Wismut, Kupferkies, Arsenkies, Pyrit, Antimonit.
Ähnliche Mineralien Antimonit ist viel leichter und etwas grauer; Emplektit ist nicht unelastisch biegsam, Boulangerit und Jamesonit sind viel spröder.

3–4 Silberglanz *Argentit, Akanthit*

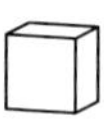

Chem. Formel Ag_2S
Härte 2, **Dichte** 7,3
Farbe Bleigrau
Strichfarbe Schwarz
Glanz Metallglanz, bald matt angelaufen
Spaltbarkeit Meist undeutlich
Bruch Muschelig
Tenazität Geschmeidig, schneidbar
Kristallform Über 179 °C kubisch („Argentit"), darunter monoklin (Akanthit)

Ausbildung Würfelige, oktaedrische Kristalle, oft in Parallelverwachsungen (Argentit 3), langprismatische, nadelige Kristalle (Akanthit 4), derb.
Entstehung und Vorkommen In hydrothermalen Silbererzgängen in der Zementationszone, als Bestandteil von Silber-Reicherzen in bis tonnenschweren Massen zusammen mit anderen Silbermineralien.
Begleitmineralien Silber, Pyrargyrit, Proustit, Stephanit, Bleiglanz, Kalkspat, Rhodochrosit.
Besonderheit Die würfeligen und oktaedrischen Kristalle sind alle über 179 °C als Argentit entstanden, haben sich aber dann unter Beibehaltung der Form in Akanthit umgewandelt, sind also eigentlich als Pseudomorphosen von Akanthit nach Argentit zu bezeichnen.
Ähnliche Mineralien Bleiglanz ist nicht geschmeidig und nicht schneidbar; Stephanit hat eine andere Kristallform, das Gleiche gilt für Hessit. Gediegen Silber ist heller silbrig und mehr dehnbar. Polybasit und Pearceit bilden meist tafelige Kristalle aus.

Fundorte

1 Schwarzenberg, Sachsen	**3** Freiberg, Sachsen
2 Llallagua, Bolivien	**4** Freiberg, Sachsen

1

2

3

4

1 Meneghinit

Chem. Formel $Pb_{13}CuSb_7S_{24}$
Härte 2½, **Dichte** 6,6
Farbe Bleigrau bis gelblich weiß, undurchsichtig
Strichfarbe Grau
Glanz Metallglanz
Spaltbarkeit Vollkommen
Bruch Uneben
Tenazität Spröde
Kristallform Orthorhombisch

Ausbildung Prismatische bis nadelige Kristalle, aufgewachsen, oft eingewachsen, stängelige und parallelstrahlige Aggregate, derb.
Entstehung und Vorkommen In hydrothermalen Gängen in kontaktmetasomatischen Lagerstätten.
Begleitmineralien Bournonit, Galenit, Boulangerit, Jamesonit, Tetraedrit, Pyrit, Pyrrhotin.
Ähnliche Mineralien Antimonit ist leichter und unelastisch biegsam, Bismuthinit ist nicht spröde, Gleiches gilt für Emplektit (kommt mehr in wismutreichen Paragenesen vor).

2 Wismut

Chem. Formel Bi
Härte 2–2½, **Dichte** 9,7–9,8
Farbe Silberweiß mit Stich ins Rötliche, oft dunkler oder gelb anlaufend
Strichfarbe Bleigrau, metallisch
Glanz Metallglanz
Spaltbarkeit Vollkommen
Bruch Hakig bis uneben
Tenazität Spröde, aber schneidbar
Kristallform Trigonal

Ausbildung Gut ausgebildete Kristalle selten, derb, blättrig, gestrickt, meist eingewachsen.
Entstehung und Vorkommen In Pegmatiten, Zinnerzgängen, hydrothermalen Gängen der Wismut-Kobalt-Nickel-Formation, in kontaktmetasomatischen Lagerstätten.
Begleitmineralien Wismutglanz, Zinnstein, Safflorit, gediegen Silber, Chloanthit, Skutterudit.
Ähnliche Mineralien Die geringe Härte, die Farbe und die Streifung auf den Spaltflächen machen gediegen Wismut unverwechselbar.

3 Tellur

Chem. Formel Te
Härte 2–2½, **Dichte** 6,1–6,3
Farbe Silberweiß, oft dunkler oder gelb anlaufend
Strichfarbe Zinnweiß, metallisch
Glanz Metallglanz
Spaltbarkeit Vollkommen
Bruch Hakig bis uneben
Tenazität Spröde
Kristallform Hexagonal

Ausbildung Gut ausgebildete Kristalle selten, derb, spätig, blättrig, meist eingewachsen.
Entstehung und Vorkommen In hydrothermalen Gängen, insbesondere in subvulkanischen Golderz-Gängen, als Bildung vulkanischer Exhalationen.
Begleitmineralien Sylvanit, Tellurit, Gold, Pyrit, Galenit, Alabandin, Quarz.
Ähnliche Mineralien Die geringe Härte, die Farbe und typische Paragenese machen Tellur unverwechselbar; Wismut ist deutlich schwerer und hat immer einen rötlichen Stich.

4 Falkmanit

Chem. Formel $Pb_{5,4}Sb_{3,6}S_{11}$
Härte 2½, **Dichte** 5,8–6,2
Farbe Bleigrau
Strichfarbe Schwarz
Glanz Metallglanz, in sehr feinen Aggregaten Seidenglanz
Spaltbarkeit Keine
Bruch Uneben
Tenazität Spröde
Kristallform Monoklin

Ausbildung Nadelige bis haarförmige Kristalle, strahlige und faserige Aggregate, feinkörnig, dicht.
Entstehung und Vorkommen Auf hydrothermalen Antimon-Blei-Lagerstätten, in metamorphen Pyrrhotin-Lagerstätten.
Begleitmineralien Zinkblende, Bleiglanz, Arsenkies, Magnetkies, Pyrit.
Ähnliche Mineralien Jamesonit lässt sich von Falkmanit mit einfachen Mitteln nicht unterscheiden, Gleiches gilt für Boulangerit. Antimonit, Bismuthinit und Emplektit sind nicht spröde.

Fundorte

1 Bottino, Italien
2 Hartenstein, Sachsen
3 Emperor Mine, Fidji
4 Grube Bayerland, Waldsassen, Bayern

1

2

3

4

1 Jamesonit *Federerz*

Chem. Formel $Pb_4FeSb_6S_{14}$
Härte 2½, **Dichte** 5,63
Farbe Bleigrau
Strichfarbe Schwarzgrau
Glanz Metallglanz
Spaltbarkeit Fast nie erkennbar
Tenazität Spröde
Kristallform Monoklin

Ausbildung Nadelige bis haarförmige Kristalle, Nadelbüschel, pinselförmige Verwachsungen, faserige Massen, strahlige Aggregate, ein- und aufgewachsen.
Entstehung und Vorkommen In hydrothermalen Erzgängen antimonführender Lagerstätten.
Begleitmineralien Zinkblende, Arsenkies, Pyrit, Quarz, Rhodochrosit, Dolomit, Calcit.
Ähnliche Mineralien Jamesonit von Boulangerit zu unterscheiden, ist mit einfachen Mitteln nicht möglich. Antimonit, Emplektit und Bismuthinit sind nicht spröde.

2 Argyrodit

Chem. Formel Ag_8GeS_6
Härte 2½, **Dichte** 6,2–6,3
Farbe Stahlgrau mit rötlichem Ton, oft schwarz angelaufen
Strichfarbe Grauschwarz
Glanz Metallglanz
Spaltbarkeit Keine
Bruch Muschelig
Tenazität Spröde
Kristallform Kubisch

Ausbildung Oktaeder, Rhombendodekaeder, aufgewachsene Kristalle, kugelige Aggregate, nierige Krusten.
Entstehung und Vorkommen In hydrothermalen Gängen der Wismut-Kobalt-Nickel-Formationen und in subvulkanischen Lagerstätten.
Begleitmineralien Argentit, Pyrit.
Ähnliche Mineralien Argentit ist nicht spröde, Galenit unterscheidet sich durch seine vollkommene Spaltbarkeit; Chloanthit und Skutterudit sind deutlich härter.

3 Kylindrit

Chem. Formel $Pb_3Sn_4Sb_2S_{14}$
Härte 2½, **Dichte** 5,4
Farbe Schwarzgrau
Strichfarbe Grauschwarz
Glanz Metallglanz
Spaltbarkeit Keine
Bruch Muschelig bis uneben
Tenazität Spröde
Kristallform Nicht erkennbar

Ausbildung Röhrchenförmige Individuen mit radialschaligem Aufbau, meist eingewachsen.
Entstehung und Vorkommen In subvulkanischen Zinnerz-Lagerstätten.
Begleitmineralien Zinnstein, Franckeit, Teallit, Zinkblende, Pyrit.
Ähnliche Mineralien Die typische Ausbildung der Kylindrit-Röhrchen lässt keine Verwechslung zu; Argentit ist nicht spröde; Galenit zeigt eine vollkommene würfelige Spaltbarkeit.

4 Diaphorit

Chem. Formel $Pb_2Ag_3Sb_3S_8$
Härte 2½–3, **Dichte** 6,04
Farbe Stahlgrau, oft schwarz angelaufen
Strichfarbe Schwarz
Glanz Metallglanz
Spaltbarkeit Keine
Bruch Uneben
Tenazität Spröde
Kristallform Monoklin

Ausbildung Prismatische Kristalle, oft längs gestreift, zum Teil sehr flächenreich, aufgewachsen, derb, eingewachsen.
Entstehung und Vorkommen In silberführenden, hydrothermalen Lagerstätten.
Begleitmineralien Galenit, Pyrargyrit, Proustit, Miargyrit, Siderit, Kalkspat, Quarz, Pyrit.
Ähnliche Mineralien Bournonit ist nicht so spröde. Stephanit ist milde, Miargyrit hat einen rötlichen Strich; Galenit hat eine vollkommene Spaltbarkeit nach dem Würfel; Argentit ist duktil; Pyrargyrit kann sehr dunkel sein, hat aber immer einen roten Strich.

Fundorte

1 Oruro, Bolivien
2 Freiberg, Sachsen
3 Poopó, Bolivien
4 Pribram, Tschechien

1

2

3

4

1 Calaverit

Chem. Formel $AuTe_2$
Härte 2½, **Dichte** 9,3
Farbe Silberweiß mit Stich ins Gelbe
Strichfarbe Gelbgrau
Glanz Metallglanz
Spaltbarkeit Keine
Bruch Muschelig
Tenazität Spröde bis milde
Kristallform Monoklin

Ausbildung Prismatische Kristalle, längsgestreift, meist sehr flächenreich, auf- und eingewachsen, oft derb verwachsen mit Gold und anderen Goldtelluriden.
Entstehung und Vorkommen In hydrothermalen Golderz-Gängen und subvulkanischen Gold-Lagerstätten.
Begleitmineralien Nagyagit, Sylvanit, Krennerit, gediegen Gold, Pyrit, Quarz.
Ähnliche Mineralien Sylvanit unterscheidet sich von Calaverit durch die gute Spaltbarkeit; Pyrit ist viel härter.

2 Boulangerit

Chem. Formel $Pb_5Sb_4S_{11}$
Härte 2½, **Dichte** 5,8–6,2
Farbe Bleigrau
Strichfarbe Schwarz
Glanz Metallglanz, in sehr feinen Aggregaten Seidenglanz
Spaltbarkeit Keine
Bruch Uneben
Tenazität Spröde
Kristallform Monoklin

Ausbildung Nadelige bis haarförmige Kristalle, strahlige und faserige Aggregate, feinkörnig, haarige Massen, ringförmige Bildungen, dicht.
Entstehung und Vorkommen Auf hydrothermalen Antimon-Blei-Lagerstätten.
Begleitmineralien Zinkblende, Bleiglanz, Arsenkies, Magnetkies.
Ähnliche Mineralien Jamesonit lässt sich von Boulangerit mit einfachen Mitteln nicht unterscheiden. Antimonit, Bismuthinit und Emplektit sind nicht spröde.

3 Stephanit

Chem. Formel Ag_5SbS_4
Härte 2½, **Dichte** 6,2–6,3
Farbe Bleigrau, eisenschwarz, oft schwarz angelaufen
Strichfarbe Schwarz
Glanz Metallglanz, angelaufen matt
Spaltbarkeit Kaum erkennbar
Bruch Muschelig bis uneben
Tenazität Milde
Kristallform Orthorhombisch

Ausbildung Durch Zwillingsbildung pseudohexagonale Kristalle, prismatisch, dicktafelig, zu rosettenförmigen Aggregaten verwachsen, selten derb.
Entstehung und Vorkommen In hydrothermalen Silbererzgängen in der Zementationszone.
Begleitmineralien Silberglanz, Silber, Pyrargyrit, Proustit, Kalkspat, Quarz, Polybasit, Bleiglanz.
Ähnliche Mineralien Polybasit ist etwas weicher, seine Kristalle zeigen fast immer die charakteristische Dreiecksstreifung; Silberglanz hat eine andere Kristallform; Bleiglanz zeigt eine gut erkennbare Spaltbarkeit; Hessit hat eine deutlich andere Kristallform.

4 Gratonit

Chem. Formel $Pb_9As_4S_{15}$
Härte 2½, **Dichte** 6,22
Farbe Dunkel bleigrau
Strichfarbe Schwarz
Glanz Metallglanz
Spaltbarkeit Keine
Bruch Muschelig
Tenazität Spröde
Kristallform Trigonal

Ausbildung Prismatische Kristalle mit charakteristischen trigonalen Endflächen, strahlige Aggregate, derb.
Entstehung und Vorkommen In hydrothermalen Lagerstätten, in subvulkanischen Zinn-Silber-Lagerstätten.
Begleitmineralien Jordanit, Cerussit, Pyrit, Enargit, Zinnstein, Argentit.
Ähnliche Mineralien Die charakteristische Kristallform macht Gratonit unverwechselbar; Turmalin hat keinen Metallglanz, prismatischer Zinnstein ist tetragonal.

Fundorte

1 Cripple Creek, Colorado, USA	**3** Freiberg, Sachsen
2 Trepca, Kosovo	**4** Cerro de Pasco, Peru

1

2

3

4

1 Hessit

Chem. Formel Ag_2Te
Härte 2½, **Dichte** 8,2–8,4
Farbe Bleigrau
Strichfarbe Schwarz
Glanz Metallglanz
Spaltbarkeit Nicht erkennbar
Bruch Uneben
Tenazität Schneidbar, milde
Kristallform Monoklin

Ausbildung Pseudokubisch, prismatisch, aufgewachsene Kristalle, derb, feinkörnig.
Entstehung und Vorkommen In hydrothermalen Silber- und Gold-Lagerstätten, in subvulkanischen Lagerstätten.
Begleitmineralien Gold, Tellur, Quarz, Silber, Sylvanit.
Ähnliche Mineralien Silberglanz ist von dem viel selteneren Hessit nur schwer unterscheidbar, dieser ist aber etwas härter; Bleiglanz hat eine gut erkennbare Spaltbarkeit; Stephanit hat eine andere Kristallform; Miargyrit hat eine andere Strichfarbe.

2 Chalkosin *Kupferglanz*

Chem. Formel Cu_2S
Härte 2½–3, **Dichte** 5,7–5,8
Farbe Dunkel bleigrau bis schwärzlich
Strichfarbe Schwärzlich bis dunkelgrau, glänzend
Glanz Metallglanz, oft matt angelaufen
Spaltbarkeit Nicht sichtbar
Bruch Muschelig
Tenazität Milde
Kristallform Unter 103 °C monoklin, darüber hexagonal

Ausbildung Tafelige bis prismatische Zwillinge mit orthorhombischer Symmetrie, auch pseudohexagonale Drillinge, aufgewachsene Kristalle, oft derb.
Entstehung und Vorkommen In hydrothermalen Gängen, insbesondere in der Zementationszone.
Begleitmineralien Covellin, Enargit, Bornit, Fahlerz, Kupferkies, Pyrit.
Ähnliche Mineralien Die Tenazität unterscheidet Kupferglanz von anderen Kupfersulfiden; Digenit ist etwas bläulicher, aber oft schwer zu unterscheiden. Bornit ist im frischen Bruch mehr violett, seine Anlauffarben sind viel bunter.

3–4 Bleiglanz *Galenit*

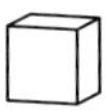

Chem. Formel PbS
Härte 2½–3, **Dichte** 7,2–7,6
Farbe Bleigrau
Strichfarbe Schwarz
Glanz Starker Metallglanz, oft matt oder blau angelaufen
Spaltbarkeit Sehr vollkommen nach dem Würfel
Bruch Spätig
Tenazität Milde
Kristallform Kubisch

Ausbildung Aufgewachsene Kristalle, meist Würfel, Oktaeder oder Kombinationen aus beiden, Skelett-Kristalle, dendritische Bildungen, derbe spätige Massen, eingewachsen und mit anderen Sulfiden verwachsen.
Entstehung und Vorkommen In Pegmatiten, in hydrothermalen Gängen hoher bis niedriger Temperatur, als Verdrängung in Kalken, in sedimentären und daraus entstandenen metamorphen Sulfid-Lagerstätten.
Begleitmineralien Zinkblende, Kupferkies, Pyrit, Schwerspat, Kalkspat, Quarz, Argentit, Pyrargyrit, Proustit, Stephanit, Arsenkies, Pyrrhotin, Siderit.
Besonderheit Zwillinge können abgeplattet sein und dann sechsseitigen Tafeln ähneln.
Ähnliche Mineralien Bei Beachtung von Farbe, Glanz und vollkommener Spaltbarkeit ist Bleiglanz kaum zu verwechseln; Silberglanz ist viel weicher und schneidbar; Stephanit und Hessit haben eine kaum erkennbare Spaltbarkeit; Antimonit und Bismuthinit haben eine vollkommene Spaltbarkeit in nur einer Richtung und sind im Gegensatz zum Bleiglanz unelastisch biegsam; Arsenopyrit ist viel härter.

Fundorte

1 Botes, Rumänien	3 Siegerland
2 Redruth, Cornwall, Großbritannien	4 Siegerland

1

2

3

4

1 Krennerit

Chem. Formel $AuTe_2$
Härte 2–3, **Dichte** 8,63
Farbe Silberweiß, oft leicht gelblich angelaufen
Strichfarbe Grau
Glanz Metallglanz
Spaltbarkeit Vollkommen
Bruch Uneben
Tenazität Spröde
Kristallform Orthorhombisch

Ausbildung Kurzprismatische Kristalle, gestreift, selten aufgewachsen, meist derb.
Entstehung und Vorkommen In subvulkanischen Gold-Lagerstätten, zusammen mit anderen Gold-Telluriden.
Begleitmineralien Sylvanit, Calaverit, Nagyagit, gediegen Tellur, gediegen Gold.
Ähnliche Mineralien Pyrit ist viel härter; Calaverit hat keine Spaltbarkeit; Sylvanit hat eine andere Kristallform; Nagyagit ist mehr blättrig; Galenit hat eine vollkommene Spaltbarkeit nach dem Würfel.

2 Wittichenit

Chem. Formel Cu_3BiS_3
Härte 2½, **Dichte** 6–6,2
Farbe Stahlgrau, oft dunkler angelaufen
Strichfarbe Schwarz
Glanz Metallglanz
Spaltbarkeit Keine
Bruch Muschelig
Tenazität Spröde
Kristallform Orthorhombisch

Ausbildung Prismatische, oft längsgestreifte bis blockige Kristalle sind sehr selten, meist als derbe Massen eingewachsen.
Entstehung und Vorkommen In hydrothermalen Lagerstätten mit höheren Wismutgehalten, in Uranerz-Gängen.
Begleitmineralien Pyrit, Bornit, Calkopyrit, Wismut, Emplektit, Calcit, Quarz.
Ähnliche Mineralien Bleiglanz zeigt eine vollkommene Spaltbarkeit, Emplektit ist immer mehr nadelig, Wismut ist im frischen Bruch deutlich rötlich.

3 Semseyit

Chem. Formel $Pb_9Sb_8S_{21}$
Härte 2½, **Dichte** 6,1
Farbe Stahlgrau
Strichfarbe Schwarz
Glanz Metallglanz
Spaltbarkeit Vollkommen
Bruch Uneben
Tenazität Spröde
Kristallform Monoklin

Ausbildung Tafelig, oft zu verdrehten Gruppen parallel-verwachsene Kristalle, strahlige Aggregate, derbe Massen eingewachsen.
Entstehung und Vorkommen In hydrothermalen Blei-Antimon-Lagerstätten.
Begleitmineralien Pyrit, Antimonit, Bournonit, Boulangerit, Calcit, Quarz.
Ähnliche Mineralien Die charakteristische Aggregatform von Semseyit ist unverkennbar; Bournonit hat keine erkennbare Spaltbarkeit; Bleiglanz hat eine andere Spaltbarkeit.

4 Bournonit

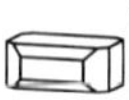

Chem. Formel $PbCuSbS_3$
Härte 2½–3, **Dichte** 5,7–5,9
Farbe Stahlgrau, bleigrau, eisenschwarz
Strichfarbe Schwarz
Glanz Metallglanz, oft matt angelaufen
Spaltbarkeit Kaum sichtbar
Bruch Muschelig
Tenazität Spröde bis leicht milde
Kristallform Orthorhombisch

Ausbildung Dicktafelige bis prismatische Kristalle, häufig Zwillinge, die an Zahnräder erinnern (Rädelerz), oft derb.
Entstehung und Vorkommen In hydrothermalen Blei- und Antimon-Erz-Gängen.
Begleitmineralien Siderit, Bleiglanz, Kupferkies, Zinkblende, Quarz, Kalkspat.
Ähnliche Mineralien Fahlerz hat eine andere Kristallform, ist aber in derben Aggregaten von Bournonit nicht einfach zu unterscheiden; Bleiglanz hat im Gegensatz zu Bournonit eine vorzügliche Spaltbarkeit; Stephanit und Hessit haben eine andere Kristallform.

Fundorte

1 Baia de Aries, Rumänien
2 Wittichen, Schwarzwald
3 Baia Sprie, Rumänien
4 Grube Georg, Horhausen, Siegerland

1

2

3

4

1 Andorit

Chem. Formel $AgPbSb_3S_6$
Härte 3–3½, **Dichte** 5,38
Farbe Dunkel stahlgrau
Strichfarbe Schwarz
Glanz Metallglanz
Spaltbarkeit Keine
Bruch Muschelig
Tenazität Spröde
Kristallform Orthorhombisch

Ausbildung Prismatische bis dicktafelige Kristalle, entlang der c-Achse gestreift, derb.
Entstehung und Vorkommen In hydrothermalen Gängen, in subvulkanischen Lagerstätten.
Begleitmineralien Antimonit, Zinnstein, Pyrit, Sphaerit, Fahlerz, Bournonit.
Ähnliche Mineralien Die typische Kristallform und Streifung von Andorit sind charakteristisch; Bournonit zeigt eine andere Kristallform; Galenit hat eine vollkommene Spaltbarkeit nach dem Würfel.

2 Lautit

Chem. Formel CuAsS
Härte 3–3½, **Dichte** 4,9
Farbe Dunkel stahlgrau mit leicht rötlichem Ton
Strichfarbe Schwarz
Glanz Metallglanz
Spaltbarkeit Vollkommen
Bruch Uneben
Tenazität Spröde
Kristallform Orthorhombisch

Ausbildung Prismatische Kristalle, tafelige Kristalle, gestreift, derb eingewachsen.
Entstehung und Vorkommen In hydrothermalen Gängen, in arsenreichen Silber-Lagerstätten, oft mit gediegen Arsen verwachsen oder auf diesem aufgewachsen.
Begleitmineralien Gediegen Arsen, Proustit, Pyrargyrit, gediegen Silber.
Ähnliche Mineralien Spaltbarkeit und Farbe unterscheiden Lautit von ähnlichen Mineralien; gediegen Arsen hat eine andere Kristallform.

3 Bornit *Buntkupferkies*

Chem. Formel Cu_5FeS_4
Härte 3, **Dichte** 4,9–5,3
Farbe Frisch rötlich silbergrau mit Stich ins Violette, schnell bunt angelaufen
Strichfarbe Schwarz
Glanz Metallglanz
Spaltbarkeit Kaum sichtbar
Bruch Muschelig
Tenazität Milde
Kristallform Über 228 °C kubisch, darunter trigonal

Ausbildung Sehr selten würfelige oder oktaedrische Kristalle, meist derb, eingewachsen.
Entstehung und Vorkommen In Pegmatiten, hydrothermalen Erzgängen, besonders auch in der Zementationszone, in alpinen Klüften in schönen, aufgewachsenen Kristallen.
Begleitmineralien Kupferglanz, Kupferkies, Magnetit, Gold.
Ähnliche Mineralien Die typischen Anlauffarben unterscheiden Bornit von fast allen anderen Sulfiden; ebenfalls bunt angelaufener Kupferkies ist im frischen Bruch immer gelb; Chalkosin zeigt eine andere Kristallform.

4 Jordanit

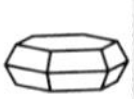

Chem. Formel $Pb_4As_2S_7$
Härte 3, **Dichte** 6,4
Farbe Dunkel bleigrau
Strichfarbe Schwarz
Glanz Metallglanz
Spaltbarkeit Vollkommen
Bruch Uneben
Tenazität Spröde bis milde
Kristallform Monoklin

Ausbildung Tafelige Kristalle, oft sechsseitig, oft flächenreich, durch Zwillingsbildung oft stark gestreift, derb, kugelige, schalige Massen.
Entstehung und Vorkommen In arsenreichen Blei-Zink-Lagerstätten, in metamorphen Dolomiten.
Begleitmineralien Zinkblende (insbesondere Schalenblende), Bleiglanz, Sartorit, Baumhauerit, Realgar.
Ähnliche Mineralien Gratonit hat eine andere Kristallform; Bleiglanz besitzt eine vollkommene Spaltbarkeit nach dem Würfel; Bournonit hat eine andere Kristallform.

Fundorte

1 Oruro, Bolivien	**3** Bou Skour, Marokko
2 Mackenheim, Odenwald	**4** Lengenbach, Wallis, Schweiz

1

2

3

4

1–2 Dyskrasit

Chem. Formel Ag_3Sb
Härte 3½, **Dichte** 9,4–10
Farbe Frisch silberweiß, aber meist dunkler angelaufen
Strichfarbe Schwarz
Glanz Metallglanz
Spaltbarkeit Meist schwer erkennbar
Bruch Hakig
Tenazität Milde
Kristallform Orthorhombisch

Ausbildung Prismatisch, längsgestreifte Kristalle, meist eingewachsen und schlecht ausgebildet, derb, V-förmige Zwillinge, dendritische Aggregate.

Entstehung und Vorkommen In hydrothermalen Silbererz-Lagerstätten, besonders in der Zementationszone.

Begleitmineralien Gediegen Silber, gediegen Arsen, Pyrargyrit, Kalkspat, Silberglanz, Baryt.

Ähnliche Mineralien Silberglanz ist weicher; Silber läuft nicht so schnell an, die Kristallform ist jeweils ganz anders. Die V-förmigen Zwillinge sind sehr typisch für Dyskrasit. Bleiglanz hat eine vollkommene Spaltbarkeit nach dem Würfel.

3–4 Tennantit *Arsenfahlerz*

Chem. Formel $Cu_3AsS_{3,25}$
Härte 3–4, **Dichte** 4,6–5,2
Farbe Stahlgrau, in dünnsten Splittern rötlich durchscheinend
Strichfarbe Schwarz, beim Verreiben bräunlich rot
Glanz Metallglanz, oft matt
Spaltbarkeit Keine
Bruch Muschelig
Tenazität Spröde
Kristallform Kubisch

Ausbildung Tetraedrische Kristalle, manchmal durch Flächenreichtum regelrecht kugelig (Binnit), aufgewachsen, körnige Massen, derb.

Entstehung und Vorkommen In hydrothermalen Gängen, in subvulkanischen Lagerstätten, in kontaktmetasomatischen Lagerstätten.

Begleitmineralien Pyrit, Kupferkies, Arsenkies, Enargit, Bleiglanz, Zinkblende.

Ähnliche Mineralien Arsenkies ist härter; Bleiglanz hat eine ausgezeichnete Spaltbarkeit; Tetraedrit ist etwas heller und hat keinen beim Verreiben rötlichen Strich, lässt sich aber mit einfachen Mitteln nur schwer von Tennantit unterscheiden; Enargit hat eine vollkommene Spaltbarkeit. Kupferkies ist, zumindest im frischen Bruch, immer gelb metallisch glänzend, Bournonit ist nicht so spröde, Zinkblende glänzt nie so metallisch wie Fahlerz.

5–6 Tetraedrit *Antimonfahlerz*

Chem. Formel $Cu_3SbS_{3,25}$
Härte 3–4, **Dichte** 4,6–5,2
Farbe Stahlgrau bis eisenschwarz
Strichfarbe Schwarz
Glanz Metallglanz, häufig aber auch matt
Spaltbarkeit Keine
Bruch Muschelig
Tenazität Spröde
Kristallform Kubisch

Ausbildung Meist nur Tetraeder, selten flächenreichere Kristalle, oft derb.

Entstehung und Vorkommen Selten in Pegmatiten, meist in hydrothermalen Gängen.

Begleitmineralien Pyrit, Zinkblende, Kupferkies, Arsenkies, Bleiglanz, Silbererze.

Ähnliche Mineralien Zinkblende und Bleiglanz unterscheiden sich von Tetraedrit durch ihre Spaltbarkeit; Kupferkies hat eine andere Farbe; Tennantit hat einen beim Verreiben etwas rötlichen Strich, ist allerdings mit einfachen Mitteln nur schwer von Tetraedrit zu unterscheiden. Enargit hat eine vollkommene Spaltbarkeit. Kupferkies ist, zumindest im frischen Bruch, immer gelb metallisch glänzend, Bournonit ist nicht so spröde, Zinkblende glänzt nie so metallisch wie Fahlerz.

Fundorte		
1 Pribram, Tschechien	3 Mackenheim, Odenwald	5 Grube Georg, Horhausen, Siegerland
2 St. Andreasberg, Harz	4 Brixlegg, Tirol, Österreich	6 Bad Grund, Harz

1

2

3

4

5

6

1 Antimon

Chem. Formel Sb
Härte 3–3½, **Dichte** 6,7
Farbe Silberweiß
Strichfarbe Grau
Glanz Metallglanz
Spaltbarkeit Vollkommen
Bruch Uneben
Tenazität Spröde
Kristallform Trigonal

Ausbildung Würfelähnliche bis dicktafelige Kristalle, spätige Aggregate, derb.
Entstehung und Vorkommen In hydrothermalen Gängen.
Begleitmineralien Antimonit, Cervantit, Stibiconit, Quarz, Kalkspat.
Ähnliche Mineralien Antimonit und Bismuthinit sind nicht spröde; gediegen Silber hat keine Spaltbarkeit; Dyskrasit hat eine andere Spaltbarkeit; Galenit hat eine vollkommene Spaltbarkeit nach dem Würfel.

2 Millerit *Nickelkies, Haarkies*

Chem. Formel NiS
Härte 3½, **Dichte** 5,3
Farbe Messinggelb
Strichfarbe Grünlich schwarz
Glanz Metallglanz
Spaltbarkeit Vollkommen, aber wegen der nadeligen Ausbildung fast nie erkennbar
Bruch Uneben
Tenazität Spröde
Kristallform Trigonal

Ausbildung Nadelige Kristalle, meist haarförmig, häufig zu Büscheln oder Garben verwachsen, radialstrahlige Aggregate, sehr selten derb.
Entstehung und Vorkommen In Nickel-Lagerstätten, hier aus anderen Nickelerzen entstanden, in Kohle-Lagerstätten in Drusen im Nebengestein.
Begleitmineralien Gersdorffit, Bravoit, Kalkspat, Kupferkies.
Ähnliche Mineralien Die typische nadelige bis haarförmige Ausbildung und die messinggelbe Farbe von Millerit schließen eine Verwechslung aus. Der seltene nadelige Pyrit ist viel härter.

3 Enargit

Chem. Formel Cu_3AsS_4
Härte 3½, **Dichte** 4,4
Farbe Stahlgrau bis eisenschwarz mit Stich ins Violette
Strichfarbe Schwarz
Glanz Metallglanz
Spaltbarkeit Vollkommen nach dem Prisma
Bruch Uneben
Tenazität Spröde
Kristallform Orthorhombisch

Ausbildung Pseudohexagonale Kristalle, prismatisch, oft längsgestreift, auch sternförmige Drillinge, oft strahlig, körnig, derb.
Entstehung und Vorkommen In arsenreichen Kupfererz-Gängen, in subvulkanischen Lagerstätten.
Begleitmineralien Tennantit, Kupferglanz.
Ähnliche Mineralien Arsenkies ist härter; Fahlerz hat eine andere Kristallform und keine Spaltbarkeit. Chalkosin ist nicht spröde, Bournonit hat eine andere Kristallform.

4 Cubanit

Chem. Formel $CuFe_2S_3$
Härte 3½–4, **Dichte** 4,1
Farbe Bronzegelb
Strichfarbe Schwarz
Glanz Metallglanz
Spaltbarkeit Meist nicht erkennbar
Bruch Muschelig
Tenazität Spröde
Kristallform Orthorhombisch

Ausbildung Kristalle prismatisch, längsgestreift, nadelig, pseudohexagonale tafelige Drillinge, meist aber derb.
Entstehung und Vorkommen Lamellar mit Kupferkies verwachsen in fast allen höher temperierten Kupfer-Lagerstätten.
Begleitmineralien Kupferkies, Magnetkies, Siderit.
Ähnliche Mineralien Die feinen Verwachsungen mit Kupferkies sind mit einfachen Mitteln nicht unterscheidbar; Cubanit-Kristalle unterscheiden sich von gestreckten Pyritkristallen durch die dunklere Farbe und Längsstreifung.

Fundorte

1 Seinäjoki, Finnland
2 Wissen, Siegerland
3 Butte, Montana, USA
4 Morro Velho, Brasilien

1

2

3

4

1–2 Kupferkies *Chalkopyrit*

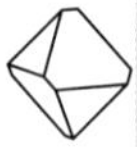

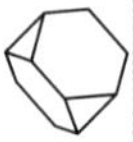

Chem. Formel $CuFeS_2$
Härte 3–4, **Dichte** 4,2–4,3
Farbe Messinggelb mit grünlichem Stich, oft bunt angelaufen
Strichfarbe Schwarz
Glanz Metallglanz
Spaltbarkeit Kaum erkennbar
Bruch Muschelig
Tenazität Spröde
Kristallform Tetragonal

Ausbildung Tetraeder- und oktaederähnliche Kristalle, oft verzwillingt, der Großteil des Kupferkieses ist aber derb.
Entstehung und Vorkommen In Graniten und Gabbros, in Pegmatiten und Zinnerzgängen, in hydrothermalen Gängen und Schwarzschiefern.
Begleitmineralien Pyrit, Zinkblende, Magnetkies, Fahlerz, Flussspat, Kalkspat, Schwerspat, Dolomit, Quarz.
Besonderheit Kupferkies ist das wichtigste Kupfer-Erzmineral. Schon relativ geringe Gehalte können zum Beispiel eine an sich wertlose Pyrit-Lagerstätte abbauwürdig machen.
Ähnliche Mineralien Pyrit ist viel härter; Magnetkies hat eine braunere Farbe; Gold ist weicher und schneid- und hämmerbar. Gelb angelaufenes Wismut zeigt beim Ritzen seine wahre Farbe.

3 Moschellandsbergit

Chem. Formel Ag_2Hg_3
Härte 3½, **Dichte** 13,7
Farbe Silberweiß
Strichfarbe Grau
Glanz Metallglanz
Spaltbarkeit Nicht erkennbar
Bruch Muschelig
Tenazität Spröde
Kristallform Kubisch

Ausbildung Rhombendodekaeder, oft mit gerundeten Kanten, kugelige Aggregate, derb eingewachsen.
Entstehung und Vorkommen In Quecksilber-Lagerstätten und hydrothermalen Silber-Lagerstätten.
Begleitmineralien Quecksilber, Kalomel, Pyrit, Zinnober, Quarz, Kalkspat.
Besonderheit Moschellandsbergit und verwandte Mineralien werden auch einfach allgemein als Amalgame bezeichnet. Dies ist ein Name für Legierungen von insbesondere Silber mit Quecksilber, den wir auch aus der Zahnheilkunde kennen.
Ähnliche Mineralien Argentit ist nicht spröde und deutlich weicher; Galenit hat eine hervorragende Spaltbarkeit nach dem Würfel. Kügelchen von gediegen Quecksilber können wegen der hohen Oberflächenspannung des Quecksilbers kugeligen Kristallen von Moschellandsbergit ähnlich sehen, sind jedoch in Wirklichkeit flüssig.

4 Schneiderhöhnit

Chem. Formel $Fe_4AsO_3(As_2O_5)_2$
Härte 3, **Dichte** 4,3
Farbe Schwarz
Strichfarbe Schwarz
Glanz Metallglanz
Spaltbarkeit Vollkommen
Bruch Spätig
Tenazität Spröde
Kristallform Triklin

Ausbildung Dicktafelige Kristalle, Blättchen, blättrige Aggregate, derb.
Entstehung und Vorkommen In der Oxidationszone von arsenreichen, hydrothermalen Lagerstätten.
Begleitmineralien Stottit, Skorodit.
Ähnliche Mineralien Die vollkommene Spaltbarkeit unterscheidet Schneiderhöhnit von ähnlichen Mineralien; Hämatit ist viel härter und hat einen roten Strich; Ilmenit ist härter und hat keine Spaltbarkeit; Magnetit besitzt keine Spaltbarkeit und hat eine andere Kristallform. Bleiglanz hat eine vollkommene Spaltbarkeit nach dem Würfel, Enargit hat eine andere Kristallform.

Fundorte

1 Wissen, Siegerland	**3** Moschellandsberg, Pfalz
2 Dreislar, Sauerland	**4** Tsumeb, Namibia

1

2

3

4

1 Arsen, gediegen *Scherbenkobalt*

Chem. Formel As
Härte 3–4, **Dichte** 7,06
Farbe Schwarz bis schwarzgrau
Strichfarbe Schwarz
Glanz Frisch Metallglanz, sehr schnell, schon nach wenigen Stunden, dunkel und matt angelaufen
Spaltbarkeit Nicht sichtbar
Bruch Uneben
Tenazität Spröde
Kristallform Trigonal

Ausbildung Selten würfelähnliche bis nadelige Kristalle, meist schalig, kugelig, glaskopfartig, strahlig, dicht.
Entstehung und Vorkommen In arsenführenden Silber- und Kobalterzgängen, in hydrothermalen Gängen.
Begleitmineralien Gediegen Silber, Dyskrasit, Polybasit, Löllingit, Safflorit.
Ähnliche Mineralien Nieriger Pyrit und Markasit sind viel härter; Goethit hat eine braune Strichfarbe; Galenit hat eine hervorragende Spaltbarkeit nach dem Würfel; Dyskrasit hat eine andere Kristallform und ist nicht spröde.

2 Linneit

Chem. Formel Co_3S_4
Härte 4½–5½, **Dichte** 4,8–5,8
Farbe Silberweiß bis stahlgrau
Strichfarbe Schwarzgrau
Glanz Metallglanz
Spaltbarkeit Erkennbar
Bruch Muschelig
Tenazität Spröde
Kristallform Kubisch

Ausbildung Meist oktaedrische Kristalle, aufgewachsen, Kristallgruppen, derb.
Entstehung und Vorkommen In hydrothermalen Gängen und Verdrängungen, auf Klüften und in Hohlräumen.
Begleitmineralien Siderit, Kobaltglanz, Pyrit, Erythrin, Quarz, Kalkspat.
Ähnliche Mineralien Skutterudit und Kobaltglanz sind mit einfachen Mitteln von Linneit nicht leicht zu unterscheiden; Pyrit ist mehr gelblich; Arsenopyrit hat eine andere Kristallform, Galenit hat eine vollkommene Spaltbarkeit.

3 Pyrrhotin *Magnetkies*

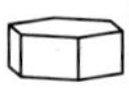

Chem. Formel FeS
Härte 4, **Dichte** 4,6
Farbe Bronzefarben mit Stich ins Braune (= tombakfarben)
Strichfarbe Schwarz
Glanz Metallglanz
Spaltbarkeit Selten sichtbar
Bruch Uneben
Tenazität Spröde
Kristallform Hexagonal

Ausbildung Selten prismatische bis dick- und dünntafelige Kristalle, manchmal zu Rosetten verwachsen, meist aber dicht und derb.
Entstehung und Vorkommen In hydrothermalen Gängen und metamorphen Kieslagerstätten, in Goldquarzgängen und subvulkanischen Lagerstätten.
Begleitmineralien Pyrit, Pentlandit, Zinkblende, Kupferkies, Quarz, Kalkspat, Siderit.
Ähnliche Mineralien Pyrit und Kupferkies sind viel gelber, Pyrit ist härter; Zinkblende hat eine vollkommene Spaltbarkeit.

4 Eisen, gediegen

Chem. Formel Fe
Härte 4–5, **Dichte** 7,88
Farbe Stahlgrau, glänzend
Strichfarbe Grauschwarz
Glanz Metallglanz
Spaltbarkeit Keine
Bruch Hakig
Tenazität Dehnbar
Kristallform Kubisch

Ausbildung Eingewachsene Schüppchen, Tropfen, unregelmäßige Massen, keine gut ausgebildeten Kristalle, nie aufgewachsen.
Entstehung und Vorkommen Terrestrisch in Basalten eingewachsen, als Bestandteil von Meteoriten; Eisenmeteoriten bestehen nahezu völlig aus nickelhaltigem Eisen.
Begleitmineralien Wüstit, Olivin, Chromit.
Ähnliche Mineralien Die Paragenese in Basalten und die Tenazität von Eisen verhindern Verwechslungen; Magnetit ist härter. In Eisenmeteoriten ist gediegen Eisen unverwechselbar.

Fundorte

1 St. Andreasberg, Harz	**3** Dalnegorsk, Russland
2 Grube Viktoria, Siegerland	**4** Sibirien, Russland

1

2

3

4

1 Siegenit

Chem. Formel $(Co,Ni)_3S_4$
Härte 4½–5½, **Dichte** 4,5–4,8
Farbe Stahlgrau, silbrig, oft bräunlich angelaufen
Strichfarbe Grau
Glanz Metallglanz
Spaltbarkeit Nicht erkennbar
Bruch Uneben
Tenazität Spröde
Kristallform Kubisch

Ausbildung Oktaedrische Kristalle, oft traubig verwachsen, aufgewachsen, derbe Massen.
Entstehung und Vorkommen In hydrothermalen Lagerstätten, in Lagerstätten der Wismut-Kobalt-Nickel-Formation.
Begleitmineralien Kupferkies, Pyrit, Linneit, Dolomit, Kalkspat, Siderit.
Ähnliche Mineralien Die bräunliche Anlauffarbe ist charakteristisch für dieses Mineral; Pyrit ist viel gelblicher; Bleiglanz hat eine vollkommene Spaltbarkeit nach dem Würfel; Linneit ist mit einfachen Mitteln kaum zu unterscheiden.

2 Tenorit *Kupferschwärze*

Chem. Formel CuO
Härte 3–4, **Dichte** 6
Strichfarbe Schwarz
Farbe Schwarz
Glanz Glasglanz bis Metallglanz, aber meist matt
Spaltbarkeit Nicht feststellbar
Tenazität Dünne Blättchen biegsam
Kristallform Monoklin

Ausbildung Selten tafelige Kristalle, dünne Blättchen, erdige Krusten, derb.
Entstehung und Vorkommen An Austrittsstellen vulkanischer Gase, in der Oxidationszone von Kupfer-Lagerstätten.
Begleitmineralien Cuprit, Chrysokoll, Malachit, Azurit, Quarz, Kalkspat.
Ähnliche Mineralien Tenorit ist von anderen erdigen, schwarzen Mineralien mit einfachen Mitteln nicht unterscheidbar; die Paragenese mit Chrysokoll und Cuprit ist aber sehr charakteristisch, genauso wie die dünnen Blättchen aus Fumarolen. Hämatit ist härter und nicht biegsam.

3 Platin, gediegen

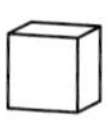

Chem. Formel Pt
Härte 4–4½, **Dichte** 21,4
Farbe Silbergrau
Strichfarbe Grau
Glanz Metallglanz
Spaltbarkeit Keine
Bruch Hakig
Tenazität Dehnbar, hämmerbar, nicht ganz so duktil wie Gold
Kristallform Kubisch

Ausbildung Würfelige Kristalle, abgerollte runde Nuggets bis mehrere Kilogramm, Plättchen, Körner, meist lose, seltener eingewachsen.
Entstehung und Vorkommen In Seifen und Quarzgängen, eingewachsen in basischen bis ultrabasischen Gesteinen.
Begleitmineralien Gold, Chromit.
Ähnliche Mineralien Silber ist weicher; Eisen ist im Gegensatz zu Platin magnetisch; Sperrylith ist nicht so duktil und deutlich härter.

4 Germanit

Chem. Formel $Cu_{13}Fe_2Ge_2S_{16}$
Härte 4, **Dichte** 4,46–4,59
Farbe Rötlich grau, braun anlaufend
Strichfarbe Schwarz
Glanz Metallglanz, oft matt
Spaltbarkeit Keine
Bruch Muschelig
Tenazität Spröde
Kristallform Kubisch

Ausbildung Winzige Kristalle sehr selten, körnige Massen, derb.
Entstehung und Vorkommen In hydrothermalen Lagerstätten.
Begleitmineralien Pyrit, Kupferkies, Enargit, Bleiglanz, Zinkblende, Bornit.
Ähnliche Mineralien Arsenkies ist härter; Bleiglanz hat eine ausgezeichnete Spaltbarkeit; die Fahlerze sind nicht so rötlich grau; Enargit hat eine vollkommene Spaltbarkeit; die Farbe von Germanit im frischen Bruch ist sehr charakteristisch.

Fundorte

1 Siegen, Siegerland
2 Vesuv, Italien
3 Ural, Russland
4 Tsumeb, Namibia

1

2

3

4

1 Heterogenit

Chem. Formel $CoOOH$
Härte 3–5, **Dichte** 3,5–4,5
Farbe Schwarz
Strichfarbe Braunschwarz
Glanz Metallglanz, oft matt
Spaltbarkeit Keine
Bruch Muschelig
Tenazität Spröde
Kristallform Trigonal und Hexagonal

Ausbildung Nierige, radialstrahlige Massen, Krusten, Überzüge, körnige Massen, derb.
Entstehung und Vorkommen In der Oxidationszone von kobaltreichen Lagerstätten.
Begleitmineralien Chloanthit, Erythrin, Klinotirolit, Malachit, Pharmakosiderit, Kalkspat.
Ähnliche Mineralien Ozokerit ist viel weicher, ebenso Tenorit, Romanechit ist härter, die Vergesellschaftung mit Kobalt-Mineralien ist typisch.

2 Coronadit

Chem. Formel $Pb(Mn^{4+},Mn^{2+})_8O_{16}$
Härte 4½–5½, **Dichte** 5,2–5,5
Farbe Hell- bis stahlgrau
Strichfarbe Braunschwarz
Glanz Metallglanz bis matt
Spaltbarkeit Schlecht
Bruch Muschelig
Tenazität Spröde
Kristallform Monoklin

Ausbildung Radialstrahlige Aggregate, nierig, faserig, gebändert mit anderen Manganmineralien.
Entstehung und Vorkommen In der Oxidationszone blei- und manganreicher Lagerstätten.
Begleitmineralien Hollandit, Pyrolusit, Manganit, Romanechit, Calcit.
Ähnliche Mineralien Romanechit ist deutlich härter, ebenso Hollandit; Manganit und Pyrolusit haben eine andere Kristallform.

3 Hauchecornit

Chem. Formel $Ni_9Bi(Sb, Bi)S_8$
Härte 5, **Dichte** 6,58
Farbe Gelblich grau, dunkler anlaufend
Strichfarbe Schwarz
Glanz Metallglanz, oft matt
Spaltbarkeit Keine
Bruch Muschelig
Tenazität Spröde
Kristallform Tetragonal

Ausbildung Tafelige Kristalle, selten kurzprismatisch oder dipyramidal, meist aufgewachsen, körnige Massen, derb.
Entstehung und Vorkommen In hydrothermalen Lagerstätten mit Nickel- und Wismut-Gehalten.
Begleitmineralien Pyrit, Kupferkies, Millerit, Siderit, Bleiglanz, Zinkblende.
Ähnliche Mineralien Arsenkies ist härter; Bleiglanz hat eine ausgezeichnete Spaltbarkeit; die Fahlerze haben eine ganz andere Kristallform; Enargit hat im Gegensatz zu Hauchecornit eine vollkommene Spaltbarkeit.

4 Safflorit

Chem. Formel $CoAs_2$
Härte 4½–5½, **Dichte** 6,9–7,3
Farbe Zinnweiß, an der Luft bald dunkler werdend
Strichfarbe Schwarz
Glanz Metallglanz
Spaltbarkeit Kaum sichtbar
Bruch Muschelig
Tenazität Spröde
Kristallform Monoklin

Ausbildung Kristalle sehr klein, tafelig, oft zu sternförmigen Drillingen verwachsen, derb.
Entstehung und Vorkommen In hydrothermalen Kobalt-Nickel-Silber-Gängen.
Begleitmineralien Gediegen Arsen, Kalkspat, Kobaltblute, Löllingit.
Ähnliche Mineralien Arsenkies ist härter; Chloanthit und Skutterudit haben eine andere Kristallform; Löllingit ist mit einfachen Mitteln nicht zu unterscheiden, allerdings kann das Vorhandensein des Verwitterungsprodukts Kobaltblüte Hinweise geben.

Fundorte

1 Molvizar, Spanien	3 Wissen, Siegerland
2 Broken Hill, Australien	4 St. Andreasberg, Harz

1

2

3

4

1 Ludwigit

Chem. Formel $(Mg,Fe)_2Fe[O_2/BO_3]$
Härte 5, **Dichte** 3,7–4,2
Farbe Schwarz
Strichfarbe Blaugrün bis schwarz
Glanz Seidenglanz
Spaltbarkeit Keine
Bruch Strahlig
Tenazität Spröde
Kristallform Orthorhombisch

Ausbildung Strahlige bis faserige Aggregate, körnig, derb, dicht.
Entstehung und Vorkommen In borhaltigen, kontaktmetasomatischen Lagerstätten.
Begleitmineralien Magnetit, Zinnstein, Vonsenit.
Ähnliche Mineralien Turmalin ist härter und hat eine andere Kristallform, Hedenbergit ist mehr grünlich, Ilvait ist etwas härter und hat einen anderen Glanz; Hornblende und Aktinolith haben eine Spaltbarkeit mit einem Spaltwinkel von 120°.

2 Maucherit

Chem. Formel $Ni_{11}As_8$
Härte 5, **Dichte** 8
Farbe Rötlich silberweiß, oft dunkler angelaufen
Strichfarbe Bräunlich bis schwärzlich
Glanz Metallglanz
Spaltbarkeit Keine
Bruch Muschelig
Tenazität Spröde
Kristallform Tetragonal

Ausbildung Selten tafelige oder pyramidale Kristalle, zu quirligen Aggregaten verwachsen, blättrig, stängelig, meist eingewachsen, derb.
Entstehung und Vorkommen In hydrothermalen Kobalt-Nickel-Arsen-Gängen.
Begleitmineralien Rotnickelkies, Kalkspat, Kobaltglanz, Chloantit.
Ähnliche Mineralien Rotnickelkies hat mehr prismatische Kristalle und ist in derbem Zustand mit einfachen Mitteln von Maucherit nicht zu unterscheiden.

3 Hollandit

Chem. Formel $Ba(Mn,Fe)_8O_{16}$
Härte 6, **Dichte** 4,95
Farbe Schwarz, schwarzbraun
Strichfarbe Schwarz
Glanz Metallglanz bis matt
Spaltbarkeit Schlecht
Bruch Uneben
Tenazität Spröde
Kristallform Monoklin

Ausbildung Selten prismatische Kristalle, meist stängelige, faserige und nierige Aggregate, derb.
Entstehung und Vorkommen In metamorphen Mangan-Lagerstätten.
Begleitmineralien Romanechit, Pyrolusit, Braunit, Manganit, Kalkspat, Quarz.
Ähnliche Mineralien Romanechit ist mit einfachen Mitteln von Hollandit nicht zu unterscheiden. Manganit ist weicher und hat einen anderen Strich; Braunit hat eine andere Kristallform, ebenso Pyrolusit.

4 Carrollit

Chem. Formel $CuCo_2S_4$
Härte 4½–5½, **Dichte** 4,5–4,8
Farbe Hell- bis stahlgrau
Strichfarbe Grau
Glanz Metallglanz
Spaltbarkeit Schlecht
Bruch Muschelig
Tenazität Spröde
Kristallform Kubisch

Ausbildung Oktaedrische Kristalle, auf- und eingewachsen, seltener derb.
Entstehung und Vorkommen In hydrothermalen Lagerstätten, in Kobalt-Nickel-Lagerstätten.
Begleitmineralien Calcit, Pyrit.
Ähnliche Mineralien Von Linneit und Siegenit ist Carrollit mit einfachen Mitteln kaum zu unterscheiden. Pyrit ist gelber und härter; Cobaltin ist härter; Arsenopyrit hat eine andere Kristallform, Galenit hat eine vollkommene Spaltbarkeit nach dem Würfel.

Fundorte

1 Brosso, Piemont, Italien
2 Zinkwand, Schladming, Österreich
3 Tangen, Norwegen
4 Kolwezi, Zaire

1

2

3

4

1 Loparit-(Ce)

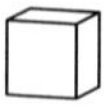

Chem. Formel (Ce,Na, Ca)(Ti,Nb)O_3
Härte 5½–6, **Dichte** 4,6–4,89
Farbe Schwarz
Strichfarbe Braunschwarz
Glanz Metallglanz bis Fettglanz
Spaltbarkeit Schlecht
Bruch Muschelig
Tenazität Spröde
Kristallform Kubisch

Ausbildung Würfelige, seltener oktaedrische Kristalle, auf- und eingewachsen, oft Durchdringungszwillinge zweier Würfel (siehe Bild), seltener derb.

Entstehung und Vorkommen In Alkaligesteinen bzw. Alkaligesteinspegmatiten.

Begleitmineralien Nephelin, Aegirin, Perowskit, Ilmenit.

Ähnliche Mineralien Bei Beachtung der Paragenese sind die typischen Durchdringungszwillinge sehr charakteristisch; Perowskit weist solche Bildungen nicht auf; Magnetit ist magnetisch; Ilmenit hat eine andere Kristallform.

2 Jakobsit

Chem. Formel $MnFe_2O_4$
Härte 6, **Dichte** 4,7–5
Farbe Schwarz
Strichfarbe Braunschwarz
Glanz Metallglanz bis matt
Spaltbarkeit Keine
Bruch Muschelig
Tenazität Spröde
Kristallform Kubisch

Ausbildung Oktaedrische Kristalle, meist verzerrt, kristalline Massen, körnig, derb.

Entstehung und Vorkommen In metamorphen Mangan-Lagerstätten zusammen mit anderen Manganmineralien.

Begleitmineralien Braunit, Hausmannit, Biotit, Kalkspat, Quarz, Rhodonit.

Ähnliche Mineralien Magnetit hat einen reinschwarzen Strich und ist im Gegensatz zu Jakobsit stark magnetisch; Hämatit hat einen roten Strich und eine andere Kristallform.

3 Cobaltin *Kobaltglanz*

Chem. Formel CoAsS
Härte 5½, **Dichte** 6–6,4
Farbe Silberweiß mit Stich ins Rötliche
Strichfarbe Grauschwarz
Glanz Metallglanz
Spaltbarkeit Kaum sichtbar
Bruch Muschelig
Tenazität Spröde
Kristallform Kubisch

Ausbildung Würfel, oft gestreift, Oktaeder und Rhombendodekaeder, oft eingewachsen, derb.

Entstehung und Vorkommen In hydrothermalen Gängen, regionalmetamorphen Lagerstätten.

Begleitmineralien Kupferkies, Pyrit, Skutterudit, Chloanthit, Quarz, Arsenopyrit.

Ähnliche Mineralien Anflüge von Kobaltblüte erleichtern die Unterscheidung von den Nickelerzen; Safflorit hat eine andere Kristallform; Skutterudit und Chloanthit sind härter; Pyrit ist gelblicher; Arsenopyrit hat eine andere Kristallform.

4 Ilmenit *Titaneisenerz*

Chem. Formel $FeTiO_3$
Härte 5–6, **Dichte** 4,5–5
Farbe Eisenschwarz
Strichfarbe Schwarz
Glanz Metallglanz, aber oft matt angelaufen
Spaltbarkeit Keine
Bruch Muschelig bis uneben
Tenazität Spröde
Kristallform Trigonal

Ausbildung Rhomboedrische, dick- bis dünntafelige Kristalle, manchmal zu Rosetten (Ilmenitrosen) verwachsen, häufig körnig, derb.

Entstehung und Vorkommen Eingewachsen in magmatischen Gesteinen, Pegmatiten, abgerollte Körner in Seifen, tafelige Kristalle und Ilmenitrosen auf alpinen Klüften.

Begleitmineralien Hämatit, Magnetit, Epidot, Apatit, Rutil.

Ähnliche Mineralien Magnetit hat eine andere Kristallform (meist Oktaeder); Hämatit hat einen roten Strich; von titanhaltigem Hämatit mit ebenfalls schwarzem Strich ist Ilmenit mit einfachen Mitteln nicht unterscheidbar.

Fundorte

1 Kola, Russland	3 Siegerland
2 Jakobshyttan, Schweden	4 Froland, Norwegen

1

2

3

4

1 Löllingit

Chem. Formel $FeAs_2$
Härte 5, **Dichte** 7,1–7,4
Farbe Silberweiß, dunkler anlaufend
Strichfarbe Grauschwarz
Glanz Metallglanz
Spaltbarkeit Erkennbar nach der Basis
Bruch Uneben
Tenazität Spröde
Kristallform Orthorhombisch

Ausbildung Nadelige, prismatische, tafelige Kristalle, oft zu sternförmigen Drillingen verwachsen, stängelig, strahlig, körnig, eingewachsen, derb.
Entstehung und Vorkommen In Zinnerzgängen, Pegmatiten, hydrothermalen Gängen, in metasomatischen Lagerstätten.
Begleitmineralien Siderit, Arsenkies.
Ähnliche Mineralien Arsenkies ist leichter, im frischen Bruch etwas dunkler, etwas härter; Safflorit kann mit einfachen Mitteln nicht von Löllingit unterschieden werden; der häufige Anflug von Kobaltblüte bei Safflorit gibt aber Hinweise.

2 Allanit *Orthit*

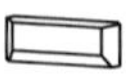

Chem. Formel $Ca(Ce,Th)(Fe,Mg)Al_2[O/OH/SiO_4/Si_2O_7]$
Härte 5½, **Dichte** 3–4,2
Farbe Pechschwarz, violettbraun durchscheinend
Strichfarbe Grüngrau bis braunschwarz
Glanz Fettiger Glasglanz
Spaltbarkeit Nicht erkennbar
Bruch Muschelig
Tenazität Spröde
Kristallform Monoklin

Ausbildung Selten tafelige Kristalle, prismatisch, langtafelig bis nadelig, oft derb eingewachsen.
Entstehung und Vorkommen In Graniten, Syeniten, Dioriten, Gneisen, Pegmatiten, auf alpinen Klüften, in vulkanischen Auswürflingen.
Begleitmineralien Monazit, Xenotim, Sanidin, Quarz, Nosean, Apatit.
Ähnliche Mineralien Schwarzer Allanit ist mit einfachen Mitteln von anderen schwarzen, derben Pegmatitmineralien kaum zu unterscheiden; Rutil zeigt nie violette Farbtöne.

3 Gersdorffit

Chem. Formel NiAsS
Härte 5½, **Dichte** 5,9
Farbe Stahlgrau, meist schwarz angelaufen
Strichfarbe Schwarz
Glanz Metallglanz
Spaltbarkeit Vollkommen
Bruch Uneben
Tenazität Spröde
Kristallform Kubisch

Ausbildung Oktaeder, Würfel, Kubooktaeder, aufgewachsene Kristalle, derb.
Entstehung und Vorkommen In nickelführenden, hydrothermalen Gängen zusammen mit anderen Nickelerzen.
Begleitmineralien Siderit, Uraninit, Kupferkies, Pyrit, Kalkspat, Quarz.
Ähnliche Mineralien Bleiglanz hat eine andere Farbe und ist viel weicher; Pyrit ist mehr gelblich und härter; Markasit hat eine andere Kristallform; Cobaltin ist etwas weicher, Arsenopyrit hat eine andere Kristallform.

4 Groutit

Chem. Formel MnOOH
Härte 5½, **Dichte** 4,2
Farbe Schwarz
Strichfarbe Braunschwarz
Glanz Glasglanz bis metallisch
Spaltbarkeit Vollkommen
Bruch Uneben
Tenazität Spröde
Kristallform Orthorhombisch

Ausbildung Dicktafelig, prismatische bis nadelige, oft auch linsenförmige Kristalle, strahlig, derb.
Entstehung und Vorkommen In der Oxidationszone von manganreichen Lagerstätten, in Limonit-Konkretionen, auf Spalten in verkieseltem Holz.
Begleitmineralien Rhodochrosit, Limonit, Pyrolusit, Romanechit, Quarz.
Ähnliche Mineralien Manganit und Pyrolusit haben eine andere Kristallform; Romanechit ist härter; Turmalin hat eine andere Kristallform.

Fundorte

1 St. Andreasberg, Harz	**3** Mitterberg, Salzburg, Österreich
2 New Mexico, USA	**4** Woodruff, Arizona, USA

1

2

3

4

1 Arsenopyrit *Arsenkies*

Chem. Formel FeAsS
Härte 5½–6, **Dichte** 5,9–6,2
Farbe Zinnweiß bis stahlgrau, oft dunkler angelaufen
Strichfarbe Schwarz
Glanz Metallglanz
Spaltbarkeit Undeutlich
Bruch Uneben
Tenazität Spröde
Kristallform Orthorhombisch

Ausbildung Oktaederähnlich bis prismatische oder tafelige Kristalle, oft Zwillinge, zum Teil zu sechsstrahligen Sternen verwachsen, häufig derb, eingewachsen.
Entstehung und Vorkommen In Pegmatiten und Zinnerzgängen, besonders aber in hydrothermalen Gängen.
Begleitmineralien Pyrit, Gold, Magnetkies, Siderit, Kupferkies, Quarz, Kalkspat, Rhodochrosit.
Ähnliche Mineralien Pyrit und Markasit haben eine goldgelbe Farbe; Magnetkies ist etwas weicher; Löllingit ist etwas weicher, aber mit einfachen Mitteln kaum zu unterscheiden.

2 Chloanthit *Nickelskutterudit*

Chem. Formel $(Ni,Co)As_{2-3}$
Härte 5½–6, **Dichte** 6,5
Farbe Hell- bis stahlgrau
Strichfarbe Grauschwarz
Glanz Metallglanz
Spaltbarkeit Schlecht
Bruch Muschelig
Tenazität Spröde
Kristallform Kubisch

Ausbildung Oktaedrische und würfelige Kristalle, auch Würfel in Kombination mit dem Rhombendodekaeder, auf- und eingewachsen, derb.
Entstehung und Vorkommen In hydrothermalen Lagerstätten.
Begleitmineralien Cobaltin, Baryt, Quarz, Kalkspat, gediegen Wismut, gediegen Silber.
Ähnliche Mineralien Von Linneit und Siegenit mit einfachen Mitteln kaum zu unterscheiden. Pyrit ist mehr gelb und härter; Arsenopyrit hat eine andere Kristallform; Galenit hat eine vollkommene Spaltbarkeit nach dem Würfel.

3 Niobit

Chem. Formel $(Fe,Mn)Nb_2O_6$
Härte 6, **Dichte** 5,3–8,1
Farbe Braunschwarz bis schwarz
Strichfarbe Braun bis schwarz
Glanz Pechglanz
Spaltbarkeit Kaum sichtbar
Bruch Muschelig
Tenazität Spröde
Kristallform Orthorhombisch

Ausbildung Tafelige bis nadelige Kristalle, strahlig, meist eingewachsen.
Entstehung und Vorkommen In Pegmatiten.
Begleitmineralien Pechblende, Quarz, Feldspat.
Besonderheit Columbite genannt werden Mischungsglieder der Mischungsreihe von Niobit $(Fe,Mn)Nb_2O_6$ und Tantalit $(Fe,Mn)Ta_2O_6$.
Ähnliche Mineralien Hämatit hat einen anderen Strich; Ilmenit hat eine andere Kristallform; Niobit und Tantalit sind mit einfachen Mitteln nicht zu unterscheiden.

4 Tantalit

Chem. Formel $(Fe,Mn)Ta_2O_6$
Härte 6, **Dichte** 5,3–8,1
Farbe Braunschwarz bis schwarz
Strichfarbe Braun bis schwarz
Glanz Pechglanz
Spaltbarkeit Kaum sichtbar
Bruch Muschelig
Tenazität Spröde
Kristallform Orthorhombisch

Ausbildung Tafelige bis nadelige Kristalle, strahlig, meist eingewachsen.
Entstehung und Vorkommen In Pegmatiten.
Begleitmineralien Pechblende, Quarz, Feldspat.
Besonderheit Columbite genannt werden Mischungsglieder der Mischungsreihe von Niobit $(Fe,Mn)Nb_2O_6$ und Tantalit $(Fe,Mn)Ta_2O_6$.
Ähnliche Mineralien Hämatit hat einen anderen Strich; Ilmenit hat eine andere Kristallform; Niobit und Tantalit sind mit einfachen Mitteln nicht zu unterscheiden.

Fundorte

1 Freiberg, Sachsen
2 Schneeberg, Sachsen
3 Bendada, Portugal
4 Minas Gerais, Brasilien

1

2

3

4

1 Ilvait *Lievrit*

Chem. Formel $CaFe_2^{2+}Fe^{3+}[OH/O/Si_2O_7]$
Härte 5½–6, **Dichte** 4,1
Farbe Schwarz
Strichfarbe Schwarz
Glanz Glasglanz, etwas harzig, oft matt
Spaltbarkeit Kaum erkennbar
Bruch Muschelig
Tenazität Spröde
Kristallform Orthorhombisch

Ausbildung Prismatische Kristalle aufgewachsen, strahlige, stängelige Aggregate, eingewachsen körnig oder derb.
Entstehung und Vorkommen In eisenreichen Kontaktlagerstätten.
Begleitmineralien Hedenbergit, Magnetit, Pyrit, Hämatit, Arsenkies, Granat (Andradit), Quarz.
Ähnliche Mineralien Turmalin ist härter; Strahlstein hat eine andere Paragenese und die typische Spaltbarkeit der Glieder der Amphibol-Gruppe (Spaltflächen im Winkel von etwa 120°).

2 Uraninit *Pechblende*

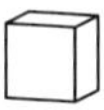

Chem. Formel UO_2
Härte 6, derb oft niedriger,
Dichte 9,1–10,6
Farbe Schwarz, grau, bräunlich
Strichfarbe Schwarz
Glanz Fettglanz, oft matt
Spaltbarkeit Meist nicht sichtbar
Bruch Muschelig
Tenazität Spröde
Kristallform Kubisch

Ausbildung Würfelige, oktaedrische Kristalle, nierig, traubig, erdig, derb.
Entstehung und Vorkommen In Pegmatiten, mikroskopisch in Graniten, in hydrothermalen Gängen, in Sandsteinen und präkambrischen Seifen.
Begleitmineralien Torbernit, Zeunerit, Saleeit, Autunit und zahlreiche andere Uran-Oxidationsmineralien, Baryt.
Ähnliche Mineralien Magnetit hat einen anderen Glanz, ist magnetisch und nicht radioaktiv.
Achtung! Pechblende ist stark radioaktiv!

3 Thorianit

Chem. Formel ThO_2
Härte 6, derb oft niedriger,
Dichte 9,1–10,6
Farbe Schwarz, grau, bräunlich
Strichfarbe Schwarz
Glanz Fettglanz, oft matt
Spaltbarkeit Meist nicht sichtbar
Bruch Muschelig
Tenazität Spröde
Kristallform Kubisch

Ausbildung Würfelige Kristalle, meist eingewachsen, derb.
Entstehung und Vorkommen In Pegmatiten, mikroskopisch in Graniten, in hydrothermalen Gängen, selten auf alpinen Klüften.
Begleitmineralien Torbernit, Zeunerit, Saleeit, Autunit und zahlreiche andere Uran-Oxidationsmineralien, Baryt.
Ähnliche Mineralien Magnetit hat einen anderen Glanz, ist magnetisch und nicht radioaktiv; Pechblende ist mit einfachen Mitteln nicht unterscheidbar.
Achtung! Thorianit ist stark radioaktiv!

4 Ullmannit

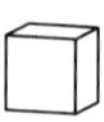

Chem. Formel NiSbS
Härte 5–5½, **Dichte** 6,65
Farbe Stahlgrau
Strichfarbe Schwarz
Glanz Metallglanz
Spaltbarkeit Vollkommen
Bruch Uneben
Tenazität Spröde
Kristallform Kubisch

Ausbildung Würfelige und oktaedrische Kristalle, ein- und aufgewachsen, kugelige Aggregate, derb.
Entstehung und Vorkommen In nickelführenden, hydrothermalen Gängen.
Begleitmineralien Siderit, Linneit, Siegenit, Chalkopyrit, Pyrit, Galenit.
Ähnliche Mineralien Von Gersdorffit ist Ullmannit mit einfachen Mitteln nicht unterscheidbar; Magnetit kommt in anderer Paragenese vor; Siegenit und Linneit sind mehr silbrig; Galenit ist viel weicher.

Fundorte

1 Serifos, Griechenland
2 Hagendorf, Ostbayern
3 Antsirabé, Madagaskar
4 Siegerland

1

2

3

4

1 Rammelsbergit

Chem. Formel $NiAs_2$
Härte 5½–6, **Dichte** 6,97
Farbe Zinnweiß mit rötlichem Stich, meist gelblich angelaufen
Strichfarbe Grau
Glanz Metallglanz
Spaltbarkeit Keine
Bruch Uneben
Tenazität Spröde
Kristallform Orthorhombisch

Ausbildung Tafelige Kristalle, oft zu hahnenkammförmigen Aggregaten verwachsen, kugelige Aggregate, massiv eingewachsen, derb.
Entstehung und Vorkommen In nickelführenden, hydrothermalen Lagerstätten.
Begleitmineralien Skutterudit, Löllingit, Chloanthit, Annabergit, Quarz, Kalkspat.
Ähnliche Mineralien Löllingit und Safflorit in Kristallen sind mit einfachen Mitteln von Rammelsbergit nicht zu unterscheiden; die nickelreiche Paragenese gibt aber Hinweise.

2 Skutterudit *Speiskobalt*

Chem. Formel $(Co,Ni)As_3$
Härte 6, **Dichte** 6,8
Farbe Zinnweiß
Strichfarbe Schwarz
Glanz Metallglanz
Spaltbarkeit Keine
Bruch Muschelig
Tenazität Spröde
Kristallform Kubisch

Ausbildung Oktaedrische Kristalle, aufgewachsen und eingewachsen, oft derb.
Entstehung und Vorkommen In Kobalt-Nickel-Lagerstätten.
Begleitmineralien Chloanthit, Kobaltglanz, Erythrin, Kalkspat, Baryt.
Ähnliche Mineralien Chloanthit ist von Skutterudit mit einfachen Mitteln nicht zu unterscheiden, Überzüge von Kobalt- oder Nickelblüte geben Hinweise; Safflorit, Rammelsbergit haben eine andere Kristallform. Ullmannit ist schwärzer, Galenit hat eine vollkommene Spaltbarkeit nach dem Würfel.

3 Pyrolusit *Braunstein*

Chem. Formel MnO_2
Härte 6, aber in Aggregaten scheinbar oft viel niedriger
Dichte 4,9–5,1
Farbe Silbergrau bis schwarz
Strichfarbe Schwarz
Glanz Metallglanz bis matt
Spaltbarkeit Keine
Bruch Muschelig, in Aggregaten bröckelig bis faserig
Tenazität Spröde
Kristallform Tetragonal

Ausbildung Prismatische bis dicktafelige Kristalle, radialstrahlige Aggregate, erdig, krustig.
Entstehung und Vorkommen In hydrothermalen Gängen, in der Oxidationszone, in Sedimenten als kleine Kügelchen (Oolithe).
Begleitmineralien Manganit, Romanechit, Quarz, Baryt, Rhodochrosit, Hausmannit.
Ähnliche Mineralien Manganit hat einen braunen Strich; Antimonit ist nicht so spröde und viel weicher; Romanechit ist etwas härter.

4 Krokydolith

Chem. Formel $Na_2[(Fe^{2+}Mg)_3Fe_2{}^{3+}]Si_8O_{22}(OH)_2$
Härte 6, **Dichte** 3,4
Farbe Schwarz, stahlblau
Strichfarbe Grau
Glanz Metallglanz
Spaltbarkeit Hervorragend mit einem Spaltwinkel von 120°
Bruch Faserig
Tenazität Spröde
Kristallform Monoklin

Ausbildung Prismatische bis nadelige Kristalle, faserige, asbestförmige Aggregate.
Entstehung und Vorkommen In Alkaligraniten und Syeniten, in Eisenlagerstätten vom Typus „banded iron stones" als Asbest.
Begleitmineralien Limonit, Quarz.
Ähnliche Mineralien Die blauen faserigen Aggregate sind unverwechselbar.
Vorsicht! Krokydolith-Asbest ist beim Einatmen krebserregend!

Fundorte

1 Bou Azzer, Marokko	**3** Ilfeld, Harz
2 Schneeberg, Sachsen	**4** Transvaal, Südafrika

1

2

3

4

1 Magnetit *Magneteisenstein, Magneteisenerz*

Chem. Formel Fe_3O_4
Härte 6–6½, **Dichte** 5,2
Farbe Eisenschwarz
Strichfarbe Schwarz
Glanz Matter Metallglanz
Spaltbarkeit Kaum erkennbar
Bruch Muschelig
Tenazität Spröde
Kristallform Kubisch

Ausbildung Oktaeder, Rhombendodekaeder, auf- und eingewachsen, in großen Massen derb.
Entstehung und Vorkommen In magmatischen Gesteinen eingewachsen, in großen Massen in pneumatolytischen Verdrängungslagerstätten und metamorphen Lagerstätten, Kristalle in Chlorit- und Talkschiefern eingewachsen, in hydrothermalen Gängen, schöne aufgewachsene Kristalle in alpinen Klüften.
Begleitmineralien Pyrit, Ilmenit, Hämatit, Apatit, Epidot.
Besonderheit Magnetit ist, wie schon der Name sagt, magnetisch, Das bedeutet, dass er nicht nur vom Magneten angezogen wird, sondern sogar selbst wie ein Magnet wirken kann und zum Beispiel kleinere Eisengegenstände anzieht.
Ähnliche Mineralien Alle ähnlichen Mineralien sind nicht oder nur schwach magnetisch; Chromit hat einen hellbraunen Strich, Hämatit hat einen roten Strich.

2 Ixiolith

Chem. Formel $(Ta,Fe,Sn,Nb,Mn)_4O_8$
Härte 6–6½, **Dichte** 7–7,2
Farbe Schwarz
Strichfarbe Schwarz
Glanz Fettiger Metallglanz
Spaltbarkeit Keine
Tenazität Spröde
Kristallform Orthorhombisch

Ausbildung Prismatische bis tafelige Kristalle, meist eingewachsen, derb.
Entstehung und Vorkommen In Pegmatiten, fast immer eingewachsen.
Begleitmineralien Feldspat, Niobit, Tantalit, Beryll, Quarz, Uraninit.
Ähnliche Mineralien Niobit und Tantalit sind mit einfachen Mitteln von Ixiolith nicht zu unterscheiden; Magnetit hat eine andere Kristallform und ist magnetisch; Hämatit und Ilmenit haben eine andere Kristallform; Hämatit hat zudem einen roten Strich.

3–4 Epidot

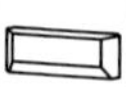

Chem. Formel $Ca_2(Fe,Al)Al_2[O/OH/SiO_4/Si_2O_7]$
Härte 6–7, **Dichte** 3,3–3,5
Farbe Gelbgrün, dunkelgrün, schwarzgrün
Strichfarbe Grünlich schwarz
Glanz Glasglanz
Spaltbarkeit Schlecht sichtbar
Bruch Muschelig
Tenazität Spröde
Kristallform Monoklin

Ausbildung Prismatische, selten dicktafelige Kristalle, strahlige Aggregate, derb in Gesteinen eingewachsen.
Entstehung und Vorkommen In Drusen und Hohlräumen von Pegmatiten, in Epidotschiefern, auf Klüften von Graniten und metamorphen Gesteinen.
Begleitmineralien Aktinolith, Diopsid, Albit, Apatit, Quarz, Granat, Magnetit.
Besonderheit Dichte Verwachsungen von grünlichem Epidot und rötlichem Kalifeldspat werden manchmal zu Schmucksteinen verschliffen und mit dem Spezialnamen Unakit belegt.
Ähnliche Mineralien Augit, Hornblende und Aktinolith haben im Gegensatz zu Epidot eine vollkommene Spaltbarkeit; Turmalin hat eine andere Kristallform.

Fundorte

1 Binntal, Schweiz	**3** Skardu, Pakistan
2 Viitaniemi, Finnland	**4** Prince of Wales Island, Alaska, USA

1

2

3

4

1–4 **Pyrit** *Eisenkies*

Chem. Formel FeS_2
Härte 6–6½, **Dichte** 5–5,2
Farbe Hell messingfarben
Strichfarbe Schwarz
Glanz Metallglanz
Spaltbarkeit Keine
Bruch Muschelig
Tenazität Spröde
Kristallform Kubisch

In stark geschieferten Sedimentgesteinen bildet Pyrit keine Kugeln, sondern entsprechend der Lage zwischen den Schieferungsflächen flache kreisrunde Aggregate, die sogenannten Pyrit-Sonnen.

Flächenreiche Pyrit-Kristalle von Huanzalá, Peru.

Ausbildung Würfel mit gestreiften Flächen, Oktaeder, Pentagondodekaeder, radialstrahlige und nierige Aggregate, selten Kugeln oder scheibenförmige Aggregate (Pyritsonnen), oft auch derb.

Entstehung und Vorkommen Pyrit ist ein sehr häufiges und weit verbreitetes Mineral. Man findet ihn eingewachsen in Gesteinen jeglicher Art, in intramagmatischen Lagerstätten, in hydrothermalen Gängen, als Konkretion in Sedimenten wie zum Beispiel Kalksteinen oder Tonschiefern (hier oft Kugeln oder runde Scheiben, sogenannte Pyritsonnen, Abb. 5), in metamorphen Lagerstätten. Häufig aufgewachsene Kristalle bis zu vielen Zentimetern Größe und Kristallstufen bis zu einigen Tonnen Gewicht. Pyrit ist an sich kein gesuchtes Erzmineral, als Eisenerz ist er wegen seines Schwefelgehaltes unbrauchbar. Häufig enthalten Pyrit-Lagerstätten aber gewisse Kupfergehalte. Dann wird dieser Pyrit als Kupfererz abgebaut.

Achtung! Alte Bergwerksstollen in pyritreichem Gestein führen, wenn sie schlecht belüftet sind, manchmal keine atembare Luft mehr.

Pyrit wurde, besonders zur Zeit des Art Deco für Schmuckzwecke verschliffen. Diese facettierten Steine werden meist als Markasit bezeichnet, obwohl es sich nicht um das Mineral Markasit sondern immer um Pyrit handelt.

Begleitmineralien Zinkblende, Bleiglanz, Arsenkies, Quarz, Kalkspat.

Besonderheit Pyrit kann sich durch Oxidation in Goethit umwandeln. Dabei behält er häufig seine ursprüngliche äußere Form bei. Dadurch entstehen die sogenannten Pseudomorphosen von Limonit nach Pyrit, die noch die typische Form des Pyrits, zum Beispiel einen pentagondodekaedrischen, würfeligen oder ojktaedrischen Kristall, zeigen, sich aber durch ihre braune bis schwarze Farbe unterscheiden. Häufig enthält so eine Pseudomorphose im Inneren noch Reste des ehemaligen goldgelben Pyrits.

Bei der Verwitterung des Pyrits entsteht Wärme, dabei wird der Luft der Sauerstoff entzogen. Das führt zur Erwärmung von Gesteinen und kann im Falle der Oxidation pyritreicher Kohlen sogar zur Selbstentzündung von Kohleflözen führen.

Ähnliche Mineralien Markasit hat eine andere Kristallform (tafelige Kristalle, hahnenkammförmige Aggregate) und ist einen Stich grünlicher, aber derb oder in nierigen, strahligen Aggregaten mit einfachen Mitteln oft nicht zu unterscheiden; Kupferkies ist deutlich weicher; gediegen Gold ist viel weicher und nicht spröde wie der Pyrit.

Fundorte	
1 Rettigheim, Heidelberg	3 Logrono, Spanien
2 Poona, Indien	4 Siegerland

1
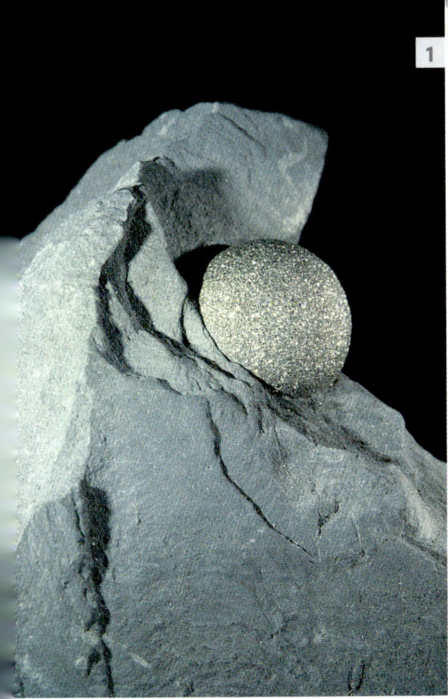
2

3

4

1–2 Markasit *Speerkies, Kammkies*

Chem. Formel FeS_2
Härte 6–6½, **Dichte** 4,8–4,9
Farbe Messinggelb mit Stich ins Grüne
Strichfarbe Schwarz
Glanz Metallglanz
Spaltbarkeit Schlecht
Bruch Uneben
Tenazität Spröde
Kristallform Orthorhombisch

Ausbildung Tafelige Kristalle sind oft zu gezackten, kammförmigen Gruppen verwachsen, strahlig und schalige, nierige Aggregate, kugelige Aggregate, derb.

Entstehung und Vorkommen In hydrothermalen, niedrig temperierten Verdrängungslagerstätten, als Konkretionen, aber auch in Form von Kristallen in Sedimenten, besonders Kalken und Mergeln, eingewachsen.

Begleitmineralien Pyrit, Magnetkies, Kalkspat, Arsenkies, Kupferkies.

Besonderheit Markasit ist unter Bedingungen der Erdoberfläche eigentlich nicht stabil. Daher wandelt er sich oft um. Besonders bei strahligen Aggregaten handelt es sich bei näherer Untersuchung oft bereits um Pyrit. Auch Markasit kann sich an der Luft in Limonit umwandeln, solche Pseudomorphosen von Limonit nach Markasit sind aber viel seltener als die des Pyrits.

Ähnliche Mineralien Pyrit hat keinen grünlichen Farbstich und eine andere Kristallform (Würfel, Pentagondodekaeder), ist aber derb, strahlig nur schwer von Markasit zu unterscheiden; Kupferkies ist weicher; Magnetkies und Arsenkies haben eine andere Farbe.

3–4 Romanechit *Psilomelan*

Chem. Formel $BaMn_8O_{16}(OH)_4$
Härte 6–6½, **Dichte** 6,3–6,45
Farbe Schwarz bis stahlgrau
Strichfarbe Schwarz
Glanz Metallglanz bis matt
Spaltbarkeit Keine
Bruch Uneben
Tenazität Spröde
Kristallform Monoklin

Ausbildung Nierige, stalaktitische Aggregate, strahlig, erdig, derb.

Entstehung und Vorkommen In Verwitterungslagerstätten, als Konkretionen in Sedimenten, als Verdrängungen in Kalken, als Krusten auf Limonit.

Begleitmineralien Pyrolusit, Manganit, Baryt, Quarz, Kalkspat, Hausmannit.

Besonderheit Die Dichte ist je nach Aggregatform sehr variabel, sie kann sogar bis fast 1 heruntergehen, die Härte ist daher bei diesem Mineral nicht unbedingt diagnostisch. Ganz weiche Massen, die zum Teil aber auch aus anderen Manganoxiden bestehen können, werden als Wad bezeichnet.

Ähnliche Mineralien Pyrolusit hat eine andere Kristallform, ist aber derb oder in nierigen Aggregaten nur schwer zu unterscheiden. Coronadit ist mit einfachen Mitteln nicht zu unterscheiden, die Paragenese mit Blei-Mineralien gibt aber Hinweise.

Fundorte

1 Meggen, Sauerland	**3** Siegerland
2 Torrelarega, Spanien	**4** Siegerland

1

2

4

1 Sperrylith

Chem. Formel $PtAs_2$
Härte 6–7, **Dichte** 10,4–10,6
Farbe Zinnweiß
Strichfarbe Schwarz
Glanz Metallglanz
Spaltbarkeit Nicht erkennbar
Bruch Muschelig
Tenazität Spröde
Kristallform Kubisch

Ausbildung Würfel, Kubooktaeder, meist in Pyrrhotin oder Kupferkies eingewachsene Kristalle.
Entstehung und Vorkommen In intramagmatischen, platinführenden Sulfid-Lagerstätten.
Begleitmineralien Kupferkies, Magnetkies, gediegen Platin, Pyrit, Pentlandit.
Ähnliche Mineralien Cobaltin ist weicher; Pyrit ist mehr gelblich; Galenit hat eine vollkommene Spaltbarkeit nach dem Würfel. Die Paragenese und die Art des Vorkommens sind sehr typisch.

2 Hibonit

Chem. Formel $(Ca,Ce)(Al,Ti,Mg)_{12}O_{19}$
Härte 7½–8, **Dichte** 3,84
Farbe Schwarz bis schwarzbraun
Strichfarbe Braunschwarz
Glanz Glasglanz bis leicht metallisch
Spaltbarkeit Erkennbar
Bruch Muschelig
Tenazität Spröde
Kristallform Hexagonal

Ausbildung Prismatische bis dicktafelige Kristalle, ein- und aufgewachsen.
Entstehung und Vorkommen In metamorphen Kalksteinen, selten in Meteoriten eingewachsen.
Begleitmineralien Thorianit, Korund, Spinell, Kalkspat, Phlogopit.
Ähnliche Mineralien Korund ist nie schwarz; Turmalin hat eine andere Strichform und einen weißen Strich; Hämatit und Ilmenit glänzen deutlich metallischer und haben eine andere Strichfarbe.

3 Bixbyit

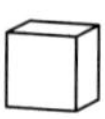

Chem. Formel $(Mn,Fe)_2O_3$
Härte 6½, **Dichte** 4,9–5
Farbe Schwarz
Strichfarbe Schwarz
Glanz Metallglanz
Spaltbarkeit Nach dem Oktaeder erkennbar
Bruch Uneben
Tenazität Spröde
Kristallform Kubisch

Ausbildung Würfelige Kristalle, oft mit abgeschrägten Ecken, oft derb.
Entstehung und Vorkommen In metamorphen Mangan-Lagerstätten und in vulkanischen Gesteinen und ihren Hohlräumen.
Begleitmineralien Topas, Spessartin, Braunit, Hausmannit, Hollandit.
Ähnliche Mineralien Magnetit hat keine Spaltbarkeit und bildet fast nie Würfel, darüber hinaus ist er deutlich magnetisch. Granat bildet praktisch nie Würfel.

4 Gahnit *Kreittonit*

Chem. Formel $ZnAl_2O_4$
Härte 7½–8, **Dichte** 4,5–4,8
Farbe Schwarz bis grünschwarz, selten blau
Strichfarbe Grünlich schwarz
Glanz Glasglanz bis Fettglanz
Spaltbarkeit Schlecht
Bruch Muschelig
Tenazität Spröde
Kristallform Kubisch

Ausbildung Oktaedrische Kristalle, zum Teil mit Rhombendodekaederflächen, auf- und eingewachsen, seltener derb.
Entstehung und Vorkommen Akzessorisches Mineral in Graniten und Pegmatiten, in metamorphen Gesteinen, in metamorphen Sulfid-Lagerstätten.
Begleitmineralien Pyrrhotin, Pyrit, Cordierit, Andesin, Hypersthen, Rhodonit, Franklinit.
Ähnliche Mineralien Magnetit ist reinschwarz und stark magnetisch; Spinell ist deutlich leichter; Franklinit ist weicher.

Fundorte

1 Norilsk, Russland	3 Thomas Range, Utah, USA
2 Fort Dauphin, Madagaskar	4 Silberberg, Bodenmais, Bayerischer Wald

1

2

3

4

1 Quecksilber

Chem. Formel Hg
Härte –, **Dichte** 13,6
Farbe Zinnweiß
Glanz Metallglanz
Spaltbarkeit Keine
Kristallform Flüssig

Ausbildung Bildet Tröpfchen in Hohlräumen im zinnoberreichen Erz.
Entstehung und Vorkommen Auf Quecksilber-Lagerstätten entstanden durch Oxidation von Zinnober.
Begleitmineralien Zinnober, Quecksilberfahlerz, Kalkspat, Fluorit.
Ähnliche Mineralien Quecksilber ist als das einzige flüssige Mineral unverwechselbar; Moschellandsbergit kann wie ein Tröpfchen aussehen, ist aber fest.

2 Kaolinit

Chem. Formel $Al_2Si_2O_5(OH)_4$
Härte 1, **Dichte** 2,6
Farbe Weiß, grau, gelb
Strichfarbe Weiß
Glanz Erdig
Spaltbarkeit Vollkommen
Bruch Erdig, bröselig
Tenazität Milde, plastisch
Kristallform Triklin

Ausbildung Kristalle nur mikroskopisch, erdig, pulvrig, in plastischen Massen, derb.
Entstehung und Vorkommen Entsteht bei der Verwitterung von Silikaten, insbesondere von Feldspat.
Begleitmineralien Quarz, Feldspat, Muskovit, Biotit, Kalkspat, Limonit.
Ähnliche Mineralien Die geringe Härte und das plastische Verhalten machen Kaolin ziemlich unverwechselbar, andere Tonminerale sind aber nicht mit einfachen Mitteln zu unterscheiden.

3 Talk *Steatit, Speckstein*

Chem. Formel $Mg_3[(OH)_2/Si_4O_{10}]$
Härte 1, **Dichte** 2,7–2,8
Farbe Weiß, grau, gelb, braun, grün, durchscheinend bis undurchsichtig
Strichfarbe Weiß
Glanz Perlmuttglanz bis Fettglanz
Spaltbarkeit Nach der Basis vollkommen
Bruch Uneben bis blättrig
Tenazität Biegsam, milde
Kristallform Monoklin

Ausbildung Sehr selten gut ausgebildete Kristalle, blättrig, dicht mit nieriger Oberfläche; oft Pseudomorphosen nach anderen Mineralien, zum Beispiel nach Quarzkristallen.
Entstehung und Vorkommen Eingewachsen in metamorphen Gesteinen, als Hauptbestandteil von Talkschiefer, Topfstein; blättrige Aggregate als Kluftfüllung in Serpentinen.
Begleitmineralien Dolomit, Magnesit, Serpentin, Kalkspat, Magnetit.
Ähnliche Mineralien Die geringe Härte und das fettige Anfühlen machen Talk ziemlich unverwechselbar.

4 Glaukokerinit

Chem. Formel $(Zn,Cu)_{10}Al_4SO_4(OH)_{30} \cdot 2\ H_2O$
Härte 1, **Dichte** 2,75
Farbe Weiß bis blau
Strichfarbe Weiß
Glanz Matt
Spaltbarkeit Nicht erkennbar
Bruch Uneben
Tenazität Milde
Kristallform Monoklin

Ausbildung Krustig, dicht mit nieriger Oberfläche, radialstrahlige Aggregate.
Entstehung und Vorkommen In der Oxidationszone von Zink-Kupfer-Lagerstätten.
Begleitmineralien Azurit, Adamin, Cuproadamin, Spangolith, Serpierit, Gibbsit, Kalkspat.
Ähnliche Mineralien Glaukokerinit ist unverkennbar. Gibbsit ist härter, Aurichalcit ist nadeliger und härter, Chrysokoll ist härter, Smithsonit ist härter.

Fundorte	
1 Almaden, Spanien	**3** Arkansas, USA
2 Hirschau-Schnaittenbach, Bayern	**4** Lavrion, Griechenland

1 2

3 4

1 Larderellit

Chem. Formel $NH_4B_5O_6(OH)_4$
Härte 1, **Dichte** 1,9
Strichfarbe Weiß
Farbe Weiß
Glanz Matt
Spaltbarkeit Vollkommen
Bruch Uneben
Tenazität Milde
Kristallform Monoklin

Ausbildung Krustige Überzüge, blättrige Aggregate, erdig, derb.
Entstehung und Vorkommen Als Absatz borhaltiger Wässer in vulkanischen Gebieten.
Begleitmineralien Kalkspat, Aragonit, Opal sowie weitere Bormineralien.
Ähnliche Mineralien Die Paragenese ist sehr charakteristisch, Talk kommt mit ganz anderen Mineralien und Gesteinen vor, Calcit und Aragonit sind deutlich härter und brausen beide beim Betupfen mit verdünnter Salzsäure.

2 Leiteit

Chem. Formel $(Zn,Fe)As_2O_4$
Härte 1½, **Dichte** 4,3
Farbe Weiß, rosa
Strichfarbe Weiß
Glanz Perlmuttglanz
Spaltbarkeit Vollkommen
Bruch Blättrig
Tenazität Milde, unelastisch biegsam
Kristallform Monoklin

Ausbildung Tafelige bis langtafelige Kristalle, blättrige Spaltstücke, oft verbogen und zerknittert, aufgewachsen und eingewachsen.
Entstehung und Vorkommen In der Oxidationszone von arsenführenden Zink-Lagerstätten.
Begleitmineralien Schneiderhöhnit, Skorodit, Dolmit, Kalkspat, Adamin.
Ähnliche Mineralien Hohe Dichte, Tenazität und Spaltbarkeit machen Leiteit unverwechselbar. Gips ist leichter und härter.

3 Thermonatrit

Chem. Formel $Na_2CO_3 \cdot H_2O$
Härte 1–1½, **Dichte** 2,25
Farbe Weiß, grau, blassgelb
Strichfarbe Weiß
Glanz Glasglanz
Spaltbarkeit Vollkommen
Bruch Blättrig
Tenazität Milde
Kristallform Orthorhombisch

Ausbildung Extrem selten mikroskopische Kristalle, meist als Ausblühungen, pulvrige Krusten und Überzüge.
Entstehung und Vorkommen Als Umwandlungsprodukt von Natrit, in Salzseen, als Bodenausblühung.
Begleitmineralien Steinsalz, Borax, Trona, Ulexit, Sylvin.
Besonderheit Thermonatrit ist wasserlöslich.
Ähnliche Mineralien Borax und Trona sind härter, Kalkspat ist härter und hat eine vollkommene Spaltbarkeit nach dem Rhomboeder.

4 Vermiculit

Chem. Formel $(Mg,Fe,Al)_3[(OH)_2/(Al,Si)_2Si_2O_{10}] \cdot 4\,H_2O$
Härte 1, **Dichte** 2,4–2,7
Farbe Weiß, grau, gelb, braun, grün, durchscheinend bis undurchsichtig
Strichfarbe Weiß
Glanz Perlmuttglanz bis matt
Spaltbarkeit Nach der Basis vollkommen
Bruch Uneben bis blättrig
Tenazität Biegsam, milde
Kristallform Monoklin

Ausbildung Tafelige Kristalle, blättrig, schuppig, wurmförmig gekrümmt, geldrollenartige Aggregate aus einzelnen Blättchen.
Entstehung und Vorkommen Entstanden durch hydrothermale Umwandlung magmatischer Gesteine, insbesondere aus Biotit, durch metamorphe Umwandlung in der Umrahmung von Serpentinen.
Begleitmineralien Biotit, Serpentin, Kalkspat, Magnetit.
Besonderheit Bläht sich beim Erhitzen (Feuerzeug!) bis zum 50-fachen seines Volumens auf.
Ähnliche Mineralien Die geringe Härte und das Aufblähen beim Erhitzen machen Vermiculit unverwechselbar.

Fundorte

1 Larderello, Toskana, Italien	3 Salar de Atacama, Chile
2 Tsumeb, Namibia	4 Phalaborwa, Südafrika

1

2

3

4

1 Salmiak *Salammoniak*

Chem. Formel NH_4Cl
Härte 1–2, **Dichte** 1,52
Farbe Weiß, farblos
Strichfarbe Weiß
Glanz Fettglanz bis matt
Spaltbarkeit Nicht erkennbar
Bruch Uneben bis erdig
Tenazität Spröde
Kristallform Kubisch

Ausbildung Oktaedrische Kristalle, häufig Skelettbildung, dendritische Aggregate, erdig, krustig.
Entstehung und Vorkommen Auf vulkanischen Gesteinen und brennender Kohle, an Austrittsstellen vulkanischer Gase (Fumarolen).
Begleitmineralien Schwefel, Alaun.
Ähnliche Mineralien Alaun ist mit einfachen Mitteln von Salammoniak nicht zu unterscheiden. Gips ist härter, Calcit und Aragonit sind härter und brausen beim Betupfen mit verdünnter Salzsäure.

2 Hannayit

Chem. Formel
$(NH_4)_2Mg_3H_4(PO_4)_4 \cdot 8\ H_2O$
Härte 1–2, **Dichte** 2,03
Farbe Weiß
Strichfarbe Weiß
Glanz Glasglanz
Spaltbarkeit Vollkommen
Bruch Uneben
Tenazität Spröde
Kristallform Triklin

Ausbildung Prismatische Kristalle, nadelige Büschel, lockenförmige Aggregate, faserig, derb.
Entstehung und Vorkommen In Fledermaushöhlen, entstanden durch Reaktion des Fledermausguanos mit dem Höhlengestein.
Begleitmineralien Gips, Struvit, Newberyit.
Ähnliche Mineralien Gips hat eine andere Tenazität, die Art des Vorkommens in Fledermaushöhlen ist nicht sehr ästhetisch, aber sehr charakteristisch. Aragonit und Calcit sind viel härter. Newberyit ist ebenfalls deutlich härter als Hannayit.

3 Metasideronatrit

Chem. Formel
$Na_2Fe^{3+}(SO_4)_2(OH) \cdot 1\text{–}2\ H_2O$
Härte 2, **Dichte** 2,68
Farbe Gelb, strohgelb
Strichfarbe Gelblich weiß
Glanz Seidenglanz
Spaltbarkeit Vollkommen
Bruch Blättrig
Tenazität Spröde
Kristallform Orthorhombisch

Ausbildung Tafelige, prismatische Kristalle, radialstrahlige und büschelige Aggregate, Kristallrasen, pulvrig, derb.
Entstehung und Vorkommen Als Oxidationsprodukt von Pyrit im Wüstenklima, besonders in Lagerstätten nahe der Meeresküste.
Begleitmineralien Pyrit, Schwefel, Natrojarositm, Jarosit, Gips, Copiapit.
Ähnliche Mineralien Der seidige Glanz ist sehr charakteristisch; Copiapit ist härter, im pulvrigen Zustand aber kaum zu unterscheiden.

4 Aurichalcit *Messingblüte*

Chem. Formel
$(Zn,Cu)_5[(OH)_3/CO_3]_2$
Härte 2, **Dichte** 3,6–4,3
Farbe Hellblau, bläulich, grünlich blau
Strichfarbe Weiß bis hellblau
Glanz Seidenglanz bis Perlmuttglanz
Spaltbarkeit Vollkommen
Bruch Blättrig
Tenazität Milde
Kristallform Orthorhombisch

Ausbildung Blättrig, nadelig, radialstrahlige und büschelige Aggregate, Kristallrasen.
Entstehung und Vorkommen In der Oxidationszone von Kupfer-Zink-Lagerstätten.
Begleitmineralien Hemimorphit, Smithsonit, Rosasit, Duftit, Calcit, Adamin.
Besonderheit Braust beim Betupfen mit verdünnter Salzsäure.
Ähnliche Mineralien Rosasit ist härter und nie blättrig; Serpierit ist härter und braust nicht beim Betupfen mit verdünnter Salzsäure.

Fundorte	
1 Paricutin, Mexiko	**3** Chuquicamata, Chile
2 Skipton Caves, Ballarat, Australien	**4** Albunol, Spanien

1

2

3

4

1 Liskeardit

Chem. Formel $(Al,Fe)_3AsO_4(OH)_6 \cdot 5\,H_2O$
Härte 1–2, **Dichte** 3,01
Farbe Weiß, grünlich, bläulich
Strichfarbe Weiß
Glanz Seidenglanz bis matt
Spaltbarkeit Erkennbar
Bruch Faserig
Tenazität Spröde
Kristallform Monoklin

Ausbildung Faserige Krusten, nadelige, strahlige Aggregate, keine Einzelkristalle.
Entstehung und Vorkommen In der Oxidationszone von arsenführenden Lagerstätten.
Begleitmineralien Skorodit, Pharmakosiderit, Jarosit, Alunit, Gibbsit.
Ähnliche Mineralien Gibbsit ist härter; Glaukokerinit ist mit einfachen Mitteln von Liskeardit nicht zu unterscheiden; Alunit ist etwas härter; Aragonit braust beim Betupfen mit verdünnter Salzsäure.

2 Chlorargyrit *Chlorsilber*

Chem. Formel AgCl
Härte 1½, **Dichte** 5,5–5,6
Farbe Farblos, weiß, gelblich, bräunlich, grau, schwarz
Strichfarbe Weiß bis grau, glänzend
Glanz Diamant- bis Fettglanz
Spaltbarkeit Keine
Bruch Hakig
Tenazität Schneidbar
Kristallform Kubisch

Ausbildung Selten würfelige Kristalle, meist krustige, nierige Überzüge, derb.
Entstehung und Vorkommen In der Oxidationszone und Zementationszone von Silber-Lagerstätten, besonders in wüstenartigen Klimata.
Begleitmineralien Argentit, gediegen Silber.
Ähnliche Mineralien Farbe, Glanz und Tenazität sind sehr charakteristisch. Kalkspat-Kristalle brausen beim Betupfen mit verdünnter Salzsäure; Cerussit-Kristalle sind nicht schneidbar.

3 Guerinit

Chem. Formel $Ca_5H_2(AsO_4)_4 \cdot 9\,H_2O$
Härte 1½, **Dichte** 2,68
Farbe Weiß, rosa
Strichfarbe Weiß
Glanz Perlmuttglanz
Spaltbarkeit Vollkommen
Bruch Faserig
Tenazität Spröde
Kristallform Monoklin

Ausbildung Tafelige Kristalle, nadelig, Kugelige Aggregate, Krusten.
Entstehung und Vorkommen In der Oxidationszone von arsenführenden Lagerstätten.
Begleitmineralien Pharmakolith, Pikropharmakolith, Vladimirit, Kalkspat, Aragonit, gediegen Arsen.
Ähnliche Mineralien Pharmakolith und Pikropharmakolith haben eine andere Kristallform; Vladimirit ist härter; Sainfeldit ist mehr glasig; Calcit und Aragonit brausen beim Betupfen mit verdünnter Salzsäure.

4 Vivianit *Blaueisenerde*

Chem. Formel $Fe_3[PO_4]_2 \cdot 8\,H_2O$
Härte 2, **Dichte** 2,6–2,7
Farbe Grün bis blau, unter Luftabschluss weiß
Strichfarbe Weiß
Glanz Perlmuttglanz
Spaltbarkeit Vollkommen
Bruch Blättrig
Tenazität Dünne Blättchen biegsam, milde
Kristallform Monoklin

Ausbildung Prismatische bis tafelige Kristalle, kugelige Aggregate, derb, pulvrig, erdig, Krusten.
Entstehung und Vorkommen In Pegmatiten, in der Oxidationszone von Erz-Lagerstätten, in Sedimenten.
Begleitmineralien Triphylin, Siderit, Limonit, Ludlamit, Pyrit, Pyrrhotin, Quarz.
Ähnliche Mineralien Azurit braust beim Betupfen mit verdünnter Salzsäure auf, Lazulith hat einen fettigen Glanz und ist härter, beide haben keine milde Tenazität; Chalkanthit ist im Gegensatz zu Vivianit in Wasser löslich.

Fundorte	
1 Liskeard, Cornwall, Großbritannien	3 Richelsdorf, Hessen
2 Broken Hill, Australien	4 Kertsch, Ukraine

1

2

3

4

1 Pyrophyllit

Chem. Formel $Al_2[(OH)_2/Si_4O_{10}]$
Härte $1\frac{1}{2}$, **Dichte** 2,8
Strichfarbe Weiß
Farbe Weiß, gelb, grün, braun
Glanz Perlmuttglanz
Spaltbarkeit Nach der Basis vollkommen
Bruch Uneben
Tenazität Biegsam, milde
Kristallform Monoklin

Ausbildung Blättrig, radialstrahlige Aggregate, nierige Aggregate, derb, dicht.
Entstehung und Vorkommen In kristallinen Schiefern, auf Erzgängen.
Begleitmineralien Quarz, Disthen.
Ähnliche Mineralien Talk ist mit einfachen Mitteln von Pyrophyllit nicht zu unterscheiden; Hydroboracit ist spröde; Aragonit braust beim Betupfen mit verdünnter Salzsäure; Stilbit ist härter.

2 Annabergit *Nickelblüte*

Chem. Formel $Ni_3[AsO_4]_2 \cdot 8\ H_2O$
Härte 2, **Dichte** 3–3,1
Farbe Hellgrün bis apfelgrün
Strichfarbe Weiß
Glanz Glasglanz
Spaltbarkeit Sehr vollkommen
Bruch Blättrig
Tenazität Milde, dünne Blättchen biegsam
Kristallform Monoklin

Ausbildung Kristalle prismatisch bis tafelig, immer mit schief abgeschnittenen Endflächen, nadelige Aggregate, meist derb, erdig, krustig.
Entstehung und Vorkommen In der Oxidationszone von Nickel-Lagerstätten, meist als Krusten auf Nickelerzen.
Begleitmineralien Nickelin, Millerit, Dolomit, Quarz, Adamin.
Ähnliche Mineralien Malachit und andere grüne Kupfermineralien sind dunkler, das spezielle Grün des Annabergits ist sehr charakteristisch; Malachit braust beim Betupfen mit verdünnter Salzsäure.

3 Autunit *Kalkuranglimmer*

Chem. Formel $Ca[UO_2/PO_4]_2 \cdot 8–12\ H_2O$
Härte 2–$2\frac{1}{2}$, **Dichte** 3,2
Farbe Gelb mit Stich ins Grüne
Strichfarbe Weiß bis gelblich
Glanz Glasglanz, auf Spaltflächen Perlmuttglanz
Spaltbarkeit Vollkommen nach der Basis
Bruch Uneben
Tenazität Spröde bis milde
Kristallform Tetragonal

Ausbildung Tafelige bis dünntafelige Kristalle, selten dipyramidal, schuppig, Überzüge, erdig, derb.
Entstehung und Vorkommen In der Oxidationszone von Uran-Lagerstätten, auf Klüften von Pegmatiten, auf Klüften granitischer Gesteine.
Begleitmineralien Torbernit, Zeunerit, Pechblende.
Besonderheit Autunit fluoresziert unter UV-Licht.
Ähnliche Mineralien Torbernit ist grün und fluoresziert nicht; Uranocircit hat einen gelblicheren Strich, ist aber oft mit einfachen Mitteln nicht zu unterscheiden.
Achtung! Autunit ist radioaktiv!

4 Halotrichit

Chem. Formel $FeAl_2[SO_4]_4 \cdot 22\ H_2O$
Härte $1\frac{1}{2}$, **Dichte** 1,73–1,79
Farbe Weiß mit etwas gelblichem Stich
Strichfarbe Weiß
Glanz Seidenglanz bis Glasglanz
Spaltbarkeit Keine
Bruch Faserig
Tenazität Spröde
Kristallform Monoklin

Ausbildung Nadelig, faserig, faserige Aggregate, gebogene Locken, pulvrig, erdig.
Entstehung und Vorkommen Als Ausblühungen am Ausbiss aluminiumreicher Gesteine, in alten Grubenbauten, oft Verwitterungsprodukt von Pyrit.
Begleitmineralien Pickingerit, Copiapit, Pyrit, Quarz, Goethit.
Ähnliche Mineralien Pickingerit, das entsprechende Magnesiummineral, ist mit einfachen Mitteln von Halotrichit nicht zu unterscheiden. Die Ausbildung ist sonst sehr typisch.

Fundorte

1 Beresowsk, Russland	**3** Hagendorf-Süd, Ostbayern
2 Lavrion, Griechenland	**4** Rodalquilar, Spanien

1

2

3

4

1 Thomsenolith

Chem. Formel $CaNaAlF_6 \cdot H_2O$
Härte 2, **Dichte** 2,98
Farbe Farblos, weiß, gelblich, bräunlich durch Limonit
Strichfarbe Weiß
Glanz Glasglanz
Spaltbarkeit Vollkommen
Bruch Uneben
Tenazität Spröde
Kristallform Monoklin

Ausbildung Lang- bis kurzprismatische Kristalle, häufig quergestreift.
Entstehung und Vorkommen Als Umwandlungsprodukt in Drusen im zersetzten Kryolith, in Pegmatiten, in Drusen in alkalischen Gesteinen.
Begleitmineralien Pachnolith, Ralstonit, Kryolith, Jarlit, Siderit, Quarz, Galenit.
Ähnliche Mineralien Pachnolithkristalle haben einen rautenförmigen Querschnitt und sind nicht quergestreift; Ralstonit hat eine andere Kristallform und ist härter.

2 Schwefel

Chem. Formel S
Härte 2, **Dichte** 2–2,1
Farbe Gelb, bräunlich gelb, grünlich gelb, durchsichtig bis undurchsichtig
Strichfarbe Weiß
Glanz Harz- bis Fettglanz, auf Kristallflächen Diamantglanz
Spaltbarkeit Kaum vorhanden
Bruch Muschelig
Tenazität Sehr spröde
Kristallform Orthorhombisch

Ausbildung Aufgewachsene Kristalle häufig Dipyramiden, spitzpyramidal, selten tafelig, körnig, faserig, nierig, stalaktitisch, erdig, pulvrig.
Entstehung und Vorkommen In der Nähe vulkanischer Gasaustritte, Gänge, Lager, Nester, Imprägnationen in Sedimentgesteinen, in Salz-Lagerstätten, auf Erz-Lagerstätten mit sulfidischen Erzen, als Ausfüllung von Fossilhohlräumen, auf Drusen in Marmoren.
Begleitmineralien Kalkspat, Coelestin, Aragonit, Pyrit.
Ähnliche Mineralien Die seltene gelbe Zinkblende ist an ihrer guten Spaltbarkeit sofort von Schwefel zu unterscheiden.

3 Sylvin

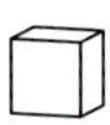

Chem. Formel KCl
Härte 2, **Dichte** 1,99
Farbe Farblos, weiß, gelblich, orange, bräunlich
Strichfarbe Weiß
Glanz Glasglanz
Spaltbarkeit Nach dem Würfel vollkommen
Bruch Uneben
Tenazität Spröde
Kristallform Kubisch

Ausbildung Würfelige Kristalle mit durch Oktaeder abgeschrägten Ecken, körnig, derb.
Entstehung und Vorkommen In Salz-Lagerstätten, als Ausblühungen in Steppen, selten auf vulkanischem Gestein an Austrittspunkten von Gasen.
Begleitmineralien Steinsalz, Carnallit, Anhydrit.
Besonderheit Sylvin schmeckt bitter.
Ähnliche Mineralien Steinsalz schmeckt nicht bitter; Carnallit zeigt keine Spaltbarkeit; Kieserit hat eine ganz andere Kristallform.

4 Parasymplesit

Chem. Formel $Fe_3(AsO_4)_2 \cdot 8\,H_2O$
Härte 2, **Dichte** 3,1
Farbe Grün, graugrün, blaugrün
Strichfarbe Weiß
Glanz Glasglanz
Spaltbarkeit Vollkommen
Bruch Uneben
Tenazität Spröde bis milde
Kristallform Monoklin

Ausbildung Langtafelige, nadelige Kristalle, Nadelbüschel, radialstrahlige Aggregate.
Entstehung und Vorkommen Als Verwitterungsprodukt insbesondere von Arsenopyrit in der Oxidationszone von arsenführenden Erz-Lagerstätten.
Begleitmineralien Köttigit, Pyrit.
Ähnliche Mineralien Symplesit ist mit einfachen Mitteln nicht unterscheidbar; Annabergit ist weicher und zeigt ein helleres Grün; Malachit ist mehr smaragdgrün und braust beim Betupfen mit verdünnter Salzsäure.

Fundorte	
1 Ivigtut, Grönland	3 Wathingen, Celle
2 Agrigento, Sizilien, Italien	4 Saubach, Vogtland

1 2
3 4

1 Steinsalz *Halit*

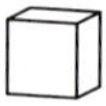

Chem. Formel $NaCl$
Härte 2, **Dichte** 2,1–2,2
Farbe Farblos, weiß, rötlich, rosa, gelb, grau, blau, durchsichtig bis undurchsichtig
Strichfarbe Weiß
Glanz Glasglanz
Spaltbarkeit Nach dem Würfel vollkommen
Bruch Muschelig
Tenazität Milde bis spröde
Kristallform Kubisch

Ausbildung Fast nur Würfel, sehr selten Oktadeder, häufig aufgewachsen, derb, körnig, faserig, dicht.
Entstehung und Vorkommen In Steinsalz-Lagerstätten in großen dichten Massen, in Steppen und Wüsten in dünnen Krusten auf der Erdoberfläche, an Austrittsstellen vulkanischer Gase.
Begleitmineralien Gips, Anhydrit, Boracit.
Ähnliche Mineralien Fluorit ist härter und nicht wasserlöslich, er schmeckt nicht salzig, ebenso wie Kalkspat, der auch eine andere Kristallform hat.

2 Heliophyllit

Chem. Formel $Pb_6As_2Cl_4O_7$
Härte 2, **Dichte** 6,9
Farbe Gelb
Strichfarbe Weiß
Glanz Glasglanz
Spaltbarkeit Vollkommen
Bruch Uneben
Tenazität Spröde
Kristallform Orthorhombisch

Ausbildung Tafelige bis dünntafelige Kristalle, kugelige Aggregate, krustig.
Entstehung und Vorkommen In metamorphen Lagerstätten und alten Bleischlacken.
Begleitmineralien Ekdemit, Laurionit, Paralaurionit, Phosgenit, Anglesit, Aragonit, Cerussit.
Ähnliche Mineralien Paragenese und Farbe machen Heliophyllit unverwechselbar; Calcit und Aragonit brausen beim Betupfen mit verdünnter Salzsäure.

3 Dundasit

Chem. Formel $Pb_2Al_4(CO_3)(OH)_8 \cdot 3\ H_2O$
Härte 2, **Dichte** 3,5
Farbe Weiß
Strichfarbe Weiß
Glanz Glasglanz bis Seidenglanz
Spaltbarkeit Vollkommen
Bruch Uneben
Tenazität Spröde
Kristallform Orthorhombisch

Ausbildung Nadelige Kristalle, Kristallrasen, faserige Krusten, Überzüge.
Entstehung und Vorkommen In der Oxidationszone von Blei-Lagerstätten.
Begleitmineralien Krokoit, Cerussit, Smithsonit, Kalkspat, Aragonit, Goethit.
Ähnliche Mineralien Bei Beachtung der Paragenese ist Dundasit kaum verwechselbar; Aragonit ist härter; Aurichalcit mehr blättrig und meist bläulich.

4 Mellit *Honigstein*

Chem. Formel $C_{12}Al_2O_1 \cdot 18\ H_2O$
Härte 2–2½, **Dichte** 1,64
Farbe Braun, schwarz
Strichfarbe Weiß
Glanz Glasglanz bis Harzglanz
Spaltbarkeit Keine
Bruch Muschelig
Tenazität Wenig spröde
Kristallform Tetragonal

Ausbildung Bipyramidale Kristalle, auf- und eingewachsen, derb, knollig.
Entstehung und Vorkommen In Kohle-Lagerstätten, im Ton eingewachsen, auf Klüften aufgewachsen.
Begleitmineralien Kohle, Tonmineralien.
Ähnliche Mineralien Die geringe Dichte und die Paragenese von Mellit lassen keine Verwechslung zu; Calcit zeigt eine vollkommene Spaltbarkeit und braust beim Betupfen mit verdünnter Salzsäure.

Fundorte	
1 Searles Lake, USA	3 Dundas, Tasmanien, Australien
2 Lavrion, Griechenland	4 Tatabanya, Ungarn

1 2

3 4

1–2 Gips *Selenit*

Chem. Formel $CaSO_4 \cdot 2\,H_2O$
Härte 2, **Dichte** 2,3–2,4
Farbe Farblos, weiß, gelblich, rosa, durchsichtig bis undurchsichtig
Strichfarbe Weiß
Glanz Perlmuttglanz
Spaltbarkeit Vollkommen
Bruch Uneben
Tenazität Nichtelastisch biegsam, milde bis spröde
Kristallform Monoklin

Ausbildung Prismatische bis tafelige Kristalle, linsenförmig, nadelig, oft Zwillinge mit einspringenden Winkeln (Schwalbenschwanzzwillinge Abb. 2), faserig (Fasergips mit seidigem Glanz), schuppig, körnig, dicht (Alabaster), rosettenförmig (Sandrose).
Entstehung und Vorkommen Als Kristalle und Konkretionen in Tonen und Mergeln, auf Erz-Lagerstätten, als neue Bildung in alten Bergwerken, Stollen und Wüsten (hier als sogenannte Sandrosen), in Salz-Lagerstätten.
Begleitmineralien Anhydrit, Steinsalz, Kalkspat, Schwefel, Pyrit, Markasit.
Besonderheit Gips-Kristalle sind unelastisch biegsam, das heißt, die Kristalle lassen sich verbiegen, kehren aber nach Aufhören des Drucks nicht mehr in ihre ursprüngliche Gestalt zurück. Solche verbogenen Kristalle (siehe Abb. S. 9) findet man auch in der Natur immer wieder, sie sind ein typisches Merkmal des Minerals Gips. Die bei Gips nicht seltenen lockenförmigen Kristallaggregate sind allerdings nicht durch Verbiegen entstanden, sondern sind in dieser Gestalt gewachsen.
Ähnliche Mineralien Spaltbarkeit und Härte unterscheiden Gips von allen anderen Mineralien.

3 Borax

Chem. Formel $Na_2[B_4O_5(OH)_4] \cdot 8\,H_2O$
Härte 2–2½, **Dichte** 1,7–1,8
Farbe Farblos, weiß, gelblich, grau
Glanz Fettglanz
Spaltbarkeit Manchmal sichtbar
Bruch Muschelig
Tenazität Spröde
Kristallform Monoklin

Ausbildung Kurzprismatische bis tafelige Kristalle, Kristallaggregate, Krusten, pulvrig, derb.
Entstehung und Vorkommen In Boraxseen, besonders in ariden Gebieten, in Wüsten.
Begleitmineralien Steinsalz, Soda.
Ähnliche Mineralien Soda ist weicher; Trona hat eine ausgezeichnete Spaltbarkeit; Calcit braust beim Betupfen mit verdünnter Salzsäure; Colemanit hat eine andere Kristallform; Ulexit ist immer faserig.

4 Hydrozinkit *Zinkblüte*

Chem. Formel $Zn_5[(OH)_3/CO_3]_2$
Härte 2–2½, **Dichte** 3,2–3,8
Farbe Weiß bis gelblich
Strichfarbe Weiß
Glanz Matt
Spaltbarkeit Wegen der Ausbildung des Minerals meist nicht erkennbar
Bruch Erdig bis faserig
Tenazität Milde
Kristallform Monoklin

Ausbildung Selten nadelige Kristalle, meist strahlige, nierige Krusten und Überzüge, erdig.
Entstehung und Vorkommen In der Oxidationszone von Zink-Lagerstätten.
Begleitmineralien Smithsonit, Hemimorphit, Wulfenit, Sphalerit, Aragonit, Calcit.
Besonderheit Hydrozinkit fluoresziert unter UV-Licht intensiv orange.
Ähnliche Mineralien Die Paragenese zusammen mit anderen Zink-Mineralien macht Hydrozinkit unverwechselbar.

Fundorte	
1 Salamanca, Spanien	3 Boron, Kalifornien, USA
2 Montmartre, Paris, Frankreich	4 Mittenwald, Bayern

1 2

3 4

1–2 Ettringit

Chem. Formel $Ca_6Al_2(SO_4)_3(OH)_{12} \cdot 24\ H_2O$
Härte 2–2½, **Dichte** 1,77
Farbe Farblos, gelb, weiß
Strichfarbe Weiß
Glanz Glasglanz
Spaltbarkeit Kaum erkennbar
Bruch Uneben
Tenazität Spröde
Kristallform Hexagonal

Ausbildung Prismatische, tafelige und nadelige Kristalle, faserig, radialstrahlig.

Entstehung und Vorkommen In vulkanischen Gesteinen in calciumreichen Einschlüssen, in metamorphen Mangan-Lagerstätten.

Begleitmineralien Calcit, Afwillit, Phillipsit, Thaumasit, Aragonit.

Besonderheit Ettringit entsteht künstlich, wenn schlechter Beton der Verwitterung ausgesetzt ist. Sein Wachstum bewirkt ein Zerbröseln und Zerbröckeln des Betons, der damit seine Festigkeit verliert. Man nennt diesen Vorgang die sogenannte „Beton-Krankheit". Manchmal setzt man allerdings Ettringit gezielt dem Beton zu, weil man damit sein Abbindeverhalten, insbesondere die Abbindezeit verändern kann.

Ähnliche Mineralien Calcit und Afwillit haben eine andere Kristallform; Calcit hat eine vollkommene Spaltbarkeit und braust beim Betupfen mit verdünnter Salzsäure, Aragonit braust ebenfalls beim Betupfen mit verdünnter Salzsäure; Apatit ist deutlich härter als Ettringit.

3 Senarmontit

Chem. Formel Sb_2O_3
Härte 2–2½, **Dichte** 5,5
Farbe Farblos, weiß
Strichfarbe Weiß
Glanz Glasglanz bis Harzglanz
Spaltbarkeit Keine
Bruch Muschelig
Tenazität Spröde
Kristallform Kubisch

Ausbildung Oktaedrische Kristalle, Kristallrasen, körnig, krustig, derb.

Entstehung und Vorkommen In der Oxidationszone von antimonreichen Lagerstätten.

Begleitmineralien Antimonit, Valentinit, Stibiconit, Nadorit, Kalkspat.

Ähnliche Mineralien Die oktaedrische Kristallform und das Vorkommen mit anderen Antimonmineralien lassen keine Verwechslung von Senarmontit zu; Arsenolith ist weicher und wasserlöslich; Arsenolith ist weicher und im Gegensatz zu Senarmontit wasserlöslich, Flussspat ist deutlich härter.

4 Pharmakosiderit *Würfelerz*

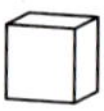

Chem. Formel $KFe_4[(OH)_4/(AsO_4)_3] \cdot 7\ H_2O$
Härte 2½, **Dichte** 2,8–2,9
Farbe Grün, gelb, braun, rot
Strichfarbe Weiß
Glanz Glasglanz, auf Bruchflächen Fettglanz
Spaltbarkeit Kaum erkennbar
Bruch Muschelig
Tenazität Spröde
Kristallform Kubisch

Ausbildung Kristalle immer aufgewachsen, meist Würfel, selten mit durch Oktaeder abgeschrägten Ecken, körnige Massen, derb.

Entstehung und Vorkommen In der Oxidationszone von Erz-Lagerstätten mit arsenführenden Mineralien.

Begleitmineralien Olivenit, Klinoklas, Cornwallit, Agardit, Goethit.

Ähnliche Mineralien Flußspat ist härter und unterscheidet sich durch seine gute Spaltbarkeit; Jarosit- und Natrojarosit-Kristalle sind nicht würfelig, sondern rhomboedrisch, Gleiches gilt für Beudantit.

Fundorte	
1 Hotazel, Südafrika	**3** Djebel Nador, Algerien
2 Hotazel, Südafrika	**4** Schöllkrippen, Spessart

1 2

3 4

1 Phlogopit

Chem. Formel $KMg_3[(F,OH)_2/AlSi_3O_{10}]$
Härte 2–2½, **Dichte** 2,75–2,97
Farbe Dunkelbraun, rötlich gelblich, grünlich, schwarz
Strichfarbe Weiß
Glanz Glasglanz
Spaltbarkeit Nach der Basis äußerst vollkommen
Bruch Blättrig
Tenazität biegsam
Kristallform Monoklin

Ausbildung Tafelige sechsseitige Kristalle, pseudohexagonal, seltener prismatisch, blättrig, schuppig, ein- und aufgewachsen, Tafeln bis Quadratmeter-Größe.
Entstehung und Vorkommen In Marmoren, metamorphen Dolomiten und Pegmatiten, in kontaktmetasomatischen Bildungen, auf Klüften vulkanischer Gesteine.
Begleitmineralien Graphit, Kalkspat, Diopsid.
Ähnliche Mineralien Biotit kommt in anderer Paragenese vor; Muskovit ist immer heller; Klinochlor ist deutlich weicher.

2 Muskovit

Chem. Formel $KAl_2[(OH,F)_2/AlSi_3O_{10}]$
Härte 2–2½, **Dichte** 2,78–2,88
Farbe Farblos, weiß, silbriggrau, grünlich, gelblich, braun
Strichfarbe Weiß
Glanz Perlmuttglanz
Spaltbarkeit Nach der Basis äußerst vollkommen
Bruch Blättrig
Tenazität Milde Blättchen elastisch biegsam
Kristallform Monoklin

Ausbildung Tafelige sechsseitige Kristalle aufgewachsen, selten prismatisch, Blättchen, Schuppen, rosettenförmig, zum Großteil gesteinsbildend eingewachsen.
Entstehung und Vorkommen Gesteinsbildend in Graniten, Pegmatiten (hier Tafeln bis mehrere Quadratmeter), Gneisen, Glimmerschiefern, Sandsteinen, Marmoren, nicht in vulkanischen Gesteinen; aufgewachsene Kristalle zum Beispiel in alpinen Klüften oder in Drusen in Pegmatiten.
Begleitmineralien Quarz, Feldspat, Biotit, Turmalin, Rutil.
Ähnliche Mineralien Talk und Chlorit sind weicher, ihre Blättchen sind nicht elastisch biegsam; Biotit und Phlogopit sind fast immer deutlich dunkler.

3 Baricit

Chem. Formel $Mg_3(PO_4)_2 \cdot 8\ H_2O$
Härte 2–2½, **Dichte** 2,42
Farbe Farblos, oft blau
Strichfarbe Weiß
Glanz Glasglanz
Spaltbarkeit Vollkommen
Bruch Blättrig
Tenazität Biegsam
Kristallform Monoklin

Ausbildung Tafelige Kristalle, blättrige Aggregate, derb.
Entstehung und Vorkommen Auf Klüften und in Hohlräumen phosphatreicher Gesteine.
Begleitmineralien Siderit, Lazulith, Wardit, Augelit, Quarz, Kulanit, Gormanit.
Ähnliche Mineralien Vivianit ist mit einfachen Mitteln von Baricit nicht zu unterscheiden; Gormanit ist mehr strahlig; Kulanit ist deutlich grüner.

4 Mendipit

Chem. Formel $Pb_3Cl_2O_2$
Härte 2½, **Dichte** 7,2
Farbe Weiß, rosa, grau
Strichfarbe Weiß
Glanz Harzglanz
Spaltbarkeit Vollkommen
Bruch Muschelig
Tenazität Spröde
Kristallform Orthorhombisch

Ausbildung Selten tafelige Kristalle, plattig, faserig, derb.
Entstehung und Vorkommen In der Oxidationszone von Blei-Lagerstätten bei Chlor-Zufuhr, in antiken Bleischlacken.
Begleitmineralien Cerussit, Pyromorphit, Diaboleit, Anglesit, Paralaurionit.
Ähnliche Mineralien Cerussit hat keine Spaltbarkeit; von anderen weißen Mineralien unterscheidet sich Mendipit durch die sehr hohe Dichte; Schwerspat und Coelestin sind härter.

Fundorte	
1 Madagaskar	3 Rapid Creek, Yukon Territory, Kanada
2 Minas Gerais, Brasilien	4 Mendip Hills, Großbritannien

1 2

3 4

1 Cowlesit

Chem. Formel $CaAl_2Si_3O_{10} \cdot 6\,H_2O$
Härte 2½, **Dichte** 2,1
Farbe Weiß, grau
Strichfarbe Weiß
Glanz Glasglanz
Spaltbarkeit Vollkommen
Bruch Uneben
Tenazität Spröde
Kristallform Orthorhombisch

Ausbildung Selten langtafelige Kristalle, meist radialstrahlige, kugelige Aggregate, faserig, derb.
Entstehung und Vorkommen In Hohlräumen in Basalten und Lava.
Begleitmineralien Cowlesit ist typischerweise immer der einzige Zeolith in seinen Hohlräumen, Apophyllit, Kalkspat.
Ähnliche Mineralien Natrolith und Skolezit sind deutlich härter; Mordenit bildet keine typischen Kugeln; Kalkspat braust beim Betupfen mit verdünnter Salzsäure.

2 Kämmererit

Chem. Formel $(Fe,Mg,Al,Cr)_6[(OH)_2/(Si,Al)_4O_{10}]$
Härte 2, **Dichte** 2,9–3,3
Farbe Rosaviolett
Strichfarbe Weiß bis blassrosa
Glanz Glasglanz, auf Spaltflächen Perlmuttglanz
Spaltbarkeit Vollkommen
Bruch Blättrig
Tenazität Milde, unelastisch biegsam
Kristallform Monoklin

Ausbildung Dick- bis dünntafelige Kristalle, körnig, blättrig, derb.
Entstehung und Vorkommen Als Umwandlungsprodukt von Chromit auf Klüften im Serpentin und im derben Chromiterz.
Begleitmineralien Chromit, Serpentin, Titanit.
Ähnliche Mineralien Glimmer sind härter und elastisch biegsam; Klinochlor ist grün, die rosaviolette Farbe im Zusammenhang mit der chromreichen Paragenese macht Kämmererit unverwechselbar.

3 Switzerit

Chem. Formel $(Mn,Fe)_3(PO_4)_2 \cdot 4\,H_2O$
Härte 2½, **Dichte** 2,95
Farbe Weiß, rosa, braun
Strichfarbe Weiß
Glanz Perlmuttglanz bis Seidenglanz
Spaltbarkeit Vollkommen
Bruch Faserig
Tenazität Spröde
Kristallform Monoklin

Ausbildung Tafelige bis dünntafelige Kristalle, nadelige Kristallbüschel, faserige bis radialstrahlige Aggregate, flache Rosetten.
Entstehung und Vorkommen In Phosphatpegmatiten, entstanden durch Umwandlung von Primärphosphaten.
Begleitmineralien Rockbridgeit, Hureaulith, Apatit, Keckit, Strengit, Phosphosiderit.
Ähnliche Mineralien Die Paragenese macht Switzerit unverwechselbar; Strunzit ist eher strohgelb; Kakoxen ist mehr goldgelb.

4 Tellurit

Chem. Formel TeO_2
Härte 2½, **Dichte** 5,9
Farbe Weiß, gelbweiß, strohgelb, gelb
Strichfarbe Weiß
Glanz Glasglanz bis Diamantglanz
Spaltbarkeit Vollkommen
Bruch Blättrig
Tenazität Biegsam
Kristallform Orthorhombisch

Ausbildung Nadelige, langprismatische bis lattenförmige Kristalle, nadelige Kristallbüschel, faserige bis radialstrahlige Aggregate, erdig, derb.
Entstehung und Vorkommen In der Oxidationszone tellurreicher Lagerstätten.
Begleitmineralien Gediegen Tellur, Nagyagit, Tetradymit, Quarz, Kalkspat.
Ähnliche Mineralien Die Paragenese mit anderen Tellurmineralien ist sehr charakteristisch; Schwefel ist selten so langgestreckt und hat einen anderen Glanz.

Fundorte	
1 Oregon, USA	**3** Foote Mine, USA
2 Guleman, Türkei	**4** Moctezuma, Sonora, Mexiko

1

2

3

4

1–4 Bernstein *Bernstein*

Chem. Formel ~ $C_{10}H_{16}O+(H_2S)$
Härte 2½, **Dichte** 1,05–1,09
Farbe Gelb, weiß, braun, honiggelb, blau, durchsichtig bis undurchsichtig
Strichfarbe Weiß
Glanz Glasglanz bis Fettglanz
Spaltbarkeit Keine
Bruch Muschelig
Tenazität Spröde
Kristallform Amorph

Ausbildung Bernstein bildet keine Kristalle. Er findet sich in derben, abgerollten Brocken, tropfen- oder kugelförmigen Aggregaten, plattigen Stücken, langgezogenen, fast stäbchenartigen Tropfen, körnig, meist mit Überzug einer undurchsichtigen Verwitterungsrinde, im Inneren oft durchscheinend bis undurchsichtig. Häufig Einschlüsse von Pflanzenteilen und Lebewesen, insbesondere Insekten.
Entstehung und Vorkommen Bernstein ist ein fossiles Harz, produziert von verschiedensten Bäumen. Während der baltische Bernstein von Nadelbäumen stammt, sind die Produzenten des dominikanischen Bernsteins Laubbäume. Bernstein findet sich sowohl in Primär-Lagerstätten (d. h. dort, wo er als Harz entstanden ist) oder weitertransportiert durch Wasser oder auch Gletscher in sekundären Lagerstätten (Sanden, Kiesen etc.)
Begleitmineralien Selten Pyrit, andere Harze, in Sekundärvorkommen zum Beispiel Kieselsteine.
Besonderheit Bernstein fluoresziert im frischen Bruch intensiv bei der Bestrahlung mit UV-Licht.
Ähnliche Mineralien Fluorit und Calcit haben eine vollkommene Spaltbarkeit, Quarz ist viel härter, Kalkspat braust beim Betupfen mit verdünnter Salzsäure.

Bernstein

Edelstein

Schliffform Bernstein wird zu Kugeln, Cabochoons geschliffen, meist aber zu freien Formen, die der ursprünglichen Form des Stücks angepasst sind, oft auch roh oder teilweise roh mit Belassung von Teilen der Verwitterungsrinde verarbeitet.
Verwendung Als Solitärsteine in Ringen, Broschen, Anhängern, Kugeln zu Ketten, auch zu kunsthandwerklichen Gegenständen, zu Figuren, Kästchen, als Messergriffe etc.
Behandlung Bernstein wird häufig klariert, d. h., so weit erhitzt, dass die vielen Bläschen, die ihn trübe machen, austreten und er so klar wird. Dieser so behandelte Bernstein enthält flache glänzende Rissstrukturen, die Fischschuppen ähnlich sind und die beim Erhitzungs- und schnellen Abkühlungsvorgang entstehen. Solcher Bernstein wird als „echter Bernstein" gehandelt, während unbehandelter Bernstein Rohbernstein oder Naturbernstein genannt hat. Dieser weist diese charakteristischen Strukturen nicht auf.
Pressbernstein wird unter Hitze und Druck aus kleinen Bernstein-Stückchen und Schleifabfällen zusammengepresst. Auch dieses künstlich hergestellte Produkt wird als Echtbernstein verkauft.
Verwechslungsmöglichkeiten Ähnlich gefärbte Mineralien (Calcit, Quarz, Karneol) sind immer deutlich härter und insbesondere schwerer. Bernstein schwimmt wegen seiner geringen Dichte auf Salzwasser, allerdings nicht auf Süsswasser (Plastik schwimmt auch auf Süsswasser!). Angezündet riecht er angenehm (wie Räucherstäbchen), ähnliche Plastikimitationen stinken (Vorsicht, deren Rauch ist giftig!). Kopal (noch nicht fossiles, wenige hundert Jahre altes Baumharz, ebenfalls mit vielen Insekteneinschlüssen) wird beim Betupfen mit Alkohol oder Aceton im Gegensatz zu Bernstein schon nach kurzer Zeit klebrig, Gleiches gilt für Kunstharz. Kunststoffe fluoreszieren meist nicht im UV-Licht.

Fundorte	
1 Litauen	3 Litauen
2 Litauen	4 Rumänien

1

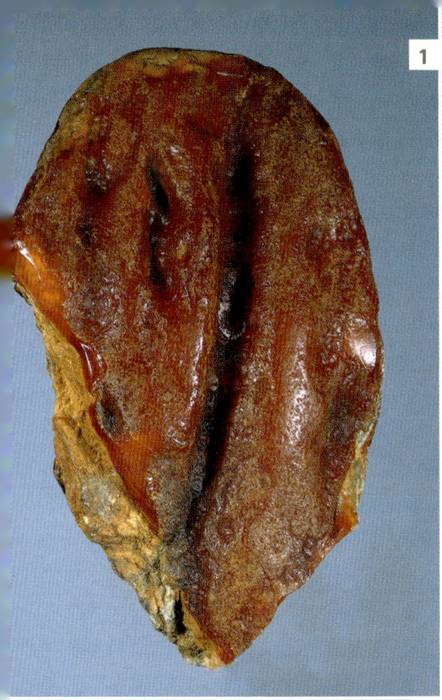

2

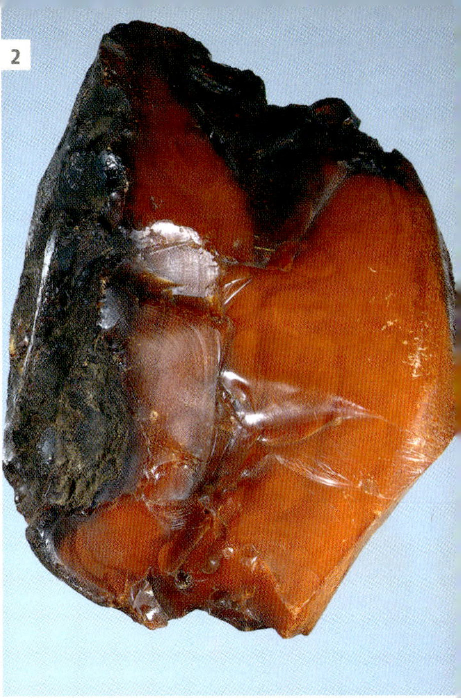

3

4

1 Epsomit

Chem. Formel $MgSO_4 \cdot 7\,H_2O$
Härte 2½, **Dichte** 1,68
Farbe Weiß, blassrosa, blassgrün
Strichfarbe Weiß
Glanz Glasglanz bis Diamantglanz
Spaltbarkeit Vollkommen
Bruch Blättrig
Tenazität Biegsam
Kristallform Orthorhombisch

Ausbildung Selten nadelige, langprismatische Kristalle, meist radialstrahlige, faserige Krusten, nierige Aggregate, erdig, derb.
Entstehung und Vorkommen Ausblühungen in alten Stollen, auf pyritführenden Gesteinen, in Salzseen, Umwandlungsprodukt von Kieserit.
Begleitmineralien Gips, Halotrichit, Pyrit.
Besonderheit Epsomit ist in Wasser löslich und schmeckt bitter.
Ähnliche Mineralien Die Wasserlöslichkeit und der bittere Geschmack sind sehr charakteristisch.

2 Pharmakolith

Chem. Formel $CaH[AsO_4] \cdot 2\,H_2O$
Härte 2–2½, **Dichte** 2,5–2,7
Farbe Farblos, weiß, manchmal rötlich oder grün
Strichfarbe Weiß
Glanz Glasglanz, auf Spaltflächen Perlmuttglanz
Spaltbarkeit Vollkommen
Tenazität Biegsam
Kristallform Monoklin

Ausbildung Selten tafelige bis nadelige Kristalle; radialstrahlige Büschel, Rosetten, nierige Aggregate, Krusten, erdig.
Entstehung und Vorkommen In der Oxidationszone arsenreicher Lagerstätten als oft sehr junge Bildung.
Begleitmineralien Gips, Kobaltblüte, Pikropharmakolith, Guerinit, Sainfeldit, Aragonit.
Ähnliche Mineralien Pikropharmakolith hat keine gute Spaltbarkeit, ist spröde; Aragonit braust beim Betupfen mit verdünnter Salzsäure; Gips hat eine andere Spaltbarkeit; die Paragenese mit Arsenmineralien ist typisch.

3 Sepiolith

Chem. Formel $Mg_4Si_6O_{15}(OH)_2 \cdot 6\,H_2O$
Härte 2–2½, **Dichte** 2,26
Farbe Farblos, weiß, grau, braun
Strichfarbe Weiß
Glanz Matt
Spaltbarkeit nicht erkennbar
Bruch Uneben
Tenazität Biegsam
Kristallform Orthorhombisch

Ausbildung Selten faserig, meist dicht, derb, nierige Knollen, „Bergleder"-artig.
Entstehung und Vorkommen In Serpentiniten, insbesondere auf den Klüften als „Bergleder".
Begleitmineralien Opal, Kalkspat, Magnetit, Olivin, Serpentin, Ilmenit, Dolomit.
Ähnliche Mineralien Die „Bergleder"-artige Variante ist sehr charakteristisch, allerdings von Palygorskit mit einfachen Mitteln nicht zu unterscheiden.

4 Strashimirit

Chem. Formel $(Cu,Zn)_8(AsO_4)_4(OH)_4 \cdot 5\,H_2O$
Härte 2–2½, **Dichte** 3,67
Farbe Weiß, blassgrün
Strichfarbe Weiß
Glanz Matt bis Seidenglanz
Spaltbarkeit Nicht erkennbar
Bruch Faserig
Tenazität Spröde
Kristallform Monoklin

Ausbildung Selten langtafelige Einzelkristalle, meist radialstrahlige Aggregate, nierig, faserig, seidige Krusten, Überzüge, derb.
Entstehung und Vorkommen n der Oxidationszone von arsenreichen Kupfer-Lagerstätten, häufig sind die kugelartigen Aggregate mit einer dünnen Schicht von grasgrünem Parnauit überzogen.
Begleitmineralien Parnauit, Azurit, Malachit, Olivenit.
Ähnliche Mineralien Die faserige Struktur mit grünen Parnauit-Überzügen ist sehr charakteristisch.

Fundorte	
1 Lake Bumbunga, Australien	3 Sunk, Trieben, Österreich
2 Richelsdorf, Hessen	4 Leogang, Österreich

1
2
3
4

1

Carnallit

Chem. Formel $KMgCl_3 \cdot 6\,H_2O$
Härte 2½, **Dichte** 1,6
Farbe Weiß, gelblich
Strichfarbe Weiß
Glanz Fettglanz
Spaltbarkeit Nicht erkennbar
Bruch Uneben bis muschelig
Tenazität Spröde
Kristallform Orthorhombisch

Ausbildung Selten isometrische Kristalle, meist körnig, derb, in Lagern, in Wechsellagerung mit Steinsalz.
Entstehung und Vorkommen In Salz-Lagerstätten, bildet abwechselnde Lagen mit Steinsalz und anderen Kalium-Salzen, als vulkanische Ausblühung.
Begleitmineralien Sylvin, Steinsalz, Kieserit, Gips, Anhydrit.
Besonderheit Carnallit ist in Wasser löslich und schmeckt bitter.
Ähnliche Mineralien Sylvin und Steinsalz haben eine andere Kristallform.

2

Coquimbit

Chem. Formel
$Fe_2^{3+}(SO_4)_3 \cdot 9\,H_2O$
Härte 2½, **Dichte** 2,11
Farbe Blassviolett, amethystfarben, gelblich
Strichfarbe Weiß
Glanz Glasglanz
Spaltbarkeit Nicht erkennbar
Bruch Uneben bis muschelig
Tenazität Spröde
Kristallform Hexagonal

Ausbildung Selten pyramidale bis prismatische Kristalle, meist körnig, derb, in nierigen Aggregaten.
Entstehung und Vorkommen In der Oxidationszone von Sulfid-Lagerstätten, besonders im Wüstenklima, selten als Fumarolenbildung.
Begleitmineralien Copiapit, Chalkanthit, Gips, Pyrit, Epsomit.
Besonderheit Coquimbit ist in Wasser löslich und schmeckt adstringierend.
Ähnliche Mineralien Die violette Farbe ist bei Beachtung der Paragenese sehr charakteristisch.

3

Ulexit

Chem. Formel
$NaCaB_5O_6(OH)_6 \cdot 5\,H_2O$
Härte 2½, **Dichte** 1,955
Farbe Weiß, grau
Strichfarbe Weiß
Glanz Seidenglanz
Spaltbarkeit Vollkommen
Bruch Faserig
Tenazität Spröde
Kristallform Triklin

Ausbildung Selten nadelige Kristalle, meist in parallelfaserigen Aggregaten, derb, in wattebauschähnlichen Bällchen.
Entstehung und Vorkommen In Salz-Lagerstätten in Borax-Seen, hier oft große Lager.
Begleitmineralien Colemanit, Borax, Hydroboracit, Glauberit.
Besonderheit Betrachtet man ein Bild durch ein senkrecht zur Faserrichtung geschnittenes Ulexit-Aggregat, so wird das Bild an die Oberfläche projeziert, Ulexit heißt deshalb auch Fernsehstein.
Ähnliche Mineralien Die spezielle Ausbildung von Ulexit ist sehr charakteristisch.

4

Copiapit

Chem. Formel
$Fe^{2+}Fe_4^{3+}(SO_4)_6(OH)_2 \cdot 20\,H_2O$
Härte 2½–3, **Dichte** 2,11
Farbe Blassgelb bis gelb
Strichfarbe Gelblich weiß
Glanz Glas- bis Perlmutterglanz
Spaltbarkeit Vollkommen
Bruch Uneben
Tenazität Spröde
Kristallform Triklin

Ausbildung Selten prismatische Kristalle, meist körnig, derb, in nierigen Aggregaten, pulvrig, erdig.
Entstehung und Vorkommen In der Oxidationszone von Sulfid-Lagerstätten, besonders im Wüstenklima, selten als Fumarolenbildung.
Begleitmineralien Coquimbit, Chalkanthit, Gips, Pyrit, Epsomit.
Besonderheit Copiapit ist in Wasser löslich und schmeckt metallisch.
Ähnliche Mineralien Die gelbe Farbe ist bei Beachtung der Paragenese sehr charakteristisch.

Fundorte	
1 Stassfurt, Sachsen-Anhalt	**3** Boron, Kalifornien, USA
2 Emery County, Utah, USA	**4** Copiapó, Chile

1

2

3

4

1 Whewellit

Chem. Formel $Ca(C_2O_4) \cdot (H_2O)$
Härte 2½–3, **Dichte** 2,21
Farbe Farblos, weiß, braun, gelb, schwärzlich
Strichfarbe Weiß
Glanz Glasglanz bis Perlmuttglanz
Spaltbarkeit Schlecht
Bruch Uneben
Tenazität Spröde
Kristallform Monoklin

Ausbildung Prismatische bis tafelige Kristalle, manchmal V-förmige Zwillinge, körnig, derb, in strahligen Aggregaten, pulvrig, erdig.
Entstehung und Vorkommen In hydrothermalen Sulfidgängen mit carbonatischer Matrix, in Septarien, in Verbindung mit Kohlevorkommen, in Uran-Lagerstätten.
Begleitmineralien Kalkspat, Baryt, Coelestin, Pyrit, Sphalerit, Ozokerit.
Ähnliche Mineralien Kalkspat braust beim Betupfen mit verdünnter Salzsäure, Baryt und Coelestin sind viel schwerer.

2 Trona

Chem. Formel $Na_3(CO_3)(HCO_3) \cdot 2\,H_2O$
Härte 2½–3, **Dichte** 2,11
Farbe Weiß, grau, blassgelb, braun
Strichfarbe Weiß
Glanz Glasglanz
Spaltbarkeit Vollkommen
Bruch Uneben
Tenazität Milde bis spröde
Kristallform Monoklin

Ausbildung Prismatische bis tafelige Kristalle, säulige Aggregate, rosettenförmige Verwachsungen.
Besonderheit Trona ist wasserlöslich.
Entstehung und Vorkommen Als Absatz in Salzseen, als Bodenausblühung, selten in vulkanischen Fumarolen.
Begleitmineralien Steinsalz, Borax, Ulexit, Thermonatrit,.
Ähnliche Mineralien Borax hat eine andere Kristallform; Kalkspat ist etwas härter und hat eine vollkommene Spaltbarkeit nach dem Rhomboeder; Steinsalz und Sylvin haben eine andere Kristallform und sind deutlich weicher.

3 Blödit *Astrakanit*

Chem. Formel $Na_2Mg(SO_4)_2 \cdot 4\,H_2O$
Härte 2½–3, **Dichte** 2,22–2,24
Farbe Weiß, farblos, grau
Strichfarbe Weiß
Glanz Glasglanz
Spaltbarkeit Keine
Bruch Muschelig
Tenazität Spröde
Kristallform Monoklin

Ausbildung Dicktafelige bis isometrische Kristalle, zum Teil sehr groß, eingewachsen, körnig, derb.
Entstehung und Vorkommen In Salz-Lagerstätten, in Nitrat-Lagerstätten, als vulkanische Ausblühungen, in Salzseen, als Ausblühung am Boden.
Begleitmineralien Kainit, Carnallit, Polyhalit, Gips, Sylvin.
Ähnliche Mineralien Die Kristalle sind sehr charakteristisch; Kalkspat braust beim Betupfen mit verdünnter Salzsäure; Steinsalz und Sylvin sind weicher und haben eine hervorragende Spaltbarkeit.

4 Leonit

Chem. Formel $K_2Mg(SO_4)_2 \cdot 4\,H_2O$
Härte 2½–3, **Dichte** 2,2
Farbe Weiß undurchsichtig, farblos, gelblich
Strichfarbe Weiß
Glanz Glasglanz
Spaltbarkeit Keine
Bruch Muschelig
Tenazität Spröde
Kristallform Monoklin

Ausbildung Dicktafelige bis prismatische Kristalle, aufgewachsen, eingewachsen, körnig, derb.
Besonderheit Leonit überzieht sich schnell mit einer weißen Kruste und ist dann völlig undurchsichtig
Entstehung und Vorkommen In Salz-Lagerstätten, sekundär entstanden aus Kieserit oder Carnallit.
Begleitmineralien Kainit, Carnallit, Polyhalit, Sylvin, Steinsalz.
Ähnliche Mineralien Die kreideweißen Kristalle sind sehr charakteristisch; Kalkspat braust beim Betupfen mit verdünnter Salzsäure. Steinsalz und Sylvin sind weicher.

Fundorte	
1 Hartenstein, Sachsen	3 Searles Lake, USA
2 Searles Lake, USA	4 Siegmundshall, Niedersachsen

1 2

3 4

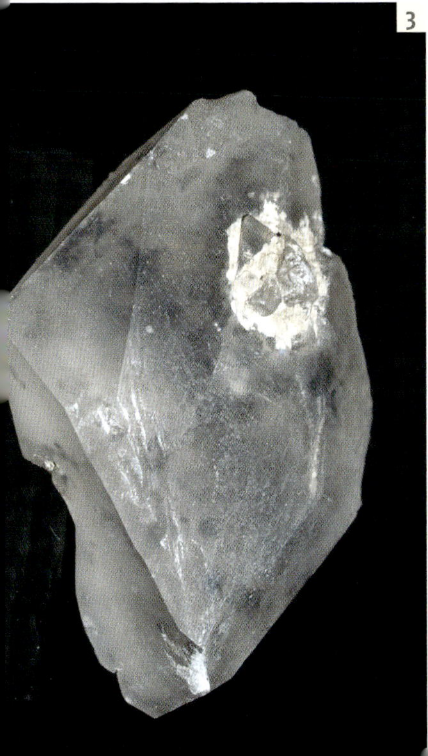

1 Uralolith

Chem. Formel $Ca_2Be_4(PO_4)_3(OH)_3 \cdot 5\,H_2O$
Härte 2½–3, **Dichte** 2,05–2,14
Farbe Weiß, farblos, gelblich
Strichfarbe Weiß
Glanz Glasglanz
Spaltbarkeit Keine
Bruch Muschelig
Tenazität Spröde
Kristallform Monoklin

Ausbildung Langtafelige bis nadelige Kristalle, aufgewachsen, radialstrahlige Sonnen bildend, körnig, derb.
Entstehung und Vorkommen In Pegmatiten auf Rissen und Klüften.
Begleitmineralien Spodumen, Beryll, Lepidolith, Albit.
Besonderheit Uralolith fluoresziert bei der Bestrahlung mit UV-Licht grünlich.
Ähnliche Mineralien Natrolith und Skolezit sind härter; Stilbit und Heulandit haben eine hervorragende Spaltbarkeit; Bavenit ist härter und hat eine andere Kristallform.

2 Lindackerit

Chem. Formel $(Cu, Co)_5(AsO_4)_2(AsO_3OH)_2 \cdot 10\,H_2O$
Härte 2–2½, **Dichte** 3,37
Farbe Blassgrün bis blassblau, farblos
Strichfarbe Weiß
Glanz Glasglanz
Spaltbarkeit Vollkommen
Bruch Uneben
Tenazität Spröde
Kristallform Triklin

Ausbildung Langtafelige Kristalle, nadelig, zu Rosetten oder Büscheln verwachsen, Krusten, Überzuge.
Entstehung und Vorkommen In der Oxidationszone arsenreicher Kupfer-Lagerstätten.
Begleitmineralien Erythrin, Annabergit, Lavendulan, Olivenit, Chalkanthit, Antlerit.
Ähnliche Mineralien Kalkspat und Aragonit brausen beim Betupfen mit verdünnter Salzsäure; Annabergit ist mehr smaragdgrün; Chalkanthit ist intensiver blau und wasserlöslich.

3 Artinit

Chem. Formel $Mg_2[(OH)_2/CO_3] \cdot 3\,H_2O$
Härte 2–3, **Dichte** 2,03
Farbe Weiß
Strichfarbe Weiß
Glanz Glas- bis Seidenglanz
Spaltbarkeit Wegen der nadeligen Beschaffenheit nicht feststellbar
Bruch Faserig
Tenazität Spröde
Kristallform Monoklin

Ausbildung Nadelige Kristall-Büschel, radialstrahlige Aggregate, Sonnen.
Entstehung und Vorkommen Als Sekundärbildung auf Klüften und in Hohlräumen von Serpentiniten.
Begleitmineralien Hydromagnesit, Brucit, Dolomit, Kämmererit, Kalkspat.
Ähnliche Mineralien Hydromagnesit hat tafelige, Aragonit meist dickere Kristalle; sehr dünnnadelige Aggregate sind von Artinit aber schwer zu unterscheiden; Aragonit ist etwas härter als Artinit.

4 Kryolith

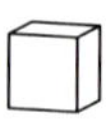

Chem. Formel Na_3AlF_6
Härte 2½–3, **Dichte** 2,97
Farbe Weiß, farblos, gelblich, selten violett
Strichfarbe Weiß
Glanz Glasglanz, Fettglanz
Spaltbarkeit Keine, manchmal deutliche Absonderungen
Bruch Muschelig
Tenazität Spröde
Kristallform Monoklin

Ausbildung Würfelähnliche Kristalle, aufgewachsen oder als Fortwachsung von derbem Kryolith, große, derbe Massen, Einschlüsse, körnig, derb.
Entstehung und Vorkommen In Pegmatiten, in Karbonatiten, auf Klüften und in Drusen fluorreicher Rhyolithe.
Begleitmineralien Ralstonit, Thomsenolith, Pachnolith, Jarlit.
Besonderheit Kryolith fluoresziert bei der Bestrahlung mit UV-Licht gelblich.
Ähnliche Mineralien Fluorit hat eine hervorragende Spaltbarkeit; Quarz ist viel härter; Ralstonit ist echt kubisch.

Fundorte

1 Koralpe, Steiermark, Österreich	**3** Kraubath, Steiermark, Österreich
2 Jachymov, Tschechien	**4** Ivigtut, Grönland

1

2

3

4

1 Schulenbergit

Chem. Formel $(Cu,Zn)_7(SO_4,CO_3)_2(OH)_{10} \cdot 3\ H_2O$
Härte 2, **Dichte** 3,4
Farbe Hellblau
Strichfarbe Weiß
Glanz Glasglanz bis Perlmuttglanz
Spaltbarkeit Vollkommen
Bruch Blättrig
Tenazität Spröde
Kristallform Trigonal

Ausbildung Dünntafelige Kristalle, sechsseitige Blättchen, oft gebogen, schuppige, kugelige Aggregate, dünne Krusten und Überzüge.
Entstehung und Vorkommen In der Oxidationszone von Kupfer-Lagerstätten.
Begleitmineralien Serpierit, Linarit, Ktenasit, Claringbullit, Aurichalcit.
Ähnliche Mineralien Devillin ist mit einfachen Mitteln von Schulenbergit nicht zu unterscheiden; Serpierit ist mehr nadelig oder langtafelig; Aurichalcit bildet langgestreckte Kristalle, keine sechsseitigen Blättchen.

2 Garnierit

Chem. Formel $(Ni,Mg)_6Si_4O_{10}(OH)_8$
Härte 2–3, **Dichte** 2,2–2,7
Farbe Grün, gelbgrün, blaugrün
Strichfarbe Weiß
Glanz Fettglanz bis matt
Spaltbarkeit Keine
Bruch Muschelig
Tenazität Spröde
Kristallform Monoklin

Ausbildung Derb, nierige Aggregate, dünne Überzüge, pulvrige, erdige Massen, keine Einzelkristalle.
Entstehung und Vorkommen In Serpentingesteinen als Verwitterungsprodukt des Nickelgehalts.
Begleitmineralien Serpentin, Limonit, Chlorit, Kalkspat, Magnesit.
Besonderheit Bei reichlichem Vorkommen, insbesondere in tropischen Klimata, kann Garnierit als Nickelerz abgebaut werden.
Ähnliche Mineralien Serpentin ist meist weniger intensiv grün und nicht so spröde und nie erdig, pulvrig, aber mit einfachen Mitteln von Garnierit oft nicht zu unterscheiden.

3–4 Wulfenit *Gelbbleierz*

Chem. Formel $PbMoO_4$
Härte 3, **Dichte** 6,7–6,9
Farbe Gelb bis orangerot, blau, grau
Strichfarbe Weiß
Glanz Diamantglanz bis Harzglanz
Spaltbarkeit Schwach nach der Pyramide
Bruch Muschelig
Tenazität Spröde
Kristallform Tetragonal

Ausbildung Spitze Pyramiden, dick- bis dünntafelige Kristalle, oft sandwichartig aufgebaut, nadelig, fast immer aufgewachsen, selten derb.
Entstehung und Vorkommen In der Oxidationszone von Blei-Lagerstätten, immer dort, wo ein Molybdänlieferant (zum Beispiel schwarze Schiefer) im Nebengestein vorhanden ist.
Begleitmineralien Bleiglanz. Cerussit, Hydrozinkit, Pyromorphit, Smithsonit, Mimetesit, Hemimorphit, Kalkspat.
Besonderheit Manche Wulfenit-Kristalle sind hemimorph ausgebildet, das heißt, sie zeigen am oberen und unteren Kristallende jeweils verschiedene Kristallflächen. So zeigen sie manchmal oben spitze Pyramiden, während sie unten ganz flach und nur durch die Basisfläche begrenzt sind. Ist Wulfenit in großen Mengen vorhanden, so wurde er früher sogar als Molybdänerz abgebaut.
Ähnliche Mineralien Aussehen (besonders Kristallform sowie orange Farbe) und Vorkommen von Wulfenit mit anderen Blei- und Zinkoxidationsmineralien lassen keine Verwechslung zu.

Fundorte	
1 Grube Friedrichsegen, Bad Ems	3 Bleiberg, Kärnten, Österreich
2 Frankenstein, Polen	4 Los Lamentos, Mexiko

1

2

3

4

1–2 Vanadinit

Chem. Formel $Pb_5[Cl/(VO_4)_3]$
Härte 3, **Dichte** 6,8–7,1
Farbe Gelb, braun, orange, rot
Strichfarbe Weiß bis gelblich
Glanz Diamantglanz bis Fettglanz
Spaltbarkeit Keine
Bruch Muschelig
Tenazität Spröde
Kristallform Hexagonal

Ausbildung Prismatische bis tafelige Kristalle mit sechsseitem Querschnitt, aufgewachsen, radialstrahlige und kugelige Aggregate, selten derb.
Entstehung und Vorkommen In der Oxidationszone von Blei-Lagerstätten beim gleichzeitigen Vorhandensein von vanadiumreichen Verwitterungslösungen. Besonders berühmt sind die marokkanischen Vorkommen mit ihren intensiv roten großen Vanadinit-Kristallen auf braunem oder schwarzem Untergrund.
Begleitmineralien Wulfenit, Kalkspat, Descloizit, Limonit, Mimetesit, Mottramit, Quarz.
Ähnliche Mineralien Apatit ist härter, Pyromorphit und Mimetesit sind nicht rot; brauner oder gelber Vanadinit ist mit einfachen Mitteln nicht von Mimetesit oder Pyromorphit zu unterscheiden; roter Wulfenit bildet keine sechseckigen Kristalle.

3 Kainit

Chem. Formel $KMgSO_4Cl \cdot H_2O$
Härte 3, **Dichte** 2,1–2,2
Farbe Weiß, rötlich, gelblich, grau, blau, violett
Strichfarbe Weiß
Glanz Glasglanz
Spaltbarkeit Vollkommen
Bruch Splittrig
Tenazität Spröde
Kristallform Monoklin

Ausbildung Dicktafelige bis isometrische Kristalle, oft flächenreich, derb.
Entstehung und Vorkommen In Salz-Lagerstätten, besonders in den obersten Schichten.
Begleitmineralien Sylvin, Steinsalz, Carnallit, Gips, Anhydrit, Kieserit.
Besonderheit Kainit schmeckt bitter salzig und ist wasserlöslich.
Ähnliche Mineralien Kristallform und Geschmack unterscheiden Kainit von Steinsalz und Sylvin; Gips und Anhydrit sind nicht wasserlöslich. Gleiches gilt für Kalkspat und Aragonit, die beide beim Betupfen mit verdünnter Salzsäure brausen.

4 Hydroboracit

Chem. Formel $CaMgB_6O_{11} \cdot H_2O$
Härte 2–3, **Dichte** 2,2
Farbe Weiß, bräunlich
Strichfarbe Weiß
Glanz Glasglanz
Spaltbarkeit Vollkommen
Bruch Uneben
Tenazität Spröde
Kristallform Monoklin

Ausbildung Nadelige Kristalle, radialstrahlige, sonnenförmige Aggregate, feinkörnig, derb.
Entstehung und Vorkommen In Bormineralien führenden Salz-Lagerstätten.
Begleitmineralien Steinsalz, Anydrit.
Ähnliche Mineralien Die Paragenese macht nadeligen Hydroboracit unverwechselbar; Colemanit ist mehr tafelig; Aragonit hat keine Spaltbarkeit und braust beim Betupfen mit verdünnter Salzsäure, ebenso wie strahlig ausgebildeter Kalkspat, der im Gegensatz zu Hydroboracit schräg zur Ausrichtung der Fasern spaltet.

Fundorte	
1 Arizona, USA	**3** Aschersleben, Sachsen-Anhalt
2 Mibladen, Marokko	**4** Niedersachswerfen, Thüringen

1

2

3

4

1 Valentinit *Antimonblüte*

Chem. Formel Sb_2O_3
Härte 2–3, **Dichte** 5,6–5,8
Farbe Farblos, weiß, gelblich, grau
Strichfarbe Weiß
Glanz Diamantglanz, auf Spaltflächen Perlmuttglanz
Spaltbarkeit Vollkommen
Bruch Uneben
Tenazität Milde, zerbrechlich
Kristallform Orthorhombisch

Ausbildung Prismatische bis nadelige Kristalle, radialstrahlige und sonnenförmige Aggregate, körnige und faserige Massen, derb.

Entstehung und Vorkommen In der Oxidationszone von Antimon-Lagerstätten.

Begleitmineralien Antimonit, Senarmontit.

Ähnliche Mineralien Der hohe Glanz und die nadelige Ausbildung sowie die Paragenese mit Antimonit machen Valentinit unverwechselbar; Aragonit braust beim Betupfen mit verdünnter Salzsäure.

2 Phosgenit *Bleihornerz*

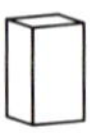

Chem. Formel $Pb_2[Cl_2/CO_3]$
Härte 2½–3, **Dichte** 6–6,3
Farbe Farblos, weiß, grau, braun, gelb
Strichfarbe Weiß
Glanz Fettglanz bis Diamantglanz
Spaltbarkeit Vollkommen
Bruch Muschelig
Tenazität Milde
Kristallform Tetragonal

Ausbildung Kurzsäulige, tafelige, langprismatische Kristalle, manchmal flächenreich, nadelig.

Entstehung und Vorkommen In der Oxidationszone von Blei-Lagerstätten, in antiken Blei-Schlacken.

Begleitmineralien Cerussit, Anglesit, Galenit, Nealit, Laurionit, Paralaurionit, Fiedlerit.

Ähnliche Mineralien Cerussit und Anglesit haben eine andere Kristallform; Kalkspat hat eine andere Spaltbarkeit und eine andere Kristallform, Gleiches gilt für Aragonit und Willemit; Leadhillit ist mehr tafelig.

3 Stolzit *Scheelbleierz*

Chem. Formel $PbWO_4$
Härte 3, **Dichte** 7,9–8,2
Farbe Gelb, braun, grau
Strichfarbe Weiß bis gelblich
Glanz Fettglanz
Spaltbarkeit Keine
Bruch Muschelig
Tenazität Spröde
Kristallform Tetragonal

Ausbildung Dipyramidale Kristalle, Kanten oft gekrümmt, Kristallrasen, derb.

Entstehung und Vorkommen In der Oxidationszone von bleiführenden Wolfram-Lagerstätten und wolframführenden Blei-Lagerstätten.

Begleitmineralien Quarz, Raspit, Fluorit, Ferberit, Hübnerit, Skorodit.

Ähnliche Mineralien Scheelit fluoresziert im Gegensatz zu Stolzit im UV-Licht; Wulfenit ist mit einfachen Mitteln nicht leicht zu unterscheiden.

4 Anglesit

Chem. Formel $PbSO_4$
Härte 3, **Dichte** 6,3
Farbe Farblos, weiß, gelblich, bräunlich, grau
Strichfarbe Weiß
Glanz Glasglanz bis Fettglanz
Spaltbarkeit Nach der Basis sichtbar
Bruch Muschelig
Tenazität Spröde
Kristallform Orthorhombisch

Ausbildung Aufgewachsene Kristalle tafelig, prismatisch, dipyramidal, nadelig, daneben auch körnig, krustig, derb.

Entstehung und Vorkommen In der Oxidationszone von Blei-Lagerstätten, oft als erste Bildung bei der Verwitterung von Bleiglanz.

Begleitmineralien Cerussit, Bleiglanz, Phosgenit, Kalkspat, Quarz, Wulfenit.

Ähnliche Mineralien Schwerspat hat eine viel bessere Spaltbarkeit; Cerussit zeigt im Gegensatz zu Anglesit oft knieförmige Zwillinge und sternförmige Drillinge.

Fundorte	
1 Pribram, Tschechien	3 Zinnwald, Tschechien
2 Monte Poni, Sardinien, Italien	4 Siegerland

1

2

3

4

1–2 Silber, gediegen

Chem. Formel Ag
Härte 2½–3, **Dichte** 9,6–12
Farbe Silberweiß, oft gelblich bis schwärzlich angelaufen.
Strichfarbe Weiß metallisch
Glanz Metallglanz, angelaufen manchmal matt
Spaltbarkeit Keine
Bruch Hakig
Tenazität Milde, sehr dehnbar, kann zu Plättchen gehämmert werden
Kristallform Kubisch

Ausbildung Als Kristalle selten, vorherrschend Würfel, skelettförmige, dendritische, blech- und drahtförmige Aggregate, oft lockenförmig, derb, eingewachsen.
Entstehung und Vorkommen In verschieden temperierten hydrothermalen Gängen; selten primär, meist sekundär als Zementationsbildung, auf Kluftflächen in schwarzen Schiefern. Berühmtestes Vorkommen in Europa ist die Lagerstätte von Kongsberg, wo gediegenes Silber in großen Massen und in bis armstarken Aggregaten von Drähten gefunden wurde. In Deutschland stammen die schönsten Stufen von gediegenem Silber von Freiberg in Sachsen und von Wittichen im Schwarzwald.
Begleitmineralien Silberglanz, Pyrargyrit, Proustit, Bleiglanz, Kalkspat, Stephanit, Quarz.
Ähnliche Mineralien Bleiglanz und andere silbergraue Mineralien können mit Ausnahme von Silberglanz nicht zu Plättchen gehämmert werden; Silberglanz hat einen dunklen Strich.

3 Freieslebenit

Chem. Formel $AgPbSbS_3$
Härte 3, **Dichte** 6,22
Farbe Bleigrau bis silberweiß
Strichfarbe Silberweiß
Glanz Metallglanz
Spaltbarkeit Meist undeutlich
Bruch Uneben
Tenazität Spröde
Kristallform Monoklin

Ausbildung Tafelige bis langtafelige, typisch längsgestreifte Kristalle, körnig, derb.
Entstehung und Vorkommen In hydrothermalen Silbererzgängen.
Begleitmineralien Argentit, Silber, Pyrargyrit, Proustit, Stephanit, Bleiglanz, Kalkspat, Baryt, Andorit.
Ähnliche Mineralien Bleiglanz hat eine vollkommene Spaltbarkeit nach dem Würfel; Stephanit hat eine andere Kristallform, das Gleiche gilt für Hessit. Gediegen Silber ist heller silbrig und mehr dehnbar; Silberglanz ist nicht spröde.

4 Leadhillit

Chem. Formel $Pb_4[(OH)_2/SO_4/(CO_3)_2]$
Härte 2½, **Dichte** 6,45–6,55
Farbe Farblos, weiß, gelblich, bräunlich, grau
Strichfarbe Weiß
Glanz Fettglanz bis Perlmuttglanz
Spaltbarkeit Nach der Basis vollkommen
Bruch Muschelig
Tenazität Spröde
Kristallform Monoklin

Ausbildung Pseudohexagonale Tafeln, dick- bis dünntafelig, körnig, krustig, schalig.
Entstehung und Vorkommen In der Oxidationszone von Blei-Lagerstätten, in antiken Bleischlacken.
Begleitmineralien Bleiglanz, Anglesit, Cerussit, Phosgenit, Kalkspat, Aragonit.
Besonderheit Leadhillit braust beim Auflösen in konzentrierter Salzsäure (Achtung! Gefährlich, stark ätzend) nicht jedoch in kalter verdünnter Salzsäure.
Ähnliche Mineralien Cerussit ist härter und hat eine viel schlechtere Spaltbarkeit; Anglesit ist manchmal nur schwer von Leadhillit zu unterscheiden, hat aber eine andere Kristallform; Kalkspat braust bereits beim Betupfen mit verdünnter Salzsäure stark.

Fundorte	
1 Freiberg, Sachsen	3 Freiberg, Sachsen
2 Hartenstein, Sachsen	4 Leadhills, Schottland

1 2

3 4

1 Raspit

Chem. Formel $PbWO_4$
Härte 2½–3, **Dichte** 8,5
Farbe Gelb, gelbbraun
Strichfarbe Weiß
Glanz Diamantglanz
Spaltbarkeit Vollkommen
Bruch Uneben
Tenazität Spröde
Kristallform Monoklin

Ausbildung Dicktafelige bis prismatische, langgestreckte Kristalle, derb.
Entstehung und Vorkommen In der Oxidationszone von bleiführenden Wolfram-Lagerstätten und wolframführenden Blei-Lagerstätten.
Begleitmineralien Stolzit, Scheelit, Ferberit, Hübnerit, Quarz, Skorodit, Beudantit.
Ähnliche Mineralien Stolzit und Scheelit sind deutlich tetragonal; Beudantit und Skorodit haben eine andere Kristallform.

2 Biotit

Chem. Formel $K(Mg,Fe)_3[(OH)_2/(Al,Fe)Si_3O_{10}]$
Härte 2½–3, **Dichte** 2,8–3,2
Farbe Dunkelbraun, dunkelgrün, schwarz, rötlich
Strichfarbe Weiß
Glanz Perlmuttglanz
Spaltbarkeit Vollkommen
Bruch Blättrig
Tenazität Milde, Blättchen elastisch biegsam
Kristallform Monoklin

Ausbildung Sechsseitige Kristalle tafelig, selten prismatisch, rosettenförmige Aggregate, Blättchen, Schuppen.
Entstehung und Vorkommen Eingewachsen als Gesteinsgemengteil in Graniten, Pegmatiten, Gneisen, Glimmerschiefern, Dioriten, Hornfelsen, vulkanischen Gesteinen, selten aufgewachsene Kristalle auf Klüften der genannten Gesteine, in Drusen in vulkanischen Auswürflingen.
Begleitmineralien Quarz, Muskovit, Feldspat.
Ähnliche Mineralien Chlorit und Talk sind weicher; Muskovit hat eine andere Farbe, genauso wie Lepidolith.

3 Lepidolith

Chem. Formel $KLi_2Al[(F,OH)_2/Si_4O_{10}]$
Härte 2½–3, **Dichte** 2,8–3,2
Farbe Rosa, rosaviolett, rötlich
Strichfarbe Weiß
Glanz Perlmuttglanz
Spaltbarkeit Nach der Basis äußerst vollkommen
Bruch Blättrig
Tenazität Milde, Blättchen elastisch biegsam
Kristallform Monoklin

Ausbildung Sechsseitige Kristalle tafelig, selten prismatisch, rosettenförmige Aggregate, Blättchen, schuppige bis dichte Aggregate und Massen.
Entstehung und Vorkommen Meist eingewachsen in Pegmatiten und in pneumatolytischen Gängen, selten aufgewachsene Kristalle, meist in Pegmatiten.
Begleitmineralien Turmalin (zum Beispiel Rubellit, Verdelith, oft in Edelsteinqualität), Beryll, Topas, Apatit, Feldspat, Quarz.
Ähnliche Mineralien Die Farbe von Lepidolith ist typisch, manganhaltiger Muskovit (Alurgit) kann auch rosa bis rötlich sein, kommt aber immer nur in metamorphen Gesteinen vor.

4 Duftit

Chem. Formel $CuPbAsO_4OH$
Härte 3, **Dichte** 6,4
Farbe Grün, gelbgrün
Strichfarbe Weißlich
Glanz Glasglanz, Fettglanz
Spaltbarkeit Nicht erkennbar
Bruch Uneben
Tenazität Spröde
Kristallform Orthorhombisch

Ausbildung Dicktafelige Kristalle, Kristallrasen, kugelige Aggregate, krustige Überzüge.
Entstehung und Vorkommen In der Oxidationszone von Blei-Kupfer-Lagerstätten.
Begleitmineralien Cerussit, Azurit, Chrysokoll, Mimetesit, Aurichalcit, Calcit, Olivenit.
Ähnliche Mineralien Olivenit hat eine andere Kristallform; Konichalcit ist mehr apfelgrün, Cornwallit mehr smaragd–grün, Chrysokoll ist mehr blaugrün; Pyromorphit und Mimetesit haben eine andere Kristallform.

Fundorte	
1 Broken Hill, Australien	**3** Himalaya Mine, Kalifornien, USA
2 Miask, Ural, Russland	**4** Tsumeb, Nambia

1

2

3

4

1 Whitmoreit

Chem. Formel $Fe^{2+}Fe_2^{3+}(PO_4)_2(OH)_2 \cdot 4\ H_2O$
Härte 3, **Dichte** 2,85
Farbe Braun, gelbbraun
Strichfarbe Weißlich
Glanz Glasglanz
Spaltbarkeit Nicht erkennbar
Bruch Uneben
Tenazität Spröde
Kristallform Monoklin

Ausbildung Langtafelige bis nadelige Kristalle, radialstrahlige Kristallbüschel, kugelige Aggregate, Überzüge.
Entstehung und Vorkommen In Phosphatpegmatiten durch Umwandlung der primären Phosphate.
Begleitmineralien Strunzit, Laueit, Pseudolaueit, Stewartit, Mitridatit, Rockbridgeit.
Ähnliche Mineralien Laueit, Pseudolaueit, Stewartit, Childrenit und Eosphorit haben eine andere Kristallform; Kakoxen ist mehr goldgelb, Strunzit mehr strohgelb.

2 Embolit

Chem. Formel Ag(Cl,Br)
Härte 2–3, **Dichte** 5,6–5,8
Farbe Grün, gelbgrün, gelbbraun, grau
Strichfarbe Weißlich
Glanz Fettglanz
Spaltbarkeit Nicht erkennbar
Bruch Uneben
Tenazität Milde
Kristallform Kubisch

Ausbildung Verzerrte Kristalle, gerundete Aggregate, krustige Überzüge.
Entstehung und Vorkommen In der Oxidationszone von Silber-Lagerstätten, besonders in ariden Klimata.
Begleitmineralien Chlorargyrit, gediegen Silber, Silberglanz, Kalkspat, Limonit.
Ähnliche Mineralien Chlorargyrit ist mit einfachen Mitteln nicht unterscheidbar, die Paragenese mit anderen Silbermineralien ist ansonsten recht charakteristisch.

3 Gibbsit

Chem. Formel $Al(OH)_3$
Härte 2½–3½, **Dichte** 2,4
Farbe Weiß, hellblau, grünlich, grau
Strichfarbe Weiß
Glanz Glasglanz
Spaltbarkeit Meist nicht erkennbar
Bruch Uneben
Tenazität Spröde
Kristallform Monoklin

Ausbildung Tafelige Kristalle sehr selten, meist derb, nierig, krustig.
Entstehung und Vorkommen In der Oxidationszone von hydrothermalen Lagerstätten, besonders bei aluminiumreichem Nebengestein.
Begleitmineralien Azurit, Hydrozinkit, Aurichalcit, Limonit, Gips.
Ähnliche Mineralien Glaukokerinit ist deutlich weicher, Aurichalcit ist mehr faserig, Chalcedon ist viel härter, Chrysokoll mehr blaugrün.

4 Zinnwaldit

Chem. Formel $K(Li,Al,Fe)_3(Al,Si)_4O_{10}(OH,F)_2$
Härte 2½–4, **Dichte** 2,9–3,3
Farbe Silbergrau bis grünlich
Strichfarbe Weißlich
Glanz Glasglanz
Spaltbarkeit Vollkommen
Bruch Blättrig
Tenazität Biegsam
Kristallform Monoklin

Ausbildung Tafelige Kristalle mit sechsseitigem Querschnitt, blättrige Aggregate.
Entstehung und Vorkommen In Pegmatiten und Zinn-Lagerstätten.
Begleitmineralien Topas, Zinnstein, Feldspat, Flussspat, Quarz, Scheelit.
Ähnliche Mineralien Muskovit ist mit einfachen Mitteln von Zinnwaldit nicht zu unterscheiden, die Paragenese gibt jedoch Hinweise; Biotit und Phlogopit sind mehr braun oder schwarz, Lepidolith mehr rosa.

Fundorte	
1 Hagendorf-Süd, Ostbayern	3 Lavrion, Griechenland
2 Broken Hill, Australien	4 Zinnwald, Tschechien

1 2

3 4

1 Kapellasit

Chem. Formel $Cu_3Zn(OH)_6Cl_2$
Härte 3, **Dichte** 3,55
Farbe Blau bis grünblau
Strichfarbe Bläulich weiß
Glanz Glasglanz bis Seidenglanz
Spaltbarkeit Vollkommen
Bruch Uneben
Tenazität Spröde
Kristallform Trigonal

Ausbildung Nadelige bis langtafelige Kristalle, Kristallbüschel, strahlige Aggregate, Überzüge.
Entstehung und Vorkommen In der Oxidationszone von Kupfer-Zink-Lagerstätten.
Begleitmineralien Gips, Serpierit, Claringbullit, Spangolith, Devillin, Schulenbergit, Aragonit, Kalkspat.
Besonderheit Kapellasit-Kristalle sind an den Rändern oft typisch ausgefranst und erscheinen dort ganz weiß.
Ähnliche Mineralien Linarit wird beim Betupfen mit Salzsäure weiß, Devillin ist mehr blättrig bzw. schaumig; Serpierit ist mehr nadelig und tiefer blau; Schulenbergit ist blättrig.

2 Zalesiit

Chem. Formel $(Ca,Y)Cu_6[(AsO_4)_2(AsO_3OH)(OH)_6] \cdot 3\ H_2O$
Härte 3–4, **Dichte** 3,49
Farbe Blassgrün
Strichfarbe Weiß
Glanz Glasglanz
Spaltbarkeit Nicht erkennbar
Bruch Uneben
Kristallform Hexagonal

Ausbildung Nadelig, fasrig, filzig, büschelige Kristallaggregate.
Entstehung und Vorkommen In der Oxidationszone von arsenreichen Kupfer-Lagerstätten.
Begleitmineralien Adamin, Olivenit, Limonit, Malachit, Calcit, Azurit.
Ähnliche Mineralien Die Unterscheidung von den einzelnen Agardit-Mineralien und von Mixit ist mit einfachen Mitteln nicht möglich, ansonsten ist Zalesiit sehr charakteristisch; Malachit braust beim Betupfen mit Salzsäure, Gleiches gilt für Aragonit, der selten so feinnadelig ist.

3 Astrophyllit

Chem. Formel $(K,Na)_3(Fe,Mn)_7Ti_2[(O,OH)_7/Si_8O_{24}]$
Härte 3, **Dichte** 3,3–3,4
Farbe Gelblich, grünlich oliv
Strichfarbe Weiß
Glanz Metallischer Glasglanz
Spaltbarkeit Vollkommen
Bruch Blättrig
Tenazität Spröde
Kristallform Triklin

Ausbildung Tafelige Kristalle, blättrige Aggregate, oft strahlig verwachsen.
Entstehung und Vorkommen In Alkaligesteinen und deren Pegmatiten.
Begleitmineralien Quarz, Feldspat, Aegirin, Lorenzenit, Phlogopit.
Ähnliche Mineralien Die Glimmermineralien sind nicht spröde und glänzen nicht so metallisch; Aegirin hat eine andere Spaltbarkeit mit einem Spaltwinkel von etwa 90°.

4 Stewartit

Chem. Formel $MnFe_2[OH/PO_4]_2 \cdot 8\ H_2O$
Härte 3, **Dichte** 2,46
Farbe Gelb, orange, grünlich gelb
Strichfarbe Weiß
Glanz Glasglanz
Spaltbarkeit Keine
Bruch Uneben
Tenazität Spröde
Kristallform Monoklin

Ausbildung Dünntafelige langgestreckte Kristalle, spitz mit schiefen Endflächen, Parallelverwachsungen, radialstrahlige Aggregate, Kristallbüschel.
Entstehung und Vorkommen In Phosphatpegmatiten als Bildung bei der Umwandlung primärer Phosphatmineralien.
Begleitmineralien Laueit, Strunzit, Pseudolaueit, Beraunit, Rockbridgeit, Apatit.
Ähnliche Mineralien Laueit ist immer dicktafeliger und hat eine andere Kristallform; Strunzit ist nadelig; Pseudolaueit ist dicktafelig mit sechsseitigem Umriss.

Fundorte	
1 Almeria, Spanien	3 Mt. St. Hilaire, Montreal, Kanada
2 Mina Dolores, Pastrana, Spanien	4 Hagendorf-Süd, Ostbayern

1

2

3

4

1 Weinschenkit *Churchit*

Chem. Formel $(Y,Er)PO_4 \cdot H_2O$
Härte 3, **Dichte** 3,3
Farbe Weiß
Strichfarbe Weiß
Glanz Glasglanz bis Seidenglanz
Spaltbarkeit Nicht erkennbar
Bruch Faserig
Tenazität Spröde
Kristallform Monoklin

Ausbildung Nadelige Kristalle, meist zu Büscheln verwachsen, selten prismatisch, faserige und radialstrahlige Aggregate.
Entstehung und Vorkommen In Phosphat-Lagerstätten, insbesondere in phosphatreichen Eisen-Lagerstätten.
Begleitmineralien Limonit, Kakoxen, Beraunit, Strengit, Dufrenit, Rockbridgeit.
Ähnliche Mineralien Wavellit ist fast nie so feinfaserig wie Weinschenkit, er lässt meist noch Endflächen erkennen; Crandallit bildet auch dickere Kristalle, die oft eine dreieckige Endfläche erkennen lassen.

2 Kernit

Chem. Formel $Na_2B_4O_7 \cdot 4\ H_2O$
Härte 2½–3, **Dichte** 1,9
Farbe Farblos, weiß
Strichfarbe Weiß
Glanz Glasglanz bis Seidenglanz
Spaltbarkeit Vollkommen
Tenazität Spröde
Kristallform Monoklin

Ausbildung Selten dicktafelige Kristalle, derb, strahlig, plattige Massen.
Entstehung und Vorkommen In Borat-Lagerstätten, in den Sedimenten von Salzseen.
Begleitmineralien Colemanit, Borax, Ulexit, Trona, Steinsalz, Gips, Blödit.
Ähnliche Mineralien Die vollkommene Spaltbarkeit unterscheidet Kernit von anderen Boratmineralien; Colemanit hat eine andere Kristallform; Ulexit ist immer mehr strahlig und faserig.

3 Pikropharmakolith

Chem. Formel $CaH[AsO_4] \cdot 2\ H_2O$
Härte 2–2½, **Dichte** 2,6
Farbe Farblos, weiß, durch Kobalt oder Nickel manchmal rötlich oder grün
Strichfarbe Weiß
Glanz Glasglanz
Spaltbarkeit Wegen der nadeligen Ausbildung nicht erkennbar
Bruch Faserig
Tenazität Spröde
Kristallform Monoklin

Ausbildung Nadelige bis haarförmige Kristalle, radialstrahlige Büschel, Rosetten.
Entstehung und Vorkommen In der Oxidationszone arsenreicher Lagerstätten als oft sehr junge Bildung.
Begleitmineralien Gips, Kobaltblüte, Pharmakolith, Guerinit, Sainfeldit, Aragonit.
Ähnliche Mineralien Pharmakolith hat eine gute Spaltbarkeit, Gleiches gilt für Gips; Aragonit braust beim Betupfen mit verdünnter Salzsäure. Natrolith und Skolezit kommen in einer ganz anderen Paragenese vor.

4 Köttigit

Chem. Formel $Zn_3(AsO_4)_2 \cdot 8\ H_2O$
Härte 2½–3, **Dichte** 3,3
Farbe Weiß, grau, braun, rötlich
Strichfarbe Weiß
Glanz Glasglanz
Spaltbarkeit Vollkommen
Bruch Uneben
Tenazität Leicht biegsam
Kristallform Monoklin

Ausbildung Prismatische, langtafelige Kristalle mit meist schiefer Endfläche, radialstrahlig, derb.
Entstehung und Vorkommen In der Oxidationszone von arsenführenden Zink-Lagerstätten.
Begleitmineralien Adamin, Cuproadamin, Paradamin, Legrandit.
Ähnliche Mineralien Die Paragenese und Kristallform von Köttigit lassen kaum eine Verwechslung zu. Parasymplesit ist grünlicher, Vivianit blau bis blaugrün, Annabergit ist grasgrün, Erythrin intensiv rotviolett.

Fundorte

1 Grube Leonie, Auerbach, Bayern	3 Richelsdorf, Hessen
2 Kern County, Kalifornien, USA	4 Mina Ojuela, Mapimi, Mexiko

1

2

3

4

1–4 Kalkspat *Calcit*

Chem. Formel $CaCO_3$
Härte 3, **Dichte** 2,6–2,8
Farbe Farblos, weiß, gelb, braun; durch Fremdbeimengungen vielfältig gefärbt: rot, blau, grün, schwarz
Strichfarbe Weißlich
Glanz Glasglanz
Spaltbarkeit Sehr vollkommen nach dem Grundrhomboeder
Bruch Spätig bis muschelig
Tenazität Spröde
Kristallform Trigonal

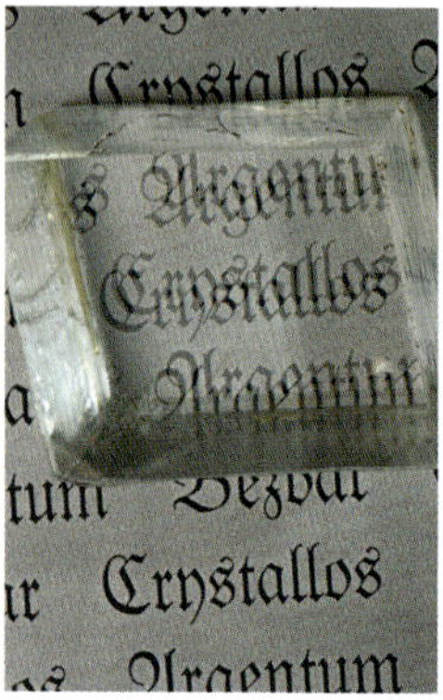
Islandspat mit deutlicher Doppelbrechung

Prismatische Kalkspat-Kristalle von St. Andreasberg im Harz

Ausbildung Kristalle sehr vielfältig als Skalenoeder, Rhomboeder, Prisma mit Basis; Habitus prismatisch, isometrisch, linsenförmig, nadelig, dick- und dünntafelig; oft Zwillinge mit einspringenden Winkeln, herz- oder schmetterlingsförmig, oft auch strahlige, kugelige und nierige Aggregate, in Form von Tropfsteinen, als Gangfüllungen, gesteinsbildend als Kalkstein und Marmor derb. Klare Spaltstücke von Calcit erlauben die Beobachtung einer besonderen Eigenschaft der Doppelbrechung. Legt man solche Spaltstücke auf liniertes Papier, so erscheinen alle Linien doppelt (Abb. 5). Kalkspat ist das formenreichste Mineral überhaupt. Mehr als 2000 verschiedene Kombinationen von Kristallformen sind bekannt. Als gesteinsbildendes Mineral in Form von Kalksteinen baut Calcit ganze Gebirge wie etwa die Kalkalpen oder Teile des Himalaya auf.
Entstehung und Vorkommen Kristalle in Drusen von Erzgängen, Blasenhohlräumen von vulkanischen Gesteinen, auf Klüften und in Drusen von Karbonatgesteinen, als Gangart vieler hydrothermaler Gänge; gesteinsbildend magmatisch in Karbonatiten, sedimentär in Kalksteinen, in Kalktuffen, in Mergeln, als Bindemittel in Sandsteinen, metamorph in Marmoren.
Begleitmineralien Dolomit, Quarz, Bleiglanz, Kupferkies, Pyrit, Arsenkies, Zinkblende und viele andere Erzminerale.
Besonderheit Klare Spaltstücke von Calcit erlauben die Beobachtung einer besonderen Eigenschaft: Der Doppelbrechung. Legt man solche Spaltstücke auf liniertes Papier oder einen geschriebenen Text, so erscheinen alle Linien oder Buchstaben doppelt (siehe Abb. 5). Technisch wird diese Eigenschaft in verschiedenen optischen Apparaten, insbesondere in Polarisationsmikroskopen, genützt. Die besten und klarsten Exemplare dieses Kalkspats stammen aus Island, wo sie in Hohlräumen des vulkanischen Gesteins gefunden wurden. Sie werden wegen ihrer Eigenschaft Doppelspat, wegen ihrer Herkunft auch Islandspat genannt.
Ähnliche Mineralien Kalkspat braust beim Betupfen mit verdünnter, kalter Salzsäure, Dolomit braust im Gegensatz zu Kalkspat nur mit heißer Salzsäure; Quarz ist härter; Gips ist weicher; Anhydrit hat eine Spaltbarkeit mit rechten Spaltwinkeln und braust nicht mit Salzsäure. Aragonit hat keine Spaltbarkeit und zeigt eine andere Kristallform, Steinsalz und Sylvin sind in Wasser löslich, Baryt und Coelestin sind deutlich schwerer, haben eine andere Spaltbarkeit und brausen nicht beim Betupfen mit verdünnter Salzsäure, genauso wie Strontianit und Witherit. Cerussit ist deutlich schwerer, hat eine andere Spaltbarkeit und zeigt fast immer seine typische Zwillingsbildung.

Fundorte	
1 St. Andreasberg, Harz	3 Blaubeuren, Ulm
2 Schneeberg, Sachsen	4 Richelsdorf, Hessen

1 2

3 4

1 Laueit

Chem. Formel $MnFe_2[OH/PO_4] \cdot 8\ H_2O$
Härte 3, **Dichte** 2,49
Farbe Gelb, orangegelb, honigbraun
Strichfarbe Weiß bis gelblich
Glanz Glasglanz
Spaltbarkeit Wenig sichtbar
Bruch Muschelig
Tenazität Spröde
Kristallform Triklin

Ausbildung Prismatische bis dicktafelige Kristalle, Kristallrasen, Krusten.
Entstehung und Vorkommen In Phosphatpegmatiten als Umwandlungsprodukt von primären Phosphaten.
Begleitmineralien Strunzit, Stewartit, Pseudolaueit, Apatit, Beraunit.
Ähnliche Mineralien Stewartit hat eine andere Kristallform und ist viel dünntafeliger; Pseudolaueit hat ebenfalls eine andere Kristallform; Paravauxit hat eine andere Farbe, ist nicht orangebraun.

2 Paralaurionit

Chem. Formel $PbClOH$
Härte 3, **Dichte** 6,2
Farbe Farblos, weiß, gelb
Strichfarbe Weiß
Glanz Glasglanz bis Diamantglanz
Spaltbarkeit Vollkommen
Bruch faserig
Tenazität Milde, unelastisch biegsam
Kristallform Monoklin

Ausbildung Langtafelige Kristalle, prismatisch, dünntafelig, nadelig, oft verbogen.
Entstehung und Vorkommen In der Oxidationszone von Blei-Lagerstätten und in antiken Bleischlacken.
Begleitmineralien Phosgenit, Laurionit, Fiedlerit, Anglesit, Georgiadesit, Nealit, Aragonit, Calcit.
Ähnliche Mineralien Laurionit ist spröde; Fiedlerit hat eine andere Kristallform, Gleiches gilt für Anglesit und Cerussit; Cerussit unterscheidet sich besonders durch seine typische Zwillingsbildung.

3 Polyhalit

Chem. Formel $K_2MgCa_2(SO_4)_4 \cdot 2\ H_2O$
Härte 3, **Dichte** 2,78
Farbe Rötlich, weiß, grau
Strichfarbe Weiß
Glanz Glasglanz bis Harzglanz
Spaltbarkeit Vollkommen
Bruch Faserig
Tenazität Spröde
Kristallform Triklin

Ausbildung Faserig, körnig, derb.
Entstehung und Vorkommen In Salz-Lagerstätten, insbesondere in den alpinen Lagerstätten Europas.
Begleitmineralien Gips, Steinsalz, Sylvin, Anhydrit, Hämatit, Kalkspat.
Ähnliche Mineralien Gips hat eine andere Kristallform und ist weicher, Steinsalz ist viel weicher, die häufig durch feinverteilten Hämatit bewirkte rötliche Farbe ist sehr charakteristisch; Anhydrit hat eine andere Spaltbarkeit; Kalkspat braust beim Betupfen mit verdünnter Salzsäure.

4 Shortit

Chem. Formel $Na_2Ca_2(CO_3)_3$
Härte 3, **Dichte** 2,6
Farbe Weiß, farblos, blassgelb
Strichfarbe Weiß
Glanz Glasglanz
Spaltbarkeit Schlecht
Bruch Muschelig
Tenazität Spröde
Kristallform Orthorhombisch

Ausbildung Dicktafelige bis kurzprismatische Kristalle, meist eingewachsen.
Entstehung und Vorkommen Eingewachsen in Tongesteinen, in Sedimenten salzhaltiger Seen.
Begleitmineralien Calcit, Pyrit.
Ähnliche Mineralien Calcit zeigt eine andere Kristallform und eine Spaltbarkeit nach dem Rhomboeder, Anhydrit hat eine andere Spaltbarkeit, Steinsalz hat eine Spaltbarkeit nach dem Würfel.

Fundorte	
1 Hagendorf-Süd, Ostbayern	3 Berchtesgaden, Bayern
2 Lavrion, Griechenland	4 Uintah County, Utah, USA

1 2

3 4

1 Klebelsbergit

Chem. Formel $Sb_4O_4[(OH)_2|SO_4]$
Härte 3, **Dichte** 3,5
Farbe Weiß bis gelb
Strichfarbe Weiß
Glanz Glasglanz
Spaltbarkeit Nicht erkennbar
Bruch Uneben
Tenazität Spröde
Kristallform Orthorhombisch

Ausbildung Nadelige, langtafelige Kristalle, oft längsgestreift, radialstrahlig.
Entstehung und Vorkommen In der Oxidationszone von antimonführenden Lagerstätten als Verwitterungsprodukt von Antimonit.
Begleitmineralien Antimonit, Valentinit, Senarmontit.
Ähnliche Mineralien Bei Beachtung der Paragenese mit Antimonit ist Klebelsbergit unverwechselbar; Valentinitkristalle sind dicker und nicht längsgestreift; Aragonit braust beim Betupfen mit verdünnter Salzsäure.

2 Pseudolaueit

Chem. Formel $MnFe_2(PO_4)_2(OH)_2 \cdot 8\,H_2O$
Härte 3, **Dichte** 2,5
Farbe Gelb bis gelbbraun
Strichfarbe Weiß
Glanz Glasglanz
Spaltbarkeit Keine
Bruch Uneben
Tenazität Spröde
Kristallform Monoklin

Ausbildung Dicktafelige Kristalle mit meist sechsseitigem Umriss, fast immer aufgewachsene Einzelkristalle, Kristallrasen, selten kugelige Aggregate.
Entstehung und Vorkommen In Phosphatpegmatiten als Umwandlungsbildung primärer Phosphatmineralien.
Begleitmineralien Laueit, Strunzit, Stewartit, Rockbridgeit.
Ähnliche Mineralien Die abgebildete Kristallform von Pseudolaueit ist unverwechselbar; Laueit und Stewartit sind mehr langgestreckt und haben nie einen sechsseitigen Umriss, Strunzit ist nadelig.

3 Pachnolith

Chem. Formel $CaNaAlF_6 \cdot H_2O$
Härte 3, **Dichte** 2,98
Strichfarbe Weiß
Farbe Farblos, weiß, bräunlich durch Limonit
Glanz Glasglanz
Spaltbarkeit Kaum erkennbar
Bruch Muschelig
Tenazität Spröde
Kristallform Monoklin

Ausbildung Prismatische Kristalle mit spitzpyramidalen Endflächen, selten tafelig, manchmal rechtwinklige Verwachsungen.
Entstehung und Vorkommen Auf Drusen in Pegmatiten, meist als Umwandlungsprodukt von Kryolith.
Begleitmineralien Thomsenolith, Ralstonit, Kryolith, Siderit, Galenit, Jarlit.
Ähnliche Mineralien Thomsenolith hat eine bessere Spaltbarkeit und zeigt meist deutlich monokline, einseitig schiefe Kristalle.

4 Glauberit

Chem. Formel $Na_2Ca(SO_4)_2$
Härte 3, **Dichte** 2,8
Farbe Farblos, weiß, grau, gelblich
Strichfarbe Weiß
Glanz Glasglanz bis Seidenglanz
Spaltbarkeit Vollkommen
Tenazität Spröde
Kristallform Monoklin

Ausbildung Tafelige, prismatische Kristalle, häufig sind Pseudomorphosen von Kalkspat nach Glauberitkristallen, oft zu strahligen Aggregaten verwachsen.
Entstehung und Vorkommen In Salz-Lagerstätten und Sedimenten, meist eingewachsen.
Begleitmineralien Steinsalz, Sylvin, Gips, Kalkspat, Anhydrit.
Ähnliche Mineralien Gips ist weicher; Anhydrit hat eine andere Spaltbarkeit; die Pseudomorphosen von Kalkspat nach Glauberit sind immer matt und undurchsichtig und brausen beim Betupfen mit verdünnter Salzsäure.

Fundorte

1 Pereta, Toskana, Italien	**3** Ivigtut, Grönland
2 Hagendorf-Süd, Ostbayern	**4** Camp Verde, Arizona, USA

1 2

3 4

1 Paravauxit

Chem. Formel $FeAl_2(PO_4)_2(OH)_2 \cdot 8\ H_2O$
Härte 3, **Dichte** 2,38
Farbe Farblos bis grünlich weiß
Strichfarbe Weiß
Glanz Glasglanz
Spaltbarkeit Vollkommen
Bruch Muschelig
Tenazität Spröde
Kristallform Triklin

Ausbildung Tafelige bis kurzprismatische Kristalle mit schiefer Endfläche, meist aufgewachsen, Kristallrasen, selten radialstrahlige Aggregate.

Entstehung und Vorkommen In der Oxidationszone von subvulkanischen Lagerstätten, in Phosphatpegmatiten bei der Umwandlung von Primärphosphaten.

Begleitmineralien Wavellit, Quarz, Vauxit, Apatit, Zinnstein, Pyrit.

Ähnliche Mineralien Laueit hat eine andere Farbe, ist immer intensiver gelbbraun, Stewartit ist dünntafeliger, seine Endflächen zeigen einen steileren Winkel, die Farbe ist immer gelb, Vauxit hat eine andere Kristallform und ist fast immer blau.

2 Zeophyllit

Chem. Formel $Ca_4(Si_3O_7)(OH)_4F_2$
Härte 3, **Dichte** 2,6–2,7
Farbe Weiß
Strichfarbe Weiß
Glanz Perlmuttglanz
Spaltbarkeit Vollkommen
Bruch Blättrig
Tenazität Spröde
Kristallform Triklin

Ausbildung Tafelige Kristalle, kugelige Aggregate, nierige Überzüge, krustig.

Entstehung und Vorkommen In Hohlräumen vulkanischer Gesteine, immer aufgewachsen.

Begleitmineralien Calcit, Phillipsit, Gonnardit, Natrolith, Aragonit.

Ähnliche Mineralien Gonnardit und Natrolith sind mehr faserig; Phillipsit zeigt keine blättrige Spaltbarkeit. Kalkspat hat eine andere Kristallform, eine andere Spaltbarkeit und braust beim Betupfen mit verdünnter Salzsäure. Aragonit hat keinen blättrigen Bruch und braust beim Betupfen mit verdünnter Salzsäure, die Kugeln von farblosem bis weißem Opal zeigen im Inneren keine Struktur.

3–4 Baryt *Schwerspat*

Chem. Formel $BaSO_4$
Härte 3–3½, **Dichte** 4,48
Farbe Farblos, weiß, gelblich, rötlich, blau
Strichfarbe Weiß
Glanz Glasglanz, Perlmuttglanz auf Spaltflächen
Spaltbarkeit Nach der Basis vollkommen
Bruch Spätig bis muschelig
Tenazität Spröde
Kristallform Orthorhombisch

Ausbildung Kristalle tafelig, seltener prismatisch; fächerförmige und hahnenkammartige Aggregate, in Sanden auch blütenförmige Aggregate (Barytrosen), spätig, oft derb.

Entstehung und Vorkommen Als Gangart in hydrothermalen Gängen, dort in Drusen oft schöne Kristalle, als Konkretionen in Sandsteinen und anderen Sedimentgesteinen.

Begleitmineralien Kalkspat, Quarz, Fluorit, Pyrit, Kupferkies, Bleiglanz, Zinnober, Zinkblende.

Besonderheit Wegen seines hohen spezifischen Gewichts wird Baryt zum Beschweren von Papier (Barytpapier) und Bohrschlämmen verwendet, als Zugabe von Beton verbessert er den Strahlenschutz.

Ähnliche Mineralien Quarz und Feldspat sind härter; Gips, Kalkspat und Aragonit sind viel leichter; derber Coelestin lässt sich oft mit einfachen Mitteln nicht von Baryt unterscheiden.

Fundorte	
1 Llallagua, Bolivien	3 Touissit, Marokko
2 Radzein, Tschechien	4 Cumberland, Großbritannien

1 2

3 4

1 Scholzit

Chem. Formel
$CaZn_2[PO_4] \cdot 2\,H_2O$
Härte 3–4, **Dichte** 3,11
Farbe Farblos, weiß, gelblich
Strichfarbe Weiß
Glanz Glasglanz
Spaltbarkeit Kaum sichtbar
Bruch Muschelig
Tenazität Spröde
Kristallform Orthorhombisch

Ausbildung Tafelige bis nadelige Kristalle, kurzprismatisch, faserig, strahlig.

Entstehung und Vorkommen In Phosphatpegmatiten durch Umwandlung von Primärphosphaten bei Vorhandensein von Zinkblende, in Eisen-Lagerstätten bei Zink- und Phosphorgehalten.

Begleitmineralien Phosphophyllit, Hopeit, Parahopeit, Tarbuttit.

Ähnliche Mineralien Bei Beachtung der Paragenese mit zinkhaltigen Mineralien und Phosphaten ist eine Verwechslung kaum möglich.

2 Hydromagnesit

Chem. Formel
$Mg_5(CO_3)_4(OH)_2 \cdot 4\,H_2O$
Härte 3–$3\frac{1}{2}$, **Dichte** 2,25
Farbe Farblos, weiß
Strichfarbe Weiß
Glanz Glasglanz
Spaltbarkeit Vollkommen
Bruch Uneben
Tenazität Spröde
Kristallform Monoklin

Ausbildung Tafelige bis nadelige Kristalle, faserig, radialstrahlige Aggregate, sonnenartige Bildungen, Krusten, Kristallrasen, derb.

Entstehung und Vorkommen Auf Klüften von Serpentingestein und umgewandelten ultrabasischen Gesteinen, in Höhlen, als Bestandteil von Dolomit-Xenolithen.

Begleitmineralien Serpentin, Artinit, Aragonit, Kalkspat, Dolomit, Magnesit.

Ähnliche Mineralien Artinit ist mehr nadelig; Aragonit zeigt keine Spaltbarkeit.

3 Fuchsit

Chem. Formel
$K(Al,Cr)_2[(OH,F)_2/AlSi_3O_{10}]$
Härte $2\frac{1}{2}$–3, **Dichte** 2,8–3
Farbe Grün
Strichfarbe Weiß
Glanz Perlmuttglanz
Spaltbarkeit Nach der Basis äußerst vollkommen
Bruch Blättrig
Tenazität Milde Blättchen elastisch biegsam
Kristallform Monoklin

Ausbildung Tafelige, sechsseitige Kristalle aufgewachsen extrem selten, meist Blättchen, Schuppen, zum Großteil gesteinsbildend eingewachsen.

Entstehung und Vorkommen Gesteinsbildend in metamorphen Gesteinen, Gneisen, Glimmerschiefern, Marmoren.

Begleitmineralien Quarz, Feldspat, Kalkspat, Pyrit, Muskovit, Turmalin, Rutil.

Ähnliche Mineralien Talk und Chlorit sind weicher, ihre Blättchen sind nicht elastisch biegsam; Biotit und Phlogopit sind immer deutlich dunkler.

4 Nordstrandit

Chem. Formel $Al(OH)_3$
Härte 3–$3\frac{1}{2}$, **Dichte** 2,41–2,43
Strichfarbe Weiß
Farbe Weiß, farblos
Glanz Glasglanz, auf Spaltflächen Perlmuttglanz
Spaltbarkeit Vollkommen
Bruch Blättrig
Tenazität Spröde
Kristallform Monoklin

Ausbildung Dick- bis dünntafelige Kristalle, blockig, blättrig, radialstrahlig, krustig.

Entstehung und Vorkommen In Pegmatiten, in Xenolithen in Nephelinsyeniten, in Ölschiefern, Kalksteinen, Tonen.

Begleitmineralien Quarz, Kaolinit, Goethit, Analcim, Sodalith, Natrolith, Albit, Mikroklin.

Ähnliche Mineralien Albit hat eine andere Spaltbarkeit; Muskovit ist nicht spröde; Kalkspat braust beim Betupfen mit verdünnter Salzsäure.

Fundorte	
1 Hagendorf-Süd, Ostbayern	**3** Minas Gerais, Brasilien
2 San Benito County, Kalifornien, USA	**4** Kola, Russland

1

2

3

4

1 Alunit

Chem. Formel $KAl_3(SO_4)_2(OH)_6$
Härte 3½–4, **Dichte** 2,6–2,9
Farbe Weiß, farblos, grau
Strichfarbe Weiß
Glanz Glasglanz
Spaltbarkeit Vollkommen
Bruch Uneben
Tenazität Spröde
Kristallform Hexagonal

Ausbildung Pseudo-oktaedrische Kristalle, faserige Aggregate, Krusten, erdig, derb.
Entstehung und Vorkommen Bei der Reaktion sulfatreicher Verwitterungslösungen mit aluminiumreichen Gesteinen.
Begleitmineralien Pyrit, Gips, Quarz, Kaolinit, Kalkspat, Jarosit.
Ähnliche Mineralien Gips hat eine andere Kristallform; Kalkspat braust beim Betupfen mit verdünnter Salzsäure; Jarosit ist gelb bis braun; Kaolinit ist viel weicher, Quarz ist viel härter als Alunit.

2 Witherit

Chem. Formel $BaCO_3$
Härte 3½, **Dichte** 4,28
Farbe Farblos, weiß, grau, gelbweiß
Strichfarbe Weiß
Glanz Glasglanz bis matt
Spaltbarkeit Erkennbar
Bruch Uneben
Tenazität Spröde
Kristallform Orthorhombisch

Ausbildung Scheinbar hexagonale Dipyramiden, strahlig, nierig, faserig, blättrig, derb.
Entstehung und Vorkommen In hydrothermalen Erzgängen als seltenes Gangartmineral.
Begleitmineralien Kalkspat, Bleiglanz, Baryt, Coelestin, Sphalerit.
Ähnliche Mineralien Von Strontianit unterscheidet sich Witherit durch die Kristallform, in derben Stücken ist die Unterscheidung manchmal nicht möglich; Aragonit und Kalkspat brausen bereits mit kalter, unverdünnter Salzsäure; Baryt und Coelestin haben eine viel bessere Spaltbarkeit.

3 Phosphophyllit

Chem. Formel
$Zn_2Fe[PO_4]_2 \cdot 4\ H_2O$
Härte 3½, **Dichte** 3,1
Farbe Farblos, weiß, grün, blaugrün
Strichfarbe Weiß
Glanz Glasglanz
Spaltbarkeit Vollkommen
Bruch Uneben
Tenazität Spröde
Kristallform Monoklin

Ausbildung Skalenoederähnliche Kristalle, oft zu V-förmigen Zwillingen verwachsen, selten tafelige Kristalle, derbe, spätige Massen.
Entstehung und Vorkommen In Phosphatpegmatiten als Umwandlungsprodukt von Primärphosphaten und Zinkblende, in der Oxidationszone von Erzgängen.
Begleitmineralien Hopeit, Parahopeit, Scholzit, Rockbridgeit.
Ähnliche Mineralien Kalkspat braust beim Betupfen mit verdünnter Salzsäure; Hopeit und Parahopeit haben eine andere Kristallform.

4 Anhydrit

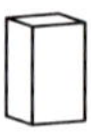

Chem. Formel $CaSO_4$
Härte 3–3½, **Dichte** 2,98
Farbe Farblos, weiß, grau, blau
Strichfarbe Weiß
Glanz Glasglanz
Spaltbarkeit Vollkommen, Spaltkörper quaderförmig mit rechten Winkeln
Bruch Spätig
Tenazität Spröde
Kristallform Orthorhombisch

Ausbildung Tafelige, isometrische bis prismatische Kristalle, körnig, spätig, derb.
Entstehung und Vorkommen In Salz-Lagerstätten, Sedimentgesteinen, als eigene Gesteinskörper, in hydrothermalen Gängen als Gangart, auf alpinen Klüften.
Begleitmineralien Gips, Steinsalz.
Ähnliche Mineralien Die charakteristische rechtwinklige Spaltbarkeit macht Anhydrit unverwechselbar; Kalkspat braust beim Betupfen mit verdünnter Salzsäure; Gips ist deutlich weicher und hat eine ganz andere Spaltbarkeit.

Fundorte	
1 Tolfa, Toskana, Italien	**3** Hagendorf-Süd, Ostbayern
2 Cumberland, Großbritannien	**4** Berchtesgaden, Bayern

1 2

3 4

1–2 Coelestin

Chem. Formel $SrSO_4$
Härte 3–3½, **Dichte** 3,9–4
Farbe Farblos, weiß, blau, rötlich, grünlich, bräunlich
Strichfarbe Weiß
Glanz Glasglanz, auf Spaltflächen Perlmuttglanz
Spaltbarkeit Nach der Basis vollkommen, zwei weitere Spaltrichtungen sind viel schlechter
Bruch Uneben
Tenazität Spröde
Kristallform Orthorhombisch

Ausbildung Kristalle dünn- bis dicktafelig, prismatisch, Aggregate radialstrahlig, stängelig, faserig, körnig, erdig.
Entstehung und Vorkommen In hydrothermalen Gängen und Blasenhohlräumen vulkanischer Gesteine, als Spalten- und Drusenfüllungen in Kalken und Mergeln, in sedimentären Lagen in Kalksteinen.
Begleitmineralien Kalkspat, Pyrit, Schwerspat.
Ähnliche Mineralien Schwerspat hat eine größere Dichte, ist derb, aber oft mit einfachen Mitteln nur schwer zu unterscheiden; Kalkspat hat eine vollkommene Spaltbarkeit nach dem Rhomboeder und braust mit beim Betupfen mit verdünnter Salzsäure; Aragonit hat keine Spaltbarkeit und braust ebenfalls beim Betupfen mit verdünnter Salzsäure. Gips ist viel weicher, Quarz und Feldspat sind härter; Strontianit und Witherit haben eine andere Kristallform, Dolomit hat eine vollkommene Spaltbarkeit nach dem Rhomboeder.

3 Ferrierit

Chem. Formel $(Na,K)_2MgAl_3Si_{15}O_{36}OH \cdot 9\ H_2O$
Härte 3–3½, **Dichte** 2,1
Farbe Weiß, rötlich
Strichfarbe Weiß
Glanz Glasglanz
Spaltbarkeit Nicht erkennbar
Bruch Uneben
Tenazität Spröde
Kristallform Orthorhombisch

Ausbildung Nadelige Kristalle, radialstrahlige Aggregate, faserige Drusenfüllungen.
Entstehung und Vorkommen In Hohlräumen vulkanischer Gesteine.
Begleitmineralien Calcit, Heulandit, Chabasit, Stilbit, Quarz, Kalkspat.
Ähnliche Mineralien Von Natrolith und Skolezit ist Ferrierit mit einfachen Mitteln nicht zu unterscheiden, Gleiches gilt für Mordenit, Kalkspat und Aragonit brausen beim Betupfen mit verdünnter Salzsäure.

4 Newberyit

Chem. Formel $MgHPO_4 \cdot 3\ H_2O$
Härte 3–3½, **Dichte** 2,1
Farbe Farblos, grau, braun
Strichfarbe Weiß
Glanz Glasglanz
Spaltbarkeit Vollkommen
Bruch Uneben
Tenazität Spröde
Kristallform Orthorhombisch

Ausbildung Tafelige, prismatische Kristalle, blättrige Aggregate, pulverig, derb.
Entstehung und Vorkommen In Fledermaushöhlen, entstanden durch Reaktion des Fledermausguanos mit dem Höhlengestein.
Begleitmineralien Gips, Struvit, Hannayit.
Ähnliche Mineralien Gips hat eine andere Tenazität, die Art des Vorkommens in Fledermaushöhlen als Bildung aus dem Fledermaus-Guano ist nicht sehr ästhetisch, aber sehr charakteristisch; Aragonit und Calcit brausen beim Betupfen mit verdünnter Salzsäure; der in gleicher Paragenese vorkommende Hannayit ist viel weicher als Newberyit.

Fundorte	
1 Tarnobrzeg, Polen	3 Sassari, Sardinien
2 Rüdersdorf, Berlin	4 Skipton Cave, Ballarat, Australien

1 2

3 4

1–2 Cerussit *Weißbleierz*

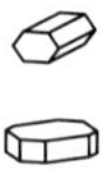

Chem. Formel $PbCO_3$
Härte 3–3½, **Dichte** 6,4–6,6
Farbe Farblos, weiß, grau, gelb, braun, schwärzlich
Strichfarbe Weiß
Glanz Fettglanz bis Diamantglanz
Spaltbarkeit Schlecht erkennbar
Bruch Muschelig
Tenazität Spröde
Kristallform Orthorhombisch

Ausbildung Kristalle prismatisch, isometrisch, tafelig, oft knieförmige Zwillinge, durch mehrfache Verzwillingung entstehen sternförmige und gitterförmige Gebilde, nierige Aggregate, krustig, erdig.
Entstehung und Vorkommen In der Oxidationszone von Blei-Lagerstätten.
Begleitmineralien Bleiglanz, Pyromorphit, Smithsonit, Anglesit, Kalkspat, Quarz, Zinkblende.
Besonderheit Cerussit löst sich in konzentrierter Salzsäure (Achtung! Stark ätzend!) unter Brausen auf, während er in verdünnter kalter Salzsäure nicht braust. Cerussit, der durch Reste noch nicht umgewandelten Bleiglanzes schwarz gefärbt ist, wird Schwarzbleierz genannt.
Ähnliche Mineralien Kalkspat und Aragonit brausen im Gegensatz zu Cerussit bereits mit verdünnter Salzsäure; die charakteristische Verzwillingung unterscheidet Cerussit von Anglesit. Schwerspat hat eine deutlich erkennbare Spaltbarkeit und braust auch nicht in konzentrierter Salzsäure, gleiches gilt für Coelestin, Cerussit ist im Gegensatz zu Coelestin nie blau.

3 Weloganit

Chem. Formel $Na_2(Sr,Ca)_3(CO_3)_4 \cdot 3\,H_2O$
Härte 3½, **Dichte** 3,2
Farbe Weiß, gelblich
Strichfarbe Weiß
Glanz Glasglanz
Spaltbarkeit Vollkommen
Bruch Muschelig
Kristallform Hexagonal

Ausbildung Nach einem Ende zulaufende, sechsseitige Kristalle.
Entstehung und Vorkommen In Drusen und Hohlräumen von Alkaligesteinen.
Begleitmineralien Strontianit, Dawsonit, Pyrit, Calcit, Aragonit, Quarz.
Ähnliche Mineralien Die charakteristische Kristallform von Weloganit lässt keine Verwechslung zu; Calcit hat eine vollkommene Spaltbarkeit nach dem Rhomboeder; Strontianit eine andere Kristallform.

4 Laumontit

Chem. Formel $Ca[Al_2Si_4O_{12}]_4\ H_2O$
Härte 3–3½, **Dichte** 2,25–2,35
Farbe Farblos, weiß (bei Wasserverlust)
Strichfarbe Weiß
Glanz Glasglanz, auf Spaltflächen Perlmuttglanz
Spaltbarkeit In Längsrichtung der Kristalle vollkommen
Bruch Uneben
Tenazität Spröde
Kristallform Monoklin

Ausbildung Prismen mit typisch schiefen Endflächen; strahlig, pulvrig, derb.
Entstehung und Vorkommen In Drusen von Pegmatiten, Graniten, in Blasenhohlräumen von vulkanischen Gesteinen, auf alpinen Klüften.
Begleitmineralien Apophyllit, Stilbit, Chabasit.
Besonderheit Frischer Laumontit verliert sehr schnell einen Teil seines Kristallwassers und wird dann weiß und pulvrig.
Ähnliche Mineralien Die Kristallform von Laumontit bewahrt vor jeder Verwechslung; Kalifeldspat kann manchmal Pseudomorphosen nach Laumontit bilden, diese sind aber deutlich härter.

Fundorte	
1 Arizona, USA	3 Francon Quarry, Montreal, Kanada
2 Siegerland	4 Poona, Indien

1 2

3 4

1 Vauxit

Chem. Formel $FeAl_2(PO_4)_2(OH)_2 \cdot 6\,H_2O$
Härte 3½, **Dichte** 2,4
Farbe Blau
Strichfarbe Weiß
Glanz Glasglanz
Spaltbarkeit Keine
Bruch Muschelig
Tenazität Spröde
Kristallform Triklin

Ausbildung Meist sehr kleine, tafelige Kristalle, Kristallrasen, radialstrahlige, kugelige Aggregate, Kristallkrusten, Überzüge, derb.
Entstehung und Vorkommen In der Oxidationszone subvulkanischer Zinn-Lagerstätten.
Begleitmineralien Paravauxit, Wavellit, Zinnstein, Apatit.
Ähnliche Mineralien Die Farbe und charakteristische Paragenese von Vauxit lassen keine Verwechslung zu; Paravauxit hat eine andere Kristallform und ist nie blau; Apatit ist immer sechsseitig.

2 Phosphoferrit

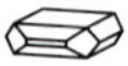

Chem. Formel $(Fe,Mn)_3(PO_4)_2 \cdot 3\,H_2O$
Härte 3–3½, **Dichte** 3,29
Farbe Farblos, grünlich, braun
Strichfarbe Weiß
Glanz Glasglanz
Spaltbarkeit Schlecht
Bruch Muschelig
Tenazität Spröde
Kristallform Orthorhombisch

Ausbildung Oktaederähnliche, isometrische bis dicktafelige Kristalle, derb.
Entstehung und Vorkommen In Phosphatpegmatiten als Umwandlungsprodukt primärer Phosphatmineralien.
Begleitmineralien Ludlamit, Vivianit, Siderit, Strengit, Rockbridgeit.
Ähnliche Mineralien Bei Beachtung der Paragenese ist keine Verwechslung mit anderen Mineralien möglich; Rockbridgeit ist deutlich schwärzer und immer strahlig, Frondelit ist strahlig, Strengit ist nie braun.

3 Thaumasit

Chem. Formel $Ca_3Si(OH)_6(CO_3)(SO_4) \cdot 12\,H_2O$
Härte 3½, **Dichte** 1,91
Farbe Weiß, farblos
Strichfarbe Weiß
Glanz Glasglanz bis Seidenglanz
Spaltbarkeit Keine
Bruch Muschelig
Tenazität Spröde
Kristallform Hexagonal

Ausbildung Feinnadelige, faserige, büschelige Aggregate, selten prismatische Kristalle mit sechsseitigem Querschnitt, derb.
Entstehung und Vorkommen In Hohlräumen von vulkanischen Gesteinen, in calciumreichen Xenolithen, in metamorphen Mangan-Lagerstätten.
Begleitmineralien Ettringit, Aragonit, Tobermorit, Afwillit.
Ähnliche Mineralien Ettringit ist meist nicht so feinnadelig, aber oft nur schwer von Thaumasit zu unterscheiden, die seltenen hexagonalen Prismen sind bei Beachtung der Paragenese kaum verwechselbar; Apatit ist deutlich härter.

4 Kovdorskit

Chem. Formel $Mg_2(PO_4)(OH) \cdot 3\,H_2O$
Härte 3½–4, **Dichte** 2,28
Farbe Weiß, farblos, rosa, blassblau
Strichfarbe Weiß
Glanz Glasglanz
Spaltbarkeit Keine
Bruch Muschelig
Tenazität Spröde
Kristallform Monoklin

Ausbildung Prismatische Kristalle, Kristallrasen, strahlige Aggregate.
Entstehung und Vorkommen In Gängen in ultrabasischen bis alkalischen Gesteinskomplexen, aufgewachsen auf Klüften oder als Hohlraumauskleidung.
Begleitmineralien Collinsit, Magnesit, Apatit, Dolomit, Magneitit, Forsterit.
Ähnliche Mineralien Apatit ist deutlich härter und hat eine andere Kristallform; Collinsit hat eine andere Kristallform; Kalkspat braust beim Betupfen mit verdünnter Salzsäure.

Fundorte	
1 Llallagua, Bolivien	**3** Hatrurim, Israel
2 Hagendorf-Süd, Ostbayern	**4** Kovdor, Kola, Russland

1

2

3

4

1 Adamin

Chem. Formel $Zn_2[OH/AsO_4]$
Härte 3½, **Dichte** 4,3–4,5
Farbe Farblos, weiß, gelb, rosa bis violett (kobalthaltig = Kobaltadamin)
Strichfarbe Weiß
Glanz Glasglanz
Spaltbarkeit Vollkommen, aber meist nicht erkennbar
Bruch Muschelig
Tenazität Spröde
Kristallform Orthorhombisch

Ausbildung Prismatische bis nadelige Kristalle, radialstrahlige Aggregate, krustig, derb.
Entstehung und Vorkommen In der Oxidationszone von Zink-Lagerstätten, die auch arsenhaltige Primärmineralien führen.
Begleitmineralien Smithsonit, Azurit, Hemimorphit, Aurichalcit.
Ähnliche Mineralien Cuproadamin ist grün in verschiedenen Farbtönen gefärbt; Olivenit ist immer dunkelgrün; Anglesit und Cerussit haben eine andere Kristallform.

2 Cuproadamin

Chem. Formel $(Zn,Cu)_2[OH/AsO_4]$
Härte 3½, **Dichte** 4,3–4,5
Farbe Hell- bis dunkelgrün, blaugrün
Strichfarbe Weiß
Glanz Glasglanz
Spaltbarkeit Vollkommen, aber meist nicht erkennbar
Bruch Muschelig
Tenazität Spröde
Kristallform Orthorhombisch

Ausbildung Prismatische bis nadelige Kristalle, radialstrahlige Aggregate, krustig, derb.
Entstehung und Vorkommen In der Oxidationszone von Zink-Lagerstätten, die auch arsenhaltige und kupferhaltige Primärmineralien führen.
Begleitmineralien Smithsonit, Azurit, Hemimorphit, Agardit, Aurichalcit.
Ähnliche Mineralien Olivenit ist immer dunkelgrün; Malachit braust beim Betupfen mit verdünnter Salzsäure.

3 Strontianit

Chem. Formel $SrCO_3$
Härte 3½, **Dichte** 3,7
Farbe Farblos, weiß, gelblich, grünlich, grau
Strichfarbe Weiß
Glanz Glasglanz, auf Bruchflächen fettig
Spaltbarkeit Erkennbar
Bruch Muschelig
Tenazität Spröde
Kristallform Orthorhombisch

Ausbildung Nadelige, spießige Kristalle, oft zu Büscheln verwachsen, manchmal gebogen, selten prismatisch oder bipyramidal, radialstrahlig, derb.
Entstehung und Vorkommen In hydrothermalen Gängen, als Kluftfüllung in Kalken, auf alpinen Klüften.
Begleitmineralien Kalkspat, Baryt, Galenit, Sphalerit, Kalkspat, Pyrit.
Ähnliche Mineralien Kalkspat und Aragonit brausen bereits beim Betupfen mit verdünnter, kalter Salzsäure; Baryt und Colestin sind deutlich schwerer.

4 Burkeit

Chem. Formel $Na_6CO_3(SO_4)_2$
Härte 3½, **Dichte** 2,56
Farbe Weiß, grau, rosa
Strichfarbe Weiß
Glanz Glasglanz
Spaltbarkeit Keine
Bruch Muschelig
Tenazität Spröde
Kristallform Orthorhombisch

Ausbildung Tafelige Kristalle, kugelige, nierige Aggregate, Krusten.
Entstehung und Vorkommen In Boraxseen.
Begleitmineralien Steinsalz, Borax.
Besonderheit Die häufige rosa Farbe von Burkeit ist durch Einschlüsse von nur in Salzseen lebensfähigen, rosarot gefärbten Bakterien hervorgerufen.
Ähnliche Mineralien Steinsalz und Kernit haben eine gute Spaltbarkeit; Borax ist weicher; Sylvin hat eine gute Spaltbarkeit und eine andere Kristallform.

Fundorte

1 Mina Ojuela, Mapimi, Mexiko	**3** Oberdorf, Steiermark, Österreich
2 Tsumeb, Namibia	**4** Searles Lake, Kalifornien, USA

1 2

3 4

1 Parahopeit

Chem. Formel $Zn_3(PO_4)_2 \cdot 4\,H_2O$
Härte 3½, **Dichte** 3,3
Farbe Weiß, farblos
Strichfarbe Weiß
Glanz Glasglanz
Spaltbarkeit Vollkommen
Bruch Uneben
Tenazität Spröde
Kristallform Triklin

Ausbildung Tafelige Kristalle, blättrige und radialstrahlige Aggregate.
Entstehung und Vorkommen In Phosphat-Lagerstätten als Umwandlungsprodukt von Primärphosphaten und Zinkblende, in der Oxidationszone von Zink-Lagerstätten.
Begleitmineralien Hopeit, Scholzit, Rockbridgeit, Apatit, Keckit, Goethit.
Ähnliche Mineralien Hopeit und Scholzit haben eine andere Kristallform; Kalkspat braust beim Betupfen mit verdünnter Salzsäure.

2 Ludlamit

Chem. Formel $Fe_3[PO_4]_2 \cdot 4\,H_2O$
Härte 3–4, **Dichte** 3,1
Farbe Hellgrün bis grün
Strichfarbe Weiß
Glanz Glasglanz
Spaltbarkeit Nach der Basis vollkommen
Bruch Uneben
Tenazität Spröde
Kristallform Monoklin

Ausbildung Oktaederähnliche bis dick- und dünntafelige Kristalle, rosettenartige Aggregate und derbe, spatige, gut spaltbare Massen.
Entstehung und Vorkommen In Phosphatpegmatiten, auf hydrothermalen Erz-Lagerstätten.
Begleitmineralien Vivianit, Pyrit, Siderit, Markasit.
Ähnliche Mineralien Farbe und Spaltbarkeit von Ludlamit verhindern jede Verwechslung. Vivianit ist mehr blau, grünlicher Gips ist deutlich weicher.

3 Georgiadesit

Chem. Formel $Pb_3AsO_4Cl_3$
Härte 3½, **Dichte** 7,1
Farbe Weiß bis farblos
Strichfarbe Weiß
Glanz Glasglanz
Spaltbarkeit Keine
Tenazität Spröde
Kristallform Monoklin

Ausbildung Dicktafelige bis prismatische, längsgestreifte Kristalle, immer aufgewachsen.
Entstehung und Vorkommen In antiken Bleischlacken.
Begleitmineralien Phosgenit, Paralaurionit, Laurionit, Anglesit, Cerussit.
Ähnliche Mineralien Phosgenit hat eine andere Kristallform und keine Streifung; Laurionit und Paralaurionit sind nie so dicktafelig; Cerussit hat eine andere Kristallform und zeigt meist seine typische Zwillingsbildung; Kalkspat braust beim Betupfen mit verdünnter Salzsäure.

4 Collinsit

Chem. Formel $Ca_2(Mg,Fe)(PO_4)_2 \cdot 2\,H_2O$
Härte 3½, **Dichte** 2,99
Farbe Farblos, weiß, bräunlich, selten rot
Strichfarbe Weiß
Glanz Glasglanz
Spaltbarkeit Vollkommen
Bruch Uneben
Tenazität Spröde
Kristallform Triklin

Ausbildung Kurzprismatische bis dünntafelige Kristalle, radialstrahlige Aggregate, krustig.
Entstehung und Vorkommen In Phosphatpegmatiten als Umwandlungsprodukt primärer Phosphatmineralien, in phosphatreichen Limonit-Lagerstätten.
Begleitmineralien Apatit, Scholzit, Goethit, Rockbridgeit, Parahopeit.
Ähnliche Mineralien Scholzit hat eine andere Kristallform, Apatit zeigt immer deutlich erkennbare hexagonale Formen, Parahopeit hat eine andere Kristallform.

Fundorte	
1 Hagendorf-Süd, Ostbayern	**3** Lavrion, Griechenland
2 Sta. Eulalia, Mexiko	**4** Kovdor, Kola, Russland

1

2

3

4

1 Fairfieldit

Chem. Formel $Ca_2(Mn,Fe)(PO_4)_2 \cdot 2\,H_2O$
Härte 3½, **Dichte** 3,08
Farbe Farblos, weiß, beige, gelblich
Strichfarbe Weiß
Glanz Glasglanz
Spaltbarkeit Vollkommen
Bruch Uneben
Tenazität Spröde
Kristallform Triklin

Ausbildung Tafelige, prismatische Kristalle, radialstrahlige, kugelige Aggregate, Sonnen.
Entstehung und Vorkommen In Phosphatpegmatiten als Umwandlungsprodukt primärer Phosphatmineralien.
Begleitmineralien Apatit, Eosphorit, Rockbridgeit, Strunzit, Siderit, Nesselit.
Ähnliche Mineralien Scholzit und Laueit haben eine andere Kristallform; Apatit ist härter; Parahopeit hat eine andere Kristallform, ist aber mit einfachen Mitteln nur schwer unterscheidbar, seine Paragenese mit Zinkblende gibt Hinweise.

2 Fiedlerit

Chem. Formel $Pb_3Cl_4(OH)_2$
Härte 3½, **Dichte** 5,8
Farbe Farblos, weiß
Strichfarbe Weiß
Glanz Diamantglanz
Spaltbarkeit Schlecht erkennbar
Bruch Muschelig
Tenazität Spröde
Kristallform Monoklin

Ausbildung Tafelige Kristalle, nie derb.
Entstehung und Vorkommen In antiken Bleischlacken.
Begleitmineralien Paralaurionit, Laurionit, Phosgenit, Anglesit, Cerussit.
Ähnliche Mineralien Bei Beachtung des Vorkommens von Fiedlerit und seiner charakteristischen Kristallform (Foto) gibt es keine Verwechslungsmöglichkeit; typisch ist die kleine Abschrägung der Endfläche der Fiedlerit-Kristalle; Paralaurionit ist nicht spröde, sondern inelastisch biegsam; Laurionit hat eine andere Kristallform.

3 Kieserit

Chem. Formel $MgSO_4 \cdot H_2O$
Härte 3½, **Dichte** 2,57
Farbe Farblos, weiß, grau, gelblich
Strichfarbe Weiß
Glanz Glasglanz
Spaltbarkeit Vollkommen
Bruch Uneben
Tenazität Spröde
Kristallform Monoklin

Ausbildung Selten dipyramidale Kristalle, meist körnig, pulvrig, derb.
Entstehung und Vorkommen In Salz-Lagerstätten.
Begleitmineralien Steinsalz, Kainit, Sylvin.
Besonderheit Kieserit schmeckt bitter salzig und ist leicht wasserlöslich.
Ähnliche Mineralien Von Kainit ist Kieserit mit einfachen Mitteln nicht zu unterscheiden; Steinsalz und Sylvin schmecken nicht bitter; Kalkspat braust beim Betupfen mit verdünnter Salzsäure und ist nicht wasserlöslich.

4 Hopeit

Chem. Formel $Zn_3(PO_4)_2 \cdot 2\,H_2O$
Härte 3½, **Dichte** 3,05
Farbe Farblos, weiß, grau, braun
Strichfarbe Weiß
Glanz Glasglanz
Spaltbarkeit Vollkommen
Bruch Uneben
Tenazität Spröde
Kristallform Orthorhombisch

Ausbildung Prismatische bis tafelige Kristalle, radialstrahlige Aggregate, krustig.
Entstehung und Vorkommen In Phosphat-Lagerstätten, in der Oxidationszone von Zink-Lagerstätten.
Begleitmineralien Tarbuttit, Parahopeit, Goethit, Scholzit, Zinkblende, Apatit.
Ähnliche Mineralien Parahopeit hat eine andere Kristallform, Gleiches gilt für Tarbuttit; Scholzit ist meist mehr nadelig; Apatit ist härter und hexagonal.

Fundorte	
1 Foote Mine, USA	3 Stassfurt, Sachsen-Anhalt
2 Lavrion, Griechenland	4 Broken Hill, Zambia

1

2

3

4

1–2 Siderit *Eisenspat*

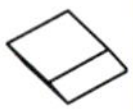

Chem. Formel $FeCO_3$
Härte 4–4½, **Dichte** 3,7–3,9
Farbe Gelbweiß, gelbbraun bis dunkelbraun, manchmal bläulich angelaufen
Strichfarbe Weiß
Glanz Glasglanz
Spaltbarkeit Vollkommen nach dem Rhomboeder
Bruch Spätig
Tenazität Spröde
Kristallform Trigonal

Ausbildung Rhomboedrische Kristalle, oft sattelförmig gekrümmt, selten Skalenoeder, nierige Aggregate und Krusten, oft derb.

Entstehung und Vorkommen In Pegmatiten und Blasenhohlräumen von vulkanischen Gesteinen, als Gangart in hydrothermalen Gängen, in Stöcken und Linsen in metasomatisch veränderten Kalken, als Konkretionen oder in Lagen in Sedimenten, in Torfmooren.

Begleitmineralien Chalcedon, Schwerspat, Kalkspat, Pyrit, Bournonit, Kupferkies.

Besonderheit Siderit ist ein wichtiges Eisenerz. In der Oxidationszone wandelt er sich in Goethit bzw. Limonit um. Dadurch können Pseudomorphosen von Limonit nach Siderit-Kristallen entstehen. Die bei der Verwitterung des Siderits freiwerdenden Calcium-Gehalte führen zur Bildung von Aragonit, besonders oft in Form der sogenannten Eisenblüten (siehe Bild S. 232/2). Mangangehalte führen zur Bildung von Pyrolusit-Kristallen in Hohlräumen des Limonits.

Ähnliche Mineralien Kalkspat braust im Gegensatz zu Siderit schon mit verdünnter Salzsäure; Zinkblende hat eine andere Spaltbarkeit; von eisenhaltigem Dolomit, der eine ähnliche Farbe haben kann, ist Siderit mit einfachen Mitteln nicht zu unterscheiden.

3 Rhodesit

Chem. Formel $(Ca,Na_2,K_2)Si_{16}O_{40} \cdot 11\ H_2O$
Härte 3–4, **Dichte** 2,36
Farbe Weiß
Strichfarbe Weiß
Glanz Seidenglanz
Spaltbarkeit Nicht erkennbar
Bruch Faserig
Tenazität Spröde
Kristallform Orthorhombisch

Ausbildung Nadelige, faserige, radialstrahlige und sonnenförmige Aggregate, derb.

Entstehung und Vorkommen In vulkanischen Gesteinen, auf Klüften kontaktmetasomatischer, kieselsäurereicher Sediment-Einschlüsse (zum Beispiel Sandsteine).

Begleitmineralien Ettringit, Heulandit, Quarz, Apophyllit, D'Achiardit, Kalkspat.

Ähnliche Mineralien Von Natrolith und Skolezit ist Rhodesit mit einfachen Mitteln nicht zu unterscheiden; Aragonit braust beim Betupfen mit verdünnter Salzsäure.

4 Minyulit

Chem. Formel $KAl_2(PO_4)_2(OH,F) \cdot 4\ H_2O$
Härte 3½, **Dichte** 2,45
Strichfarbe Weiß
Farbe Farblos, weiß, gelblich
Glanz Seidenglanz
Spaltbarkeit Vollkommen
Bruch Uneben, faserig
Tenazität Spröde
Kristallform Orthorhombisch

Ausbildung Nadelige, radialstrahlige Aggregate, Kristallbüschel, faserig, derb.

Entstehung und Vorkommen In Phosphat Lagerstätten in phosphatreichen Sedimenten.

Begleitmineralien Limonit, Kakoxen, Strengit, Fluellit, Quarz, Kalkspat.

Ähnliche Mineralien Kakoxen und Beraunit sind immer viel intensiver gefärbt; Aragonit braust beim Betupfen mit verdünnter Salzsäure.

Fundorte	
1 Siegerland	3 Maroldsweisach, Unterfranken, Bayern
2 Neudorf, Harz	4 Pereta, Toskana, Italien

1 2

3 4

1–2 Magnesit

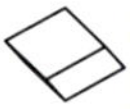

Chem. Formel $MgCO_3$
Härte 4–4½, **Dichte** 3
Farbe Farblos, weiß, gelblich, bräunlich, grau
Glanz Glasglanz
Spaltbarkeit Sehr vollkommen nach dem Rhomboeder
Bruch Spätig
Tenazität Spröde
Kristallform Trigonal

Ausbildung Selten rhomboedrische Kristalle, sechseckige Tafeln, meist derbe, körnige, spätige Massen, dicht.
Entstehung und Vorkommen Große Verdrängungskörper in Dolomiten, in Talkschiefern, auf Klüften und in Gängen im Serpentin.
Begleitmineralien Aragonit, Kalkspat, Dolomit, Apatit, Talk, Serpentin, Quarz.
Besonderheit Bei der Umwandlung von Kalkstein in Magnesit in Verdrängungslagerstätten entstehen grobkristalline schwarz-weiß gebänderte Massen (Abb. 1), die Pinolith oder Pinolith-Magnesit genannt werden. Wegen ihrer optischen Attraktivität werden sie als Dekorationsgestein oder zur Herstellung kunstgewerblicher Gegenstände verwendet.
Ähnliche Mineralien Kalkspat braust im Gegensatz zu Magnesit bereits mit verdünnter kalter Salzsäure; Dolomit ist etwas weicher, aber oft nicht mit einfachen Mitteln von Magnesit zu unterscheiden.

3 Paradamin

Chem. Formel $Zn_2[OH/AsO_4]$
Härte 3½, **Dichte** 4.55
Farbe Gelblich bis orangegelb
Strichfarbe Weiß
Glanz Glasglanz
Spaltbarkeit Vollkommen
Bruch Uneben
Tenazität Spröde
Kristallform Triklin

Ausbildung Tafelige Kristalle, oft gerundet, meist aufgewachsen, selten derb.
Entstehung und Vorkommen In der Oxidationszone von Zink-Lagerstätten, die auch arsenhaltige Primärmineralien führen.
Begleitmineralien Limonit, Adamin, Mimetesit, Kalkspat.
Ähnliche Mineralien Adamin hat eine andere Kristallform; gelblicher Kalkspat braust im Gegensatz zu Paradamin beim Betupfen mit verdünnter Salzsäure; Schwerspat hat eine andere Kristallform, Mimetesit-Kristalle zeigen immer einen sechsseitigen Querschnitt.

4 Leukophosphit

Chem. Formel $KFe_2(OH)(PO_4)2 \cdot H_2O$
Härte 3½, **Dichte** 2,95
Farbe Farblos, weiß, gelb, rosa, grünlich
Strichfarbe Weiß
Glanz Glasglanz
Spaltbarkeit Vollkommen
Bruch Uneben
Tenazität Spröde
Kristallform Monoklin

Ausbildung Tafelig rautenförmige Kristalle, kugelige, hahnenkammförmige Aggregate, meist in Hohlräumen anderer Phosphate, besonders Rockbridgeit, aufgewachsen.
Entstehung und Vorkommen In Phosphatpegmatiten als Umwandlungsprodukt von Primärphosphaten.
Begleitmineralien Strengit, Rockbridgeit, Cyrilovit, Laueit, Apatit.
Ähnliche Mineralien Strengit hat eine andere Kristallform, ist aber in kugeligen Aggregaten of nicht leicht von Leukophosphit zu unterscheiden, Gleiches gilt für Phosphosideit; Cyrilovit ist mehr bräunlich und hat eine andere Kristallform.

Fundorte	
1 Sunk, Trieben, Österreich	**3** Mina Ojuela, Mapimi, Mexiko
2 Bahia, Brasilien	**4** Hagendorf-Süd, Ostbayern

1 2

3 4

1 Penfieldit

Chem. Formel $Pb_2Cl_3(OH)$
Härte 3½, **Dichte** 5,8
Farbe Farblos bis weiß
Strichfarbe Weiß
Glanz Glasglanz bis Diamantglanz
Spaltbarkeit Keine
Bruch Uneben
Tenazität Spröde
Kristallform Hexagonal

Ausbildung Langgestreckte, prismatische Kristalle mit sechseckigem Querschnitt, oft mit typischer Querstreifung.
Entstehung und Vorkommen In Hohlräumen antiker Bleischlacken, selten in der Oxidationszone von Blei-Lagerstätten.
Begleitmineralien Fiedlerit, Paralaurionit, Cerussit, Anglesit, Phosgenit.
Ähnliche Mineralien Paralaurionit und Laurionit sowie Anglesit und Cerussit haben eine andere Kristallform; Aragonit braust beim Betupfen mit verdünnter Salzsäure; Quarz ist viel härter.

2 Cyrilovit

Chem. Formel $NaFe_3^{3+}(PO_4)_2(OH)_4 \cdot 2\,H_2O$
Härte 3½, **Dichte** 3,1
Farbe Gelb, bräunlich
Strichfarbe Gelblich weiß
Glanz Glasglanz
Spaltbarkeit Keine
Bruch Uneben
Tenazität Spröde
Kristallform Tetragonal

Ausbildung Oktaederähnliche, tetragonale Bipyramiden, dicktafelige Kristalle, Kristallrasen, Kristallkrusten, radialstrahlige, kugelige Aggregate.
Entstehung und Vorkommen In Phosphatpegmatiten durch Umwandlung primärer Phosphate, in phosphathaltigen Brauneisen-Lagerstätten.
Begleitmineralien Leukophosphit, Strengit, Phosphosiderit, Apatit, Rockbridgeit.
Ähnliche Mineralien Wardit ist mehr weiß bis grün; Strengit ist immer violett.

3 Serpierit

Chem. Formel $Ca(Cu,Zn)_4[(OH)_6/(SO_4)_2] \cdot 3\,H_2O$
Härte 3½–4, **Dichte** 3,08
Farbe blau
Strichfarbe Weiß
Glanz Glasglanz
Spaltbarkeit Vollkommen
Bruch Uneben
Tenazität Spröde
Kristallform Monoklin

Ausbildung Nadelige bis langtafelige Kristalle, Nadelbüschel, strahlige Aggregate, Kristallkrusten, Überzüge.
Entstehung und Vorkommen In der Oxidationszone von Kupfer-Zink-Lagerstätten.
Begleitmineralien Gips, Spangolith, Devillin, Schulenbergit, Aragonit, Kalkspat.
Ähnliche Mineralien Linarit wird beim Betupfen mit Salzsäure im Gegensatz zu Serpierit weiß; Devillin ist mehr blättrig bzw. schaumig; Schulenbergit ist blättrig.

4 Variscit

Chem. Formel $Al[PO_4] \cdot 2\,H_2O$
Härte 4–5, **Dichte** 2,52
Farbe Farblos, weiß, hellgrün bis grün
Strichfarbe Weiß
Glanz Glasglanz bis Wachsglanz
Spaltbarkeit Keine
Bruch Muschelig
Tenazität Spröde bis milde
Kristallform Orthorhombisch

Ausbildung Selten Kristalle, meist radialstrahlig, kugelig, krustig in derben, dichten Massen.
Entstehung und Vorkommen Auf Klüften aluminiumreicher Gesteine.
Begleitmineralien Wavellit, Strengit, Klinovariscit.
Ähnliche Mineralien Strengit ist praktisch nie grün; Wavellit hat eine andere Kristallform.

Fundorte	
1 Lavrion, Griechenland	**3** Grube Friedrichssegen, Bad Ems
2 Hagendorf-Süd, Ostbayern	**4** Lucin, Box Elder County, USA

1

2

3

4

1–3 Aragonit

Chem. Formel $CaCO_3$
Härte 3½–4, **Dichte** 2,95
Farbe Farblos, weiß, grau, rot bis rotviolett
Strichfarbe Weiß
Glanz Glasglanz
Spaltbarkeit Nur undeutlich
Bruch Muschelig
Tenazität Spröde
Kristallform Orthorhombisch

Ausbildung Kristalle meist nadelig, prismatisch, spatelförmig, Drillinge ähneln hexagonalen Prismen; strahlige, körnige Aggregate, wurmförmige, korallenartige Gebilde werden als Eisenblüte bezeichnet.
Entstehung und Vorkommen In der Oxidationszone, in Drusen und auf Klüften von Ergussgesteinen, in Tonen eingewachsen (hier meist Drillinge), in den Ablagerungen heißer Quellen.
Begleitmineralien Heulandit, Stilbit, Phillipsit, Quarz, Kalkspat, Siderit, Limonit.
Besonderheit Der eigentlich orthorhombische Aragonit bildet häufig Drillinge, die sehr stark hexagonalen Prismen ähneln. An den gekrümmten Prismenflächen und kleinen einspringenden Winkeln kann man aber erkennen, dass es sich nicht um echte hexagonale Prismen handelt. Weltweit am bekanntesten sind die Vorkommen solcher Drillinge an den spanischen Fundstellen Minglanilla und Molina de Aragon, wo sie in großen Mengen und oft zu Aggregaten verwachsen, eingewachsen in Tongesteinen vorkommen. Aragonit fluoresziert bei Bestrahlung mit ultraviolettem Licht (besonders kurzwelligem UV) deutlich gelb oder orange. Der Aragonit mancher Vorkommen, zum Beispiel der aus den Schwefellagerstätten von Agrigento auf Sizilien, zeigen nach dem Ausschalten der UV-Quelle noch ein Sekunden-langes deutliches Nachleuchten. Diese Erscheinung nent man Phosphoreszenz.
Ähnliche Mineralien Kalkspat unterscheidet sich von Aragonit durch seine Spaltbarkeit, alle anderen Mineralien durch die Salzsäureprobe: sie brausen im Gegensatz zum Aragonit nicht beim Betupfen mit verdünnter Salzsäure.

4 Kulanit

Chem. Formel $Ba(Fe,Mn,Mg)_2Al_2(PO_4)_3(OH)_3$
Härte 3½–4, **Dichte** 3,92
Farbe Grün bis blau
Strichfarbe Grünlich weiß
Glanz Glasglanz
Spaltbarkeit Schlecht erkennbar
Bruch Uneben
Tenazität Spröde
Kristallform Monoklin

Ausbildung Tafelige Kristalle, oft zu rosettenförmigen Aggregaten verwachsen.
Entstehung und Vorkommen Auf Klüften und in Hohlräumen phosphatreicher Schiefer, in Granitpegmatiten.
Begleitmineralien Lazulith, Wardit, Augelith, Siderit, Quarz, Brasilianit, Gormanit.
Ähnliche Mineralien Lazulith ist klarer blau; Wardit und Augelith haben eine andere Kristallform; Brasilianit ist gelber; Gormanit ist nadelig; Siderit hat eine vollkommene Spaltbarkeit nach dem Rhomboeder.

Fundorte	
1 Minglanilla, Spanien	3 Kamsdorf, Thüringen
2 Erzberg, Steiermark, Österreich	4 Rapid Creek, Yukon Territory, Kanada

1 2

3 4

1 Laurionit

Chem. Formel $PbOHCl$
Härte 3–3½, **Dichte** 6,1–6,24
Farbe Farblos bis weiß
Strichfarbe Weiß
Glanz Glasglanz bis Diamantglanz
Spaltbarkeit Kaum erkennbar
Bruch Uneben
Tenazität Spröde
Kristallform Orthorhombisch

Ausbildung Langtafelige bis nadelige Kristalle, oft mit typischer V-förmiger Streifung.
Entstehung und Vorkommen In Hohlräumen antiker Bleischlacken, in der Oxidationszone von Blei-Lagerstätten.
Begleitmineralien Fiedlerit, Paralaurionit, Cerussit, Anglesit, Phosgenit.
Ähnliche Mineralien Paralaurionit ist nicht spröde, lässt sich unelastisch biegen; Anglesit und Cerussit haben eine andere Kristallform; Aragonit braust beim Betupfen mit verdünnter Salzsäure.

2 Gyrolith

Chem. Formel $NaCa_{16}(Si_{23}Al)O_{60}(OH)_8 \cdot 14\,H_2O$
Härte 3–4, **Dichte** 3–4
Farbe Farblos, weiß, grünlich, braun, schwarz
Strichfarbe Weiß
Glanz Glasglanz
Spaltbarkeit Vollkommen
Bruch Uneben
Tenazität Spröde
Kristallform Hexagonal

Ausbildung Kugelige Aggregate, extrem dünne Blättchen, radialstrahlig.
Entstehung und Vorkommen In Hohlräumen vulkanischer Gesteine.
Begleitmineralien Prehnit, Apophyllit, Laumontit, Stilbit, Heulandit.
Ähnliche Mineralien Prehnit bildet immer viel dickere Kristalltäfelchen; Stilbit hat eine andere Kristallform und bildet auch viel dickere Kristalle, ebenso Heulandit.

3 Strunzit

Chem. Formel $MnFe_2[OH/PO_4]_2$
Härte 4, **Dichte** 2,52
Farbe Strohgelb
Strichfarbe Weiß
Glanz Glasglanz
Spaltbarkeit Keine
Bruch Uneben
Tenazität Spröde
Kristallform Triklin

Ausbildung Nadelige bis haarförmige Kristalle, sehr selten prismatisch, faserige bis radialstrahlige Aggregate.
Entstehung und Vorkommen In Phosphatpegmatiten, in phosphorreichen Brauneisen-Lagerstätten.
Begleitmineralien Beraunit, Rockbridgeit, Laueit, Strengit, Pseudolaueit, Apatit.
Ähnliche Mineralien Kakoxen ist mehr goldgelb, aber mit einfachen Mitteln oft nicht von Strunzit zu unterscheiden; Beraunit ist mehr orange und nicht so strohgelb, Switzerit ist weißlicher.

4 Wavellit

Chem. Formel $Al_3[(OH)_3/(PO_4)_2] \cdot 5\,H_2O$
Härte 4, **Dichte** 2,3–2,4
Farbe Farblos, weiß, gelb, grün
Strichfarbe Weiß
Glanz Glasglanz
Spaltbarkeit Wegen der nadeligen Ausbildung nicht sichtbar
Bruch Uneben
Tenazität Spröde
Kristallform Monoklin

Ausbildung Nadelige Kristalle, strahlig, kugelige bis sonnenförmige Aggregate auf schmalen Klüften im Gestein.
Entstehung und Vorkommen Auf Klüften von Kieselschiefer, zersetztem Granit, Kalkstein.
Begleitmineralien Strengit, Kakoxen, Quarz, Kalkspat, Strengit, Crandallit.
Ähnliche Mineralien Natrolith und Prehnit sind härter; Kalkspat und Aragonit brausen beim Betupfen mit verdünnter Salzsäure im Gegensatz zu Wavellit.

Fundorte	
1 Lavrion, Griechenland	**3** Hagendorf-Süd, Ostbayern
2 Poona, Indien	**4** Filleigh Quarry, Devon, Großbritannien

1 2

3 4

1 Ankerit *Braunspat*

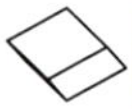

Chem. Formel $CaFe[CO_3]_2$
Härte 3½–4, **Dichte** 2,95–3,02
Farbe Weiß, elfenbeinfarben, bräunlich
Strichfarbe Weiß
Glanz Glasglanz
Spaltbarkeit Vollkommen nach dem Grundrhomboeder
Bruch Spätig
Tenazität Spröde
Kristallform Trigonal

Ausbildung Rhomboedrische Kristalle, oft sattelförmig gekrümmt, derb, spätig.
Entstehung und Vorkommen In Siderit-Lagerstätten und hydrothermalen Gängen, auf alpinen Klüften.
Begleitmineralien Dolomit, Kalkspat, Siderit, Chlorit, Quarz, Galenit, Sphalerit.
Ähnliche Mineralien Kalkspat braust beim Betupfen mit kalter Salzsäure; Dolomit und Siderit sind von Ankerit oft nicht leicht zu unterscheiden, Gleiches gilt für bräunlichen, eisenhaltigen Magnesit.

2 Skorodit

Chem. Formel $Fe[AsO_4] \cdot 2\,H_2O$
Härte 3½–4, **Dichte** 3,1–3,3
Farbe Farblos, weiß, gelb, grünlich, blau, braun
Strichfarbe Weiß
Glanz Fettiger Glasglanz
Spaltbarkeit Kaum sichtbar
Bruch Muschelig
Tenazität Spröde
Kristallform Orthorhombisch

Ausbildung Tafelige bis bipyramidale Kristalle, radialstrahlige Aggregate, krustig, als Überzug.
Entstehung und Vorkommen In der Oxidationszone arsenreicher Lagerstätten, oft als direktes Umwandlungsprodukt von Arsenopyrit.
Begleitmineralien Arseniosiderit, Olivenit, Adamin, Beudantit, Jarosit, Natrojarosit.
Ähnliche Mineralien Bei Beachtung von Kristallform und Paragenese mit anderen arsenhaltigen Mineralien gibt es keine Verwechslungsmöglichkeiten.

3 Nadorit

Chem. Formel $PbSbO_2Cl$
Härte 3½–4, **Dichte** 7,02
Farbe Weiß, gelb, braun
Strichfarbe Weiß
Glanz Harzglanz
Spaltbarkeit Vollkommen
Bruch Muschelig
Tenazität Spröde
Kristallform Orthorhombisch

Ausbildung Dünntafelige Kristalle, oft linsenförmig ausgebildet, kugelige Aggregate.
Entstehung und Vorkommen In der Oxidationszone von Antimon-Lagerstätten.
Begleitmineralien Stibiconit, Valentinit, Antimonit, Cervantit, Senarmontit.
Ähnliche Mineralien Bei Beachtung der Paragenese ist Nadorit unverwechselbar; Siderit hat eine rhomboedrische Spaltbarkeit; Calcit braust beim Betupfen mit verdünnter Salzsäure.

4 Phosphosiderit *Klinostrengit*

Chem. Formel $Fe[PO_4] \cdot 2\,H_2O$
Härte 3½–4, **Dichte** 2,76
Farbe Farblos, weiß, rosa, violett
Strichfarbe Weiß
Glanz Glasglanz
Spaltbarkeit Vollkommen
Bruch Uneben
Tenazität Spröde
Kristallform Monoklin

Ausbildung Dick- bis dünntafelige Kristalle, radialstrahlige Aggregate, krustig, warzig.
Entstehung und Vorkommen In Phosphatpegmatiten als Umwandlungsprodukt primärer Phosphatmineralien.
Begleitmineralien Strengit, Rockbridgeit.
Ähnliche Mineralien Strengit hat eine andere Kristallform; in radialstrahligen Aggregaten sind die beiden Mineralien mit einfachen Mitteln nicht zu unterscheiden; Cyrilovit ist gelber, ebenso Laueit, Stewartit und Pseudolaueit; Leukophosphit zeigt die typischen rautenförmigen Kristalle.

Fundorte	
1 Siegerland	3 Djebel Nador, Algerien
2 Gestoso, Portugal	4 Pleystein, Ostbayern

1 2

3 4

1 Powellit

Chem. Formel $CaMoO_4$
Härte 3½–4, **Dichte** 4,23
Farbe Grau, braun
Strichfarbe Weiß
Glanz Glasglanz bis Fettglanz
Spaltbarkeit Schlecht
Bruch Uneben
Tenazität Spröde
Kristallform Tetragonal

Ausbildung Bipyramidale Kristalle, meist aufgewachsen, krustig, derb.
Entstehung und Vorkommen In der Oxidationszone von Erz-Lagerstätten, in Hohlräumen vulkanischer Gesteine.
Begleitmineralien Molybdänglanz, Stilbit, Heulandit, Laumontit, Apophyllit.
Besonderheit Powellit fluoresziert gelb bis orange.
Ähnliche Mineralien Scheelit fluoresziert in einer anderen Farbe, Wulfenit überhaupt nicht; Apophyllit hat eine hervorragende Spaltbarkeit nach der Basis.

2 Stilbit *Desmin*

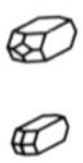

Chem. Formel $Ca[Al_2Si_7O_{18}] \cdot 7\ H_2O$
Härte 3½–4, **Dichte** 2,1–2,2
Farbe Farblos, gelb, weiß, braun
Strichfarbe Weiß
Glanz Glasglanz, auf Spaltflächen Perlmuttglanz
Spaltbarkeit Vollkommen
Bruch Uneben
Tenazität Spröde
Kristallform Monoklin

Ausbildung Prismatische bis tafelige Kristalle, oft zu garbenförmigen Büscheln verwachsen, kugelige, radialstrahlige Aggregate, fast immer aufgewachsen.
Entstehung und Vorkommen In Blasenhohlräumen von vulkanischen Gesteinen, Drusen und Klüften von Pegmatiten, Graniten, in alpinen Klüften, in Erzgängen.
Begleitmineralien Heulandit, Chabasit, Skolezit, Kalkspat.
Ähnliche Mineralien Die typische Kristallform von Stilbit lässt kaum Verwechslungen zu, der viel seltenere Stellerit ist allerdings mit einfachen Mitteln nicht zu unterscheiden.

3 Strengit

Chem. Formel $Fe[PO_4] \cdot 2\ H_2O$
Härte 3–4, **Dichte** 2,87
Farbe Farblos, weiß, gelb, rosa, violett
Strichfarbe Weiß
Glanz Glasglanz
Spaltbarkeit Nach der Basis vollkommen
Bruch Muschelig
Tenazität Spröde
Kristallform Orthorhombisch

Ausbildung Tafelige bis isometrische, oft flächenreiche Kristalle, radialstrahlige, kugelige Aggregate, Krusten, Überzüge.
Entstehung und Vorkommen In phosphorhaltigen Brauneisen-Lagerstätten und Phosphatpegmatiten, wo er durch Verwitterung anderer Phosphatminerale entsteht.
Begleitmineralien Phosphosiderit, Strunzit, Rockbridgeit.
Ähnliche Mineralien Phosphosiderit hat eine andere Kristallform, ist aber in radialstrahligen Aggregaten nicht leicht von Strengit zu unterscheiden; der in der Farbe sehr ähnliche Amethyst ist viel härter.

4 Sainfeldit

Chem. Formel $H_2Ca_6(AsO_4)_4 \cdot H_2O$
Härte 4, **Dichte** 3
Farbe Farblos, weiß, rosa
Strichfarbe Weiß
Glanz Glasglanz
Spaltbarkeit Keine
Bruch Uneben
Tenazität Spröde
Kristallform Monoklin

Ausbildung Prismatische, dicktafelige Kristalle, rosettenförmige Aggregate.
Entstehung und Vorkommen In der Oxidationszone arsenreicher Lagerstätten.
Begleitmineralien Pharmakolith, Guerinit, Pikropharmakolith, Kalkspat, Aragonit.
Ähnliche Mineralien Pharmakolith und Guerinit haben eine vollkommene Spaltbarkeit; Pikropharmakolith ist immer nadelig; Kalkspat und Aragonit brausen beim Betupfen mit verdünnter Salzsäure.

Fundorte

1 Poona, Indien	**3** Svappavaara, Schweden
2 Hollersbachtal, Österreich	**4** Richelsdorf, Hessen

1

2

3

4

1–3 Pyromorphit *Grünbleierz, Braunbleierz*

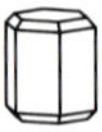

Chem. Formel $Pb_5[Cl/(PO_4)_3]$
Härte 3½–4, **Dichte** 6,7–7
Farbe Grün, braun, orange, weiß, farblos
Strichfarbe Weiß
Glanz Fettglanz
Spaltbarkeit Keine
Bruch Muschelig
Tenazität Spröde
Kristallform Hexagonal

Ausbildung Prismatische Kristalle, oft tönnchenförmig durch gekrümmte Prismenflächen, nadelig, radialstrahlige, nierige Aggregate, krustenförmig, erdig.
Entstehung und Vorkommen In der Oxidationszone der verschiedensten Typen von Blei-Lagerstätten, besonders in deren oberen, der Verwitterung ausgesetzten Teilen; der zur Bildung nötige Phosphor ist oft tierischer und pflanzlicher Herkunft.
Begleitmineralien Bleiglanz, Cerussit, Wulfenit, Hemimorphit.
Ähnliche Mineralien Mimetesit lässt sich von Pyromorphit mit einfachen Mitteln oft nur schwer unterscheiden, arsenhaltige Mineralien als Begleitmineralien können aber einen Hinweis auf das Vorliegen von Mimetesit geben. Vandirit ist meist rot, diese Farbe tritt bei Pyromorphit praktisch überhaupt nicht auf.

4–5 Mimetesit

Chem. Formel $Pb_5[Cl/(AsO_4)_3]$
Härte 3½–4, **Dichte** 7,1
Farbe Farblos, weiß, braun, orange, gelb, grün, grau
Strichfarbe Weiß
Glanz Diamantglanz bis Fettglanz
Spaltbarkeit Keine
Bruch Muschelig
Tenazität Spröde
Kristallform Hexagonal

Ausbildung Kristalle prismatisch, oft durch Krümmung der Prismenflächen tönnchenförmig, nadelig, tafelig bis dicktafelig, kugelige Aggregate, nierige Krusten, radialstrahlige Aggregate, erdig.
Entstehung und Vorkommen In der Oxidationszone von Blei-Lagerstätten, die auch arsenhaltige Mineralien führen. Während Pyromorphit meist nur in den obersten Zonen vorkommt, kann Mimetesit auch in tieferen Lagerstättenbereichen auftreten.
Begleitmineralien Bleiglanz, Cerussit, Duftit, Anglesit, Wulfenit, Pyromorphit, Kalkspat, Quarz, Vanadinit.
Ähnliche Mineralien Apatit ist härter; Vanadinit und Pyromorphit sind mit einfachen Mitteln nicht zu unterscheiden, die Paragenese von Mimetesit mit arsenhaltigen Mineralien gibt aber Hinweise; Vanadinit ist meist rot, diese Farbe tritt bei Mimetesit praktisch nicht auf.

6 Klinomimetesit

Chem. Formel $Pb_5[Cl/(AsO_4)_3]$
Härte 3½–4, **Dichte** 7,1
Farbe Farblos, weiß, braun, orange, gelb, grün, grau
Strichfarbe Weiß
Glanz Diamantglanz bis Fettglanz
Spaltbarkeit Keine
Bruch Muschelig
Tenazität Spröde
Kristallform Monoklin

Ausbildung Pseudohexagonal, Kristalle prismatisch, tafelig bis dicktafelig.
Entstehung und Vorkommen In der Oxidationszone von Blei-Lagerstätten, die auch arsenhaltige Mineralien führen.
Begleitmineralien Bleiglanz, Cerussit.
Ähnliche Mineralien Apatit ist härter, Vanadinit und Pyromorphit sind mit einfachen Mitteln nicht zu unterscheiden; von Mimetesit lässt sich Klinomimetesit nur mit Röntgenmethoden unterscheiden. Vanadinit ist meist rot, diese Farbe tritt bei Klinometesit nicht auf.

Fundorte

1 Badenweiler, Schwarzwald	**3** Siegerland	**5** Cumberland, Großbritannien
2 Siegerland	**4** Tsumeb, Namibia	**6** Johanngeorgenstadt, Sachsen

1 2

3 4

5 6

1–2 Rhodochrosit *Himbeerspat, Manganspat*

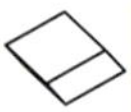

Chem. Formel $MnCO_3$
Härte 3½–4, **Dichte** 3,3–3,6
Farbe Rosafarben in verschiedenen Farbtönen, hellrot, tiefrot, gelbgrau, bräunlich
Strichfarbe Weiß
Glanz Glasglanz
Spaltbarkeit Nach dem Rhomboeder vollkommen
Bruch Uneben
Tenazität Spröde
Kristallform Trigonal

Ausbildung Rhomboeder, Skalenoeder, oft gerundet, häufig kugelige, nierige und radialstrahlige Aggregate, stalaktitisch, krustig, derb.
Entstehung und Vorkommen In hydrothermalen Gängen, in der Oxidationszone von Eisen-Mangan-Lagerstätten, als Linsen und Lager in metamorphen Gesteinen.
Begleitmineralien Quarz, Limonit, Pyrolusit, Rhodonit.
Besonderheit Dichte, schön gebänderte Rhodochrosite aus den stalaktitischen Vorkommen werden zu Schmuckzwecken verwendet. Insbesondere werden Kugeln für Ketten und Cabochons für Broschen und Anhänger hergestellt, daneben auch kunstgewerbliche Gegenstände. Sehr klare Steine werden manchmal facettiert, werden wegen der geringen Härte und hohen Empfindlichkeit nur für Sammlungen geschliffener Steine verwendet.
Ähnliche Mineralien Kalkspat braust im Gegensatz zu Rhodochrosit mit verdünnter, kalter Salzsäure; von manganhaltigem Dolomit, der ebenfalls rosa sein kann, lässt sich Rhodochrosit mit einfachen Mitteln manchmal nicht unterscheiden.

3 Dolomit *Bitterspat*

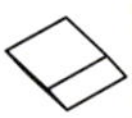

Chem. Formel $CaMg(CO_3)_2$
Härte 3½–4, **Dichte** 2,85–2,95
Farbe Farblos, weiß, rosa, grau, bräunlich, schwärzlich
Strichfarbe Weiß
Glanz Glasglanz
Spaltbarkeit Vollkommen nach dem Rhomboeder
Bruch Spätig
Tenazität Spröde
Kristallform Trigonal

Ausbildung Meist nur das Grundrhomboeder vorhanden, oft sattelförmig gekrümmt, sehr selten spitze Rhomboeder oder flächenreicher, oft derb.
Entstehung und Vorkommen In hydrothermalen Gängen als Gangart und in Drusen, gesteinsbildend, Kristalle häufig auf Klüften von Dolomitgestein.
Begleitmineralien Quarz, Kalkspat, Pyrit, Kupferkies, Siderit.
Ähnliche Mineralien Kalkspat braust schon mit kalter, verdünnter Salzsäure; Quarz ist härter, Gips weicher; Anhydrit hat andere Spaltbarkeit und braust auch nicht mit heißer Salzsäure.

4 Edingtonit

Chem. Formel
$BaAl_2Si_3O_{10} \cdot 4\,H_2O$
Härte 4, **Dichte** 2,8
Farbe Farblos, weiß
Strichfarbe Weiß
Glanz Glasglanz
Spaltbarkeit Vollkommen
Bruch Uneben
Tenazität Spröde
Kristallform Orthorhombisch

Ausbildung Prismatische bis dicktafelige Kristalle, meist aufgewachsen, derb.
Entstehung und Vorkommen In Hohlräumen vulkanischer Gesteine, selten auf hydrothermalen Gängen.
Begleitmineralien Heulandit, Stilbit, Manganit, Calcit, Quarz, Chabasit.
Ähnliche Mineralien Stilbit, Harmotom und Phillipsit haben eine andere Kristallform; Kalkspat und Aragonit brausen beim Betupfen mit verdünnter Salzsäure; Heulandit hat auch eine andere Kristallform und eine typische Spaltbarkeit nach einer Fläche.

Fundorte	
1 Grube Wolf, Siegerland	**3** Siegerland
2 Grube Wolf, Siegerland	**4** Ice River, Kanada

1

2

3

4

1 Otavit

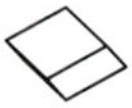

Chem. Formel $CdCO_3$
Härte 4, **Dichte** 5
Farbe Weiß
Strichfarbe Weiß
Glanz Diamantglanz
Spaltbarkeit Gut
Bruch Uneben
Tenazität Spröde
Kristallform Trigonal

Ausbildung Rhomboedrische Kristalle, Kristallkrusten, Überzüge.
Entstehung und Vorkommen In der Oxidationszone von hydrothermalen Blei-Zink-Lagerstätten.
Begleitmineralien Cerussit, Azurit, Dolomit, Kalkspat, Duftit, Malachit.
Ähnliche Mineralien Dolomit und Calcit haben einen anderen Glanz, keinen Diamantglanz; Cerussit hat eine andere Kristallform.

2 Epistilbit

Chem. Formel
$CaAl_2Si_6O_{16} \cdot 5\ H_2O$
Härte 4, **Dichte** 2,25
Farbe Farblos, weiß, rötlich
Strichfarbe Weiß
Glanz Glasglanz
Spaltbarkeit Vollkommen
Bruch Uneben
Tenazität Spröde
Kristallform Monoklin

Ausbildung Prismatische bis dicktafelige Kristalle, radialstrahlige Aggregate.
Entstehung und Vorkommen In Hohlräumen vulkanischer Gesteine, auf alpinen Klüften.
Begleitmineralien Quarz, Yugawaralith, Stilbit, Heulandit, Fluorit.
Ähnliche Mineralien Yugawaralith und Stilbit haben eine andere Kristallform; Kalkspat braust beim Betupfen mit verdünnter Salzsäure; Coelestin und Baryt haben eine andere Spaltbarkeit.

3 Heulandit

Chem. Formel
$Ca[Al_2Si_7O_{18}] \cdot 6\ H_2O$
Härte 3½–4, **Dichte** 2,2
Farbe Farblos, weiß, gelblich, rot, braun
Strichfarbe Weiß
Glanz Glasglanz, auf Spaltflächen Perlmuttglanz
Spaltbarkeit Sehr vollkommen
Bruch Uneben
Tenazität Spröde
Kristallform Monoklin

Ausbildung Dünn- bis dicktafelige Kristalle, radialstrahlige bis kugelige Aggregate, immer aufgewachsen.
Entstehung und Vorkommen In Drusen von Pegmatiten, auf Erzgängen, in Blasenhohlräumen vulkanischer Gesteine.
Begleitmineralien Stilbit, Chabasit, Skolezit, Kalkspat, Quarz, Apophyllit.
Ähnliche Mineralien Stilbit, Phillipsit und Chabasit haben eine andere Kristallform; Kalkspat braust im Gegensatz zu Heulandit beim Betupfen mit verdünnter Salzsäure; Apophyllit hat auch eine andere Kristallform.

4 Volborthit

Chem. Formel
$Cu_3V_2O_7(OH)_2 \cdot 2\ H_2O$
Härte 3½–4, **Dichte** 3,5–3,8
Farbe Olivgrün, grün, gelbgrün
Strichfarbe Grünlich weiß
Glanz Glasglanz, auf Spaltflächen Perlmuttglanz
Spaltbarkeit Sehr vollkommen, eine Spaltfläche
Bruch Uneben
Tenazität Spröde
Kristallform Monoklin

Ausbildung Dünn- bis dicktafelige Kristalle, sechseckig, rosettenartige bis kugelige Aggregate, immer aufgewachsen, erdig, krustig.
Entstehung und Vorkommen In der Oxidationszone hydrothermaler, vanadiumreicher Lagerstätten.
Begleitmineralien Kalkspat, Brochantit, Malachit, Atakamit, Chrysokoll.
Ähnliche Mineralien Die Glimmer sind biegsam; Chlorit ist weicher und hat einen grünen Strich; Chloritoid ist viel härter; das Vorkommen zusammen mit anderen Vanadiummineralien ist charakteristisch.

Fundorte	
1 Tsumeb, Namibia	**3** Fassatal, Südtirol, Italien
2 Osilo, Sardinien	**4** Beresowsk, Russland

1 2

3 4

1–4 Fluorit *Flussspat*

Chem. Formel CaF_2
Härte 4, **Dichte** 3,1–3,2
Farbe Farblos, weiß, rosa, gelb, braun, grün, blau, violett, schwarz, manchmal auch mehrere Farben an einem Kristall
Strichfarbe Weiß
Glanz Glasglanz
Spaltbarkeit Vollkommen nach dem Oktaeder
Bruch Uneben
Tenazität Spröde
Kristallform Kubisch

Würfeliger Flussspat aus China.

Grüner Flussspat-Oktaeder aus dem Gasteiner Tal, Österreich

Ausbildung Würfel, Oktaeder, auch in Kombination miteinander oder mit anderen Kristallformen, selten Rhombendodekaeder oder skalenoederähnliche Kristalle, strahlige, nierige Aggregate, selten kugelig, derb.

Entstehung und Vorkommen In hydrothermalen Gängen als Gangart, dort in Hohlräumen zum Teil sehr große Kristalle, Kristalle in Drusen und auf Klüften in Kalken, auf Klüften von Silikatgesteinen, in alpinen Klüften, lagig derb in Sedimentgesteinen.

Begleitmineralien Kalkspat, Schwerspat, Quarz, Pyrit, Bleiglanz, Zinkblende, Zinnober.

Besonderheit Fluorit leuchtet intensiv beim Bestrahlen mit ultraviolettem Licht. Diese Eigenschaft der Fluoreszenz wurde nach dem Mineral Fluorit benannt.

Sehr klarer, farbloser Flussspat wurde lange Zeit für optische Zwecke verwendet und als „optischer Spat" abgebaut. Heute werden Flussspat-Kristalle für diese Zwecke künstlich hergestellt. Sie dienen zur Produktion von besonders hochwertigen Linsen für astronomische Fernrohre. Hauptverwendungszweck der synthetischen Fluorit-Kristalle ist allerdings heute die Herstellung von Linsen, die man dazu verwendet, besonders kleine miniaturisierte Schaltungen auf Computerchips aufzubringen. Glas ist dafür nicht geeignet, weil es für die wegen der Miniaturisierung nötigen kurzen Wellenlängen des Lichtes im Gegensatz zum Flussspat nicht mehr durchlässig ist.

Früher wurde ein großer Teil des Flussspats zur Email-Herstellung verwendet, heute braucht man ihn als Flussmittel insbesondere bei der Stahlherstellung.

Im Bereich von Uran-Vorkommen, zum Beispiel in Wölsendorf in Bayern findet sich tiefvioletter bis schwarzer strahlungsverfärbter Flusspat. Beim Anschlagen gibt er einen eigenartigen Geruch von sich, er wird deshalb Stinkspat genannt.

Fluoreszenz Flussspat kann bei Bestrahlung mit kurzwelligem oder langwelligem ultraviolettem Licht in den verschiedensten Farben leuchten. Am häufigsten sind die Farben Blau oder Gelb. Die Eigenschaft der Fluoreszenz erhielt ihren Namen vom internationalen Namen des Flussspats, Fluorit. Auch phosphoreszierende, also nachleuchtende Fluorite sind nicht selten.

Ähnliche Mineralien Von Apatit unterscheidet sich Flussspat in Kristallform und Spaltbarkeit, von Kalkspat und Quarz in der Härte; Steinsalz ist wasserlöslich und schmeckt salzig.

Fundorte	
1 Göschener Alp, Schweiz	3 China
2 Hocharn, Hohe Tauern, Österreich	4 Ribadisella, Spanien

1

2

3

4

1 Levyn

Chem. Formel
$(Na,Ca)_2(Al,Si)_9O_{18} \cdot 8\ H_2O$
Härte 4–4½, **Dichte** 2,1
Farbe Farblos, weiß, gelblich
Strichfarbe Weiß
Glanz Glasglanz
Spaltbarkeit Keine
Bruch Uneben
Tenazität Spröde
Kristallform Hexagonal

Ausbildung Dünntafelig, seltener dicktafelig mit typisch sechsseitigem Umriss, blättrig.
Entstehung und Vorkommen In Hohlräumen vulkanischer Gesteine, immer aufgewachsen.
Begleitmineralien Chabasit, Thomsonit, Phillipsit, Kalkspat, Aragonit.
Ähnliche Mineralien Kalkspat hat eine vollkommene Spaltbarkeit und braust beim Betupfen mit verdünnter Salzsäure, ebenso wie Aragonit, der immer mehr nadelig bis prismatisch ist, Heulandit hat eine gute Spaltbarkeit.

2 Creedit

Chem. Formel
$Ca_3Al_2SO_4(F,OH)_{10} \cdot 2\ H_2O$
Härte 4, **Dichte** 2,7
Farbe Farblos, weiß, violett
Strichfarbe Weiß
Glanz Glasglanz
Spaltbarkeit Vollkommen
Bruch Uneben
Tenazität Spröde
Kristallform Monoklin

Ausbildung Prismatische, nadelige Kristalle, radialstrahlige Aggregate, kugelig, nierig, derb.
Entstehung und Vorkommen In hydrothermalen Gängen als junge Bildung mit Erzmineralien.
Begleitmineralien Quarz, Fluorit, Baryt, Galenit, Sphalerit, Kalkspat.
Ähnliche Mineralien Gips ist viel weicher; Kalkspat braust bereits beim Betupfen mit verdünnter Salzsäure; Baryt und Coelestin sind viel schwerer; Quarz in seiner Varietät als Amethyst ist viel härter.

3 Phillipsit

Chem. Formel
$KCa[Al_3Si_5O_{16}] \cdot 6\ H_2O$
Härte 4–4½, **Dichte** 2,2
Farbe Farblos, weiß, gelblich, rötlich
Strichfarbe Weiß
Glanz Glasglanz
Spaltbarkeit Deutlich
Bruch Uneben
Tenazität Spröde
Kristallform Monoklin

Ausbildung Immer verzwillingt, meist prismatische Zwillinge und Vierlinge, aber auch Zwölflinge, die wie Rhombendodekaeder aussehen, radialstrahlige, kugelige Aggregate, fast immer aufgewachsen.
Entstehung und Vorkommen In Blasenhohlräumen von vulkanischen Gesteinen aufgewachsen.
Begleitmineralien Chabasit, Natrolith, Heulandit, Stilbit, Kalkspat, Aragonit, Opal, Quarz.
Ähnliche Mineralien Stilbit/Heulandit haben eine vollkommene Spaltbarkeit mit Perlmuttglanz auf den Spaltflächen.

4 Ganophyllit

Chem. Formel
$NaMn_3(OH)_4(Si,Al)_4O_{10}$
Härte 4–4½, **Dichte** 2,85
Farbe Braun, gelblich
Strichfarbe Weiß
Glanz Glasglanz
Spaltbarkeit Vollkommen
Bruch Blättrig
Tenazität Spröde
Kristallform Monoklin

Ausbildung Tafelige Kristalle, blättrige Aggregate, glimmerartige Rosetten.
Entstehung und Vorkommen In metamorphen Mangan-Lagerstätten.
Begleitmineralien Rhodonit, Sursassit, Axinit, Rhodochrosit, Spessartin.
Ähnliche Mineralien Die Paragenese von Ganophyllit mit anderen Mangan-Mineralien ist sehr charakteristisch und verhindert Verwechslungen; Biotit und Phlogopit sind nicht spröde; McGovernit hat einen braunen Strich.

Fundorte	
1 Brattabrekka, Island	**3** Siegerland
2 Sta. Elalia, Mexiko	**4** Franklin, New Jersey, USA

1 2

3 4

1 Triphylin

Chem. Formel $Li(Fe,Mn)[PO_4]$
Härte 4, **Dichte** 3,4–3,6
Farbe Graugrün
Strichfarbe Grauweiß
Glanz Glasglanz
Spaltbarkeit Vollkommen nach drei Richtungen
Bruch Splittrig
Tenazität Spröde
Kristallform Orthorhombisch

Ausbildung Selten dicktafelige bis prismatische Kristalle, immer eingewachsen, meist derbe, spätige Massen.
Entstehung und Vorkommen In Phosphat-Pegmatiten als Primärmineral, akzessorisch in Graniten.
Begleitmineralien Zwieselit, Heterosit, Graftonit und andere primäre Phosphate.
Ähnliche Mineralien Bei Beachtung von Spaltbarkeit und Farbe gibt es in gleicher Paragenese kein mit Triphylin verwechselbares Mineral; Graftonit ist mehr rosa; Lithiophilit mehr bräunlich gelblich,

2 Bastnäsit

Chem. Formel $CeCO_3F$
Härte 4, **Dichte** 4,7–5,2
Farbe Gelblich bis braun
Strichfarbe Weiß
Glanz Glasglanz bis Wachsglanz
Spaltbarkeit Schlecht
Bruch Uneben
Tenazität Spröde
Kristallform Hexagonal

Ausbildung Dick- bis dünntafelige Kristalle, oft zu Rosetten verwachsen, seltener prismatische Kristalle, meist aufgewachsen, derb.
Entstehung und Vorkommen In Pegmatiten, auf alpinen Klüften, in hydrothermalen Lagerstätten.
Begleitmineralien Schwerspat, Monazit.
Ähnliche Mineralien Synchisit und Parisit sind mit einfachen Mitteln nur schwer von Bastnäsit zu unterscheiden; Kalkspat hat eine andere Spaltbarkeit; Monazit hat eine andere Kristallform und Spaltbarkeit.

3 Tarbuttit

Chem. Formel $Zn_2[OH/PO_4]$
Härte 4, **Dichte** 4,15
Farbe Farblos, weiß, gelblich, bräunlich
Strichfarbe Weiß
Glanz Glasglanz
Spaltbarkeit Vollkommen
Bruch Uneben
Tenazität Spröde
Kristallform Triklin

Ausbildung Flächenreiche Kristalle, isometrisch bis dicktafelig, Krusten, derb.
Entstehung und Vorkommen In der Oxidationszone von hydrothermalen Zink-Lagerstätten.
Begleitmineralien Scholzit, Hopeit, Parahopeit, Goethit, Kalkspat.
Ähnliche Mineralien Kalkspat und Smithsonit haben eine andere Spaltbarkeit, Kalkspat braust beim Betupfen mit verdünnter Salzsäure; Hemimorphit hat eine andere Kristallform, ebenso Hopeit und Parahopeit.

4 Goosecreekit

Chem. Formel $CaAl_2Si_6O_{16} \cdot 5\,H_2O$
Härte 4–4½, **Dichte** 2,45
Farbe Farblos, weiß
Strichfarbe Weiß
Glanz Glasglanz
Spaltbarkeit Nicht erkennbar
Bruch Uneben
Tenazität Spröde
Kristallform Monoklin

Ausbildung Prismatische Kristalle, oft Parallelverwachsungen mit gebogenen Flächen.
Entstehung und Vorkommen In Hohlräumen vulkanischer Gesteine.
Begleitmineralien Quarz, Epistilbit, Yugawaralith, Heulandit, Stilbit.
Ähnliche Mineralien Die charakteristische Ausbildungsform (Foto) unterscheidet Goosecreekit von allen ähnlichen Mineralien; scharf ausgebildete Kristalle ohne die typischen gebogenen Flächen sind von Epistilbit nicht zu unterscheiden.

Fundorte

1 Hagendorf-Süd, Ostbayern	**3** Broken Hill, Zambia
2 Trimouns, Frankreich	**4** Poona, Indien

1 2

3 4

1 Eulytin *Agricolit*

Chem. Formel $Bi_4[SiO_4]_3$
Härte 4–4½ Dichte
Farbe Hell- bis dunkelbraun
Strichfarbe Weiß
Glanz Glasglanz bis Diamantglanz
Spaltbarkeit Nicht erkennbar
Bruch Uneben
Tenazität Spröde
Kristallform Kubisch

Ausbildung Tetraedrische und tristetraedrische Kristalle, oft Durchdringungszwillinge, kugelige Aggregate, Kristallrasen, Krusten.
Entstehung und Vorkommen In der Oxidationszone wismutführender, hydrothermaler Lagerstätten.
Begleitmineralien Quarz, gediegen Wismut, Bismutit, Pucherit, Kalkspat.
Ähnliche Mineralien Die charakteristische Ausbildungsform (Foto) unterscheidet Eulytin von allen anderen Mineralien in wismutreichen Paragenesen.

2 Parisit-(Ce)

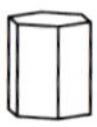

Chem. Formel $Ca(Ce,La)_2(CO_3)_3F_2$
Härte 4½, **Dichte** 4,33
Farbe Gelblich bis braun
Strichfarbe Weiß
Glanz Glasglanz bis Wachsglanz
Spaltbarkeit Schlecht
Bruch Uneben
Tenazität Spröde
Kristallform Hexagonal

Ausbildung Dick- bis dünntafelige Kristalle, oft zu Rosetten verwachsen, oft prismatische sich nach oben verjüngende Kristalle, oft quergestreift, aufgewachsen, eingewachsen, derb.
Entstehung und Vorkommen In Pegmatiten, auf alpinen Klüften, in hydrothermalen Lagerstätten.
Begleitmineralien Monazit, Synchisit, Bastnäsit, Apatit.
Ähnliche Mineralien Synchisit und Bastnäsit sind mit einfachen Mitteln nur schwer zu unterscheiden; Kalkspat hat eine andere Spaltbarkeit; Monazit hat eine andere Kristallform.

3 Tobermorit

Chem. Formel $Ca_5Si_6O_{16}(OH)_2 \cdot 4\ H_2O$
Härte 4½, **Dichte** 2,4
Farbe Weiß
Strichfarbe Weiß
Glanz Glasglanz bis Seidenglanz
Spaltbarkeit Schlecht erkennbar
Bruch Faserig
Tenazität Spröde
Kristallform Monoklin

Ausbildung Nadelige Kristalle, Kristallbüschel, faserige, radialstrahlige Aggregate.
Entstehung und Vorkommen In kalkreichen Xenolithen in vulkanischen Gesteinen, in Drusen von Basalten, in metamorphen Mangan-Lagerstätten.
Begleitmineralien Natrolith, Thaumasit, Afwillit, Ettringit, Kalkspat.
Ähnliche Mineralien Natrolith zeigt meist dickere Kristalle, oft mit Endflächen; Aragonit braust beim Betupfen mit verdünnter Salzsäure.

4 Stibiconit

Chem. Formel $Sb^{3+}Sb_2^{5+}O_6(OH)$
Härte 4½–7, **Dichte** 3,3–4,5
Farbe Weiß, gelblich, orange, grau, braun
Strichfarbe Weiß
Glanz Matt
Spaltbarkeit Keine
Bruch Faserig, uneben
Tenazität Spröde
Kristallform Kubisch

Ausbildung Nierige Aggregate, derbe Massen, schalige Aggregate, pulvrig, erdig, derb.
Entstehung und Vorkommen In der Oxidationszone von antimonreichen, hydrothermalen Lagerstätten
Begleitmineralien Senarmontit, Antimonit, gediegen Antimon, Valentinit.
Besonderheit Stibiconit bildet Pseudomorphosen nach Antimonit-Kristallen.
Ähnliche Mineralien Derber Stibiconit ist schwer zu bestimmen, vorhandene Antimonit-Reste geben Hinweise.

Fundorte

1 Schneeberg, Sachsen	**3** N'Chwaning, Hotazel, Südafrika
2 Trimouns, Frankreich	**4** Zacatecas, Mexiko

1

2

3

4

1 Lithiophilit

Chem. Formel $Li(Mn,Fe)[PO_4]$
Härte 4, **Dichte** 3,43
Farbe Hellbraun, durchscheinend
Strichfarbe Weiß
Glanz Glasglanz
Spaltbarkeit Vollkommen nach drei Richtungen
Bruch Splittrig
Tenazität Spröde
Kristallform Orthorhombisch

Ausbildung Selten dicktafelige bis prismatische Kristalle, immer eingewachsen, meist derbe, spätige Massen, zum Teil bis Metergröße.
Entstehung und Vorkommen In Phosphat-Pegmatiten als Primärmineral, akzessorisch in Graniten.
Begleitmineralien Zwieselit, Heterosit, Graftonit und andere primäre Phosphate.
Ähnliche Mineralien Bei Beachtung von Spaltbarkeit und Farbe gibt es in gleicher Paragenese kein mit Lithiophilit verwechselbares Mineral; Graftonit ist mehr rosa; Triphylin mehr grün bis grüngrau, eisenreicher Lithiophilit ist allerdings ebenfalls mehr grünlich und von Triphylin ohne Analyse nicht zu unterscheiden.

2 Margarit

Chem. Formel $CaAl_4Si_2O_{10}(OH)_2$
Härte 4–4½, **Dichte** 3,0–3,1
Farbe Weiß, rosa, gelblich
Strichfarbe Weiß
Glanz Perlmuttglanz
Spaltbarkeit Vollkommen
Bruch Blättrig
Tenazität Spröde
Kristallform Monoklin

Ausbildung Tafelige, blättrige Aggregate und Verwachsungen, selten aufgewachsene Kristalle.
Entstehung und Vorkommen In metamorphen Gesteinen und Lagerstätten, insbesondere Smaragd-Lagerstätten.
Begleitmineralien Smaragd, Staurolith, Turmalin, Biotit, Aktinolith, Phenakit.
Besonderheit Margarit gehört zu den sogenanten Sprödglimmer, die im Gegensatz zu den klassischen Glimmern nicht elastisch biegsam, sondern deutlich spröde sind. Beim Biegen brechen sie splitternd. Charakteristisch für alle Sprödglimmer, von denen Margarit der bei weitem häufigste ist, ist, dass sie keine Alkalimetalle, wie Natrium oder Kalium, sondern Erdalkalimetalle, insbesondere Calcium, als Kationen enthalten.
Ähnliche Mineralien Muskovit ist nicht spröde, Gleiches gilt für Biotit und Phlogopit; Klinochlor und andere Chloritmineralien sind viel weicher; Albit bildet meist dicktafeligere Kristalle und hat eine andere Spaltbarkeit.

3–4 Smithsonit *Zinkspat*

Chem. Formel $ZnCO_3$
Härte 5, **Dichte** 4,3–4,5
Farbe Farblos, weiß, gelb, braun, rot, grün, blau, grau
Strichfarbe Weiß
Glanz Glasglanz
Spaltbarkeit Nach dem Rhomboeder vollkommen
Bruch Uneben
Tenazität Spröde
Kristallform Trigonal

Ausbildung Skalenoeder und Rhomboeder, oft gerundet, reiskornförmig, Aggregate nierig, stalaktitisch, schalig, derb.
Entstehung und Vorkommen In der Oxidationszone von Zink-Lagerstätten.
Begleitmineralien Hydrozinkit, Wulfenit, Hemimorphit, Aurichalcit, Cerussit, Anglesit, Willemit.
Ähnliche Mineralien Kalkspat braust im Gegensatz zu Zinkspat mit verdünnter Salzsäure; Dolomit kommt normalerweise nicht in der Oxidationszone von Zink-Lagerstätten vor, er ist nicht farbig (gelb, rot, grün, blau) wie Smithsonit.

Fundorte	
1 Owl Creek Mine, Arizona, USA	3 Tsumeb, Namibia
2 Takowaja, Ural, Russland	4 Rush Creek, Arkansas, USA

1

2

3

4

1 Woodhouseit

Chem. Formel $CaAl_3PO_4SO_4(OH)_6$
Härte 4–4½, **Dichte** 3
Farbe Weiß, bräunlich, blassrosa
Strichfarbe Weiß
Glanz Glasglanz
Spaltbarkeit Vollkommen
Bruch Uneben
Tenazität Spröde
Kristallform Trigonal

Ausbildung Dicktafelige Kristalle, Kristallkrusten, radialstrahlige Aggregate, derb.
Entstehung und Vorkommen In hydrothermalen Gängen, auf alpinen Klüften aufgewachsene Kristalle.
Begleitmineralien Quarz, Lazulith, Augelith, Topas, Apatit, Kalkspat.
Ähnliche Mineralien Augelith hat eine andere Kristallform; Kalkspat braust beim Betupfen mit verdünnter Salzsäure und ist weicher; Topas und Quarz sind deutlich härter; Jarosit und Natrojarosit sind immer braun.

2 Austinit

Chem. Formel $CaZnAsO_4OH$
Härte 4–4½, **Dichte** 4,3
Farbe Farblos, weiß, grünlich (Cuproaustinit)
Strichfarbe Weiß
Glanz Glasglanz
Spaltbarkeit Schlecht
Bruch Uneben
Tenazität Spröde
Kristallform Orthorhombisch

Ausbildung Prismatische Kristalle, radialstrahlige Aggregate, nierig, krustig.
Entstehung und Vorkommen In der Oxidationszone von zinkreichen Lagerstätten.
Begleitmineralien Adamin, Limonit, Smithsonit, Wulfenit, Mimetesit.
Ähnliche Mineralien Adamin hat eine andere Kristallform; Kalkspat braust beim Betupfen mit verdünnter Salzsäure; Smithsonit hat eine gute Spaltbarkeit.

3 Jarlit

Chem. Formel $NaSr_3Al_3F_{16}$
Härte 4–4½, **Dichte** 3,8
Farbe Weiß, farblos, gelblich
Strichfarbe Weiß
Glanz Glasglanz
Spaltbarkeit Keine
Bruch Uneben
Tenazität Spröde
Kristallform Monoklin

Ausbildung Tafelige Kristalle, radialstrahlige, traubige Aggregate, derb.
Entstehung und Vorkommen Als Verwitterungs- und Umwandlungsprodukt von Kryolith.
Begleitmineralien Thomsenolith, Ralstonit, Pachnolith, Fluorit, Topas, Kryolith.
Ähnliche Mineralien Die charakteristische Kristallform von Jarlit ist unverwechselbar, Thomsenolith und Pachnolith sind deutlich prismatisch; Ralstonit bildet kubische Kristalle; Topas ist viel härter.

4 Synchisit

Chem. Formel $CeCa[F/(CO_3)_2]$
Härte 4½, **Dichte** 4,35
Farbe Farblos, weißlich, gelb, orange, grünlich, grau
Strichfarbe Weiß
Glanz Glasglanz
Spaltbarkeit Kaum sichtbar
Bruch Muschelig
Tenazität Spröde
Kristallform Monoklin

Ausbildung Pseudohexagonale Kristalle, prismatisch, nach den Enden zu sich verjüngend, quergestreift, dünntafelig, blütenförmige Aggregate, praktisch immer aufgewachsen.
Entstehung und Vorkommen In alpinen Klüften und Hohlräumen magmatischer Gesteine.
Begleitmineralien Anatas, Brookit, Titanit.
Ähnliche Mineralien Titanit hat eine andere Kristallform; Bastnäsit und Parisit sind mit einfachen Mitteln nicht zu unterscheiden, aber zumindest in alpinen Klüften viel seltener; Calcit hat eine vollkommene Spaltbarkeit.

Fundorte	
1 White Mountains, Kalifornien, USA	3 Ivigtut, Grönland
2 Mina Ojuela, Mapimi, Mexiko	4 Adra, Spanien

1

2

3

4

1 Yugawaralith

Chem. Formel $CaAl_2Si_6O_{16} \cdot 4\ H_2O$
Härte 4½, **Dichte** 2,25
Farbe Farblos, weiß
Strichfarbe Weiß
Glanz Glasglanz
Spaltbarkeit Schlecht
Bruch Uneben
Tenazität Spröde
Kristallform Monoklin

Ausbildung Dünne bis seltener dicktafelige Kristalle, immer aufgewachsen.
Entstehung und Vorkommen In Hohlräumen vulkanischer Gesteine aufgewachsen.
Begleitmineralien Quarz, Heulandit, Stilbit, Goosecreekit, Epistilbit.
Ähnliche Mineralien Epistilbit hat eine andere Kristallform und vollkommene Spaltbarkeit; Goosecreekit unterscheidet sich durch seine typische Aggregatform; Stilbit und Heulandit haben eine vollkommene Spaltbarkeit.

2 Ralstonit

Chem. Formel $NaMgAl(F,OH)_6 \cdot H_2O$
Härte 4½, **Dichte** 2,56
Farbe Farblos, weiß, gelblich
Strichfarbe Weiß
Glanz Glasglanz
Spaltbarkeit Keine
Bruch Uneben
Tenazität Spröde
Kristallform Kubisch

Ausbildung Würfelige, oktaedrische Kristalle, oft Würfel mit abgeschrägten Ecken, Kristallrasen, Krusten, meist aufgewachsen.
Entstehung und Vorkommen Als Umwandlungsprodukt von Kryolith in Pegmatiten.
Begleitmineralien Thomsenolith, Pachnolith, Kryolith, Fluorit, Topas, Siderit, Quarz.
Ähnliche Mineralien Thomsenolith und Pachnolith haben eine ganz andere Kristallform; Jarlit ist mehr tafelig; Topas ist härter, ebenso Quarz.

3 Tunisit

Chem. Formel $NaHCa_2Al_4(CO_3)_4(OH)_{10}$
Härte 4½, **Dichte** 2,5
Farbe Farblos, weiß
Strichfarbe Weiß
Glanz Glasglanz
Spaltbarkeit Gut
Bruch Uneben
Tenazität Spröde
Kristallform Tetragonal

Ausbildung Meist sehr kleine, tafelige Kristalle, strahlige Aggregate, körnig, derb.
Entstehung und Vorkommen In hohlen Konkretionen und Drusen in Sedimentgesteinen.
Begleitmineralien Calcit, Coelestin, Quarz, Schwerspat, Kalkspat.
Ähnliche Mineralien Coelestin und Calcit haben eine andere Kristallform; Kalkspat und Aragonit brausen beim Betupfen mit verdünnter Salzsäure; Schwerspat hat eine andere Kristallform und eine viel höhere Dichte.

4 Gmelinit

Chem. Formel $(Na_2,Ca)Al_2Si_4O_{12} \cdot 6\ H_2O$
Härte 4½, **Dichte** 2,1
Farbe Farblos, weiß, rosa, gelblich
Strichfarbe Weiß
Glanz Glasglanz
Spaltbarkeit Keine
Bruch Uneben
Tenazität Spröde
Kristallform Hexagonal

Ausbildung Dicktafelige bis bipyramidale Kristalle mit sechsseitigem Grundriss.
Entstehung und Vorkommen In Hohlräumen vulkanischer Gesteine, auf Hohlräumen und Klüften hydrothermaler Gänge, immer aufgewachsen.
Begleitmineralien Philippsit, Chabasit.
Ähnliche Mineralien Bei Beachtung der charakteristischen Kristallform von Gmelinit ist keine Verwechslung möglich; Kalkspat und Aragonit brausen beim Betupfen mit verdünnter Salzsäure.

Fundorte	
1 Poona, Indien	**3** Condorcet, Frankreich
2 Ivigtut, Grönland	**4** St. Andreasberg, Harz

1

2

3

4

1–2 Disthen *Kyanit, Cyanit*

Chem. Formel $Al_2[O/SiO_4]$
Härte 4 (längs) bis 7 (quer),
Dichte 3,6–3,7
Farbe Blau, grau, weißlich, schwarz
Strichfarbe Weiß
Glanz Glasglanz
Spaltbarkeit Vollkommen
Bruch Uneben
Tenazität Spröde
Kristallform Triklin

Ausbildung Stängelige, lattenförmige Kristalle, radialstrahlige Aggregate, immer eingewachsen.
Entstehung und Vorkommen In metamorphen Gesteinen, Gneisen, Glimmerschiefern eingewachsen.
Begleitmineralien Staurolith, Quarz, Biotit, Muskovit, Aktinolith, Granat, Andalusit.
Besonderheit Disthen zeigt einen sehr deutlichen Richtungsunterschied in der Härte. Dies gibt es zwar bei vielen Mineralien, aber Disthen ist das einzige, bei dem man diese Richtungsabhängigkeit der Härte mit einfachen Mitteln, ohne Verwendung komplizierter Geräte, feststellen kann. Disthen hat in der Längsrichtung der Kristalle eine Härte von 4 auf der Mohs'schen Härteskala, senkrecht dazu, also quer, eine Härte von 7. Benützt man zum Testen eine Stahlnadel (Härte in etwa 6), so stellt man fest, dass man den Disthen in der Längsrichtung gut ritzen kann, quer dazu jedoch gar nicht.
Ähnliche Mineralien Der Richtungsunterschied der Härte unterscheidet Disthen von allen anderen Mineralien, Aktinolith hat dazu noch eine gut erkennbare Spaltbarkeit mit einem Spaltwinkel von etwa 120°.

3 Hidalgoit

Chem. Formel $PbAl_3AsO_4SO_4(OH)_6$
Härte 4½, **Dichte** 4
Farbe Weiß, grau, grünlich
Strichfarbe Weiß
Glanz Glasglanz
Spaltbarkeit Keine
Bruch Uneben
Tenazität Spröde
Kristallform Trigonal

Ausbildung Winzige rhomboedrische Kristalle, nierige Aggregate, krustig, derb.
Entstehung und Vorkommen In der Oxidationszone von bleiführenden Lagerstätten.
Begleitmineralien Pyromorphit, Beudantit, Mimetesit, Wulfenit, Duftit, Kalkspat.
Ähnliche Mineralien Hidalgoit ist von Beudantit mit einfachen Mitteln nicht zu unterscheiden, dieser bildet aber im Gegensatz zu Hidalgoit häufig Kristalle; Kalkspat braust beim Betupfen mit verdünnter Salzsäure.

4 Harmotom

Chem. Formel $Ba[Al_2Si_6O_{16}] \cdot 6\,H_2O$
Härte 4½, **Dichte** 2,44–2,5
Farbe Farblos, weiß, gelblich
Strichfarbe Weiß
Glanz Glasglanz
Bruch Muschelig
Tenazität Spröde
Kristallform Monoklin

Ausbildung Fast immer Durchkreuzungszwillinge, prismatisch, aufgewachsen.
Entstehung und Vorkommen In Hohlräumen von vulkanischen Gesteinen, in hydrothermalen Ergänzungen und Kies-Lagerstätten.
Begleitmineralien Stilbit, Heulandit, Brewsterit, Schwerspat, Kalkspat.
Ähnliche Mineralien Mit einfachen Mitteln lässt sich Harmotom von Phillipsit nicht unterscheiden, dieser tritt aber in Erz-Lagerstätten nicht auf, von allen anderen Mineralien unterscheiden die typischen Zwillinge mit den kreuzförmig einspringenden Winkeln.

Fundorte

1 Alpe Sponda, Tessin, Schweiz	3 Sylvester Mine, Australien
2 Zillertal, Österreich	4 Idar-Oberstein, Pfalz

1 2

3 4

1 Gismondin

Chem. Formel $CaAl_2Si_2O_8] \cdot 4\ H_2O$
Härte 4½, **Dichte** 2,3
Farbe Farblos, weiß
Strichfarbe Weiß
Glanz Glasglanz
Spaltbarkeit Keine
Bruch Uneben
Tenazität Spröde
Kristallform Monoklin

Ausbildung Oktaederähnliche Kristalle, Kristallrasen, Krusten, radialstrahlige Aggregate.
Entstehung und Vorkommen In Hohlräumen vulkanischer Gesteine, immer aufgewachsen.
Begleitmineralien Phillipsit, Thomsonit, Natrolith, Kalkspat.
Ähnliche Mineralien Bei Beachtung der Paragenese lässt die charakteristische Kristallform von Gismondin keine Verwechslung zu; Kalkspat braust beim Betupfen mit verdünnter Salzsäure; Chabasit hat eine andere Kristallform und bildet charakteristische würfelähnliche Rhomboeder.

2 Colemanit

Chem. Formel $Ca[B_3O_4(OH)_3] \times H_2O$
Härte 4½, **Dichte** 2,4
Farbe Farblos, weiß
Strichfarbe Weiß
Glanz Glasglanz
Spaltbarkeit Vollkommen
Bruch Uneben
Tenazität Spröde
Kristallform Monoklin

Ausbildung Prismatisch bis tafelige Kristalle, körnig, stängelig, derb.
Entstehung und Vorkommen In Boraxseen und entsprechenden Sedimenten.
Begleitmineralien Realgar, Hydroboracit, Pandermit, Realgar, Kalkspat.
Ähnliche Mineralien Borax und Soda sind weicher; Kalkspat und Aragonit brausen beim Betupfen mit verdünnter Salzsäure; Baryt und Coelestin sind viel schwerer; Anhydrit zeigt eine rechtwinklige Spaltbarkeit.

3 Xenotim

Chem. Formel $Y[PO_4]$
Härte 4–5, **Dichte** 4,5–5,1
Farbe Gelb, braun, undurchsichtig
Strichfarbe Weiß
Glanz Fettglanz (undurchsichtig) bis Glasglanz (durchsichtig)
Spaltbarkeit Vollkommen, aber oft nicht sichtbar
Bruch Muschelig
Tenazität Spröde
Kristallform Tetragonal

Ausbildung Prismatische bis tafelige Kristalle, ein- und aufgewachsen, manchmal orientierte Verwachsungen mit Zirkon.
Entstehung und Vorkommen Mikroskopisch in Graniten, in Pegmatiten (große Kristalle, undurchsichtig, Fettglanz, eingewachsen); auf alpinen Klüften (kleine Kristalle, durchsichtig, Glasglanz, aufgewachsen).
Begleitmineralien Zirkon, Monazit, Anatas.
Ähnliche Mineralien Zirkon ist härter; Anatas zeigt nur sehr selten Prismenflächen und ist härter.

4 Wollastonit

Chem. Formel $Ca_3[Si_3O_9]$
Härte 4½–5, **Dichte** 2,8–2,9
Farbe Farblos, weiß, grau
Strichfarbe Weiß
Glanz Glasglanz
Spaltbarkeit Vollkommen, aber wegen der faserigen Ausbildung meist nicht sichtbar
Bruch Faserig
Tenazität Spröde
Kristallform Triklin

Ausbildung Selten tafelige Kristalle, meist faserige, strahlige Aggregate, grobspätig, dendritische Aufwachsungen auf Kluftflächen.
Entstehung und Vorkommen In metamorphen Kalken, in Skarn-Lagerstätten.
Begleitmineralien Grossular, Vesuvian, Diopsid, Kalkspat, Graphit.
Ähnliche Mineralien Tremolit ist härter und säurebeständig und zeigt eine Spaltbarkeit mit einem Spaltwinkel von 120°, heller Diopsid hat einen Spaltwinkel von etwa 90°.

Fundorte	
1 Capo di Bove, Rom, Italien	**3** Zillertal, Österreich
2 Boron, Kalifornien, USA	**4** Sachsen

1

2

3

4

1 Serpentin *Antigorit, Chrysotil*

Chem. Formel $Mg_6[(OH)_8/Si_4O_{10}]$
Härte 3–4, **Dichte** 2,5–2,6
Farbe Weiß, grün in allen Schattierungen, gelb
Strichfarbe Weiß
Glanz Fettglanz bis Seidenglanz
Spaltbarkeit Wegen der feinkörnigen Ausbildung meist nicht erkennbar
Bruch Muschelig bis faserig
Tenazität Milde
Kristallform Monoklin

Ausbildung Antigorit blättchenförmig, meist sehr feinkörnig, dicht; Chrysotil (Asbest) faserig, haarförmig.
Entstehung und Vorkommen Gesteinsbildend in Serpentiniten, Chrysotil auf den Klüften dieses Gesteins.
Begleitmineralien Olivin, Talk, Magnetit, Dolomit, Magnesit, Annabergit, Kalkspat.
Ähnliche Mineralien Talk ist weicher, Hornblendeasbest (feinfaserige Hornblendemineralien) ist im Gegensatz zu Chrysotil spröde.
Achtung! Chrysotilasbest ist beim Einatmen der feinen Fasern krebserregend.

2 Serpentin

Edelstein

Farbe Gelblich, grünlich
Glanz Fettig
Schliffform Cabochonschliff, Kugeln

Verwendung Cabochons für Broschen, Anhänger, Kugeln für Steinketten, daneben oft auch kunsthandwerkliche Gegenstände.
Unterscheidung Jadeit und Nephrit sind härter und nicht so gelblich.

3 Whiteit

Chem. Formel $Ca(Fe,Mn)Mg_2Al_2(OH)_2(H_2O)_8(PO_4)_4$
Härte 3–4, **Dichte** 2,6
Farbe Braun
Strichfarbe Weiß
Glanz Glasglanz
Strichfarbe Weiß
Spaltbarkeit Vollkommen
Bruch Uneben
Tenazität Spröde
Kristallform Monoklin

Ausbildung Dicktafelige, prismatische Kristalle, radialstrahlige Aggregate.
Entstehung und Vorkommen In sedimentären Phosphat-Lagerstätten und in Phosphatpegmatiten als Umwandlungsbildung von Primärphosphaten.
Begleitmineralien Lazulith, Siderit, Childrenit, Eosphorit, Zanazziit, Quarz, Kulanit.
Ähnliche Mineralien Siderit hat eine andere Kristallform und eine rhomboedrische Spaltbarkeit; Childrenit und Eosphorit zeigen ebenfalls eine andere Spaltbarkeit.

4 Chabasit

Chem. Formel $Ca[Al_2Si_4O_{12}]$
Härte 4½, **Dichte** 2,08
Farbe Farblos, weiß, gelb, orange, braun
Glanz Glasglanz
Spaltbarkeit Undeutlich
Bruch Uneben
Tenazität Spröde
Kristallform Trigonal

Ausbildung Würfelähnliche Rhomboeder, oft Zwillinge, immer aufgewachsen, selten auch in Form flacher, sechsseitiger Pyramiden als sogenannter Phakolith.
Entstehung und Vorkommen In Blasenhohlräumen vulkanischer Gesteine und Hohlräumen von Pegmatiten, in Drusen und Klüften auf Erzgängen, auf alpinen Klüften.
Begleitmineralien Stilbit, Heulandit, Skolezit, Natrolith, Phillipsit, Kalkspat, Opal, Quarz, Aragonit.
Ähnliche Mineralien Kalkspat unterscheidet sich von Chabasit durch seine Spaltbarkeit und braust beim Betupfen mit verdünnter Salzsäure; Fluorit hat ebenfalls im Gegensatz zu Chabasit eine deutliche Spaltbarkeit.

Fundorte	
1 Connemara, Irland	**3** Rapid Creek, Yukon Territory, Kanada
2 Asbestos, Kanada	**4** Striegau, Polen

1

2

3

4

1 **Apophyllit**

Chem. Formel $KCa_4[(F,OH)/(Si_4O_{10})_2] \cdot 8\ H_2O$
Härte 4½–5, **Dichte** 2,3–2,4
Farbe Farblos, weiß, gelb, grün, blaugrün, braun, rosa
Strichfarbe Weiß
Glanz Glasglanz, auf der Basis starker Perlmuttglanz
Spaltbarkeit Vollkommen
Bruch Uneben
Tenazität Spröde
Kristallform Tetragonal

Ausbildung Kristalle tafelig, würfelähnlich, prismatisch, auch bipyramidal, Aggregate blättrig, körnig, derb.
Entstehung und Vorkommen In Blasenhohlräumen vulkanischer Gesteine, in Drusen und auf Klüften von Erzgängen, auf alpinen Klüften.
Begleitmineralien Stilbit, Heulandit, Kalkspat, Quarz, Harmotom.
Ähnliche Mineralien Kristallform und der starke Perlmuttglanz auf der Basisfläche unterscheiden Apophyllit von allen anderen Mineralien dieser Paragenesen.

2 **Graftonit**

Chem. Formel $(Fe,Mn,Ca)_3(PO_4)_2$
Härte 5, **Dichte** 3,7–3,8
Farbe Rosabraun
Strichfarbe Weiß
Glanz Glasglanz bis Harzglanz
Spaltbarkeit Erkennbar
Bruch Splittrig
Tenazität Spröde
Kristallform Monoklin

Ausbildung Selten dicktafelige bis prismatische Kristalle, immer eingewachsen, meist derbe, spätige Massen, zum Teil mit Triphylin lamellar verwachsen.
Entstehung und Vorkommen In Phosphat-Pegmatiten als Primärmineral, akzessorisch in Graniten.
Begleitmineralien Zwieselit, Heterosit, Triphylin und andere primäre Phosphate.
Ähnliche Mineralien Bei Beachtung von Spaltbarkeit und Farbe gibt es in gleicher Paragenese kein mit Graftonit verwechselbares Mineral; Triphylin ist grünlich; Lithiophilit mehr bräunlich-gelblich.

3 **Pektolith**

Chem. Formel $Ca_2NaH[Si_3O_9]$
Härte 5, **Dichte** 2,8
Farbe Farblos, weiß, blau, gelblich
Strichfarbe Weiß
Glanz Glasglanz, in Aggregaten seidig
Spaltbarkeit Keine
Bruch Muschelig, Aggregate faserig
Tenazität Spröde
Kristallform Triklin

Ausbildung Selten prismatische Kristalle, meist faserige, radialstrahlige Aggregate.
Entstehung und Vorkommen Auf Klüften basischer Ergussgesteine.
Begleitmineralien Prehnit, Diopsid, Thomsonit, Grossular, Xonotlit ist mit einfachen Mitteln nicht unterscheidbar.
Ähnliche Mineralien Wollastonit kommt in ganz anderer Paragenese vor; Tobermorit ist meist feinfaseriger Kalkspat.

4 **Larimar** *Edelstein*

Farbe Blau, blauweiß, radialstrahlig
Glanz Glasglanz
Schliffform Cabochonschliff, Kugeln

Besonderheit Der blaue, radialstrahlige Pektolith trägt den Namen Larimar, andere Pektolith-Varietäten werden für Schmuckzwecke nicht verwendet.
Verwendung Cabochons als Ringsteine und für Broschen, Anhänger, Kugeln für Steinketten.
Unterscheidung Die blauen, radialstrahligen Aggregate sind sehr charakteristisch und mit keinem anderen Edelstein oder Schmuckstein zu verwechseln.

Fundorte	
1 Poona, Indien	3 Paterson, New Jersey, USA
2 Brissago, Tessin, Schweiz	4 Dominikanische Republik

1 2

3 4

1

Serandit

Chem. Formel $Na(Mn,Ca)_2Si_3O_8(OH)$
Härte 5, **Dichte** 3,34
Farbe Rosa, orange, braun, schwarz
Strichfarbe Weiß
Glanz Glasglanz, in Aggregaten seidig
Spaltbarkeit Vollkommen
Bruch Muschelig, Aggregate faserig
Tenazität Spröde
Kristallform Triklin

Ausbildung Prismatische Kristalle bis blockige Kristalle, faserige, radialstrahlige Aggregate.
Entstehung und Vorkommen In Alkaligesteinen und Pegmatiten in Alkaligesteinen, zum Beispiel Nephelinsyeniten, in Hohlräumen in Rhyolithen.
Begleitmineralien Sodalith, Aegirin, Nephelin, Astrophyllit, Analcim, Eudialyt.
Ähnliche Mineralien Feldspat hat eine andere Kristallform; Eudialyt ist mehr rot; Nephelin hat keine vollkommene Spaltbarkeit, Rhodochrosit hat eine vollkommene Spaltbarkeit nach dem Rhomboeder und ist weicher.

2

Senegalit

Chem. Formel $Al_2(PO_4)(OH)_3] \cdot H_2O$
Härte 5, **Dichte** 2,55
Farbe Weiß, farblos, gelblich
Strichfarbe Weiß
Glanz Glasglanz
Spaltbarkeit Keine
Bruch Uneben
Tenazität Spröde
Kristallform Orthorhombisch

Ausbildung Tafelige Kristalle, aufgewachsen, radialstrahlige Aggregate und Krusten, kugelig, nierig.
Entstehung und Vorkommen In der Oxidationszone einer Eisen-Lagerstätte.
Begleitmineralien Türkis, Augelit, Limonit, Wavellit, Crandallit, Kalkspat.
Ähnliche Mineralien Augelit hat eine andere Kristallform; Wavellit und Crandallit sind mehr nadelig; Kalkspat und Aragonit brausen beim Betupfen mit verdünnter Salzsäure.

3

Gonnardit

Chem. Formel $Na_2Ca[Al_2Si_3O_{10}]_2] \cdot 6\ H_2O$
Härte 4½–5, **Dichte** 2,25
Farbe Weiß, farblos
Strichfarbe Weiß
Glanz Glasglanz
Spaltbarkeit Keine
Bruch Faserig
Tenazität Spröde
Kristallform Orthorhombisch

Ausbildung Radialstrahlige Aggregate und Krusten, faserig, kugelig, nierig.
Entstehung und Vorkommen In Hohlräumen vulkanischer Gesteine aufgewachsen.
Begleitmineralien Phillipsit, Calcit, Thomsonit, Aragonit, Chabasit.
Ähnliche Mineralien Von Natrolith und Skolezit ist Gonnardit mit einfachen Mitteln nicht zu unterscheiden; Kalkspat und Aragonit brausen beim Betupfen mit verdünnter Salzsäure.

4

Goyazit *Hamlinit*

Chem. Formel $SrAl_3[(OH)_6/PO_4/PO_3OH]$
Härte 4½, **Dichte** 3,2
Farbe Farblos, weiß, gelb
Strichfarbe Weiß
Glanz Glasglanz
Spaltbarkeit Nach der Basis vollkommen
Bruch Uneben
Tenazität Spröde
Kristallform Trigonal

Ausbildung Rhomboedrische, seltener pseudohexagonale Kristalle, aufgewachsen.
Entstehung und Vorkommen In Drusen von Pegmatiten und Dolomiten; auf alpinen Klüften.
Begleitmineralien Zinkblende, Sulfosalze, Topas, Palermoit, Goedkenit, Apatit.
Ähnliche Mineralien Whitlockit ist weicher; Topas und Apatit härter; Dolomit und Kalkspat haben eine andere Spaltbarkeit; Kalkspat braust beim Betupfen mit verdünnter Salzsäure.

Fundorte	
1 Mt. St. Hilaire, Montreal, Kanada	**3** Schellkopf, Eifel
2 Diakouma, Senegal	**4** Minas Gerais, Brasilien

1 2

3 4

1 Okenit

Chem. Formel
$CaSi_2O_4(OH)_2 \cdot H_2O$
Härte 4½–5, **Dichte** 2,3
Farbe Farblos, weiß
Strichfarbe Weiß
Glanz Glasglanz
Spaltbarkeit Nicht erkennbar
Bruch Uneben, faserig
Tenazität Spröde
Kristallform Triklin

Ausbildung Nadelige, selten langtafelige Kristalle, feinnadelige Kugeln („Wattebäusche") und radialstrahlige Aggregate, kugelige Büschel und Aggregate.
Entstehung und Vorkommen In Hohlräumen vulkanischer Gesteine.
Begleitmineralien Prehnit, Gyrolith, Quarz, Heulandit, Stilbit, Kalkspat.
Ähnliche Mineralien Die kugeligen Nadelbüschel (Foto) sind charakteristisch, sonst ist Okenit aber mit einfachen Mitteln von Natrolith nicht zu unterscheiden.

2 Hemimorphit *Kieselzinkerz*

Chem. Formel
$Zn_4[(OH)_2/Si_2O_7] \cdot H_2O$
Härte 5, **Dichte** 3,3–3,5
Farbe Farblos, weiß, grünlich, braun, gelblich, türkis, blau
Strichfarbe Weiß
Glanz Glasglanz
Spaltbarkeit Vollkommen
Bruch Muschelig
Tenazität Spröde
Kristallform Orthorhombisch

Ausbildung Kristalle prismatisch bis nadelig, tafelig, Aggregate strahlig, nierig, stalaktitisch, krustig.
Entstehung und Vorkommen In der Oxidationszone von Zink-Lagerstätten, dort wo genügend Kieselsäure vorhanden ist.
Begleitmineralien Smithsonit, Hydrozinkit, Aurichalcit, Willemit, Cerussit, Limonit.
Ähnliche Mineralien Schwerspat ist deutlich schwerer; Cerussit und Anglesit haben eine andere Kristallform; Aragonit braust im Gegensatz zu Hemimorphit beim Betupfen mit verdünnter Salzsäure.

3 Mordenit

Chem. Formel
$(Ca,Na_2K_2)Al_2Si_{104} \cdot 7\ H_2O$
Härte 4–5, **Dichte** 2,15
Farbe Farblos, weiß
Strichfarbe Weiß
Glanz Glasglanz
Spaltbarkeit Nicht erkennbar
Bruch Faserig
Tenazität Spröde
Kristallform Orthorhombisch

Ausbildung Nadelige Kristalle, Nadelbüschel, faserige, radialstrahlige Aggregate, dicht.
Entstehung und Vorkommen In Hohlräumen vulkanischer Gesteine aufgewachsen.
Begleitmineralien Chabasit, Phillipsit, Natrolith, Kalkspat, Aragonit.
Ähnliche Mineralien Natrolith ist mit einfachen Mitteln von Mordenit nicht unterscheidbar; Kalkspat und Aragonit brausen beim Betupfen mit verdünnter Salzsäure.

4 Wardit

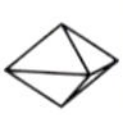

Chem. Formel
$NaAl_3[(OH)_4/(PO_4)_2] \cdot 2\ H_2O$
Härte 5, **Dichte** 2,81
Farbe Farblos, weiß, gelblich
Strichfarbe Weiß
Glanz Glasglanz
Spaltbarkeit Nach der Basis vollkommen
Bruch Uneben
Tenazität Spröde
Kristallform Tetragonal

Ausbildung Oktaederähnliche Bipyramiden, aufgewachsen, radialstrahlige Aggregate.
Entstehung und Vorkommen In Drusen von Pegmatiten, auf Klüften phosphathaltiger Sedimente.
Begleitmineralien Lazulith, Variscit, Whiteit, Augelit, Kulanit, Gormanit, Siderit.
Ähnliche Mineralien Die typische Kristallform von Wardit lässt bei Beachtung der phosphorreichen Paragenese kaum Verwechslungen zu; Kalkspat braust beim Betupfen mit verdünnter Salzsäure.

Fundorte	
1 Poona, Indien	3 Koromandel, Neuseeland
2 Mina Ojuela, Mapimi, Mexiko	4 Rapid Creek, Yukon Territory, Kanada

1 2

3 4

1 Scheelit

Chem. Formel $CaWO_4$
Härte 4½–5, **Dichte** 5,9–6,1
Farbe Farblos, weiß, gelblich grau, orange, braun, blau
Glanz Fettglanz
Spaltbarkeit Meist schwer erkennbar
Bruch Muschelig
Tenazität Spröde
Kristallform Tetragonal

Ausbildung Meist Dipyramiden, selten mit Basis, oft derbe, körnige Aggregate.
Entstehung und Vorkommen In Pegmatiten, pneumatolytischen Gängen, hydrothermalen Golderzgängen, auf alpinen Klüften.
Begleitmineralien Fluorit, Quarz, Zinnstein, Wolframit, Molybdänit, Beryll, Topas.
Besonderheit Scheelit fluoresziert intensiv bei Bestrahlung mit ultraviolettem Licht. Die Fluoreszenzfabe ist abhängig vom Molybdängehalt des Scheelits. Molybdänfreier Scheelit fluoresziert blauweiss, geringe Molybdän-Gehalte erzeugen eine gelbe Fluoreszenzfarbe, höhere Gehalte lassen sich an einer intensiv orangenen Fluoreszenzfarbe erkennen. Scheelit ist ein wichtiges Wolfram-Erz, bei der Prospektion werden häufig UV-Lampen eingesetzt, mit denen selbst geringe Scheelit-Gehalte im Gestein erkannt werden können.
Ähnliche Mineralien Anatas fluoresziert nicht und hat einen anderen Glanz; Fluorit hat im Gegensatz zum Scheelit eine vollkommene Spaltbarkeit nach dem Oktaeder.

2–3 Apatit

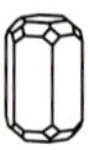

Chem. Formel $Ca_5[(F,Cl)/(PO_4)_3]$
Härte 5, **Dichte** 3,16–3,22
Farbe Farblos, gelb, blau, grün, violett, rot
Strichfarbe Weiß
Glanz Glasglanz
Spaltbarkeit Nach der Basis manchmal deutlich
Bruch Muschelig
Tenazität Spröde
Kristallform Hexagonal

Ausbildung Kristalle prismatisch, lang- bis kurzsäulig, durch viele Flächen bisweilen kugelig auf- und eingewachsen, Aggregate nadelig, strahlig, kugelig, auch derb.
Entstehung und Vorkommen Mikroskopisch in allen magmatischen Gesteinen, in freigewachsenen Kristallen auf deren Klüften und in Hohlräumen, in Pegmatiten, alpinen Klüften, als Konkretionen und Lager in Sedimenten.
Begleitmineralien Magnetit, Anatas, Rutil, Leucit, Beryll, Muskovit, Feldspat, Kalkspat.
Besonderheit Sedimentäre Apatit-Lager werden oft zur Düngemittelherstellung abgebaut.
Ähnliche Mineralien Quarz, Beryll und Phenakit sind härter; Kalkspat, Pyromorphit, Mimetesit sind weicher.

4 Wolfeit

Chem. Formel $(Fe,Mn)_2PO_4OH$
Härte 5, **Dichte** 3,79
Farbe Braun
Strichfarbe Weiß
Glanz Harzglanz
Spaltbarkeit Schlecht
Bruch Uneben
Tenazität Spröde
Kristallform Monoklin

Ausbildung Strahlige Aggregate, selten prismatische Kristalle, derb, eingewachsen.
Entstehung und Vorkommen In Phosphatpegmatiten als Primärbildung mit anderen Primärphosphaten.
Begleitmineralien Hagendorfit, Zwieselit, Vivianit, Arrojadit, Triphylin.
Ähnliche Mineralien Zwieselit ist nie strahlig, aber manchmal mit einfachen Mitteln nicht von Wolfeit zu unterscheiden, Gleiches gilt für Triplit; Graftonit hat im Gegensatz zu Wolfeit eine gute Spaltbarkeit.

Fundorte	
1 Tae-Wha, Korea	3 Kovdor, Kola, Russland
2 Nagar, Pakistan	4 Hagendorf-Süd, Ostbayern

1

2

3

4

1 Triplit

Chem. Formel $(Mn,Fe)_2(PO_4)F$
Härte 5, **Dichte** 3,5–3,8
Farbe Braun
Strichfarbe Weiß
Glanz Harzglanz
Spaltbarkeit Schlecht
Bruch Uneben
Tenazität Spröde
Kristallform Monoklin

Ausbildung Derb, eingewachsen, dichte Massen, extrem selten eingewachsene Kristalle.
Entstehung und Vorkommen In Phosphatpegmatiten und pneumatolytischen Lagerstätten.
Begleitmineralien Feldspat, Heterosit, Quarz, Triphylin, Lithiophilit, Wolfeit.
Ähnliche Mineralien Wolfeit ist oft strahlig, sonst aber mit einfachen Mitteln nur schwer von Triplit zu unterscheiden; Zwieselit lässt sich nur chemisch unterscheiden; Lithiophilit und Triphylin haben eine gute Spaltbarkeit.

2 Goedkenit

Chem. Formel $(Sr,Ca)_2Al(PO_4)_2(OH)$
Härte 5, **Dichte** 3,83
Farbe Weiß, farblos
Strichfarbe Weiß
Glanz Glasglanz
Spaltbarkeit Schlecht erkennbar
Bruch Uneben
Tenazität Spröde
Kristallform Monoklin

Ausbildung Tafelige, scharfkantige Kristalle, oft reihenweise auf anderen Phosphaten aufgewachsen.
Entstehung und Vorkommen In Phosphatpegmatiten als späte Bildung.
Begleitmineralien Feldspat, Childrenit, Strunzit, Siderit, Whitlockit, Quarz, Apatit.
Ähnliche Mineralien Die keilförmige, scharfkantige Kristallform und die parallele Anordnung der Kristalle von Goedkenit sind sehr charakteristisch.

3 Isokit

Chem. Formel $CaMg(PO_4)F$
Härte 5, **Dichte** 3,15–3,28
Farbe Braun
Strichfarbe Weiß
Glanz Harzglanz
Spaltbarkeit Schlecht
Bruch Uneben
Tenazität Spröde
Kristallform Monoklin

Ausbildung Derb, eingewachsen, dichte Massen, weiße Überzüge auf Triplit.
Entstehung und Vorkommen In Phosphatpegmatiten und pneumatolytischen Lagerstätten.
Begleitmineralien Feldspat, Heterosit, Quarz, Triphylin, Lithiophilit, Apatit, Fluorit.
Ähnliche Mineralien Isokit ist mit einfachen Mitteln nicht von Zwieselit und Triplit zu unterscheiden; Triphylin und Lithiophilit haben eine gut erkennbare Spaltbarkeit.

4 Sellait

Chem. Formel MgF_2
Härte 5, **Dichte** 3,15
Farbe Farblos, weiß
Strichfarbe Weiß
Glanz Glasglanz bis Seidenglanz
Spaltbarkeit Vollkommen
Bruch Uneben, Faserig
Tenazität Spröde
Kristallform Tetragonal

Ausbildung Prismatische bis nadelige Kristalle, Nadelbüschel, radialstrahlige Aggregate, Krusten.
Entstehung und Vorkommen In evaporitischen Gesteinen, in vulkanischen Auswürflingen, in hydrothermalen Fluorit-Lagerstätten.
Begleitmineralien Fluorit, Topas, Jeremejewit, Gips, Magnesit, Quarz, Baryt.
Ähnliche Mineralien Büschelige Topas-Kristalle zeigen immer orthorhombische Kristallsymmetrie; Aragonit braust beim Betupfen mit verdünnter Salzsäure.

Fundorte	
1 Branchville, Connecticut, USA	**3** Assuncao, Portugal
2 Palermo Mine, New Hampshire, USA	**4** Grube Clara, Schwarzwald

1 2

3 4

1 Vladimirit

Chem. Formel
$Ca_5H_2(AsO_4)_4 \cdot 5\ H_2O$
Härte 5, **Dichte** 3,15
Farbe Farblos, weiß
Strichfarbe Weiß
Glanz Glasglanz bis Seidenglanz
Spaltbarkeit Nicht erkennbar
Bruch Uneben, faserig
Tenazität Spröde
Kristallform Monoklin

Ausbildung Nadelige Kristalle, Nadelbüschel, radialstrahlige Aggregate, Krusten.
Entstehung und Vorkommen In der Oxidationszone arsenreicher Lagerstätten.
Begleitmineralien Erythrin, Talmessit, Asenopyrit, Löllingit, Chloanthit.
Ähnliche Mineralien Pikropharmakolith ist mit einfachen Mitteln von Vladimirit nicht zu unterscheiden, findet sich aber viel häufiger, Pharmakolith hat eine gute Spaltbarkeit; Aragonit braust beim Betupfen mit verdünnter Salzsäure.

2 Talmessit

Chem. Formel
$Ca_2Mg(AsO_4)_2 \cdot 2\ H_2O$
Härte 5, **Dichte** 3,5
Farbe Weiß, grünlich, rosa
Strichfarbe Weiß
Glanz Glasglanz bis matt
Spaltbarkeit Keine
Bruch Uneben
Tenazität Spröde
Kristallform Triklin

Ausbildung Faserige, radialstrahlige Aggregate, nierige Krusten, dicht, selten langtafelige Kristalle mit schiefen Endflächen.
Entstehung und Vorkommen In der Oxidationszone von arsenreichen Lagerstätten.
Begleitmineralien Pharmakolith, Pikropharmakolith, Erythrin, Annabergit.
Ähnliche Mineralien Pikropharmakolith ist mit einfachen Mitteln von Talmessit nur schwer zu unterscheiden, hat aber einen höheren Glanz und ist viel weicher.

3 Crandallit

Chem. Formel
$CaAl_3H[(OH)_6/(PO_4)_2] \cdot H_2O$
Härte 5, **Dichte** 2,78
Farbe Farblos, weiß, beige, gelblich
Strichfarbe Weiß
Glanz Glasglanz
Spaltbarkeit Vollkommen nach der Basis, aber oft nicht erkennbar
Bruch Uneben
Tenazität Spröde

Ausbildung Prismatische bis nadelige Kristalle mit dreieckiger Endfläche, radialstrahlige Aggregate, Sonnen.
Entstehung und Vorkommen Auf Klüften phosphorhaltiger Sedimente, in phosphorreichen Eisen-Lagerstätten.
Begleitmineralien Fluellit, Wavellit, Strengit, Rockbridgeit, Kakoxen, Goethit.
Ähnliche Mineralien Von Wavellit unterscheidet sich Crandallit durch die dreieckige Endfläche; Strengit hat eine andere Kristallform und ist meist rosa bis violett; Aragonit braust beim Betupfen mit verdünnter Salzsäure.

4 Analcim

Chem. Formel
$Na[AlSi_2O_6] \cdot H_2O$
Härte 5½, **Dichte** 2,2–2,3
Farbe Farblos, weiß, rötlich, orange, gelb
Strichfarbe Weiß
Glanz Glasglanz
Spaltbarkeit Undeutlich
Bruch Muschelig
Tenazität Spröde
Kristallform Kubisch

Ausbildung Fast nur Deltoidikositetraeder, selten Würfel mit abgeschrägten Ecken, auch derb, meist aufgewachsen.
Entstehung und Vorkommen In Blasenhohlräumen vulkanischer Gesteine, auf Erzgängen, in Syeniten und Basalten auch eingewachsen.
Begleitmineralien Kalkspat, Apophyllit, Quarz, Natrolith, Heulandit, Phillipsit.
Ähnliche Mineralien Leucit in aufgewachsenen Kristallen ist mit einfachen Mitteln nicht zu unterscheiden; Apophyllit hat eine hervorragende Spaltbarkeit.

Fundorte	
1 Irhtem, Marokko	3 Blaton, Belgien
2 Markirch, Elsass, Frankreich	4 Seiser Alm, Südtirol, Italien

1

2

3

4

1 Eosphorit

Chem. Formel $(Mn,Fe)AlPO_4(OH)_2 \cdot H_2O$
Härte 5, **Dichte** 3
Farbe Farblos, gelblich, braun
Strichfarbe Weiß
Glanz Glasglanz
Spaltbarkeit Keine
Bruch Muschelig
Tenazität Spröde
Kristallform Monoklin

Ausbildung Prismatische, langtafelige bis nadelige Kristalle, Kristallbüschel, radialstrahlige Aggregate.
Entstehung und Vorkommen In Phosphatpegmatiten, meist in Drusen aufgewachsen.
Begleitmineralien Quarz, Feldspat, Fairfieldit, Zanazziit, Siderit, Apatit.
Ähnliche Mineralien Von Childrenit ist Eosphorit mit einfachen Mitteln nicht zu unterscheiden, sonst unverwechselbar. Apatit ist immer deutlich hexagonal, Aragonit braust beim Betupfen mit verdünnter Salzsäure.

2 Childrenit

Chem. Formel $(Fe,Mn)Al[(OH)_2/PO_4] \cdot H_2O$
Härte 4½, **Dichte** 3
Farbe Gelb bis braun
Strichfarbe Weiß
Glanz Glasglanz
Spaltbarkeit Meist nicht erkennbar
Bruch Muschelig
Tenazität Spröde
Kristallform Monoklin

Ausbildung Prismatische, langtafelige Kristalle, radialstrahlige Aggregate, Kristallbüschel.
Entstehung und Vorkommen In Phosphatpegmatiten als junge Bildung in Drusen.
Begleitmineralien Quarz, Feldspat, Zanazziit, Muskovit, Apatit, Siderit.
Ähnliche Mineralien Das manganreiche Endglied Eosphorit ist mit einfachen Mitteln nicht zu unterscheiden, doch treten beide nicht zusammen auf; die Kristalle von Apatit sind deutlich sechsseitig.

3 Wagnerit

Chem. Formel $(Mg,Fe)_2(PO_4)F$
Härte 5, **Dichte** 3,15
Farbe Gelblich, honigfarben, orange, grau
Strichfarbe Weiß
Glanz Glasglanz bis Harzglanz
Spaltbarkeit Nicht erkennbar
Bruch Uneben, Faserig
Tenazität Spröde
Kristallform Monoklin

Ausbildung Prismatische, langgestreckte Kristalle, längsgestreift, massiv, derb.
Entstehung und Vorkommen In metamorphen Gesteinen, in Pegmatiten.
Begleitmineralien Lazulith, Quarz, Siderit, Gips, Cordierit, Korund, Sillimanit.
Ähnliche Mineralien Quarz ist härter; Gips ist viel weicher; Siderit hat eine vollkommene Spaltbarkeit nach dem Rhomboeder; Aragonit braust im Gegensatz zu Wagnerit beim Betupfen mit verdünnter Salzsäure.

4 Thomsonit

Chem. Formel $NaCa_2[Al_5Si_5O_{20}] \cdot 6\ H_2O$
Härte 5–5½, **Dichte** 2,3–2,4
Farbe Farblos, weiß
Strichfarbe Weiß
Glanz Glasglanz
Spaltbarkeit Vollkommen
Bruch Uneben
Tenazität Spröde
Kristallform Orthorhombisch

Ausbildung Prismatische, tafelige, langtafelige Kristalle, radialstrahlige, faserige, kugelige Aggregate, oft mit hochglänzender und glatter Oberfläche.
Entstehung und Vorkommen In Blasenhohlräumen vulkanischer Gesteine.
Begleitmineralien Natrolith, Chabasit, Phillipsit, Apophyllit, Kalkspat.
Ähnliche Mineralien Natrolith-Kristalle haben im Gegensatz zu Thomsonit einen quadratischen Querschnitt, sind aber oft nicht leicht von Thomsonit zu unterscheiden.

Fundorte	
1 Taquaral, Minas Gerais, Brasilien	3 Werfen, Salzburg, Österreich
2 Linopolis, Minas Gerais, Brasilien	4 Marienberg, Aussig, Tschechien

1

2

3

4

1 Karpholith *Strohstein*

Chem. Formel $MnAl_2Si_2O_6(OH)_4$
Härte 5–5½, **Dichte** 3
Farbe Strohgelb, grünlich gelb
Strichfarbe Weiß
Glanz Glasglanz
Spaltbarkeit Vollkommen
Bruch Faserig
Tenazität Spröde
Kristallform Orthorhombisch

Ausbildung Faserige, radialstrahlige Aggregate, immer eingewachsen, keine frei gewachsenen Kristalle.
Entstehung und Vorkommen In hydrothermalen Gängen, in Zinn-Lagerstätten.
Begleitmineralien Quarz, Fluorit.
Ähnliche Mineralien Farbe und Kristallform machen das Mineral unverwechselbar; Tremolit ist mehr weiß, genauso wie Wollastonit; Aktinolith ist intensiv grün; Epidot ist nie so strahlig-faserig wie Karpholith; Pektolith kommt in einer ganz anderen Paragenese vor.

2 Datolith

Chem. Formel $CaB[OH/SiO_4]$
Härte 5–5½, **Dichte** 2,9–3
Farbe Farblos, weiß, gelblich
Strichfarbe Weiß
Glanz Glasglanz, auf Bruchflächen fettig
Spaltbarkeit Keine
Bruch Muschelig
Tenazität Spröde
Kristallform Monoklin

Ausbildung Kurzprismatisch bis dicktafelige Kristalle, körnig, faserig, nierig, derb.
Entstehung und Vorkommen In Blasenhohlräumen vulkanischer Gesteine, auf Erzgängen, alpinen Klüften, in borreichen Skarn-Lagerstätten.
Begleitmineralien Apophyllit, Stilbit, Heulandit, Pektolith.
Ähnliche Mineralien Kalkspat ist weicher und braust beim Betupfen mit verdünnter Salzsäure; Apophyllit ist weicher und hat einen anderen Glanz sowie eine vollkommene Spaltbarkeit; Danburit hat eine andere Spaltbarkeit.

3 Mikrolith

Chem. Formel $(Na,Ca)_2Ta_2O_6(O,OH,F)$
Härte 5–5½, **Dichte** 5,9–6,4
Farbe Gelb, orange, rötlich
Strichfarbe Weiß
Glanz Glasglanz
Spaltbarkeit Keine
Bruch Muschelig
Tenazität Spröde
Kristallform Kubisch

Ausbildung Meist Oktaeder, selten Würfel, ein- und aufgewachsen.
Entstehung und Vorkommen In Karbonatiten, Pegmatiten und vulkanischen Auswürflingen.
Begleitmineralien Biotit, Cancrinit, Nephelin, Lepidolith.
Ähnliche Mineralien Die typische Paragenese macht Mikrolith unverwechselbar; Anatas ist meist aufgewachsen und zeigt steilere Pyramidenflächen; Magnetit ist schwarz und sehr magnetisch; Pyrochlor ist mit einfachen Mitteln nicht unterscheidbar.

4 Zwieselit

Chem. Formel $(Fe,Mn)_2(PO_4)F$
Härte 5, **Dichte** 3,89–3,97
Farbe Braun
Strichfarbe Weiß
Glanz Harzglanz
Spaltbarkeit Schlecht
Bruch Uneben
Tenazität Spröde
Kristallform Monoklin

Ausbildung Derb, eingewachsen, dichte Massen, extrem selten eingewachsene Kristalle.
Entstehung und Vorkommen In Phosphatpegmatiten und pneumatolytischen Lagerstätten.
Begleitmineralien Feldspat, Heterosit, Quarz, Triphylin, Lithiophilit, Wolfeit.
Ähnliche Mineralien Wolfeit ist oft strahlig, sonst aber mit einfachen Mitteln nur schwer von Zwieselit zu unterscheiden; Triplit lässt sich nur chemisch unterscheiden; Lithiophilit und Triphylin haben eine gute Spaltbarkeit.

Fundorte

1 Wippra, Sachsen	3 Minas Gerais, Brasilien
2 Teis, Südtirol, Italien	4 Hagendorf-Süd, Ostbayern

1

2

3

4

1–2 Titanit *Sphen*

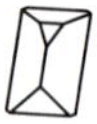

Chem. Formel $CaTi[O/SiO_4]$
Härte 5–5½, **Dichte** 3,4–3,6
Farbe Farblos, weiß, gelb, grünlich, rot, braun, schwarzbraun, blau
Strichfarbe Weiß
Glanz Harzglanz
Spaltbarkeit Schwer erkennbar
Bruch Muschelig
Tenazität Spröde
Kristallform Monoklin

Ausbildung Aufgewachsene Kristalle tafelig bis prismatisch, oft Durchkreuzungszwillinge mit einspringenden Winkeln, seltener isometrisch, eingewachsene Kristalle briefcouvertförmig.
Entstehung und Vorkommen In vielen Magmatiten und kristallinen Schiefern eingewachsen, aufgewachsene Kristalle in alpinen Klüften, besonders in Amphiboliten, in Pegmatiten, eingewachsen in Marmoren.
Begleitmineralien Quarz, Feldspat, Anatas, Rutil, Brookit, Kalkspat, Graphit, Hornblende, Apatit.
Besonderheit Der Name Sphen (von altgriechisch Keil) wurde dem Mineral gegeben, weil seine auf alpinen Klüften aufgewachsenen Kristalle oft eine keilförmige Form aufweisen.
Ähnliche Mineralien Anatas ist deutlich tetragonal, Monazit leuchtet bei Bestrahlung mit ungefiltertem UV-Licht grün.

3 Skolezit

Chem. Formel
$Ca[Al_2Si_3O_{10}] \cdot 3\ H_2O$
Härte 5½, **Dichte** 2,26–2,4
Farbe Farblos, weiß
Strichfarbe Weiß
Glanz Glasglanz
Spaltbarkeit Vollkommen, aber an den nadeligen Kristallen schlecht erkennbar
Bruch Muschelig
Tenazität Spröde
Kristallform Monoklin

Ausbildung Kristalle nadelig bis prismatisch, büschelige bis radialstrahlige Aggregate, fast immer aufgewachsen, selten eingewachsen.
Entstehung und Vorkommen Auf Klüften von Graniten und Syeniten, auf alpinen Klüften, in Blasenhohlräumen vulkanischer Gesteine.
Begleitmineralien Apophyllit, Laumontit, Stilbit, Heulandit, Kalkspat, Quarz, Prehnit.
Ähnliche Mineralien Natrolith ist generell etwas feinfaseriger und eher auf vulkanische Gesteine beschränkt, sonst aber mit einfachen Mitteln von Skolezit kaum zu unterscheiden, Aragonit braust beim Betupfen mit verdünnter Salzsäure.

4 Natrolith

Chem. Formel
$Na_2[Al_2Si_3O_{10}] \cdot 2\ H_2O$
Härte 5–5½, **Dichte** 2,2–2,4
Farbe Farblos, weiß, gelblich
Strichfarbe Weiß
Glanz Glasglanz
Spaltbarkeit Vollkommen, aber wegen der Ausbildung meist nicht erkennbar
Bruch Muschelig
Tenazität Spröde
Kristallform Orthorhombisch

Ausbildung Kristalle prismatisch, selten mit gut sichtbaren Endflächen, häufig langprismatisch bis nadelig, radialstrahlige bis kugelige Aggregate, faserige Krusten, meist aufgewachsen, selten eingewachsen.
Entstehung und Vorkommen In Blasenhohlräumen vulkanischer Gesteine, in Syeniten und Nephelinsyeniten.
Begleitmineralien Phillipsit, Analcim, Chabasit, Kalkspat, Aragonit.
Ähnliche Mineralien Skolezit lässt sich von Natrolith nur schwer unterscheiden, ist aber seltener und kommt oft in anderer Paragenese vor; Aragonit braust im Gegensatz zu Natrolith beim Betupfen mit verdünnter Salzsäure.

Fundorte	
1 Habachtal, Österreich	3 Hollersbachtal, Österreich
2 Dodo, Polarural, Russland	4 Salesel, Aussig, Tschechien

1 2

3 4

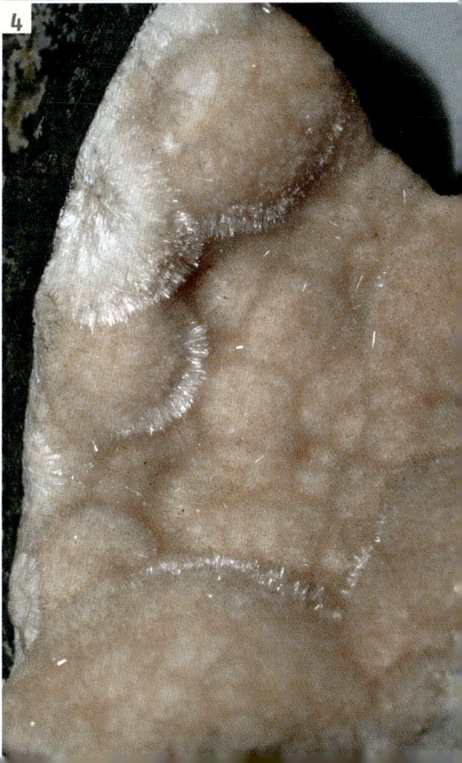

1 Herderit

Chem. Formel $CaBe[(F,OH)/PO_4]$
Härte 5, **Dichte** 2,8–3
Farbe Farblos, weiß, gelblich, violett
Strichfarbe Weiß
Glanz Glasglanz
Spaltbarkeit Keine
Bruch Muschelig
Tenazität Spröde
Kristallform Monoklin

Ausbildung Prismatische, dicktafelige Kristalle, meist aufgewachsen, selten derb.
Entstehung und Vorkommen In Drusen von Pegmatiten aufgewachsen.
Begleitmineralien Topas, Turmalin, Apatit, Feldspat, Quarz, Euklas.
Ähnliche Mineralien Apatit hat eine deutlich hexagonale Symmetrie; Topas und Quarz sind härter; Feldspat unterscheidet sich durch seine Spaltbarkeit; Turmalin hat eine andere Kristallform, ebenso wie Euklas.

2 Eudialyt

Chem. Formel $Na_4(Ca,Fe,Ce)_2ZrSi_6O_{17}(OH)_2$
Härte 5–5½, **Dichte** 2,8
Farbe Gelblich braun, rotbraun, rosa, rot
Strichfarbe Weiß
Glanz Glasglanz bis Fettglanz
Spaltbarkeit Keine
Bruch Muschelig
Tenazität Spröde
Kristallform Trigonal

Ausbildung Dicktafelige, prismatische bis isometrische Kristalle, meist eingewachsen, oft derb.
Entstehung und Vorkommen In Alkaligesteinen, auch als gesteinsbildendes Mineral.
Begleitmineralien Zirkon, Nephelin, Feldspat, Aegirin, Apatit, Astrophyllit.
Besonderheit Gesteine mit hohen Gehalten an intensiv rotem Eudialyt sind optisch sehr attraktiv und werden manchmal zur Herstellung von kunsthandwerklichen Gegenständen verwendet.
Ähnliche Mineralien Bei Beachtung der Paragenese und der typischen Farbe von Eudialyt ist keine Verwechslung möglich; Granat ist viel härter; Feldspat hat eine vollkommene Spaltbarkeit; Nephelin ist meist anders gefärbt.

3–4 Monazit

Chem. Formel $CePO_4$
Härte 5–5½, **Dichte** 4,9–5,5
Farbe Farblos, orange, braun durchsichtig, braun bis dunkelbraun undurchsichtig
Strichfarbe Weiß
Glanz Glasglanz bis Fettglanz
Spaltbarkeit Manchmal sichtbar
Bruch Muschelig
Tenazität Spröde
Kristallform Monoklin

Ausbildung Dicktafelige bis prismatische Kristalle, seltener derb, auf- und eingewachsen.
Entstehung und Vorkommen In Magmatiten mikroskopisch verteilt, große Kristalle und Einschlüsse in Pegmatiten, in Seifen, auf alpinen Klüften (hier klare durchsichtige Kristalle).
Begleitmineralien Quarz, Feldspat, Xenotim, Rutil, Zirkon, Haematit.
Besonderheit Monazit, insbesondere der in Seifen angereicherte Monazitsand wird häufig industriell abgebaut. Er dient als Rohstoff für Cer und auch Thorium, das in geringen Mengen in vielen Monaziten, insbesondere denen aus Pegmatiten und magmatischen Gesteinen, enthalten ist.
Ähnliche Mineralien Titanit hat eine andere Kristallform; Xenotim ist deutlich tetragonal; Rutil hat eine sehr gute Spaltbarkeit und ist mehr metallisch; Gadolinit hat einen grünlichen Strich.
Achtung! Monazit, besonders Monazitsand und Monazit aus Pegmatiten kann radioaktiv sein!

Fundorte	
1 Zufuhrt, Fichtelgebirge, Bayern	**3** Schweden
2 Ilimaussaq, Grönland	**4** Binntal, Wallis, Schweiz

1

2

3

4

1 Nosean

Chem. Formel $Na_8Al_6Si_{64}SO_4$
Härte 5½, **Dichte** 2,3
Farbe Weiß, beige, grau, braun, schwarz
Strichfarbe Weiß
Glanz Glasglanz bis Fettglanz
Spaltbarkeit Keine
Bruch Muschelig
Tenazität Spröde
Kristallform Kubisch

Ausbildung Rhombendodekaeder, sechsseitige Säulen (Zwillinge), derb, eingewachsen.
Entstehung und Vorkommen Gemengteil vulkanischer Gesteine, in vulkanischen Auswürflingen.
Begleitmineralien Sanidin, Biotit, Zirkon, Allanit, Hauyn, Apatit, Pyroxen.
Ähnliche Mineralien Zirkon ist deutlich tetragonal; Hauyn meist blau; Apatit nie so typisch grau, Kalkspat braust beim Betupfen mit verdünnter Salzsäure.

2 Milarit

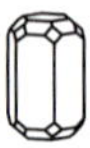

Chem. Formel $K_2Ca_4Al_2Be_4Si_{24}O_{60} \cdot H_2O$
Härte 5½–6, **Dichte** 2,52
Farbe Farblos, weiß, gelb
Strichfarbe Weiß
Glanz Glasglanz
Spaltbarkeit Keine
Bruch Uneben
Tenazität Spröde
Kristallform Hexagonal

Ausbildung Gut ausgebildete sechsseitige Prismen, oft flächenreich, aufgewachsen, radialstrahlige Aggregate.
Entstehung und Vorkommen In Pegmatiten als Umwandlungsprodukt von Beryll, auf alpinen Klüften, in niedrigtemperierten, hydrothermalen Lagerstätten.
Begleitmineralien Feldspat, Quarz, Bavenit, Bertrandit, Fluorit, Phenakit, Muskovit.
Ähnliche Mineralien Die Kristallform ist sehr typisch; Beryll ist deutlich härter, ebenso Quarz, der auch eine andere Kristallform aufweist.

3 Hureaulith

Chem. Formel $(Mn,Fe)_5H_2[PO_4]_4 \cdot 4\ H_2O$
Härte 5, **Dichte** 3,2
Farbe Rosa, rötlich, bräunlich, gelb, weiß, farblos
Strichfarbe Weiß
Glanz Glasglanz
Spaltbarkeit Keine
Bruch Uneben
Tenazität Spröde
Kristallform Monoklin

Ausbildung Kristalle prismatisch, mit schiefen Endflächen, tafelig, Aggregate strahlig, derb.
Entstehung und Vorkommen In Phosphatpegmatiten in Drusen und Hohlräumen.
Begleitmineralien Rockbridgeit, Phosphoferrit, Reddingit, Strengit, Nitridatit, Phosphosiderit.
Ähnliche Mineralien Strengit und Phosphosiderit haben eine andere Kristallform, genauso wie Apatit; Quarz und Feldspat sind härter als Hureaulith.

4 Soerensenit

Chem. Formel $Na_4SnBe_2Si_6O_{16}(OH)_4$
Härte 5½, **Dichte** 2,9
Farbe Weiß, rosa
Strichfarbe Weiß
Glanz Glasglanz
Spaltbarkeit Schlecht
Bruch Uneben
Tenazität Spröde
Kristallform Monoklin

Ausbildung Langtafelige Kristalle, meist eingewachsen, strahlige Aggregate.
Entstehung und Vorkommen In Alkaligesteinen eingewachsen.
Begleitmineralien Analcim, Nephelin, Neptunit, Aegirin, Eudialyt.
Ähnliche Mineralien Bei Beachtung der Paragenese ist Soerensenit kaum verwechselbar; Aktinolith ist immer grünlich und hat eine vollkommene Spaltbarkeit mit einem Spaltwinkel von 120°, genauso der eher weiße Tremolit.

Fundorte	
1 In den Dellen, Eifel	3 Mangualde, Portugal
2 Habachtal, Österreich	4 Ilimaussaq, Grönland

1

2

3

4

1 Willemit

Chem. Formel $Zn_2[SiO_4]$
Härte 5½, **Dichte** 4
Farbe Farblos, weiß, gelb, grünlich, grau, braun
Strichfarbe Weiß
Glanz Fettiger Glasglanz
Spaltbarkeit Keine
Bruch Splittrig
Tenazität Spröde
Kristallform Trigonal

Ausbildung Kurz- bis langprismatische Kristalle, radialstrahlige, nierige Aggregate, körnig, derb.
Entstehung und Vorkommen In der Oxidationszone von Zink-Lagerstätten, in metamorphen Zink-Lagerstätten.
Besonderheit Willemit fluoresziert unter UV gelbgrün.
Begleitmineralien Zinkit, Franklinit, Hydrozinkit, Cerussit.
Ähnliche Mineralien Kalkspat, Pyromorphit, Mimetesit und Vanidinit sind weicher, Gleiches gilt für Cerussit; Kalkspat braust beim Betupfen mit verdünnter Salzsäure.

2 Bavenit

Chem. Formel $Ca_4Al_2Be_2[(OH)_2/Si_{96}]$
Härte 5½, **Dichte** 2,7
Farbe Farblos, weiß
Strichfarbe Weiß
Glanz Glasglanz, auf Spaltflächen Perlmuttglanz
Spaltbarkeit Vollkommen
Bruch Blättrig
Tenazität Spröde
Kristallform Orthorhombisch

Ausbildung Dick- und dünntafelige bis nadelige Kristalle, oft zu Rosetten gruppiert, filzig, blättrig, pulvrig, derb, aufgewachsen, als Pseudomorphosen nach Beryll.
Entstehung und Vorkommen In Drusen von Pegmatiten, auf alpinen Klüften.
Begleitmineralien Milarit, Bityit, Bertrandit, Stilbit, Feldspat, Quarz.
Ähnliche Mineralien Stilbit und Laumonit haben eine andere Kristallform; Tremolit ist härter; typisch ist die Paragenese von Bavenit mit anderen Berylliummineralien.

3 Perowskit

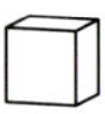

Chem. Formel $CaTiO_3$
Härte 5½, **Dichte** 4–4,8
Farbe Pechschwarz, verschiedene Brauntöne von schwarz- bis gelbbraun, undurchsichtig bis durchscheinend
Strichfarbe Weiß bis grau
Glanz Fettglanz, metallisch
Spaltbarkeit Mäßig bis gut
Bruch Uneben bis muschelig
Tenazität Spröde
Kristallform Orthorhombisch

Ausbildung Pseudokubische Kristalle, manchmal Kristallskelette, dendritische Aggregate, auf- und eingewachsen, auch derbe, feinkristalline Massen.
Entstehung und Vorkommen Als Nebengemengeteil in Alkaligesteinen und deren Pegmatiten, in Karbonatiten, in vielen Basalten, auf deren Klüften und in Hohlräumen, am Kontakt der genannten Gesteine mit Kalken, in kristallinen Schiefern, auf Klüften von Serpentiniten.
Begleitmineralien Nephelin, Melilith, Magnetit, Klinochlor.
Ähnliche Mineralien Magnetit ist magnetisch und hat einen schwarzen Strich; schwarzer Granat (Melanit) ist härter.

4 Brasilianit

Chem. Formel $NaAl_3[(OH)_2/PO_4]_2$
Härte 5½, **Dichte** 2,98
Farbe Gelb bis weißlich
Strichfarbe Weiß
Glanz Glasglanz
Spaltbarkeit Vollkommen, parallel zur Längserstreckung
Bruch Uneben
Tenazität Spröde
Kristallform Monoklin

Ausbildung Prismatische bis dicktafelige Kristalle, aufgewachsen, derb, eingewachsen.
Entstehung und Vorkommen In Drusen von Pegmatiten, als Umwandlungsprodukt von Primärphosphaten.
Begleitmineralien Muskovit, Albit, Mikroklin, Quarz, Apatit, Augelit, Lazulith.
Ähnliche Mineralien Topas und Albit sind härter; die Spaltbarkeit parallel zur Längserstreckung ist sehr charakteristisch; Euklas ist viel härter; Herderit hat eine andere Kristallform; Kalkspat braust beim Betupfen mit verdünnter Salzsäure.

Fundorte	
1 Berg Aukas, Namibia	**3** Ural, Russland
2 Madrid, Spanien	**4** Consolheiro Pena, Minas Gerais, Brasilien

1

2

3

4

1 Türkis

Chem. Formel $CuAl_6[(OH)_2/PO_4]_4 \cdot H_2O$
Härte 6, **Dichte** 2,91
Farbe Türkisblau, seltener grünlich, oft mit schwarzer Äderung; undurchsichtig
Strichfarbe Weiß
Glanz Wachsglanz bis matt
Bruch Uneben
Kristallform Triklin

Ausbildung Winzige Kristalle, meist nierig, knollig, derb.
Entstehung und Vorkommen In der Oxidationszone von Kupfer-Lagerstätten, als Adern und Gänge in phosphorreichen Schiefern.
Begleitmineralien Quarz, Limonit, Malachit, Chrysokoll.
Ähnliche Mineralien Farbe und Paragenese machen Türkis unverwechselbar, Malachit und Chrysokoll sind mehr grünlich, Magnesit ist weiß.

2 Türkis

Edelstein

Schliffform Cabochonschliff, Kugeln, Barocksteine

Verwendung Cabochons werden als Ringsteine und für Broschen und Anhänger verwendet. Aus Barocksteinen und Kugeln werden Ketten hergestellt.
Behandlung Häufig ist Türkis porös und bröselig; durch Tränken mit Kunstharz wird er verfestigt. Aus winzigen Türkisteilchen und -pulver können durch Verpressen mit Kunstharz Steine hergestellt werden. Knolliger Magnesit kann durch Färben in ein türkisähnliches Material verwandelt werden.
Unterscheidungsmöglichkeiten Mit Kunstharz getränkter oder verfestigter Türkis weist beim Ritzen mit einer glühenden Nadel eine deutliche Ritzspur und deutlichen Harzgeruch auf. Gefärbter Magnesit ist weicher und verfärbt sich beim Betupfen mit Salzsäure.

3 Cancrinit

Chem. Formel $Na_6Ca_2Al_6Si_6O_{24}(CO_3)_2$
Härte 5½–6, **Dichte** 2,42–2,51
Farbe Weiß, gelb, hellblau, orange, rötlich
Strichfarbe Weiß
Glanz Glasglanz
Spaltbarkeit Vollkommen
Bruch Uneben
Tenazität Spröde
Kristallform Hexagonal

Ausbildung Selten langprismatische Kristalle mit pyramidaler Endigung, meist spätig, derb, massiv, fast immer eingewachsen.
Entstehung und Vorkommen In Alkaligesteinen und deren Pegmatiten, auch Umwandlungsprodukt von Nephelin.
Begleitmineralien Nephelin, Sodalith, Feldspat, Zirkon, Natrolith, Melanit.
Ähnliche Mineralien Feldspat hat eine andere Spaltbarkeit; Nephelin zeigt fast keine Spaltbarkeit.

4 Tremolit *Grammatit*

Chem. Formel $Ca_2Mg_5[OH/Si_4O_{11}]_2$
Härte 5½–6, **Dichte** 2,9–3,1
Strichfarbe Weiß
Farbe Weiß bis lichtgrün
Glanz Glasglanz
Spaltbarkeit Nicht erkennbar
Bruch Faserig
Tenazität Spröde
Kristallform Monoklin

Ausbildung Langprismatische Kristalle, stängelig, strahlig, fast immer eingewachsen.
Entstehung und Vorkommen In Marmoren, Dolomiten, Talkschiefern.
Begleitmineralien Kalkspat, Dolomit.
Ähnliche Mineralien Wollastonit wird im Gegensatz zu Tremolit von Salzsäure zersetzt; Aktinolith ist immer deutlich grün; Strontianit ist weicher; Aragonit braust beim Betupfen mit verdünnter Salzsäure.

Fundorte	
1 Isfahan, Iran	**3** Ural, Russland
2 Arizona, USA	**4** Campolungo, Tessin, Schweiz

1 2

3 4

1 Pyrochlor

Chem. Formel $(Na,Ca,U)_2(Nb,Ti,Ta)_2O_6(OH,F,O)$
Härte 5½–6, **Dichte** 4,3–6,4
Farbe Gelb, orange, rötlich
Strichfarbe Weiß
Glanz Glasglanz
Spaltbarkeit Keine
Bruch Muschelig
Tenazität Spröde
Kristallform Kubisch

Ausbildung Meist Oktaeder, selten Würfel, ein- und aufgewachsen.
Entstehung und Vorkommen In Karbonatiten, Pegmatiten und vulkanischen Auswürflingen.
Begleitmineralien Kalkspat, Biotit, Cancrinit, Feldspat, Nephelin, Lepidolith.
Ähnliche Mineralien Die typische Paragenese macht Pyrochlor unverwechselbar; Anatas ist meist aufgewachsen und zeigt steilere Pyramidenflächen; Magnetit ist schwarz und sehr magnetisch.

2 Beryllonit

Chem. Formel $NaBePO_4$
Härte 5½–6, **Dichte** 2,8
Farbe Farblos, weiß
Strichfarbe Weiß
Glanz Glasglanz
Spaltbarkeit Vollkommen
Bruch Muschelig
Tenazität Spröde
Kristallform Monoklin

Ausbildung Dicktafelige Kristalle, oft linsenförmig gerundet, fast immer sechsseitige Drillingsbildungen.
Entstehung und Vorkommen In Pegmatiten, aufgewachsen und eingewachsen, in berylliumreichen Skarnen.
Begleitmineralien Turmalin, Albit, Quarz, Beryll, Phenakit, Muskovit.
Ähnliche Mineralien Apatit hat keine vollkommene Spaltbarkeit; Phenakit ist härter, Gleiches gilt für Beryll; Quarz hat keine Spaltbarkeit; Kalkspat braust beim Betupfen mit verdünnter Salzsäure.

3 Anatas

Chem. Formel TiO_2
Härte 5½–6, **Dichte** 3,8–3,9
Farbe Farblos, rosa, rot, gelb, blau, braun, schwarz, grün
Strichfarbe Weiß
Glanz Metallglanz bis Diamantglanz
Spaltbarkeit Meist nicht sichtbar
Bruch Uneben
Tenazität Spröde
Kristallform Tetragonal

Ausbildung Spitze bis flache Bipyramiden, tafelige Kristalle, praktisch nur aufgewachsen, oft horizontal gestreift.
Entstehung und Vorkommen In alpinen Klüften aufgewachsen, eingewachsen in Tonen, Sandsteinen.
Begleitmineralien Brookit, Rutil, Titanit, Quarz, Feldspat, Magnetit, Kalkspat, Chlorit.
Ähnliche Mineralien Magnetit und Hämatit haben einen schwarzen bzw. roten Strich; Brookit besitzt eine andere Kristallform; Scheelit fluoresziert intensiv beim Bestrahlen mit ultraviolettem Licht.

4 Amblygonit

Chem. Formel $(Li,Na)Al[(F,OH)/PO_4]$
Härte 6, **Dichte** 3–3,1
Farbe Weiß, gelb, bläulich, grünlich, grau
Strichfarbe Weiß
Glanz Glasglanz
Spaltbarkeit In vier Richtungen verschieden gut
Bruch Uneben
Tenazität Spröde
Kristallform Triklin

Ausbildung Aufgewachsene Kristalle selten, meist spätig, strahlig, körnig, eingewachsen.
Entstehung und Vorkommen In Pegmatiten fast immer eingewachsen, selten aufgewachsen, in pneumatolytischen Zinnerz-Gängen.
Begleitmineralien Apatit, Zinnstein, Feldspat, Spodumen.
Ähnliche Mineralien Derber Feldspat ist manchmal mit einfachen Mitteln von Amblygonit nicht zu unterscheiden; Spodumen hat eine andere Spaltbarkeit; Apatit ist weicher, Kalkspat braust beim Betupfen mit verdünnter Salzsäure.

Fundorte	
1 Minas Gerais, Brasilien	3 Grieswies, Rauris, Österreich
2 Newry, Maine, USA	4 Viitaniemi, Finland

1

2

3

4

1 Anthophyllit

Chem. Formel $(Mg,Fe)_7Si_{82}(OH)_2$
Härte 5½–6, **Dichte** 2,8–3,6
Farbe Weiß, grau, grünlich
Strichfarbe Weiß
Glanz Glasglanz
Spaltbarkeit Vollkommen
Bruch Faserig
Tenazität Spröde
Kristallform Orthorhombisch

Ausbildung Prismatische Kristalle sehr selten, meist radialstrahlige, faserige Aggregate, asbestförmig.
Entstehung und Vorkommen In metamorphen Gesteinen eingewachsen oder als Kluftfüllung.
Begleitmineralien Feldspat, Glimmer.
Ähnliche Mineralien Aktinolith ist mit einfachen Mitteln von Anthophyllit nicht unterscheidbar, Gleiches gilt für Tremolit; die asbestförmige Variante unterscheidet sich von Chrysotil durch ihre Sprödigkeit.

2 Diopsid

Chem. Formel $CaMg[Si_2O_6]$
Härte 6, **Dichte** 3,3
Farbe Farblos, weiß, grün, blau, gelb, braun
Strichfarbe Weiß
Glanz Glasglanz
Spaltbarkeit Erkennbar, Spaltwinkel ungefähr 90°
Bruch Uneben
Tenazität Spröde
Kristallform Monoklin

Ausbildung Prismatische Kristalle, strahlige, stängelige Aggregate, derb.
Entstehung und Vorkommen In Tiefengesteinen, Marmoren, Kalksilikatfelsen, auf alpinen Klüften.
Begleitmineralien Kalkspat, Grossular, Olivin, Feldspat, Quarz.
Ähnliche Mineralien Hornblende hat einen anderen Spaltwinkel; Epidot eine andere Kristallform und eine sehr typische Farbe; Karpholith ist immer typisch strahlig und deutlich weicher.

3 Inesit

Chem. Formel $Ca_2Mn_7Si_{10}O_{28}(OH)_2 \cdot 5\ H_2O$
Härte 5½, **Dichte** 3
Farbe Rosa bis rot
Strichfarbe Weiß
Glanz Glasglanz
Spaltbarkeit Vollkommen
Bruch Uneben
Tenazität Spröde
Kristallform Triklin

Ausbildung Scharfkantige tafelige bis nadelige Kristalle, radialstrahlige Aggregate.
Entstehung und Vorkommen In metamorphen Mangan-Lagerstätten zusammen mit anderen Manganmineralen.
Begleitmineralien Rhodochrosit, Rhodonit, Spessartin, Hausmannit, Braunit.
Ähnliche Mineralien Rhodochrosit hat nicht so scharfkantige Kristalle; Rhodonit ist oft mit einfachen Mitteln nicht unterscheidbar, ist aber nie nadelig.

4 Hiortdahlit

Chem. Formel $(Ca,Na)_{13}Zr_3Si_9(O,OH)_{33}$
Härte 5½, **Dichte** 3,2
Strichfarbe Weiß
Farbe Gelb, gelbbraun
Glanz Glasglanz
Spaltbarkeit Schlecht
Bruch Uneben
Tenazität Spröde
Kristallform Triklin

Ausbildung Tafelige bis langtafelige Kristalle und Stängel, eingewachsen, sehr selten aufgewachsen.
Entstehung und Vorkommen In Alkaligesteinen, in vulkanischen Auswürflingen.
Begleitmineralien Feldspat, Nephelin.
Ähnliche Mineralien Melinophan und Wöhlerit sind mit einfachen Mitteln von Hiortdahlit nicht zu unterscheiden; Feldspat hat eine gute Spaltbarkeit; Aegirin hat eine vollkommene Spaltbarkeit mit einem Spaltwinkel von 120°.

Fundorte	
1 Paala, Finnland	**3** Trinity County, Kalifornien, USA
2 Skardu, Pakistan	**4** Risöya, Norwegen

1 2

3 4

1–2 Brookit *Arkansit*

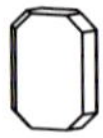

Chem. Formel TiO_2
Härte 5½–6, **Dichte** 4,1
Farbe Braun, grünlich bis schwärzlich, meist durchscheinend
Strichfarbe Hell bräunlich bis weiß
Glanz Diamantglanz
Spaltbarkeit Undeutlich
Bruch Uneben
Tenazität Spröde
Kristallform Orthorhombisch

Ausbildung Dünntafelige Kristalle, längsgestreift, oft mit dunkler Sanduhrzeichnung (1), selten scheinbar hexagonale Dipyramiden (2).

Entstehung und Vorkommen Auf alpinen Klüften, in Hohlräumen von Alkaligesteinen.

Begleitmineralien Anatas, Rutil, Quarz, Feldspat, Hämatit, Titanit.

Besonderheit Brookit zeigt zwei völlig verschiedene Ausbildungsformen. Auf alpinen Klüften kommen dünntafelige braune, meist längsgestreifte Kristalle vor, die oft eine typische Sanduhrzeichnung zeigen (Abb. 1). In anderen Lagerstätten, bildet Brookit tiefschwarze Kristalle, die sechsseitigen Bipyramiden ähneln (Abb. 2). Diese Varietät heißt Arkansit.

Ähnliche Mineralien Hämatit hat einen anderen Strich; Anatas ist immer deutlich tetragonal; die dünntafeligen Kristalle mit Sanduhrzeichnung sind unverwechselbar.

3 Lazulith *Blauspat*

Chem. Formel $(Mg,Fe)Al_2[OH/PO_4]_2$
Härte 5–6, **Dichte** 3
Farbe Hell- bis dunkelblau
Strichfarbe Weiß
Glanz Glasglanz bis Fettglanz
Spaltbarkeit Meist nicht erkennbar
Bruch Splittrig
Tenazität Spröde
Kristallform Monoklin

Ausbildung Prismatische, spitzpyramidale, tafelige Kristalle, ein- und aufgewachsen, derb.

Entstehung und Vorkommen In Quarziten, seltener in Pegmatiten.

Begleitmineralien Quarz, Wagnerit.

Besonderheit Wegen der schönen blauen Farbe werden massive Vorkommen lokal zu Schmuck (Cabochons) verschliffen oder zu kunsthandwerklichen Gegenständen verarbeitet.

Ähnliche Mineralien Vivianit ist weicher; Azurit ist dunkler blau und kommt in ganz anderer Paragenese vor, er hat zudem einen blauen Strich; blauer Beryll ist deutlich härter; Kulanit ist mehr grün; Cordierit ist deutlich härter; Lasurit kommt in einer ganz anderen Paragenese vor.

4 Leucit

Chem. Formel $KAlSi_2O_6$
Härte 5½–6, **Dichte** 2,5
Farbe Farblos, weiß
Strichfarbe Weiß
Glanz Glasglanz
Spaltbarkeit Keine
Bruch Uneben
Tenazität Spröde
Kristallform Tetragonal

Ausbildung Pseudokubisch, Deltoidikositetraeder, fast immer eingewachsen, manchmal in Feldspat oder Tonminerale unter Beibehaltung der Kristallform umgewandelt (Pseudomorphosen nach Leucit).

Entstehung und Vorkommen In vulkanischen Gesteinen, Basalten, Tephriten, Leucititen, oft in schönen idiomorphen Kristallen eingewachsen.

Begleitmineralien Augit, Biotit.

Ähnliche Mineralien Analcim ist meist aufgewachsen, aber sonst nur schwer zu unterscheiden; Leucit ist nie rosafarben; Nephelin hat eine andere Kristallform; Sanidin zeigt eine vollkommene Spaltbarkeit; Quarz ist härter und hat eine andere Kristallform.

Fundorte	
1 Maderaner Tal, Schweiz	3 Werfen, Salzburg, Österreich
2 Magnet Cove, Arkansas, USA	4 Vesuv, Italien

1 2
3 4

1 Sodalith

Chem. Formel $Na_8[Cl_2/(AlSiO_4)_6]$
Härte 5–6, **Dichte** 2,3
Farbe Farblos, weiß, grau, blau
Strichfarbe Weiß
Glanz Glasglanz, auf dem Bruch Fettglanz
Spaltbarkeit Meist nicht sichtbar
Bruch Muschelig
Tenazität Spröde
Kristallform Kubisch

Ausbildung Selten Rhombendodekaeder, ein- und aufgewachsen, meist derb, massig, körnig.

Entstehung und Vorkommen Gesteinsbildend in Syeniten, Basalten, Phonolithen, Tephriten, in vulkanischen Auswürflingen, Kristalle auf Klüften der genannten Gesteine.

Begleitmineralien Nephelin, Haematit, Pseudobrookit, Augit, Hornblende.

Ähnliche Mineralien Leucit und Analcim zeigen eine andere Kristallform, Hauyn und Lasurit sind immer heller blau als blauer Sodalith.

2 Sodalith

Edelstein

Farbe Farblos, weiß, grau, dunkelblau, mit Stich ins Violette; undurchsichtig.
Glanz Glasglanz; an Bruchstellen fettglänzend.
Schliffform Cabochonschliff, Kugeln, Barockperlen

Verwendung Cabochons als Ringsteine oder für Broschen und Anhänger, Kugeln, Ketten. Kunsthandwerkliche Gegenstände, Gesteine mit blauem Sodalith als Hauptgemengteil werden als Dekorationssteine in der Architektur verwendet.

Unterscheidungsmöglichkeiten Lapis-Lazuli ist mehr tintenblau und zeigt fast immer goldgelbe Pyrit-Einsprenglinge, die dem Sodalith fehlen; Azurit ist deutlich weicher und braust beim Betupfen mit verdünnter Salzsäure auf.

3 Nephelin *Eläolith*

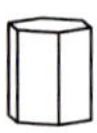

Chem. Formel $KNa_3[AlSiO_4]_4$
Härte 5½–6, **Dichte** 2,6–2,65
Farbe Farblos, weiß, gelblich
Strichfarbe Weiß
Glanz Glasglanz
Spaltbarkeit Meist nicht erkennbar
Bruch Muschelig
Tenazität Spröde
Kristallform Hexagonal

Ausbildung Prismatische bis kurzsäulige Kristalle, körnige Massen, derb.

Entstehung und Vorkommen In kieselsäurearmen Gesteinen und vulkanischen Auswürflingen, auf Klüften vulkanischer Gesteine.

Begleitmineralien Melilith, Apatit, Augit, Magnetit, Phlogopit, Feldspat.

Ähnliche Mineralien Apatit ist etwas weicher, auf Klüften vulkanischer Gesteine meist deutlich nadeliger als Nephelin; Kalkspat braust beim Betupfen mit verdünnter Salzsäure.

4 Hauyn

Chem. Formel $(Na,Ca)_{8-4}[(SO_4)_{2-1}/(AlSiO_4)_6]$
Härte 5–6, **Dichte** 2,5
Farbe Farblos, weiß, grau, meist tiefblau, durchsichtig bis durchscheinend
Strichfarbe Weiß
Glanz Glasglanz
Spaltbarkeit Schlecht sichtbar
Bruch Muschelig
Tenazität Spröde
Kristallform Kubisch

Ausbildung Kristalle meist Rhombendodekaeder, ein- und aufgewachsen, selten sechsseitige Prismen (Zwillingsbildungen), körnig, derb.

Entstehung und Vorkommen Gesteinsbildend in Phonoliten, Basalten, in vulkanischen Auswürflingen.

Begleitmineralien Sanidin, Nephelin, Leucit, Augit, Hornblende, Biotit, Titanit.

Ähnliche Mineralien Sodalith ist in gleicher Paragenese meist nicht blau; von Lapislazuli ist Hauyn in gleicher Paragenese kaum zu unterscheiden, in vulkanischen Gesteinen ist blauer Hauyn aber unverkennbar.

Fundorte	
1 Kaokoveld, Namibia	3 Langesundfjord, Norwegen
2 Brasilien	4 Tayarapu, Tahiti

1

2

3

4

1 Franzinit

Chem. Formel $(Na,Ca)_7(Si,Al)_{12}O_{24}(SO_4,CO_3,OH,Cl)_3 \cdot H_2O$
Härte 5, **Dichte** 2,5
Farbe Weiß
Strichfarbe Weiß
Glanz Glasglanz
Spaltbarkeit Keine
Bruch Uneben
Tenazität Spröde
Kristallform Hexagonal

Ausbildung Kristalle linsenförmig, tafelig, ein- und aufgewachsen, körnig, derb.
Entstehung und Vorkommen In vulkanischen Auswürflingen und Einschlüssen.
Begleitmineralien Pyroxen, Grossular, Vesuvian, Feldspat, Pyroxen, Fassait.
Ähnliche Mineralien Sanidin hat eine vollkommene Spaltbarkeit; Leucit und Analcim haben eine andere Kristallform; Kalkspat braust beim Betupfen mit verdünnter Salzsäure.

2 Humit

Chem. Formel $(Mg,Fe)_7(SiO_4)_3(F,OH)_2$
Härte 6, **Dichte** 3,3–3,32
Farbe Orange bis braun
Strichfarbe Weiß
Glanz Glasglanz
Spaltbarkeit Schlecht
Bruch Uneben
Tenazität Spröde
Kristallform Orthorhombisch

Ausbildung Flächenreiche, isometrische Kristalle, derb, körnig, eingewachsen.
Entstehung und Vorkommen In metamorphen Kalksteinen, in vulkanischen Auswürflingen.
Begleitmineralien Spinell, Forsterit, Graphit, Diopsid, Kalkspat, Chondrodit.
Ähnliche Mineralien Humit ist mit einfachen Mitteln nicht von Klinohumit und Chondrodit zu unterscheiden, sonst sind Farbe und Paragenese sehr charakteristisch.

3 Klinohumit

Chem. Formel $Mg_9Si_4O_{16}(F,OH)_2$
Härte 6, **Dichte** 3,3
Farbe Orange
Strichfarbe Weiß
Glanz Glasglanz
Spaltbarkeit Schlecht
Bruch Uneben
Tenazität Spröde
Kristallform Monoklin

Ausbildung Flächenreiche, isometrische Kristalle, derb, körnig, eingewachsen.
Entstehung und Vorkommen In metamorphen Kalksteinen, in vulkanischen Auswürflingen.
Begleitmineralien Spinell, Forsterit, Graphit, Diopsid, Kalkspat, Chondrodit.
Ähnliche Mineralien Humit ist mit einfachen Mitteln nicht von Klinohumit und Chondrodit zu unterscheiden, sonst sind Farbe und Paragenese sehr charakteristisch.

4 Chondrodit

Chem. Formel $(Mg,Fe)_5(SiO_4)_2(F,OH)_2$
Härte 6–6½, **Dichte** 3,16–3,26
Farbe Orange bis braun
Strichfarbe Weiß
Glanz Glasglanz
Spaltbarkeit Schlecht
Bruch Uneben
Tenazität Spröde
Kristallform Monoklin

Ausbildung Flächenreiche, isometrische Kristalle, derb, körnig, eingewachsen.
Entstehung und Vorkommen In metamorphen Kalksteinen, in vulkanischen Auswürflingen.
Begleitmineralien Spinell, Forsterit, Graphit, Diopsid, Kalkspat, Klinohumit.
Ähnliche Mineralien Chondrodit ist mit einfachen Mitteln nicht von Klinohumit und Humit zu unterscheiden, sonst sind Farbe und Paragenese sehr charakteristisch.

Fundorte	
1 Pitigliano, Toskana, Italien	3 Juanar, Marbella, Spanien
2 Monte Somma, Vesuv, Italien	4 Franklin, New Jersey, USA

1

2

3

4

1–2 Opal

Chem. Formel $SiO_2 \cdot n\ H_2O$
Härte 5–6½, **Dichte** 1,9–2,2
Farbe Farblos, durchsichtig (Hyalit), weißlich, bläulich mit Farbenspiel (Edelopal), rot bis orange, durchscheinend (Feueropal), grün, rot, braun, gelb, undurchsichtig (gemeiner Opal)
Strichfarbe Weiß
Glanz Wachsglanz bis Glasglanz, manchmal irisierendes Farbenspiel
Spaltbarkeit Keine
Bruch Muschelig
Tenazität Spröde
Kristallform Amorph

Ausbildung Derb eingewachsen, als Füllung von Drusen, nierige, kugelige, tropfenförmige Aggregate.
Entstehung und Vorkommen In Hohlräumen vulkanischer Gesteine, in Sedimenten auf Höhe des Grundwasserspiegels, als Absatz heißer Quellen (Geysirit).
Begleitmineralien Zeolithe, Chalcedon, Achat, Quarz, Kalkspat.
Besonderheit Opal besitzt keine geordnete Kristallstruktur wie etwa der chemisch fast gleiche Quarz. Er besteht aus winzigsten Kieselsäurekügelchen, die mehr oder weniger regelmäßig angeordnet sind. Sind die Kügelchen unregelmäßig angeordnet, entsteht der sogenannte „Gemeine Opal", der keinerlei Farbenspiel zeigt, ist er farblos durchsichtig, wird er Hyalit genannt. Sind Kügelchen sehr regelmäßig angeordnet, bricht sich das Licht an ihnen und der Opal zeigt ein buntes Farbenspiel.
Ähnliche Mineralien Chalcedon kann ähnlich ausgebildet sein und ist dann mit einfachen Mitteln nicht zu unterscheiden; Edelopal unterscheidet sich immer durch sein Farbenspiel.

3–4 Opal

Edelstein

Farbe Farblos, weiß, rot (Feueropal), braun, schwarz, oft mit buntem Farbenspiel (Edelopal); durchsichtig bis undurchsichtig
Glanz Glasglanz
Schliffform Cabochonschliff, oft mit freier Formgebung, um den wertvollen Edelopal optimal zu präsentieren, durchsichtiger Feueropal auch facettiert

Edelopal aus Australien

Verwendung Wegen seines hohen Wertes und der Empfindlichkeit des Steines meist als Zentralstein in Broschen und Anhängern, Dubletten oder Tripletten auch für Ringe.
Behandlung Aus kleinen Stücken werden dünne Plättchen geschliffen, die mit einer Lage anderen, meist dunklen Materials unterlegt werden. So hergestellte Steine nennt man Dubletten. Sie sind wesentlich weniger wertvoll als reiner Opal. Werden diese Dubletten noch zum Schutz vor Beschädigung mit einem flachen, durchsichtigen Cabochon, beispielsweise von Bergkristall, überklebt, so entsteht daraus eine Triplette. Der außerordentlich wertvolle unbehandelte Edelopal ist sehr empfindlich. Er verträgt keine Hitze, Opalschmuck darf daher nie der Sonne ausgesetzt werden, oder etwa im Handschuhfach eines Autos aufbewahrt werden. Bei Hitze oder Trockenheit verliert der Opal seinen Wassergehalt und damit sein Farbenspiel. Durch Einlegen in Wasser kann dieses zwar wieder hervorgebracht werden, außerhalb des Wasser verschwindet es dann aber wieder. Deshalb werden billige Edelopale oft in Wasserschüsselchen präsentiert, zu Hause ist dann oft die Enttäuschung groß, wenn der Hauptteil des Farbenspiels am trockenen Stein verschwunden ist.
Unterscheidungsmöglichkeiten Gemeiner Opal ist oft von Jaspis nicht zu unterscheiden; die Edelopale sind durch ihr Farbenspiel unverwechselbar; Rhodochrosit ist sehr viel weicher als Feueropal.

Fundorte	
1 Valec, Tschechien	3 Australien
2 Australien	4 Australien

1 2

3 4

1
Rhodonit

Chem. Formel $CaMn_4[Si_5O_{15}]$
Härte 5½–6½, **Dichte** 3,73
Farbe Rosa, fleischrot, braunrot, tiefrot
Strichfarbe Weiß
Glanz Glasglanz
Spaltbarkeit Vollkommen
Bruch Uneben
Tenazität Spröde
Kristallform Triklin

Ausbildung Tafelige (oft scharftafelige) bis prismatische Kristalle, spätig, derb.
Entstehung und Vorkommen In metamorphen Mangan-Lagerstätten, Erzgängen.
Begleitmineralien Rhodochrosit, Quarz, Spessartin, Bleiglanz.
Ähnliche Mineralien Rhodochrosit ist weicher, Feldspat hat eine andere Spaltbarkeit und ist nie so intensiv rot, Spessartin hat keine Spaltbarkeit und zeigt mehr braune biis orangefarbene Töne, Axinit ist nie rot gefärbt, sondern mehr braunviolett, Babingtonit ist immer schwarz.

2
Rhodonit

Edelstein

Farbe Rosa, rot, tiefrot, oft mit schwarzen Adern
Glanz Glasglanz
Schlifform Cabochonschliff, Kugeln

Verwendung Cabochons als Ringsteine und für Broschen, Anhänger, Kugeln für Steinketten, häufig kunstgewerbliche Gegenstände.
Unterscheidung Durch die Farbe und die meist typische schwarze Aderung ist Rhodonit mit keinem anderen Edelstein oder Schmuckstein zu verwechseln.

3
Gorceixit

Chem. Formel $BaAl_3(PO_4)_2(OH)_5 \cdot H_2O$
Härte 6, **Dichte** 3,3
Farbe Weiß, braun
Strichfarbe Weiß
Glanz Glasglanz
Spaltbarkeit Keine
Bruch Muschelig
Tenazität Spröde
Kristallform Trigonal

Ausbildung Tafelige Kristalle, nierige, radialstrahlige Aggregate, körnig, derb.
Entstehung und Vorkommen In sedimentären Phosphat-Lagerstätten, in Pegmatiten.
Begleitmineralien Lazulith, Wardit, Goyazit, Feldspat, Augelit, Brasilianit.
Ähnliche Mineralien Augelith hat eine andere Kristallform; Goyazit ist etwas weicher; Kalkspat braust beim Betupfen mit verdünnter Salzsäure und ist viel weicher.

4
Skapolith

Mischkristallreihe mit den Endgliedern
Marialith $Na_8[(Cl_2,SO_4,CO_3)/(AlSi_3O_8)_6]$ und
Mejonit $Ca_8[(Cl_2,SO_4,CO_3)_2/(Al_2Si_2O_8)_6]$
Härte 5–6½, **Dichte** 2,54–2,77
Farbe Farblos, weiß, gelblich, grünlich, bläulich, rötlich, violett
Strichfarbe Weiß
Glanz Glasglanz
Spaltbarkeit Vollkommen
Bruch Muschelig
Tenazität Spröde
Kristallform Tetragonal

Ausbildung Prismatische Kristalle, stängelige, strahlige Aggregate, körnig.
Entstehung und Vorkommen In Kontakt-Lagerstätten und vulkanischen Auswürflingen, auf alpinen Klüften, in metamorphen Gesteinen.
Begleitmineralien Muskovit, Kalkspat, Sanidin, Biotit, Apatit, Titanit.
Ähnliche Mineralien Kalkspat ist trigonal und weicher, er braust beim Betupfen mit verdünnter Salzsäure; Zirkon ist härter; Vesuvian hat keine Spaltbarkeit; Apatit ist deutlich hexagonal, Quarz ist härter, Feldspat hat eine andere Kristallform und eine andere Spaltbarkeit, Nephelin hat eine andere Kristallform, Tremolit hat eine vollkommene Spaltbarkeit mit einem Spaltwinkel von 120°.

Fundorte	
1 Harstigen, Schweden	**3** Rapid Creek, Yukon Territory, Kanada
2 Australien	**4** New York, USA

1 2

3 4

1–2 Kalifeldspat *Sanidin, Orthoklas, Mikroklin*

Chem. Formel $K[AlSi_3O_8$
Härte 6, **Dichte** 2,53–2,56
Farbe Farblos, weiß, gelb, braun, fleischrot, grün
Strichfarbe Weiß
Glanz Glasglanz
Spaltbarkeit nach dem Basispinakoid vollkommen, nach dem seitlichen Pinakoid weniger vollkommen
Bruch Muschelig
Tenazität Spröde
Kristallform Monoklin (Sanidin und Orthoklas) und triklin (Mikroklin)

Mit Chlorit überzogener Adular

Ausbildung Prismatisch, dick- und dünntafelig (Sanidin), auch rhomboedrisch (Adular), oft Zwillinge mit einspringenden Winkeln, oft derb in großen Massen, aufgewachsene Kristalle in Pegmatiten (Mikroklin).

Entstehung und Vorkommen Gesteinsbildend in Graniten, Syeniten, Trachyten, Rhyolithen, Gneisen, Arkosen, Grauwacken, Pegmatiten, aufgewachsene Kristalle auf alpinen Klüften (besonders Adular) und als Gangart in hydrothermalen Gängen (Paradoxit).

Begleitmineralien Quarz, Muskovit, Biotit, Plagioklas, Granat, Turmalin und viele andere.

Besonderheit Kalifeldspat bildet häufig Zwillingsverwachsungen. Durchdringungszwillinge mit einspringenden Winkeln, die oft in porphyrischen Graniten eingewachsen sind, werden nach einem ihrer Fundorte, von wo sie Johann Wolfgang von Goethe zum ersten Mal beschrieben hatte, Karlsbader Zwillinge genannt. Andere Zwillingstypen werden nach ihren klassischen Fundorten Manebacher (nach Manebach in Thüringen) (siehe Abb. 1) und Bavenoer Zwillinge (nach Baveno in Norditalien) benannt.

Ähnliche Mineralien Kalifeldspat und Plagioklas sind derb nicht einfach zu unterscheiden, die Kristalle sind unverwechselbar. Quarz hat keine Spaltbarkeit; Kalkspat, Schwerspat, Gips und Dolomit sind weicher.

3–4 Kalifeldspat *Edelstein*

Farbe Fleischrot, grün (Amazonit), orange schillernd (Sonnenstein), weiß, zum Teil milchig mit bläulichem Schein (Mondstein)
Glanz Glasglanz, Seidenglanz
Schlifform Cabochonschliff, Kugeln

Mondstein als Cabochon

Verwendung Cabochons als Ringsteine und für Broschen, Anhänger, Kugeln für Steinketten, häufig kunstgewerbliche Gegenstände, besonders aus Amazonit.

Besonderheit Der Grund für die grüne Färbung des Amazonits war lange Zeit umstritten. Heute weiß man, dass ganz geringe Gehalte an Blei für diese Färbung verantwortlich sind. Amazonit findet sich praktisch nur in Pegmatiten. Die charakteristischen orientierten flammenförmigen Entmischungslamellen von weißem Albit (siehe Abb. 4) zeigen deutlich, dass es sich bei Amazonit um einen Kalifeldspat handelt.

Unterscheidung Die Farbe von Amazonit und der schillernde Farbschein von Mondstein sind sehr charakteristisch und verhindern jede Verwechslung.

Fundorte	
1 Baveno, Italien	3 Striegau, Polen
2 Pikes Peak, Colorado, USA	4 Minas Gerais, Brasilien

1 2

3 4

1–2 Plagioklas

Chem. Formel $(Na,Ca)[(Al,Si)_2Si_2O_8]$
Härte 6–6½, **Dichte** 2,61–2,77
Farbe Farblos, weiß, grünlich, rötlich, grau
Strichfarbe Weiß
Glanz Glasglanz
Spaltbarkeit Vollkommen, Spaltwinkel 90°
Bruch Muschelig
Tenazität Spröde
Kristallform Triklin

Cabochon von Spektrolith

Ausbildung Prismatisch bis tafelig, oft Zwillinge; häufig derb.
Entstehung und Vorkommen Gesteinsbildend in magmatischen und metamorphen Gesteinen, je nach Silicium-Gehalt der Gesteine in unterschiedlichen Albit-Anorthit-Mischungsverhältnissen, in Pegmatiten, hier allerdings viel seltener als Kalifeldspat, in vulkanischen Auswürflingen, in Kontaktgesteinen, auf alpinen Klüften, in Erzgängen, in Meteoriten.
Begleitmineralien Kalifeldspat, Quarz, Biotit, Muskovit, Augit, Hornblende, Epidot, Diopsid, Aktinolith.
Besonderheit Die Plagioklase bilden eine Mischungsreihe mit den beiden Endgliedern Albit $Na[AlSi_3O_8]$ (Abb. 1) und Anorthit $Ca[Al_2Si_2O_8]$ (Abb. 2). Die Zwischenglieder haben je nach Mischungsverhältnis unterschiedliche Namen:

Oligoklas	70–90% Albit
Andesin	50–70% Albit
Labradorit	30–50% Albit
Bytownit	10–30% Albit

Porzellanweißer Albit, der nach einem bestimmten Zwillingsgesetz, dem Periklin-Gesetz, verzwillingt ist, wird Periklin (Abb. 4) genannt. Er kommt nahezu ausschließlich auf alpinen Klüften vor.
Ähnliche Mineralien Quarz hat keine Spaltbarkeit; Kalkspat, Schwerspat, Gips und Dolomit sind weicher; Kalifeldspat zeigt andere Kristallformen. und die typische Karlsbader Zwillingsbildung, die bei Plagioklas nicht auftritt.

3–4 Plagioklas

Edelstein

Farbe Blauer bis bunter Farbschein auf dunklem Untergrund (Labradorit und Spektrolith).
Glanz Glasglanz
Schliffform Cabochonschliff, Kugeln

Cabochon von Labradorit

Verwendung Cabochons als Ringsteine und für Broschen, Anhänger, Kugeln für Steinketten, häufig auch kunstgewerbliche Gegenstände, besonders aus Labradorit. Gesteine, die reich an labradorisierenden Feldspäten sind, wie etwa der Larvikit aus Norwegen, werden als Dekorationsgesteine im Baugewerbe und zur Herstellung von Grabsteinen verwendet.
Besonderheit Labradorit hat seinen Namen von den Vorkommen auf der Halbinsel Labrador. Der wechselnde Farbschimmer, das sogenannte Labradorisieren, ist aber nicht auf den Plagioklas labradoritischer Zusammensetzung beschränkt. Auch andere Plagioklase, zum Beispiel Andesine oder Bytownite können dieses Farbenspiel zeigen. Es entsteht durch Interferenz des Lichtes an extrem dünnen Zwillingslamellen.
Unterscheidung Die schillernden Farben auf dunklem Hintergrund sind sehr charakteristisch und verhindern jede Verwechslung.

Fundorte	
1 Val Bedretto, Schweiz	3 Madagaskar
2 Monzoni, Südtirol, Italien	4 Pfitscher Tal, Südtirol, Italien

1 2

3 4

1

Melilith

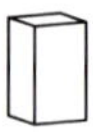

Chem. Formel $(Ca,Na)_2(Mg,Al,Fe)[Si_2O_7]$
Härte 5–5½, **Dichte** 2,9–3
Farbe Farblos, gelb, braun, rot
Strichfarbe Weißlich
Glanz Glasglanz auf frischem Bruch und im angewitterten Zustand Fettglanz
Spaltbarkeit Nicht erkennbar
Bruch Muschelig
Tenazität Spröde
Kristallform Tetragonal

Ausbildung Würfelähnliche bis tafelige Kristalle, aufgewachsen, oft derb, eingewachsen.
Entstehung und Vorkommen Gemengteil in vielen vulkanischen Gesteinen, auf deren Klüften auch aufgewachsene Kristalle.
Begleitmineralien Nephelin, Magnetit, Augit, Apatit, Perowskit, Olivin, Pseudobrookit.
Ähnliche Mineralien Die Paragenese macht Melilith unverwechselbar; Chabasit ist weicher; Kalkspat braust beim Betupfen mit verdünnter Salzsäure.

2

Benitoit

Chem. Formel $BaTi[Si_3O_9]$
Härte 6½, **Dichte** 3,7
Farbe Blass- bis tiefblau, selten rosa
Strichfarbe Weiß
Glanz Glasglanz
Spaltbarkeit Keine
Bruch Muschelig
Tenazität Spröde
Kristallform Trigonal

Ausbildung Flach dipyramidale Kristalle, eingewachsen, oft künstlich freigeätzt.
Entstehung und Vorkommen In hydrothermalen Natrolith-Gängen eingewachsen.
Begleitmineralien Natrolith, Neptunit, Joaquinit, Andradit, Aktinolith.
Ähnliche Mineralien Farbe und Kristallform von Benitoit verhindern jede Verwechslung; die Paragenese in Natrolithgängen zusammen mit Neptunit ist absolut unverwechselbar.

3

Hyalophan

Chem. Formel $(K,Ba)(Al,Si)_2Si_2O_8$
Härte 6½, **Dichte** 2,6–2,9
Farbe Weiß, gelb
Strichfarbe Weiß
Glanz Glasglanz
Spaltbarkeit Vollkommen
Bruch Uneben
Tenazität Spröde
Kristallform Monoklin

Ausbildung Tafelige bis prismatische Kristalle, spätige Massen, derb.
Entstehung und Vorkommen In vulkanischen Gesteinen, hydrothermalen Lagerstätten.
Begleitmineralien Dolomit, Baryt, Quarz, Muskovit, Goyazit, Titanit.
Ähnliche Mineralien Von Kalifeldspat ist Hyalophan mit einfachen Mitteln nicht zu unterscheiden, Quarz hat keine Spaltbarkeit; Kalkspat braust beim Betupfen mit verdünnter Salzsäure.

4

Prehnit

Chem. Formel $Ca_2Al[(OH)_2/AlSi_3O_{10}]$
Härte 6–6½, **Dichte** 2,8–3
Farbe Farblos, weiß, gelblich, grün
Strichfarbe Weiß
Glanz Glasglanz
Spaltbarkeit Erkennbar
Bruch Uneben
Tenazität Spröde
Kristallform Orthorhombisch

Ausbildung Tafelig, selten prismatische Kristalle, radialstrahlige Aggregate mit nieriger Oberfläche, kugelig, derb.
Entstehung und Vorkommen In Blasenhohlräumen vulkanischer Gesteine, in Drusen von Pegmatiten, auf alpinen Klüften.
Begleitmineralien Pektolith, Stilbit, Heulandit, Laumontit, Quarz, Apatit.
Ähnliche Mineralien Wavellit kommt in anderer Paragenese und Kristallform vor; Stilbit und Heulandit haben eine andere Härte, Kristallform und eine viel bessere Spaltbarkeit.

Fundorte	
1 Capo di Bove, Rom, Italien	**3** Busovaca, Jugoslawien
2 San Benito County, Kalifornien, USA	**4** Namibia

1

2

3

4

1 Zinnstein *Kassiterit*

Chem. Formel SnO_2
Härte 7, **Dichte** 6,8–7,1
Strichfarbe Gelblich bis weiß
Farbe Farblos, rötlich, braun, braunschwarz
Glanz Blendeartiger Glanz bis Fettglanz
Spaltbarkeit Kaum sichtbar
Bruch Muschelig
Tenazität Spröde
Kristallform Tetragonal

Ausbildung Prismatische bis nadelige Kristalle, knieförmige Zwillinge, radialstrahlige Aggregate („Holzzinn"), derb.
Entstehung und Vorkommen In Pegmatiten, pneumatolytischen Gängen und Verdrängungen, hydrothermalen Gängen, Seifen.
Begleitmineralien Flussspat, Topas, Wolframit.
Ähnliche Mineralien Kristallform und hohe Dichte unterscheiden Zinnstein von fast allen anderen Mineralien; Rutil ist heller oder, wenn dunkel, deutlich metallischer und hat dann auch eine deutlichere Spaltbarkeit.

2 Bertrandit

Chem. Formel $Be_4[(OH)_2/Si_2O_7]$
Härte 6½–7, **Dichte** 2,6
Farbe Farblos, weiß, gelblich, durchsichtig
Strichfarbe Weiß
Glanz Glasglanz, auf der Basis Perlmuttglanz
Spaltbarkeit Nach der Basis vollkommen
Bruch Muschelig
Tenazität Spröde
Kristallform Orthorhombisch

Ausbildung Tafelige Kristalle, V-förmige Zwillinge, fast immer aufgewachsen.
Entstehung und Vorkommen In Drusen von Pegmatiten, insbesondere in Hohlräumen ehemaliger Beryllkristalle, auf alpinen Klüften, in pneumatolytischen Zinn-Wolfram-Lagerstätten zusammen mit Berg II.
Begleitmineralien Bavenit, Milarit, Phenakit, Beryll, Rhodochrosit.
Ähnliche Mineralien Albit hat eine andere Kristallform; Schwerspat- und Muskovit sind viel weicher; tafelige Quarzkristalle sind manchmal von Bertrandit nicht gut zu unterscheiden.

3 Thortveitit

Chem. Formel $(Sc,Y)_2Si_2O_7]$
Härte 6–7, **Dichte** 3,27–3,58
Farbe Graugrün bis schwarz
Strichfarbe Grünlich weiß
Glanz Glasglanz
Spaltbarkeit Schlecht
Bruch Uneben bis muschelig
Tenazität Spröde
Kristallform Monoklin

Ausbildung Lang- bis kurzprismatische Kristalle, fast immer eingewachsen, derb.
Entstehung und Vorkommen In Granitpegmatiten eingewachsen in Feldspat.
Begleitmineralien Feldspat, Quarz, Monazit, Euxenit, Biotit, Zirkon, Fergusonit.
Ähnliche Mineralien Fergusonit ist mit einfachen Mitteln kaum zu unterscheiden; Monazit hat eine andere Kristallform, Gleiches gilt für Euxenit.

4 Mullit

Chem. Formel $Al_8[O_3(O_{0,5},OH,F)/AlSi_3O_{16}]$
Härte 6–7, **Dichte** 3,2–3,3
Farbe Farblos, weiß, violett
Strichfarbe Weiß
Glanz Glasglanz
Spaltbarkeit Wegen der nadeligen Ausbildung nicht sichtbar
Bruch Faserig
Tenazität Spröde
Kristallform Orthorhombisch

Ausbildung Nadelige Kristalle, Nadel-Büschel, radialstrahlige Aggregate, faserig, derb.
Entstehung und Vorkommen In vulkanischen Auswürflingen und Einschlüssen in Basalten.
Begleitmineralien Topas, Pyroxen, Hornblende, Pseudobrookit, Sillimanit.
Ähnliche Mineralien Sillimanit ist mit einfachen Mitteln von Mullit nicht zu unterscheiden; bildet aber selten freie Büschel und ist nie rosa; Natrolith und Skolezit sind weicher.

Fundorte	
1 Minas Gerais, Brasilien	**3** Iveland, Norwegen
2 Lohninger Bruch, Rauris, Österreich	**4** Bellerberg, Eifel

1 2

3 4

1 Jadeit

Chem. Formel $NaAl[Si_2O_6]$
Härte 6½, **Dichte** 3,2–3,3
Farbe Weiß, gelblich, grün, violett
Strichfarbe Weiß
Glanz Glasglanz
Spaltbarkeit Wegen der dichten Ausbildung kaum erkennbar
Bruch Muschelig
Tenazität Zäh
Kristallform Monoklin

Violette Jade

Ausbildung Selten kurzprismatische Kristalle, meist dicht, feinfilzig, körnig.
Entstehung und Vorkommen In kristallinen Schiefern, entstanden durch Regionalmetamorphose aus basaltischen Ausgangsgesteinen, wegen seiner Zähigkeit sehr verwitterungsbeständig und daher als Rollstücke, Kiesel und sogar große Blöcke in Flussgeröllen.
Begleitmineralien Diopsid, Albit.
Besonderheit Verwachsungen von Albit mit etwa 20% eines intensiv grünen durch Chromgehalte gefärbten Jadeits werden als Jadealbit oder mit dem burmesischen Lokalnamen Maw-sit-sit bezeichnet. Ein Mischkristall von Diopsid, Jadeit und Aegirin wird Chloromelanit genannt. Wegen seiner Zähigkeit wurde Jadeit in verschiedenen Kulturen zur Herstellung von prähistorischen Steinwerkzeugen verwendet.
Ähnliche Mineralien Nephrit ist etwas weicher, aber nur schwer von Jadeit zu unterscheiden.

2–4 Jadeit

Edelstein

Farbe Weiß, rosa, rot, orange, violett, schwarz, grün, braun; durchscheinend bis undurchsichtig
Glanz Glasglanz
Schlifform Cabochonschliff, Tafelschliff, Kugeln, Barocksteine

Chloromelanit als Cabochon

Verwendung Cabochons und Tafelschliffsteine werden als Ringsteine und für Broschen und Anhänger verwendet. Aus Barocksteinen und Kugeln werden Ketten hergestellt. Größere unregelmäßig geschliffene Steine dienen als Handschmeichler. Daneben werden aus Jadeit auch kunsthandwerkliche Gegenstände wie Figuren, Aschenbecher, Intarsien, Dosen, etc. hergestellt.
Besonderheit Jade ist der typisch chinesische Edelstein. Besonders wertvolle Jade wird daher gerne als China-Jade oder Yünnan-Jade bezeichnet. Dies ist aber insofern irreführend, als echter Jadeit in China gar nicht gefunden wurde, sondern aus Burma eingeführt wurde. In China selbst wurde kein Unterschied zwischen Jadeit und Nephrit gemacht. Während in China gelbliche Jade (die Farbe des Kaisers) als besonders wertvoll erachtet wurde, werden im westlichen Kulturkreis besonders intensiv grüne Farbtöne am teuersten bezahlt.
Unterscheidungsmöglichkeiten Nephrit ist meist eher gelblich grün; das Grün von Grossular (Transvaal-Jade) ist dunkler als Jadeit; Serpentin ist deutlich weicher.

Fundorte	
1 Burma	3 Burma
2 Burma	4 Burma

1 2

3 4

1–2 Vesuvian *Idokras*

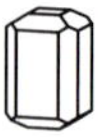

Chem. Formel $Ca_{10}(Mg,Fe)_2Al_4[(OH)_4/(SiO_4)_5/(Si_2O_7)_2]$
Härte 6½, **Dichte** 3,27–3,45
Farbe Gelb, braun, grün
Strichfarbe Weiß
Glanz Glasglanz bis Fettglanz
Spaltbarkeit Keine
Bruch Muschelig
Tenazität Spröde
Kristallform Tetragonal

Ausbildung Lang- bis kurzprismatische Kristalle, säulig, strahlig (Egeran), körnig, derb.
Entstehung und Vorkommen In metamorphen Kalksteinen, auf alpinen Klüften, in vulkanischen Auswürflingen.
Begleitmineralien Grossular, Wollastonit, Diopsid, Olivin.
Besonderheit Vesuvian trägt seinen Namen, weil er zum ersten Mal in vulkanischen Auswürflingen des Vesuv in Italien gefunden wurde.
Ähnliche Mineralien Grossular ist kubisch, aber von kurzprismatischem Vesuvian oft nur schwer zu unterscheiden; Zirkon ist schwerer und härter; Chondrodit, Humit und Klinohumit haben eine andere Kristallform.

3 Wiluit

Chem. Formel $Ca_{19}(Al,Mg,Fe,Ti)_{13}(B,Al)_5Si_{18}O_{68}(O,OH)_{10}$
Härte 6½, **Dichte** 3,27–3,45
Farbe Braun, grün
Strichfarbe Weiß
Glanz Glasglanz bis Fettglanz
Spaltbarkeit Keine
Bruch Muschelig
Tenazität Spröde
Kristallform Tetragonal

Ausbildung Lang- bis kurzprismatische Kristalle, eingewachsen, körnig, derb.
Entstehung und Vorkommen In einem serpentinisierten Skarngestein.
Begleitmineralien Grossular, Diopsid, Kalkspat, Serpentin.
Besonderheit Wiluit wurde lange Zeit für Vesuvian gehalten und ist unter diesem Namen auch heute noch in vielen Sammlungen vertreten. Erst durch moderne Untersuchungsmethoden konnte das Bor als maßgeblicher Bestandteil dieses Minerals festgestellt werden, dessen Vorkommen den Wiluit vom Vesuvian unterscheidet. Er wurde nach seinem weltweit bisher einzigen Vorkommen am Fluss Wilui in Sibirien, Russland, benannt.
Ähnliche Mineralien Grossular ist kubisch, aber von kurzprismatischem Wiluit oft nur schwer zu unterscheiden; Zirkon ist schwerer und härter; Chondrodit, Humit und Klinohumit haben eine andere Kristallform; Vesuvian ist mit einfachen Mitteln nicht zu unterscheiden.

4 Ussingit

Chem. Formel $Na_2AlSi_3O_8(OH)$
Härte 6½–7, **Dichte** 2,51
Farbe Blassrosa, violett, pink
Strichfarbe Weiß
Glanz Glasglanz bis Fettglanz
Spaltbarkeit Vollkommen
Bruch Uneben
Tenazität Spröde
Kristallform Triklin

Ausbildung Sehr selten würfelähnliche, tafelige Kristalle, aufgewachsen, meist körnig, derb, zum Teil in großen Massen, eingewachsen.
Entstehung und Vorkommen In Pegmatiten in sodalithführenden Nephelinsyeniten, in sodalithführenden Xenolithen in Syeniten.
Begleitmineralien Aegirin, Quarz,Feldspat, Pektolith, Kalkspat, Natrolith, Sodalith, Eudialyt.
Ähnliche Mineralien Das Vorkommen und die Farbe sind sehr charakteristisch; Fluorit und Calcit sind viel weicher; Quarz hat eine andere Kristallform; Kalkspat braust beim Betupfen mit verdünnter Salzsäure.

Fundorte

1 Asbestos, Kanada	**3** Wilui, Sibirien, Russland
2 Asbestos, Kanada	**4** Kola, Russland

1

2

3

4

1 Narsarsukit

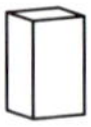

Chem. Formel $Na_2(Ti,Fe^{3+})Si_4(O,F)_{11}$
Härte 6½–7, **Dichte** 2,64–2,83
Farbe Gelb, honiggelb, grüngelb, bräunlich
Strichfarbe Weiß
Glanz Glasglanz bis Fettglanz
Spaltbarkeit Schlecht erkennbar
Bruch Muschelig
Tenazität Spröde
Kristallform Tetragonal

Ausbildung Tafelige Kristalle, seltener isometrisch oder prismatisch, meist eingewachsen, strahlige Aggregate, körnig, derbe Massen.
Entstehung und Vorkommen In Alkaligesteinspegmatiten, in Gängen in Syeniten, in Xenolithen in syenitischen Gesteinen.
Begleitmineralien Aegirin, Quarz, Feldspat, Pektolith, Kalkspat, Bleiglanz.
Ähnliche Mineralien Das Vorkommen mit syenitischen Gesteinen ist sehr charakteristisch; Fluorit und Calcit sind viel weicher; Quarz hat eine andere Kristallform; Kalkspat braust beim Betupfen mit verdünnter Salzsäure.

2 Låvenit

Chem. Formel $(Na,Ca,Mn)_3(Zr,Ti,Fe)(SiO_4)_2F$
Härte 6, **Dichte** 3,5
Farbe Farblos, gelb, braun
Strichfarbe Weiß
Glanz Glasglanz
Spaltbarkeit Vollkommen
Bruch Uneben
Tenazität Spröde
Kristallform Monoklin

Ausbildung Prismatische bis nadelige Kristalle, selten tafelig, oft derb.
Entstehung und Vorkommen In vulkanischen Auswürflingen und gesteinsbildend in Alkaligesteinen, wie etwa Nephelinsyenit, und deren Pegmatiten.
Begleitmineralien Wöhlerit, Feldspat, Zirkon, Astrophyllit, Aegirin, Apatit.
Ähnliche Mineralien Wöhlerit ist mehr tafelig, Astrophyllit ist immer mehr blättrig.

3 Chkalovit

Chem. Formel $Na_2BeSi_2O_6$
Härte 6, **Dichte** 2,7
Farbe Farblos, weiß
Strichfarbe Weiß
Glanz Glasglanz
Spaltbarkeit Schlecht erkennbar
Bruch Uneben
Tenazität Spröde
Kristallform Orthorhombisch

Ausbildung Isometrische Kristalle, selten aufgewachsen, oft eingewachsen, derb.
Entstehung und Vorkommen In Alkaligesteinspegmatiten, in Sodalith-Xenolithen in Syeniten.
Begleitmineralien Sodalith, Eudialyt, Neptunit, Pektolith, Feldspat, Aegirin.
Ähnliche Mineralien Quarz ist härter, Feldspat hat eine vollkommene Spaltbarkeit, Nephelin hat eine andere Kristallform als Chkalovit.

4 Petalit

Chem. Formel $LiAlSi_4O_{10}$
Härte 7, **Dichte** 2,4
Farbe Farblos, weiß, rosa
Strichfarbe Weiß
Glanz Glasglanz
Spaltbarkeit Vollkommen
Bruch Spätig
Tenazität Spröde
Kristallform Monoklin

Ausbildung Tafelige Kristalle, selten aufgewachsen, oft eingewachsen, Spaltstücke, derb.
Entstehung und Vorkommen In Granitpegmatiten, teilweise als Lithiumerz gewonnen.
Begleitmineralien Pollucit, Beryll, Feldspat, Quarz, Turmalin, Lepidolith.
Ähnliche Mineralien Quarz hat keine Spaltbarkeit; Feldspat ist etwas weicher und hat eine andere Spaltbarkeit; Spodumen hat eine Spaltbarkeit mit einem Spaltwinkel von 120°.

Fundorte	
1 Kola, Russland	3 Kola, Russland
2 Kola, Russland	4 Varuträsk, Schweden

1

2

3

4

1 Sugilith

Chem. Formel $(K,Na)(Na,Fe)_2(Li_2Fe)[Si_{12}O_{30}]$
Härte 6–7, **Dichte** 2,74
Farbe Hell- bis dunkelviolett
Strichfarbe Weiß
Glanz Glasglanz bis matt
Spaltbarkeit Nicht erkennbar
Kristallform Hexagonal

Ausbildung Prismatische, längsgestreifte Kristalle, dichte Massen, körnig, derb.
Entstehung und Vorkommen In metamorphen Mangan-Lagerstätten.
Begleitmineralien Hausmannit, Braunit, Pyrolusit, Quarz, Pektolith, Apophyllit.
Ähnliche Mineralien Die charakteristische Farbe macht Sugilith unverwechselbar.

2 Sugilith

Edelstein

Schliffform Cabochonschliff, Kugeln, Barocksteine

Verwendung Cabochons werden als Ringsteine oder für Broschen und Anhänger verarbeitet. Aus Barocksteinen und Kugeln werden Ketten hergestellt. Größere, unregelmäßig geschliffene Steine dienen als Handschmeichler. Daneben werden aus Sugilith auch kunsthandwerkliche Gegenstände, wie Figuren, Aschenbecher, Intarsien, Dosen, etc. hergestellt.
Unterscheidungsmöglichkeiten Der seltene Charoit aus Sibirien ist immer deutlich, auch mit freiem Auge sichtbar, faserig und nicht körnig wie der Sugilith. Er ist auch meist deutlicher blauviolett. Ansonsten ist die Farbe des Sugiliths außerordentlich typisch und unverwechselbar.

3 Xonotlit

Chem. Formel $Ca_6Si_6O_{17}(OH)_2$
Härte 6½, **Dichte** 2,7
Farbe Weiß
Strichfarbe Weiß
Glanz Glasglanz bis Seidenglanz
Spaltbarkeit Schlecht erkennbar
Bruch Faserig
Tenazität Spröde
Kristallform Monoklin

Ausbildung Nadelige Kristalle, Kristallbüschel, faserige, radialstrahlige Aggregate.
Entstehung und Vorkommen In kalkreichen Xenolithen in vulkanischen Gesteinen, in Drusen von Basalten, in metamorphen Mangan-Lagerstätten, auf Klüften in umgewandelten basischen Gesteinen.
Begleitmineralien Tobermorit, Thaumasit, Afwillit, Ettringit, Kalkspat.
Ähnliche Mineralien Natrolith zeigt meist dickere Kristalle, oft mit Endflächen; Aragonit braust beim Betupfen mit verdünnter Salzsäure; Tobermorit ist viel weicher.

4 Klinozoisit

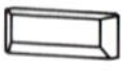

Chem. Formel $Ca_2Al_3(O/OH/SiO_4/Si_2O_7)$
Härte 6–7, **Dichte** 3,3–3,5
Farbe Grau, hellbraun, graubraun
Strichfarbe Grau bis weiß
Glanz Glasglanz
Spaltbarkeit Vollkommen
Tenazität Spröde
Bruch Uneben
Kristallform Monoklin

Ausbildung Langtafelige bis prismatische Kristalle, strahlige Aggregate, stängelig, derb.
Entstehung und Vorkommen In hydrothermalen Gängen und metamorphen Gesteinen.
Begleitmineralien Axinit, Hornblendeasbest, Albit, Kalkspat, Quarz.
Ähnliche Mineralien Epidot ist immer etwas grün; Zoisit ist von Klinozoisit nicht immer einfach zu unterscheiden; Aktinolith und Hornblende haben eine vollkommene Spaltbarkeit mit einem Spaltwinkel von 120°.

Fundorte	
1 Hotazel, Südafrika	**3** N'Chwaning, Hotazel, Südafrika
2 Hotazel, Südafrika	**4** Ahrntal, Südtirol, Italien

1 2

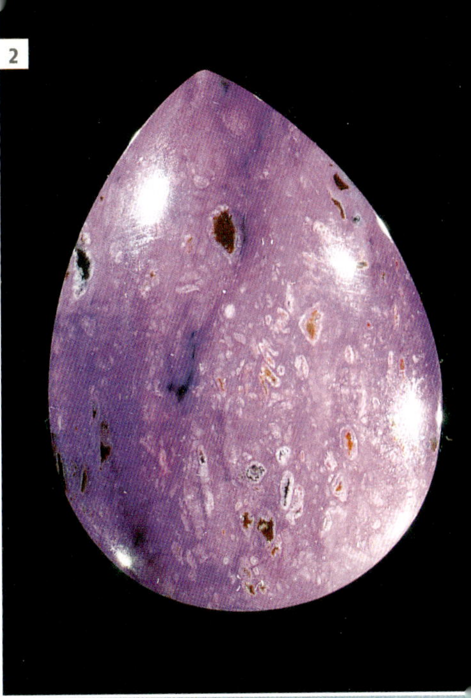

3 4

1 Zoisit

Chem. Formel $Ca_2Al_3(SiO_4)(Si_2O_7)O(OH)$
Härte 6–7, **Dichte** 3,15–3,36
Farbe Grau, hellbraun, graubraun, blau
Strichfarbe Grau bis weiß
Glanz Glasglanz
Spaltbarkeit Vollkommen
Tenazität Spröde
Bruch Uneben
Kristallform Orthorhombisch

Ausbildung Langtafelige bis prismatische Kristalle, strahlige Aggregate, stängelig, derb.
Entstehung und Vorkommen In metamorphen Gesteinen, besonders der Blauschieferfacies, in Pegmatiten.
Begleitmineralien Albit, Biotit, Quarz, Plagioklas, Grossular, Kalkspat.
Ähnliche Mineralien Epidot ist immer etwas grün; Klinozoisit ist von Zoisit nicht immer einfach zu unterscheiden; Aktinolith und Hornblende haben eine vollkommene Spaltbarkeit mit einem Spaltwinkel von 120°.

2 Zoisit

Edelstein

Farbe Grün, blau, tiefblau (Tansanit)
Schliffform Facettenschliff

Verwendung Vorwiegend als Ringsteine oder für Broschen und Anhänger verarbeitet.
Behandlung Die meist bräunlichen bis grünlichen Tansanite werden gebrannt, um die saphirblaue Farbe zu erzeugen.
Besonderheit Die tiefblaue Varietät wird wegen ihrer Herkunft Tansanit genannt, da schleifbares Material weltweit nur an einer einzigen Fundstelle in Tansania gefunden wird. Sie ist die einzige, die in größeren Mengen zu Schmuck verarbeitet wird.
Unterscheidungsmöglichkeiten Saphir ist deutlich härter und selten so tiefblau.

3 Chloritoid

Chem. Formel $(Fe,Mg,Mn)_2Al_4Si_2O_{10}(OH)_4$
Härte 6–7, **Dichte** 3,56
Farbe Graugrün, grün
Strichfarbe Grau bis weiß
Glanz Glasglanz
Spaltbarkeit Vollkommen
Tenazität Spröde
Bruch Uneben
Kristallform Monoklin

Ausbildung Pseudohexagonale, tafelige Kristalle, blättrige Aggregate, derb.
Entstehung und Vorkommen In metamorphen Gesteinen, in hydrothermal umgewandelten Gesteinen.
Begleitmineralien Albit, Biotit, Quarz, Plagioklas, Disthen, Staurolith.
Ähnliche Mineralien Chlorit und Glimmer sind viel weicher; Feldspat hat eine andere Spaltbarkeit; Quarz hat überhaupt keine Spaltbarkeit.

4 Osumilith

Chem. Formel $(K,Na)(Mg,Fe^{2+})_2(Al,Fe^{3+})_3(Si,Al)_{12}O_{30}$
Härte 7, **Dichte** 2,6–2,8
Farbe Grau, hellbraun, graubraun, blau, schwarz, grün
Strichfarbe Grau bis weiß
Glanz Glasglanz
Spaltbarkeit Schlecht
Tenazität Spröde
Bruch Uneben
Kristallform Hexagonal

Ausbildung Dicktafelige bis prismatische Kristalle, meist aufgewachsen, derb.
Entstehung und Vorkommen In vulkanischen Auswürflingen, in Hohlräumen in vulkanischen Gesteinen.
Begleitmineralien Sanidin, Tridymit, Biotit, Quarz, Pyroxen, Amphibol.
Ähnliche Mineralien Cordierit kommt in einer anderen Paragenese vor; Apatit ist weicher, Gleiches gilt für Nephelin; Hämatit hat einen roten Strich.

Fundorte	
1 Passeiertal, Südtirol, Italien	**3** Osttirol, Österreich
2 Tansania	**4** Funtanafigu, Sardinien, Italien

1

2

3

4

1 Asbecasit

Chem. Formel $Ca_3(Ti,Sn)As_6Si_2Be_2O_{20}$
Härte 6½–7, **Dichte** 3,7
Farbe Gelb
Strichfarbe Weiß
Glanz Glasglanz
Spaltbarkeit Gut
Bruch Uneben
Tenazität Spröde
Kristallform Trigonal

Ausbildung Dicktafelige Kristalle, aufgewachsen, derbe, pulvrige Massen.
Entstehung und Vorkommen Auf alpinen Klüften aufgewachsen.
Begleitmineralien Cafarsit, Torbernit, Tilasit, Synchisit, Adular, Quarz, Agardit.
Ähnliche Mineralien Bei Beachtung der Paragenese ist Asbecasit unverwechselbar; Titanit ist intensiv gelb; Kalkspat braust beim Betupfen mit verdünnter Salzsäure.

2 Cordierit *Dichroit*

Chem. Formel $Mg_2Al_3[AlSi_5O_{18}]$
Härte 7, **Dichte** 2,6
Farbe Grau, blau, violett, grünlich bis gelb
Strichfarbe Weiß
Glanz Glasglanz bis Fettglanz
Spaltbarkeit Undeutlich
Bruch Muschelig
Tenazität Spröde
Kristallform Orthorhombisch

Ausbildung Sechs- und zwölfseitige Prismen, meist eingewachsen, häufig derb.
Entstehung und Vorkommen In Gneisen und Kontaktgesteinen, in metamorphen Kies-Lagerstätten, in vulkanischen Auswürflingen.
Begleitmineralien Granat, Sillimanit, Gahnit, Pyrrhotin, Quarz, Feldspat, Biotit.
Ähnliche Mineralien Turmalin in ähnlicher Paragenese ist immer glänzend schwarz; mit einfachen Mitteln derben Cordierit von Quarz zu unterscheiden, ist nicht immer möglich.

3 Axinit

Chem. Formel $Ca_2(Fe,Mg,Mn)Al_2[OH/BO_3/Si_4O_{12}]$
Härte 6½–7, **Dichte** 3,3
Farbe Braun, grau, violett, blau, grünlich
Glanz Glasglanz
Strichfarbe Weiß
Spaltbarkeit Schlecht sichtbar
Bruch Muschelig
Tenazität Spröde
Kristallform Triklin

Ausbildung Tafelige Kristalle, sehr scharfkantig, meist aufgewachsen, derb, spätig, stängelig.
Entstehung und Vorkommen In Kalksilikatgesteinen, kontaktmetasomatischen Lagerstätten, auf alpinen Klüften, in Drusen von Pegmatiten.
Begleitmineralien Klinozoisit, Chlorit, Apatit, Scheelit, Zinnstein, Quarz.
Ähnliche Mineralien Die scharfkantigen Kristalle von Axinit sind unverwechselbar; Rhodonit ist immer mehr oder weniger rot; Adular und Albit haben nie so scharfe Kanten.

4 Sillimanit

Chem. Formel $Al_2[O/SiO_4]$
Härte 6–7, **Dichte** 3,2
Farbe Farblos, weiß, gelblich, grau
Strichfarbe Weiß
Glanz Glasglanz, in Aggregaten Seidenglanz
Spaltbarkeit Vollkommen, aber meist nicht erkennbar
Bruch Uneben
Tenazität Spröde
Kristallform Orthorhombisch

Ausbildung Kaum prismatische bis nadelige Einzelkristalle, meist faserig, strahlig, stängelig.
Entstehung und Vorkommen In Gneisen, Glimmerschiefern, Eklogiten, Granuliten, in Pegmatiten innerhalb dieser Gesteine, in metamorphen Kies-Lagerstätten.
Begleitmineralien Cordierit, Gahnit, Granat, Quarz, Disthen, Andalusit.
Ähnliche Mineralien Asbestfasern sind biegsam; Beryll ist hexagonal; Disthen zeigt immer deutliche Härteunterschiede; Diopsid hat eine andere Spaltbarkeit.

Fundorte	
1 Cherbadung, Wallis, Schweiz	**3** Harz, Deutschland
2 Silberberg, Bodenmais, Bayerischer Wald	**4** Pleystein, Ostbayern

1

2

3

4

1 **Almandin**

Chem. Formel $Fe_3Al_2[SiO_4]_3$
Härte 6½–7½, **Dichte** 4,32
Farbe Rot, rotbraun, braun
Strichfarbe Weiß
Glanz Glasglanz
Spaltbarkeit Keine
Bruch Muschelig
Tenazität Spröde
Kristallform Kubisch

Ausbildung Rhombendodekaeder und Deltoidikositetraeder, fast immer eingewachsen.
Entstehung und Vorkommen In Glimmerschiefern, Gneisen, Granuliten, seltener in Pegmatiten.
Begleitmineralien Staurolith, Glimmer, Quarz, Feldspat.
Ähnliche Mineralien Die Paragenese von Almandin in Glimmerschiefern und Gneisen ist charakteristisch.

2 **Almandin** *Edelstein*

Farbe Rot, rotbraun
Glanz Glasglanz
Schliffform Facettenschliff

Verwendung Hauptsächlich zu Schmuck, als Ringsteine, für Broschen und Anhänger, meist typisch viele facettierte Steine zusammen, selten Cabochons.

3

Chem. Formel $Mg_3Al_2[SiO_4]$
Härte 7–7½, **Dichte** 3,58
Farbe Dunkelrot, blutrot
Strichfarbe Weiß
Glanz Glasglanz
Spaltbarkeit Keine
Bruch Muschelig
Tenazität Spröde
Kristallform Kubisch

Ausbildung Rhombendodekaeder, Deltoidikositetraeder, oft rundliche Körner, immer eingewachsen.
Entstehung und Vorkommen In Ultrabasiten, Serpentiniten und Seifen.
Begleitmineralien Diamant, Phlogopit, Olivin.
Ähnliche Mineralien Die Paragenese von Pyrop ist charakteristisch; Almandin ist immer etwas bräunlicher, nie rein dunkelrot.

4 **Pyrop** *Edelstein*

Farbe Rot
Glanz Glasglanz
Schliffform Facettenschliff

Verwendung Hauptsächlich zu Schmuck, als Ringsteine, Für Broschen und Anhänger fast immer facettiert, sehr selten als Cabochon.

5 **Grossular**

Chem. Formel $Ca_3Al_2[SiO_4]_3$
Härte 6½–7, **Dichte** 3,59
Farbe Farblos, gelb, gelb, grün
Strichfarbe Weiß
Glanz Glasglanz
Spaltbarkeit Keine
Bruch Muschelig
Tenazität Spröde
Kristallform Kubisch

Ausbildung Deltoidikositetraeder und Rhombendodekaeder, ein- und aufgewachsen, derb, körnig.
Entstehung und Vorkommen In Kontaktmarmoren, auf Klüften von Serpentiniten und Rodingiten.
Begleitmineralien Vesuvian, Diopsid, Kalkspat.
Besonderheit Rotbrauner, eisenreicher Grossular wird Hessonit genannt.
Ähnliche Mineralien Die Paragenese von Grossular ist sehr charakteristisch; Vesuvian ist meist deutlich prismatisch, derb mit einfachen Mitteln nur schwer zu unterscheiden.

6 **Hessonit** *Edelstein*

Farbe Farblos, weiß, rosa, gelb, braun, grün, rot
Glanz Glasglanz
Schliffform Facettenschliff

Verwendung Hauptsächlich zu Schmuck, als Ringsteine, für Broschen, Anhänger.

Fundorte		
1 Stilluptal, Österreich	**3** Indien	**5** Transvaal, Südafrika
2 Alpe Arami, Tessin	**4** Asbestos, Kanada	**6** Friedeberg, Polen

1

2

3

4

5

6

1 Andradit

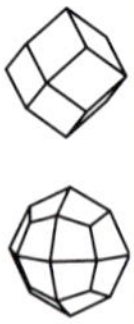

Chem. Formel $Ca_3Fe_2[SiO_4]_3$
Härte 6½–7½, **Dichte** 3,86
Farbe Farblos, braun, grün, schwarz
Strichfarbe Weiß
Glanz Glasglanz
Spaltbarkeit Keine
Bruch Muschelig
Tenazität Spröde
Kristallform Kubisch

Ausbildung Rhombendodekaeder und Deltoidikositetraeder, ein- und aufgewachsen.
Entstehung und Vorkommen In metamorphen Lagerstätten, auf Klüften von Serpentinen und Skarngesteinen, in vulkanischen Gesteinen (besonders Melanit).
Begleitmineralien Chlorit, Diopsid, Hedenbergit, Magnetit.
Besonderheit Gelber, durchsichtiger Andradit wird Demantoid genannt, schwarzer Titan-haltiger Melanit.
Ähnliche Mineralien Grossular ist von Andradit mit einfachen Mitteln oft nicht zu unterscheiden.

2 Andradit

Edelstein

Farbe Farblos, weiß, rosa, gelb, braun, grün, rot
Glanz Glasglanz
Schliffform Facettenschliff

Verwendung Hauptsächlich zu Schmuck, als Ringsteine, für Broschen und Anhänger.

3 Uwarowit

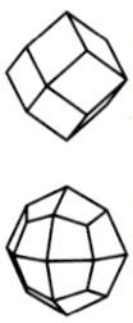

Chem. Formel $Ca_3Cr_2[SiO_4]_3$
Härte 6½–7½, **Dichte** 3,85
Farbe Smaragdgrün
Strichfarbe Weiß
Glanz Glasglanz
Spaltbarkeit Keine
Bruch Muschelig
Tenazität Spröde
Kristallform Kubisch

Ausbildung Rhombendodekaeder und Deltoidikositetraeder, ein- und aufgewachsen.
Entstehung und Vorkommen In chromreichen, metamorphen Lagerstätten, auf Klüften von chromithaltigen Gesteinen und Chromiterzen.
Begleitmineralien Chromit, Kämmererit, Titanit.
Ähnliche Mineralien Die Farbe ist sehr charakteristisch, die Paragenese macht Uwarowit unverwechselbar.

Uwarowit

Edelstein

Farbe Smaragdgrün
Glanz Glasglanz
Schliffform Facettenschliff

Verwendung Hauptsächlich zu Schmuck, als Ringsteine, für Broschen und Anhänger.

4 Spessartin

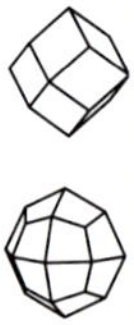

Chem. Formel $Mn_3Al_2[SiO_4]_3$
Härte 7, **Dichte** 4,19
Farbe Rosa, orange, braun
Strichfarbe Weiß
Glanz Glasglanz
Spaltbarkeit Keine
Bruch Muschelig
Tenazität Spröde
Kristallform Kubisch

Ausbildung Deltoidikositetraeder, ein- und aufgewachsen.
Entstehung und Vorkommen In metamorphen Mangan-Lagerstätten, in Pegmatiten und Graniten.
Begleitmineralien Rhodonit, Feldspat, Quarz.
Ähnliche Mineralien Almandin ist mehr rotbraun, zeigt im Gegensatz zum Spessartin oft das Rhombendodekaeder.

Spessartin

Edelstein

Farbe Orange, rot
Glanz Glasglanz
Schliffform Facettenschliff

Verwendung Hauptsächlich zu Schmuck, als Ringsteine, für Broschen, Anhänger.

Fundorte	
1 Serifos, Griechenland	3 Saranyi, Ural, Russland
2 Val Malenco, Piemont, Italien	4 Gilgit, Pakistan

1

2

3

4

1 Andalusit *Chiastolith*

Chem. Formel $Al_2[O/SiO_4]$
Härte 7½, **Dichte** 3,1–3,2
Farbe Verschiedene Grautöne, gelblich, rötlich, grün, braun, manchmal auch mehrfarbig
Strichfarbe Weiß
Glanz Glasglanz, aber meist getrübt
Spaltbarkeit Meist undeutlich
Bruch Uneben
Tenazität Spröde
Kristallform Orthorhombisch

Ausbildung Dicksäulige Kristalle mit fast quadratischem Querschnitt, radialstrahlige Aggregate, fast immer eingewachsen. Manche Andalusite werden Chiastolith genannt, weil sie im Querschnitt eine kreuzförmige Zeichnung zeigen, die dem griechischen Buchstaben Chi ähnelt.

Entstehung und Vorkommen Eingewachsen in Gneisen und Glimmerschiefern, in Quarzknauern von metamorphen Gesteinen, in Tonschiefern und Pegmatiten. Die schönsten und größten deutschen Andalusite kommen aus dem Bayerischen Wald.

Begleitmineralien Quarz, Feldspat, Turmalin, Glimmer, Korund, Sillimanit.

Ähnliche Mineralien Turmalin hat eine andere Kristallform mit drei- oder sechsseitigem Querschnitt; Hornblende, Augit und Aktinolith haben eine andere Spaltbarkeit.

2 Andalusit

Edelstein

Farbe Gelblich mit schwarzem Kreuz (Chiastolith)
Schliffform Tafelschliff oder Cabochon, selten facettiert

Verwendung Als Ringsteine, für Anhänger. Wegen der deutlich erkennbaren Kreuzform des Chiastoliths und seines Vorkommens im Bereich des Wallfahrtortes Santiago de Compostela in Spanien wurden Chiastolith-Anhänger oft als religiöse Amulette getragen.

3 Melanophlogit

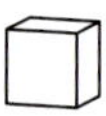

Chem. Formel SiO_2
Härte 6½–7, **Dichte** 2,0
Farbe Farblos, weiß
Strichfarbe Weiß
Glanz Glasglanz
Spaltbarkeit Keine
Bruch Muschelig
Tenazität Spröde
Kristallform Kubisch

Ausbildung Würfel, kugelige Aggregate mit parkettierter Oberfläche, wassertropfenähnliche Aggregate mit glatter Oberfläche.

Entstehung und Vorkommen In Sedimentgesteinen mit viel organischen Substanzen, in Schwefel-Lagerstätten.

Begleitmineralien Schwefel, Calcit, Aragonit.

Ähnliche Mineralien Fluorit und Calcit sind viel weicher; Quarz hat eine andere Kristallform; die Paragenese mit Schwefel ist sehr charakteristisch; Kalkspat braust beim Betupfen mit verdünnter Salzsäure.

4 Lawsonit

Chem. Formel $CaAl_2Si_2O_7(OH)_2 \cdot H_2O$
Härte 7, **Dichte** 3,09
Farbe Weiß, rosa, grau, blau
Strichfarbe Weiß
Glanz Glasglanz bis Fettglanz
Spaltbarkeit Vollkommen
Bruch Muschelig
Tenazität Spröde
Kristallform Orthorhombisch

Ausbildung Lang- bis kurzprismatische und tafelige Kristalle, auf Klüften aufgewachsen und in Gesteinen eingewachsen, körnig, derb.

Entstehung und Vorkommen In Gesteinen der Versenkungsmetamorphose, zum Beispiel in Glaukophanschiefern.

Begleitmineralien Glaukophan, Quarz.

Ähnliche Mineralien Die Paragenese in Hochdruckgesteinen ist sehr typisch; Feldspat hat eine andere Kristallform, Quarz hat keine Spaltbarkeit.

Fundorte

1 Lisens-Alm, Stubaital, Österreich	**3** Livorno, Italien
2 Spanien	**4** Berkeley, Kalifornien

1 2

3 4

1 Tridymit

Chem. Formel SiO_2
Härte 6½–7, **Dichte** 2,27
Farbe Farblos, weiß
Strichfarbe Weiß
Glanz Glasglanz
Spaltbarkeit Selten sichtbar
Bruch Muschelig
Tenazität Spröde
Kristallform Hexagonal bei hohen Temperaturen gebildet

Ausbildung Dünn- bis selten dicktafelige Kristalle, fächerartige Drillinge, derb.
Entstehung und Vorkommen Auf Klüften und in Drusen saurer, vulkanischer Gesteine, in der Kontaktzone saurer Einschlüsse, in vulkanischen Gesteinen, oft Pseudomorphosen von Quarz nach Tridymit.
Begleitmineralien Hochquarz, Hornblende, Augit.
Ähnliche Mineralien Sanidin ist meist dicktafeliger und zeigt eine andere Kristallform; von den meisten anderen dünntafeligen weißen Mineralien unterscheidet sich Tridymit durch die typische Paragenese.

2 Cristobalit

Chem. Formel SiO_2
Härte 6½–7, **Dichte** 2,2
Farbe Trüb milchig weiß
Strichfarbe Weiß
Glanz Glasglanz
Spaltbarkeit Keine
Bruch Muschelig
Tenazität Spröde
Kristallform Kubisch, tetragonal

Ausbildung Bei höheren Temperaturen kubisch gebildet, bei Abkühlung in die tetragonale Modifikation umgewandelt; meist Oktaeder, oft plattig verzerrt, selten Würfel.
Entstehung und Vorkommen Auf Klüften und Drusen in sauren, vulkanischen Gesteinen, in Obsidianen.
Begleitmineralien Tridymit, Hochquarz, Haematit, Pseudobrookit, Augit, Hornblende.
Ähnliche Mineralien Die Paragenese, Kristallform und Farbe unterscheiden Cristobalit von allen anderen Mineralien; Tridymit ist tafelig; Sanidin hat eine andere Kristallform.

3–4 Spodumen *Kunzit, Hiddenit*

Chem. Formel $LiAl[Si_2O_6]$
Härte 6½–7, **Dichte** 3,1–3,2
Farbe Farblos, weiß, rosa und violett (Kunzit), grün (Hiddenit), gelb, braun
Strichfarbe Weiß
Glanz Glasglanz
Spaltbarkeit Nach dem Prisma vollkommen
Bruch Spätig
Tenazität Spröde
Kristallform Monoklin

Ausbildung Kristalle tafelig, seltener prismatisch, strahlig, spätig, derb, ein- und aufgewachsen.
Entstehung und Vorkommen Strahlig, tafelig in Pegmatiten eingewachsen, trübe, in Drusen in diesen Pegmatiten durchsichtig und schön gefärbte Kristalle aufgewachsen, prismatisch bis tafelig.
Begleitmineralien Feldspat, Quarz, Beryll, Muskovit.
Besonderheit Betrachtet man rosa gefärbten Kunzit von allen Seiten, so zeigt er eine besondere Eigenschaft: den Pleochroismos. Je nach Betrachtungsrichtung ändert sich die Farbe in ihrer Intensität und in ihrem Farbton von Rosa bis Gelb.
Ähnliche Mineralien Feldspat hat eine andere Spaltbarkeit; Quarz hat gar keine Spaltbarkeit; rosafarbener Beryll hat eine ganz andere sechsseitige Kristallform; Apatit ist weicher und hat eine andere, ebenfalls sechsseitige Kristallform.

5 Spodumen

Edelstein

Farbe Farblos, weiß, rosa und violett (Kunzit), grün (Hiddenit), gelb, braun
Schliffform Facettenschliff

Verwendung Als Ringstein, für Broschen und Anhänger.
Unterscheidungsmöglichkeiten Morganit ist mit einfachen Mitteln nicht zu unterscheiden, allerdings ändert sich beim Kunzit je nach Betrachtungsrichtung die Farbintensität stark, bei Morganit ist das nicht der Fall.

Fundorte		
1 Colli Euganei, Italien	**3** Nuristan, Afghanistan	**5** Minas Gerais, Brasilien
2 Bellerberg, Efel	**4** Minas Gerais, Brasilien	

1 2

3 4

5

1–2 Quarz

Chem. Formel SiO_2
Härte 7, **Dichte** 2,65
Farbe Farblos oder vielfältig gefärbt (siehe bei den Varietäten)
Strichfarbe Weiß
Glanz Glasglanz bis Fettglanz
Spaltbarkeit Keine
Bruch Muschelig
Tenazität Spröde
Kristallform Trigonal (Tiefquarz), der über 573 °C gebildete Hochquarz ist hexagonal

Ausbildung Kristalle meist sechsseitig, deutlich trigonale (dreiseitige) Kristalle sind bei besonders tiefen Temperaturen gebildet. Häufig Zwillingsbildungen, auch mit einspringenden Winkeln. Solche Zwillinge werden Japaner Zwillinge genannt. Kristalle können plattig verzerrt, nadelig, kurzprismatisch oder bipyramidal sein. Aggregate sind radialstrahlig (Sternquarz), stängelig oder körnig.
Entstehung und Vorkommen Als Bestandteil von Tiefengesteinen (zum Beispiel Granit), vulkanischen Gesteinen (zum Beispiel Rhyolith, Quarzporphyr), von Sedimentgesteinen (zum Beispiel Sandstein) und metamorphen Gesteinen (zum Beispiel Gneis). Schöne Kristalle auf Drusen in Pegmatiten, in pneumatolytischen Gängen, in Erzgängen, in hydrothermalen Quarzgängen, auf alpinen Klüften, in Hohlräumen von Marmor, in Septarien, eingewachsen in Sedimentgesteinen.
Begleitmineralien Kalkspat, Feldspat, Erze, Turmalin, Granat und viele andere.
Besonderheit Bei Quarz-Kristallen können linke und rechte Varianten vorkommen. Sie lassen sich dadurch erkennen, dass kleine dreieckige Flächen an den Ecken des Prismas entweder nur links oder nur rechts vorkommen.
Ähnliche Mineralien Härte und Säurebeständigkeit unterscheiden Quarz von anderen ähnlichen Mineralien.

Varietäten:
Bergkristall Farblos, klar, durchsichtig.
Rauchquarz Rauchig braun bis tiefschwarz (Morion).
Amethyst Violett.
Citrin Blassgelb, gelb.
Rosenquarz Rosa; selten Kristalle.
Eisenkiesel Undurchsichtig rot durch Hämatit-Einschlüsse.
Milchquarz Ist milchig weiß, getrübt durch Flüssigkeitseinschlüsse.
Prasem Undurchsichtig grün durch Mineraleinschlüsse, zum Beispiel Hedenbergit.

Facettierter Rauchquarz

Facettierter Amethyst

3–4 Quarz

Edelstein

Farbe Farblos (Bergkristall), weiß, rosa (Rosenquarz), violett (Amethyst), gelb (Citrin), braun (Rauchquarz)
Schliffform Facettenschliff, Cabochon

Besonderheit Manche Rosenquarze zeigen, als Cabochon oder Kugel geschliffen, einen deutlich sichtbaren Lichtstern.
Verwendung Als Ringstein, für Broschen und Anhänger.
Behandlung Natürlicher Citrin ist sehr selten, das meiste Schleifmaterial wird durch Brennen aus Amethyst hergestellt.
Unterscheidungsmöglichkeiten Amethyst ist unverwechselbar; Rosenquarz ist meist blasser als Morganit und Kunzit, er wird fast nie facettiert.

Fundorte	
1 Corinto, Diamantina, Brasilien	3 Oravica, Rumänien
2 Las Vigas, Mexiko	4 St. Gotthard, Schweiz

1 2

3 4

1–2 Achat

Chem. Formel SiO_2
Härte 7, **Dichte** 2,65
Farbe Farblos oder vielfältig gefärbt, häufig gestreift oder mehrfarbig gebändert
Strichfarbe Weiß
Glanz Glasglanz bis Fettglanz
Spaltbarkeit Keine
Bruch Muschelig bis uneben
Tenazität Spröde
Kristallform Trigonal

Dendritenachat

Ausbildung Achat ist mikrokristalliner Quarz und bildet daher keine sichtbaren Kristalle, sondern nur nierige Aggregate, Ausfüllungen von Hohlräumen, stalaktitische Bildungen. Die verschiedenen Achate werden nach den Bildern benannt, die sie beim Durchschneiden der Knollen zeigen. So gibt es Band-, Kreis- und Festungsachate, aber auch Trümmerachate oder Landschaftsachate (Abb. 4).

Entstehung und Vorkommen In hydrothermalen Gängen, in versteinerten Hölzern, am häufigsten in Hohlräumen vulkanischer Gesteine. Wegen ihrer Verwiterungsbe-ständigkeit finden sich Achatknollen oft auch in Flussgeröllen und Schotter-Ablagerungen. Die schönsten und berühmtesten Achate in Deutschland stammen aus dem Gebiet von Idar-Oberstein in der Pfalz, die größten Mengen an Achat kommen heute aus Brasilien, wo die Vorkommen von Idar-Obersteiner Auswanderern entdeckt worden sind.

Begleitmineralien Bergkristall, Amethyst, Kalkspat, Chabasit und andere Zeolithmineralien, Hämatit.

Ähnliche Mineralien Form und Farbgestaltung sind unverwechselbar; ähnliche Bildungen von Kalkspat unterscheiden sich leicht durch die Härte und durch das Brausen beim Betupfen mit verdünnter Salzsäure.

3–4 Achat

Edelstein

Farbe Vielfarbig mit verschiedensten Zeichnungen
Schliffform Tafelschliff und Cabochonschliff

Moosachat, Cabochon

Behandlung Schon seit der Zeit der Römer wurden Achate künstlich gefärbt. Durch Einlegen in Honig und nachträgliche Behandlung mit Schwefelsäure konnte man schwarzweiße Lagensteine herstellen. Diese dienen, genauso wie natürliche Lagensteine, zur Herstellung mehrfarbiger Gemmen und Kameen. Mit den heutigen modernen Farben kann man Achate in den verschiedensten Farbtönungen färben. Dabei finden sich auch viele Farben, wie ein intensives Grün, ein intensives Blau oder Rosa und Violett, die an natürlichen Steinen gar nicht auftreten.

Verwendung Als Ringstein, für Broschen und Anhänger, für Ketten und für kunsthandwerkliche Gegenstände, als Buchstützen, zur Herstellung von Gemmen und Kameen. Wegen seiner Zähigkeit wird Achat auch industriell für die Herstellung von Mörsern, von Walzen für Malwerk oder für Spinndüsen in der Textilindustrie verwendet.

Unterscheidungsmöglichkeiten Form und Farbgestaltung der geschliffenen Steine sind unverwechselbar.

Fundorte	
1 Rio Grande do Sul, Brasilien	**3** Rio Grande do Sul, Brasilien
2 St. Egidien, Sachsen	**4** Brasilien

1 2

3 4

1–2 Chalcedon

Chem. Formel SiO_2
Härte 7, **Dichte** 2,65
Farbe Farblos oder vielfältig gefärbt (siehe bei den Varietäten)
Strichfarbe Weiß
Glanz Glasglanz bis Fettglanz
Spaltbarkeit Keine
Bruch Muschelig bis uneben
Tenazität Spröde
Kristallform Trigonal

Ausbildung Chalcedon ist mikrokristalliner Quarz und bildet nur nierige Aggregate, Ausfüllungen von Hohlräumen, stalaktitische Bildungen.
Entstehung und Vorkommen In hydrothermalen Gängen, Hohlräumen von vulkanischen Gesteinen, Lagen und Knollen in Sedimentgesteinen.
Begleitmineralien Bergkristall, Kalkspat, Siderit, Fluorit.
Ähnliche Mineralien Fluorit und Kalkspat sind weicher.
Varietäten:
Chalcedon (im engeren Sinn) Farblos, weiß, grau, blau, einfarbig und gestreift.
Karneol Rot bis rotbraun durchscheinend, grün.
Chrysopras Grün durch Einschlüsse von Nickelmineralien.
Onyx Nur abwechselnde schwarze und weiße Lagen.
Flint, Feuerstein Grau bis braun gefärbte Knollen in Sedimentgesteinen.
Heliotrop Grün mit roten Tupfen.

3–4 Chalcedon

Edelstein

Farbe Blau, braun, grün, rot
Schliffform Tafelschliff und Cabochonschliff, Kugelschliff

Verwendung Als Ringstein, für Broschen und Anhänger, für Ketten und für kunsthandwerkliche Gegenstände.
Unterscheidungsmöglichkeiten Form und Farbgestaltung der geschliffenen Steine sind unverwechselbar.

5 Jaspis

Chem. Formel SiO_2
Härte 7, **Dichte** 2,65
Farbe Vielfältig gefärbt, undurchsichhtig (siehe bei den Varietäten)
Strichfarbe Weiß
Glanz Glasglanz bis Fettglanz
Spaltbarkeit Keine
Bruch Muschelig bis uneben
Tenazität Spröde
Kristallform Trigonal

Ausbildung Jaspis ist mikrokristalliner Quarz, der aufgrund von Einschlüssen von Fremdmineralien völlig undurchsichtig ist.
Entstehung und Vorkommen In hydrothermalen Gängen, Hohlräumen von vulkanischen Gesteinen, als Lagen und Knollen in Sedimentgesteinen.
Begleitmineralien Bergkristall, Achat, Chalcedon, Kalkspat.
Ähnliche Mineralien Fluorit und Kalkspat sind deutlich weicher; Chalcedon und seine Varietäten sind immer zumindest an den Kanten durchscheinend.
Varietäten:
Jaspis (im engeren Sinn) Ist braun, rot oder gelb.
Grüner Jaspis Wird auch Plasma genannt; Heliotrop ist grün mit roten Tupfen (Hämatit).
Karneol Rot bis rotbraun durchscheinend, grün .

6 Jaspis

Edelstein

Farbe Braun, gelb, grün, rot
Schliffform Tafelschliff und Cabochonschliff, Kugelschliff

Verwendung Als Ringstein, für Broschen und Anhänger, für Ketten und für kunsthandwerkliche Gegenstände.
Unterscheidungsmöglichkeiten Chalcedon und seine Varietäten sind nicht völlig undurchsichtig.

Fundorte		
1 Siebenbürgen, Rumänien	3 Namibia	5 Frankenstein, Polen
2 Island	4 Südafrika	6 Indien

1

2

3

4

5

6

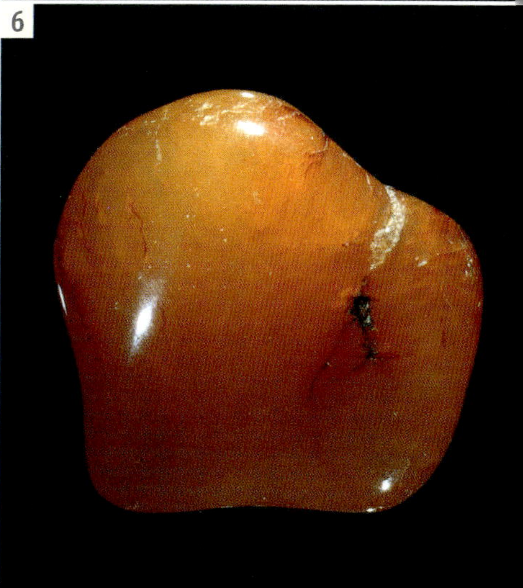

1 Staurolith

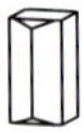

Chem. Formel $(Fe,Mg,Zn)_2Al_9[O_6/(OH)_2/(SiO_4)_4]$
Härte 7–7½, **Dichte** 3,7–3,8
Farbe Rot- bis schwarzbraun
Strichfarbe Weiß
Glanz Glasglanz
Spaltbarkeit Kaum sichtbar
Bruch Muschelig
Tenazität Spröde
Kristallform Monoklin

Ausbildung Prismatische bis tafelige Kristalle, oft kreuzförmige Zwillinge (rechtwinklig oder mit etwa 60° verwachsen), immer eingewachsen.
Entstehung und Vorkommen In Glimmerschiefern und Gneisen eingewachsen.
Begleitmineralien Quarz, Glimmer, Disthen.
Ähnliche Mineralien Turmalin zeigt immer deutlich eine trigonale Symmetrie und bildet keine kreuzförmigen Zwillinge; Disthen ist nie dunkelbraun; Granat zeigt eine deutlich kubische Kristallform; Andalusit hat im Gegensatz zu Staurolith einen fast quadratischen Querschnitt.

2 Hambergit

Chem. Formel $Be_2BO_3(OH,F)$
Härte 7½, **Dichte** 2,35–2,37
Farbe Weißgrau, gelb, farblos
Strichfarbe Weiß
Glanz Glasglanz
Spaltbarkeit Vollkommen
Bruch Uneben
Tenazität Spröde
Kristallform Orthorhombisch

Ausbildung Prismatische bis langtafelige, auch bipyramidale Kristalle, meist aufgewachsen.
Entstehung und Vorkommen In Granitpegmatiten, als Spätbildung in Drusen aufgewachsen.
Begleitmineralien Feldspat, Quarz, Turmalin (Elbait), Spodumen, Beryll, Beryllonit, Herderit.
Ähnliche Mineralien Feldspat hat eine andere Kristallform, Gleiches gilt für Quarz; Spodumen hat eine andere Kristallform; Kalkspat braust beim Betupfen mit verdünnter Salzsäure und ist viel weicher.

3 Boracit

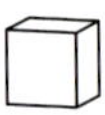

Chem. Formel $Mg_3[Cl/B_7O_{13}]$
Härte 7, **Dichte** 2,9–3
Strichfarbe Weiß
Farbe Farblos, weiß, gelblich, grünlich, bläulich
Glanz Glasglanz
Spaltbarkeit Keine
Bruch Muschelig
Tenazität Spröde
Kristallform Über 268 °C kubisch, darunter orthorhombisch

Ausbildung Würfelige, tetraedrische Kristalle, eingewachsen, derb, faserig.
Entstehung und Vorkommen In Salz-Lagerstätten in Anhydrit oder Gips eingewachsen.
Begleitmineralien Gips, Anhydrit, Steinsalz.
Besonderheit Faseriger Boracit wird Staßfurtit genannt.
Ähnliche Mineralien Steinsalz ist viel weicher und hat eine gute Spaltbarkeit, ebenso Fluorit, es ist zudem wasserlöslich. Fluorit hat eine hervorragende Spaltbarkeit nach dem Oktaeder und kommt in ganz anderen Paragenesen vor.

4 Rhodizit

Chem. Formel $(K,Cs)Al_4Be_4(B,Be)_{12}O_{28}$
Härte 8, **Dichte** 3,2–3,6
Farbe Weißgrau, gelb
Strichfarbe Weiß
Glanz Glasglanz bis Fettglanz
Spaltbarkeit Nicht erkennbar
Bruch Muschelig
Tenazität Spröde
Kristallform Kubisch

Ausbildung Rhombendodekaedrische und tetraedrische Kristalle, eingewachsen.
Entstehung und Vorkommen In alkalireichen Pegmatiten als Spätbildung.
Begleitmineralien Feldspat, Quarz, Turmalin (Elbait), Spodumen, Beryll.
Ähnliche Mineralien Feldspat hat eine andere Kristallform, Gleiches gilt für Quarz; Granat ist meist eher braun oder rot; Spinell bildet fast nur Oktaeder.

Fundorte	
1 Bretagne, Frankreich	**3** Bernburg, Thüringen
2 Skardu, Pakistan	**4** Sahatany, Madagaskar

1

2

3

4

1–4 Turmalin

Chem. Formel Die Turmaline sind eine Gruppe von Mischkristallen mit den folgenden wichtigsten Mischgliedern:
Elbait
$Na(Li,Al)_3Al_6[OH)_4/(BO_3)_3/Si_6O_{18}]$
Dravit
$NaMg_3(Al,Fe^{3+})_3Al_6[OH)_4/(BO_3)_3/Si_6O_{18}]$
Schörl
$NaFe_3^{2+}(Al,Fe)_6[OH)_4/(BO_3)_3/Si_6O_{18}]$
Buergerit
$NaFe_3^{3+}Al_6[F/O_3/(BO_3)_3/Si_6O_{18}]$
Tsilaisit
$NaMn_3Al_6[OH)_4/(BO_3)3/Si_6O_{18}]$
Uvit
$CaMg_3(Al_5Mg)[OH)_4/(BO_3)_3/Si_6O_{18}]$
Liddicoatit
$Ca(Li,Al)_3Al_6[OH)_4/(BO_3)_3/Si_6O_{18}]$
Povondrait $(Na,K)(Fe^{2+},Fe^{3+})_3(Fe^{3+},Mg,Al)_6[OH)_4/(BO_3)_3/Si_6O_{18}]$

Härte 7, **Dichte** 3–3,25
Farbe Farblos, rosa (Rubellit), grün (Verdelith), blau (Indigolith), gelb, braun, schwarz, durchsichtig bis undurchsichtig. Turmaline, die schwarze Enden bei gelblichem oder rosafarbenem Kristall aufweisen, werden als Mohrenköpfe bezeichnet
Strichfarbe Weiß
Glanz Glasglanz
Spaltbarkeit Keine
Bruch Muschelig
Tenazität Spröde
Kristallform Trigonal

Ausbildung Kristalle prismatisch bis nadelig, meist mit dreiseitigem Querschnitt, ein- und aufgewachsen, strahlig, stängelig, derb.
Entstehung und Vorkommen In Graniten, Pegmatiten, pneumatolytischen Gängen, hydrothermalen Gängen ein- und aufgewachsen, aufgewachsene Kristalle von Edelsteinqualität in Drusen von Pegmatiten, eingewachsen in Glimmerschiefern und Gneisen, aufgewachsen auf alpinen Klüften. Bei den bunten, auch als Edelsteine gewonnenen Turmalinen handelt es sich hauptsächlich um Elbaite, seltener Dravite oder Liddicoatite. Haupt-Lieferland für Edelstein-Turmaline ist Brasilien, wo Rubellite bis einen Meter Größe gefunden wurden. Besonders schöne Stufen mit schwarzem Schörl auf weißem Albit stammen aus Pakistan, große Dravite wurden in Australien gefunden. In Deutschland wurden besonders schöne Turmaline im Bayerischen Wald gefunden.
Begleitmineralien Quarz, Feldspat, Beryll, Glimmer.
Besonderheit Turmalin-Kristalle weisen keine keine Spiegelebene senkrecht zu ihrer normalen Längserstreckung auf. Das hat zur Folge, dass die beiden Enden der Kristalle, oben und unten, nicht aus den gleichen Kristallflächen bestehen. So kann zum Beispiel ein Turmalinkristall oben die typischen drei Endflächen aufweisen, während am unteren Ende nur die horizontale Basisfläche ausgebildet ist. Diese Eigenschaft nennt man Hemimorphie, sie tritt außer beim Turmalin nur bei recht wenigen Mineralien, wie etwa dem Hemimorphit, auf. Dieser Tatsach verdankt der Turmalin eine weitere Eigenschaft, die der Piezo-Elektrizität. Setzt man einen Turmalinkristall einem gerichteten Druck senkrecht zu seiner Längserstreckung aus, so lädt er sich an den beiden Enden unterschiedlich elektrisch auf, ein Strom fließt. Auch durch Reiben oder Erhitzen kann man diesen Effekt hervorrufen, im letzteren Fall nennt man ihn Pyroelektrizität. Reibt man einen Turmalin-Kristall fest, so dass er sich an seinen beiden Enden unterschiedlich elektrisch aufladen kann, kann er kleine Papierfetzchen anziehen. Die Holländer benutzten ihn deshalb zum Reinigen ihrer Pfeifen und nannten ihn Aschentrekker. Heute werden kleine Scheibchen von Turmalin wegen seiner Piezoelektrizität in Messgeräten verwendet, die Funktion von Triebwerken in Düsenjets überprüfen.
Ähnliche Mineralien Der meist deutlich dreiseitige Querschnitt unterscheidet Turmalin von allen anderen Mineralien.

Fundorte	
1 Schörl: Hörlberg, Bayerischer Wald	3 Elbait: Minas Grais, Brasilien
2 Elbait: San Piero, Elba	4 Elbait: Salinas, Minas Gerais, Brasilien

1 2

3 4

5–8 Turmalin

Edelstein

Farbe Farblos, rosa, rot, grün, blau, schwarz, braun; durchsichtig bis durchscheinend
Glanz Glasglanz
Schliffform Facettenschliff, wegen der länglichen Kristalle oft Treppenschliff, selten Cabochonschliff

Elbait-Kristall von der Insel Elba

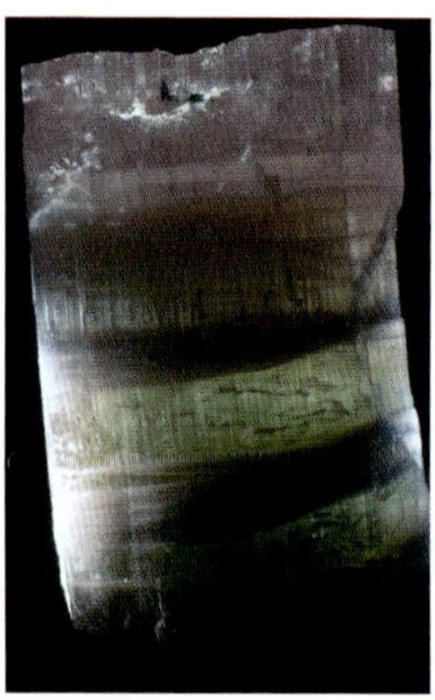

Mehrfarbiger Elbait-Kristall

Farb-Varietäten von Turmalin

Fast nur der Elbait wird in seinen verschiedenen Farbvarietäten für Schmuckzwecke verwendet. Viel seltener sind gelbe Varianten des Dravits oder ausnahmsweise Liddicoatit, Uvit und Tsilaisit. Allerdings werden zu Schmuckzwecken verwendete Turmaline meist nicht analysiert, so dass in der Regel nicht bekannt ist, ob es sich um eine Farbvariante des Elbaits oder eine der gleichfarbigen selteneren Turmalinarten handelt.

Im Schmuckhandel richtet man sich viel eher nach der Farbe und verwendet die Namen der Farbvarietäten:

Rubellit ist ein rosafarbener bis seltener intensiv roter Turmalin. In Brasilien wurden schon bis einen Meter große Rubellite gefunden.

Verdelith ist ein blaugrüner bis grasgrüner Turmalin.

Indigolith ist ein meist recht dunkel blauer Turmalin, oft mit einem Stich ins Grüne. Die blaue Farbe ist beim Turmalin bei weitem am seltensten.

Als Paraiba-Turmalin wird ein intensiv blauer, durch geringe Kupfer-Gehalte gefärbter Elbait bezeichnet, der bei Paraíba in Brasilien gefunden wird.

Der schwarze Schörl wird selten verschliffen, allerdings ausa esotherischen Gründen öfter als Rohkristall zu Schmuck verarbeitet.

Häufig sind Turmaline mehrfarbig. Kristalle, die unten farbig (rosa, gelb oder grün) sind und oben ein schwarzes Ende zeigen, werden als Mohrenköpfe bezeichnet. Solche Turmaline gibt es nur in den Pegmatiten der italienischen Insel Elba, wo ganz besondere Wachstumsbedingungen diese spezielle Färbung hervorbrachten.

Einzelne Turmalinkristalle können vom unteren bis zu oberen Ende bis zu acht verschiedene Farbzonierungen senkrecht zur Längserstreckung aufweisen. Wieder andere Kristalle sind außen grün und weisen einen roten Kern auf. Sie werden wegen dieser Farbgebung als Wassermelonen-Turmaline bezeichnet.

Selten gibt es Turmalin-Kristalle mit faseriger Struktur, die zu Cabochons verarbeitet werden, die dann einen deutlichen Katzenaugen-Effekt zeigen. Am häufigsten ist das Rubellit-Katzenauge.

Fundorte

5 Elbait: Minas Gerais, Brasilien	**7** Elbait: Minas Gerais, Brasilien
6 Elbait: Skardu, Pakistan	**8** Elbait: Minas Gerais, Brasilien

5 6

7 8

11–14 Turmalin

Dravit-Kristall von Dobrava, Slowenien

Tafelige Povondrait-Kristalle von Alto Chaparé, Bolivien

Verarbeitung Turmalin wird meist im Facettenschliff verarbeitet, wegen der langgestreckten Kristalle wird besonders bei kleineren Rohsteinen gern der materialsparende Treppenschliff verwendet. Nur für die unreineren Steine und die sehr seltenen Katzenaugen-Steine wird der Cabochonschliff gewählt. Wassermelonensteine und andere Turmalin-Querschnitte mit schönen Zeichnungen werden in der Regel nicht weiter verschliffen, sondern als reine Querschnitte zu Schmuck, insbesondere Anhängern verarbeitet.

Verwendung Als Zentralstein in wertvollem Schmuck. Verschiedenfarbige Steine zu Multicolor-Ketten. Turmalin wird auch zur Herstellung kunsthandwerklicher Gegenstände, insbesondere von Skulpturen, verwendet. Dazu eignen sich besonders die mehrfarbigen Rohsteine, da sie bei geschickter Auswahl und Orientierung durch ihre unterschiedlichen Farbzonen sehr vielfältige Gestaltungsmöglichkeiten bieten.

Behandlung Da Turmalin wegen seiner pyroelektrischen Eigenschaft besonders leicht Staub und Schmutzpartikel anzieht, müssen Schmuckstücke mit Turmalin sehr viel häufiger als solche mit anderen Edelsteinen gereinigt werden.

Besonderheit Eine Besonderheit des Turmalins sind Steine, die unter einer dunklen, oft schwarzen Aussenhaut ein vielfarbiges Zentrum zeigen. Im Gegensatz zum Wassermelonenturmalin, der im Inneren einfach rot ist, zeigen diese Kristallquerschnitte vielfarbige geometrische Formen, insbesondere Dreiecke verschiedenster Art. Während der rohe Kristall eher unscheinbar aussieht, zeigen erst die dünnen geschnittenen Scheiben die Formen- und Farbenvielfalt dieser Turmaline. Nur wenige Turmaline, hauptsächlich die von der Fundstelle Anjanabonoina auf Madagaskar zeigen diese besondere Eigenschaft. Große Kristalle von dort haben wunderschöne Platten von fast einem halben Meter Durchmesser geliefert. Schleift man Querschnitte von schwarzem Schörl bis auf einige Hundertstel Millimeter dünn, so zeigen auch sie im Durchlicht oft wunderschöne Farben und Zeichnungen.

Unterscheidungsmöglichkeiten Turmalin zeigt eine sehr hohe Doppelbrechung und einen starken Pleochroismus. Durch die Tafel betrachtet erscheinen deshalb die hinteren Kanten eines geschliffenen Steines verdoppelt. Diese Eigenschaft unterscheidet Turmalin deutlich von anderen Steinen. Rubellit ist weicher als rosa Topas und weist nicht dessen Spaltbarkeit auf. Grünes Glas hat im Gegensatz zum Verdelith immer Luftblasen, während Peridot mehr gelbgrün ist. Grüner Granat ist immer heller grün. Smaragd ist härter und zeigt immer das typische Smaragdgrün, das beim Verdelith so nicht auftritt.

Fundorte	
11 Rubellit: Minas Gerais, Brasilien	**13** Elbait: Minas Gerais, Brasilien
12 Dravit: Governor, USA	**14** Uvit: Brumado, Brasilien

11 12

13 14

1 Danburit

Chem. Formel $Ca[B_2Si_2O_8]$
Härte 7–7½, **Dichte** 2,9–3
Farbe Farblos, weiß
Strichfarbe Weiß
Glanz Glasglanz
Spaltbarkeit Keine
Bruch Muschelig
Tenazität Spröde
Kristallform Orthorhombisch

Ausbildung Prismatische Kristalle mit dachförmigen Endflächen, manchmal senkrecht gestreift, Kristalle meist aufgewachsen.
Entstehung und Vorkommen Auf alpinen Klüften, in Erzgängen, in borführenden Skarn-Lagerstätten.
Begleitmineralien Quarz, Datolith, Pyrit.
Ähnliche Mineralien Quarz hat eine andere Kristallform; Topas ist härter und besitzt eine gute Spaltbarkeit; Datolith hat eine andere Kristallform.

2 Olivin *Peridot*

Chem. Formel $(Mg,Fe)_2[SiO_4]$
Olivine sind Mischkristalle mit den beiden Endgliedern Forsterit $Mg_2[SiO_4]$ und Fayalit $Fe_2[SiO_4]$
Härte 6½–7, **Dichte** 3,27–4,2
Farbe Gelblich grün bis flaschengrün, rot, bräunlich
Strichfarbe Weiß
Glanz Glasglanz, etwas fettig
Spaltbarkeit Kaum erkennbar
Bruch Muschelig
Tenazität Spröde
Kristallform Orthorhombisch

Ausbildung Aufgewachsene Kristalle sind dicktafelig bis prismatisch, oft körnig, derb, eingewachsen.
Entstehung und Vorkommen Gesteinsbildend eingewachsen in Gabbros, Diabasen, Basalten, Peridotiten, bildet monomineralisch das Gestein Dunit, aufgewachsene Kristalle auf Klüften der genannten Gesteine, Kristalle und Körner in kristallinen Kalken, in Meteoriten (besonders schön in Pallasiten).
Begleitmineralien Spinell, Diopsid, Augit, Hornblende.
Ähnliche Mineralien Apatit ist weicher, ebenso Serpentin; Beryll ist härter und hat immer einen sechsseitigen Querschnitt.

3 Olivin

Edelstein

Farbe Intensiv grün mit einem deutlichen Stich ins Gelbgrün, durchsichtig
Glanz Glasglanz, etwas fettig
Schliffform Facettenschliff

Verwendung Facettierte Steine als Zentralsteine in wertvollem Schmuck, Barocksteine oder Kugeln werden zu Ketten verarbeitet.
Besonderheit Peridot hat eine besonders hohe Doppelbrechung. Wenn man bei geschliffenen Steinen durch die polierte Tafel hindurch die hinteren Facettenkanten betrachtet, so sieht man diese doppelt.
Unterscheidungsmöglichkeiten Chrysoberyll ist immer deutlich gelber, er hat keine hohe Doppelbrechung.

4 Euklas

Chem. Formel $AlBe[OH/SiO_4]$
Härte 7½, **Dichte** 3–3,1
Farbe Farblos, hellgrün, blau, braun
Strichfarbe Weiß
Glanz Glasglanz
Spaltbarkeit Nach dem Prisma sehr vollkommen
Bruch Muschelig
Tenazität Spröde
Kristallform Monoklin

Ausbildung Kristalle prismatisch bis tafelig, in der Längsrichtung meist stark gestreift, praktisch nur aufgewachsene Kristalle, sehr selten derb.
Entstehung und Vorkommen In Drusen von Pegmatiten, auf alpinen Klüften, immer aufgewachsene Kristalle.
Begleitmineralien Bertrandit, Quarz, Topas, Mikroklin, Periklin, Muskovit, Anatas, Rutil.
Ähnliche Mineralien Quarz-Kristalle sind im Gegensatz zum längs gestreiften Euklas immer quergestreift, sie haben auch keine Spaltbarkeit; Albit hat eine andere Kristallform.

Fundorte	
1 Potosi, Mexiko	3 Pakistan
2 Seberget, Ägypten	4 Miami, Sambia

1 2

3 4

1 Spinell

Chem. Formel $MgAl_2O_4$
Härte 8, **Dichte** 3,6
Farbe Rot, violett, blau, schwarz, gelb, farblos
Strichfarbe Weiß
Glanz Glasglanz
Spaltbarkeit Kaum erkennbar
Bruch Muschelig
Tenazität Spröde
Kristallform Kubisch

Ausbildung Hauptsächlich Oktaeder-Kristalle, Zwillinge, eingewachsen, abgerollt.
Entstehung und Vorkommen Eingewachsen in metamorphen Gesteinen, besonders in Marmoren und Kalksilikatgesteinen und in Seifen. In Deutschland findet man in Marmor eingewachsene violette Spinell-Kristalle besonders im Graphitgebiet von Kropfmühl im Bayerischen Wald. Schöne rote Spinellkristalle bis über einen Zentimeter Größe werden in der Nähe von Marbella in Spanien gefunden.
Begleitmineralien Graphit, Olivin, Kalkspat, Diopsid.
Besonderheit Je nach Zusammensetzung ändert der Spinell seine Farbe. Eisengehalte machen ihn violett bis schwarz, Zink-Gehalte grünlich, der reine Magnesiumspinell ist farblos bis rot, er wird auch als Edelspinell benannt.
Ähnliche Mineralien Korund hat eine andere Kristallform.

2 Spinell

Edelstein

Farbe Rot, violett, durchsichtig
Glanz Glasglanz
Schliffform Facettenschliff

Farbvarianten Zu Schmuckzwecken wird hauptsächlich die rote Varietät verwendet, die auch Rubin-Spinell genannt wird. Sehr hellrote Spinelle werden fälschlicherweise auch Balas-Rubin genannt. Dunkelgrüner bis fast schwarzer Spinell wird nach seinem Vorkommen auf der Insel Ceylon (heute Sri Lanka) Ceylanit genannt.
Verwendung Facettierte Steine als Zentralsteine in wertvollem Schmuck.
Unterscheidungsmöglichkeiten Rubin ist mit einfachen Methoden von rotem Spinell nicht zu unterscheiden, Gleiches gilt für synthetischen Rubin und Spinell.

3–4 Phenakit

Chem. Formel $Be_2[SiO_4]$
Härte 8, **Dichte** 3
Farbe Farblos, gelblich, rosa, weiß
Strichfarbe Weiß
Glanz Glasglanz
Spaltbarkeit Keine
Bruch Muschelig
Tenazität Spröde
Kristallform Trigonal

Ausbildung Kristalle prismatisch bis tafelig, linsenförmig, Prismen senkrecht gestreift, ein- und aufgewachsen. Phenakit bildet häufig Zwillinge, bei denen die Kristalle so verwachsen sind, dass auf den Endflächen des einen Kristalls die Ecken des anderen herausstehen. Wegen dieses Aussehens nennt man sie auch Fräserkopf-Zwillinge.
Entstehung und Vorkommen In Glimmerschiefern zusammen mit Smaragd eingewachsen, in Drusen und auf Klüften von Pegmatiten und Graniten, auf alpinen Klüften. Die größten Phenakite wurden zusammen mit Smaragd an der Takowaja im Ural gefunden.
Begleitmineralien Smaragd, Bertrandit, Chrysoberyll, Apatit.
Ähnliche Mineralien Quarz ist etwas weicher und auf den Prismen immer quergestreift; Apatit ist weicher; Beryll ist nicht trigonal, sondern hexagonal.

Fundorte	
1 Hunzatal, Pakistan	**3** Spitzkopje, Namibia
2 Mogok, Burma	**4** Gasteiner Tal, Österreich

1 2

3 4

1 Zirkon

Chem. Formel $Zr[SiO_4]$
Härte 7½, **Dichte** 4,55–4,67
Farbe Farblos, weiß, rosa, gelb, grün, blau, braun, braunrot
Strichfarbe Weiß
Glanz Diamantartiger Glanz, auf Bruchflächen Fettglanz
Spaltbarkeit Kaum bemerkbar
Bruch Muschelig
Tenazität Spröde
Kristallform Tetragonal

Ausbildung Prismatische bis bipyramidale Kristalle, auf-, häufiger eingewachsen, praktisch nie derb, immer in Kristallen.
Entstehung und Vorkommen In Graniten, Syeniten, Rhyolithen, Trachyten, vulkanischen Auswürflingen, in Seifen, Pegmatiten, auf alpinen Klüften.
Begleitmineralien Xenotim, Monazit.
Besonderheit Manche Zirkone können geringe Mengen an Uran oder Thorium enthalten. Sie werden dadurch dunkelgrün oder dunkelbraun, ihr Kristallgitter ist zerstört. Solche Minerale nennt man metamikt.
Ähnliche Mineralien Vesuvian ist weicher, Zinnstein schwerer.

2 Zirkon

Edelstein

Farbe Grün, braun, rot, blau farblos
Glanz Glasglanz, etwas fettig
Schliffform Facettenschliff

Verwendung Facettierte Steine als Zentralsteine in wertvollem Schmuck.
Besonderheit Zirkon hat eine besonders hohe Doppelbrechung. Wenn man bei geschliffenen Steinen durch die polierte Tafel hindurch die hinteren Facettenkanten betrachtet, so sieht man diese doppelt.
Behandlung Weiße und blaue Zirkone werden durch Brennen und Bestrahlen hergestellt.
Unterscheidungsmöglichkeiten Saphire haben keine hohe Doppelbrechung; Diamant hat ein viel höheres Feuer.

3 Chrysoberyll *Alexandrit*

Chem. Formel Al_2BeO_4
Härte 8½, **Dichte** 3,7
Farbe Gelb, grün (Alexandrit)
Strichfarbe Weiß
Glanz Glasglanz
Spaltbarkeit Nach der Basis erkennbar
Bruch Muschelig
Tenazität Spröde
Kristallform Orthorhombisch

Ausbildung Kristalle prismatisch bis dicktafelig, herzförmige bis V-förmige Zwillinge, Drillinge ähneln hexagonalen Dipyramiden, ein- und aufgewachsen.
Entstehung und Vorkommen In Pegmatiten und Glimmerschiefern, ein- und aufgewachsen, selten derb, fast immer Kristalle.
Begleitmineralien Smaragd, Feldspat, Glimmer, Phenakit.
Besonderheit Alexandrit ist farbwechselnd, seine bei Tageslicht grüne Farbe wechselt im Glühlampenlicht zu Rot.
Ähnliche Mineralien Die hohe Härte von Chrysoberyll lässt kaum eine Verwechslung zu; Topas hat immer eine sehr gute Spaltbarkeit; Beryll hat eine andere hexagonale Kristallform.

4 Chrysoberyll

Edelstein

Farbe Gelb, braun, grün; durchsichtig bis durchscheinend
Glanz Glasglanz
Schliffform Facettenchliff für Chrysoberyll und Alexandrit, Cabochonschliff für Chrysoberyllkatzenauge

Verwendung Als Zentralstein in wertvollem Schmuck.
Unterscheidungsmöglichkeiten Chrysoberyll: gelber Saphir ist meist intensiver und reiner gelb; Zirkon hat eine starke Doppelbrechung. Synthetischer Spinell: fluoresziert stark grün. Topas: ist reiner gelb. Glas und gelber Orthoklas: sind viel weicher. Alexandrit: synthetischer, farbwechselnder Korund und synthetischer Alexandrit zeigen einen viel reineren Farbwechsel als natürliche Steine.

Fundorte	
1 Gilgit, Pakistan	**3** Orissa, Indien
2 Sri Lanka	**4** Sri Lanka

1

2

3

4

1–4 Beryll

Chem. Formel $Al_2Be_3[Si_6O_{18}]$
Härte 7½–8, **Dichte** 2,63–2,8
Farbe Farblos, gelb (Goldberyll, Heliodor), rosa (Morganit), intensiv rosarot (der Cäsiumberyll Pezzottait), rot, blau (Aquamarin), grün (Smaragd)
Strichfarbe Weiß
Glanz Glasglanz
Spaltbarkeit Nach der Basis manchmal erkennbar
Bruch Muschelig bis uneben
Tenazität Spröde
Kristallform Hexagonal

Ausbildung Kristalle prismatisch bis tafelig, selten flächenreicher, eingewachsen (trübe) und aufgewachsen (durchsichtig), zum Teil Riesenkristalle bis mehrere Meter Größe und mehrere Tonnen Gewicht.

Entstehung und Vorkommen In Pegmatiten eingewachsen (gemeiner Beryll und Aquamarin), in Drusen von Pegmatiten aufgewachsen (Morganit, Pezzottait, Aquamarin, Goldberyll), in Glimmerschiefern und hydrothermalen Kalkspatgängen (Smaragd). Die besten europäischen Smaragde stammen aus der berühmten Lagerstätte der Leckbachscharte im Habachtal in den Hohen Tauern, Österreich. Dort sind die Kristalle in Glimmerschiefer eingewachsen. Berühmt sind auch die Smaragde aus den Lagerstätten im Ural, an der Takowaja, wo große Kristalle im Glimmerschiefer zusammen mit Alexandrit und Phenakit zu finden sind.
Die schönsten Morganit-Kristalle (Tafeln bis 20 cm) kommen aus Brasilien, während Pezzottait fast nur in Pegmatiten auf der Insel Madagaskar gefunden wird.

Begleitmineralien Feldspat, Quarz, Kalkspat, Pyrit, Muskovit, Biotit, Phenakit.

Besonderheit Lange Zeit waren die russischen Vorkommen im Ural die einzigen, die größere Mengen an Smaragd geliefert haben. Die klassischen Smaragdminen Kleopatras waren vergessen, genauso wie die kolumbianischen Smaragdminen der Inkas. Beide Vorkommen wurden erst im 20. Jahrhundert wiederentdeckt. Während das ägyptische Vorkommen aber erschöpft und nur mehr wissenschaftlich interessant ist, liefern die kolumbianischen Fundstellen, wie z.B. Muzo oder Chivor auch heute noch die weltbesten Kristalle und Kristallstufen.

Ähnliche Mineralien Apatit ist viel weicher; Quarz bildet kaum eingewachsene Kristalle und ist nie blau oder grün, sonst ist die Ausbildung sechsseitiger Kristalle sehr charakteristisch; Dioptas hat immer dreiseitige Endflächen und ist deutlich weicher; Topas hat eine hervorragende Spaltbarkeit und deutlich orthorhombische Kristalle. Grüner Turmalin zeigt nie die schöne Smaragdfarbe, sondern ist meist dunkler und gelber grün, Vanadinit kommt in einer anderen Paragenese als roter Beryll vor und ist viel weicher.

Aquamarin-Kristalle aus Pakistan

Der Trapiche-Smaragd hat den Namen von seiner Form, die den Rädern alter Zuckerrohrmühlen ähnelt

Fundorte	
1 Nagar, Pakistan	3 Wah-Wah Mountains, Utah, USA
2 Muzo, Kolumbien	4 Muzo, Kolumbien

1 2

3 4

1–4 **Beryll** *Edelstein*

Farbe Smaragdgrün (Smaragd), blau (Aquamarin), rosa (Morganit), durchsichtig
Glanz Glasglanz
Schliffform Facettenschliff, wegen der länglichen Form der Rohsteine oft Treppenschliff, durchscheinende Steine mit vielen Einschlüssen auch als Cabochon

Facettierter Aquamarin

Facettierter Goldberyll

Facettierter Smaragd

Farbvarietäten Beryll tritt in vielen verschiedenen Farbvarianten auf, die fast alle für Schmuckzwecke verschliffen werden. Aquamarin ist ein hell- bis dunkelblauer, auch grünlicher Beryll. Schlecht gefärbte Exemplare können durch Brennen bei 400 °C in schön blaue Steine umgewandelt werden.
Smaragd ist ein durch geringe Gehalte an Chrom intensiv grün gefärbter Beryll, eine ähnliche Farbe kann auch durch geringe Vanadiumgehalte erzeugt werden.
Goldberyll oder Heliodor ist ein goldgelb gefärbter Beryll, der seine Farbe natürlicher radioaktiver Bestrahlung verdankt.
Goshenit wird ein farbloser Beryll genannt, der kaum verschliffen wird.
Morganit oder Worobieffit ist ein intensiv rosafarbener Beryll.
Pezzotait ist ein Cäsiumberyll, der durch seine intensiv rosarote Farbe auffällt, da er sehr selten ist, wird er kaum zu Schmuck verarbeitet.
Roter Beryll oder Bixbit ist intensiv dunkelrot, große schleifbare Kristalle sind sehr selten.
Verwendung Meist als Zentralstein in Ringen und Anhängern. In wenigen Fällen wurden besonders große Smaragde oder Aquamarine zur Herstellung von kunsthandwerklichen Gegenständen, wie Schälchen oder kleine Dosen, bearbeitet. Diese Stücke haben heute einen unschätzbaren Wert.
Behandlung Smaragde werden zur Farbverbesserung oft geölt. Manchmal gibt es auch Smaragd-Dubletten, deren Oberteil aus farblosem Beryll besteht, der mit einem intensiv grünen Kleber auf das Unterteil, zum Beispiel Bergkristall, geklebt ist, so dass die Dublette smaragdgrün erscheint. Aquamarin wird zur Farbverbesserung gebrannt.
Besonderheit Wegen des hohen Wertes guter Smaragde wurde für die länglichen Rohstücke ein besonders materialsparender Schliff, der Trepen- oder Smaragdschliff, entwickelt.
Unterscheidungsmöglichkeiten Dubletten erkennt man beim Betrachten von der Seite an der Trennschicht; die Farbe des Smaragds ist sehr charakteristisch; Aquamarin ist weicher als blauer Topas. Blauer Zirkon zeigt im Gegensatz zu Aquamarin eine deutliche Doppelbrechung. Chrysoberyll ist härter als Heliodor, gelber Zirkon zeigt eine deutliche Doppelbrechung im Gegensatz zu Heliodor, natürlicher Citrin ist blasser gelb und weicher. Kunzit zeit im Gegensatz zum Morganit einen deutlichen Pleochroismus, rosa Saphir ist deutlich härter. Farbloser Topas hat eine viel höhere Dichte als Goshenit und eine deutliche Spaltbarkeit.

Fundorte	
1 Hühnerkobel, Bayerischer Wald	3 Ural, Russland
2 Habachtal, Österreich	4 Wolodarsk, Ukraine

1 2

3 4

1–4 Topas

Chem. Formel $Al_2[F_2/SiO_4]$
Härte 8, **Dichte** 3,5–3,6
Farbe Farblos, weiß, gelb, blau, grün, rot, rosa, violett, braun
Strichfarbe Weiß
Glanz Glasglanz
Spaltbarkeit Vollkommen nach der Basis
Bruch Muschelig
Tenazität Spröde
Kristallform Orthorhombisch

Roter Topas aus Russland

Ausbildung Kristalle kurz- oder langsäulig, auf- und eingewachsen, Riesenkristalle bis viele hundert Kilogramm Gewicht, derb, strahlig.

Entstehung und Vorkommen In Pegmatiten ein- und aufgewachsene Kristalle, in pneumatolytischen Bildungen aufgewachsen und in strahligen Aggregaten und abgerollt auf Seifen. Gut ausgebildete Kristalle finden sich in Hohlräumen quarzreicher, rhyolithischer Gesteine. Hauptvorkommen dieser Art finden sich in Utah und San Luis Potosí in Mexiko. Schöne gelbe Kristalle in Edelsteinqualität stammen vom Schneckenstein im sächsischen Vogtland.

Begleitmineralien Zinnstein, Fluorit, Turmalin, Quarz, Feldspat, Glimmer, Beryll.

Besonderheit Gelber, strahliger Topas aus pneumatolytischen Lagerstätten wird auch Pyknit genannt. Sherrybrauner Topas, der besonders bei Ouro Preto in Brasilien gefunden wird, wird Imperial-Topas (Abb. 6) genannt.

Rosafarbener und brauner Topas verliert bei längerer Sonneneinstrahlung schnell seine Farbe. Solche Kristalle und auch die daraus geschliffenen Edelsteine sind vor Sonne geschützt aufzubewahren.

Wegen des hohen Werts von Topas werden andere Mineralien fälschlich als Topas bezeichnet. So ist Quarztopas oder Madeiratopas nichts anderes als gebrannter Amethyst, mit Rauchtopas bezeichnet man normalen Rauchquarz.

Ähnliche Mineralien Quarz ist leichter und hat keine Spaltbarkeit; Fluorit ist viel weicher; Beryll hat eine ganz andere Kristallform und keine so gute Spaltbarkeit.

Topas

Edelstein

Farbe Farblos, gelb, braun, blau, rosa, rot, grün; durchsichtig
Glanz Glasglanz
Schliffform Facettenschliff

Facettierter Imperial-Topas

Verwendung Facettierte Steine als Zentralstein in Ringen, Broschen, etc. Kugeln und Barocksteine zu Ketten.

Behandlung Farblosem Topas wird oft durch Bestrahlung und nachfolgendes Brennen die begehrte blaue Farbe verliehen. So behandelte Steine sind sehr viel weniger wert als die von Natur aus blauen und verblassen manchmal auch mit der Zeit. Sie müssen im Handel immer als „behandelt" gekennzeichnet sein. Häufig findet man auch die Bezeichnung „farbverbessert".

Unterscheidungsmöglichkeiten Gebrannter Amethyst und natürlicher Citrin sind weicher als brauner bis gelber Topas und haben keine Spaltbarkeit; Aquamarin ist von blauem Topas mit einfachen Mitteln kaum zu unterscheiden; blauer Zirkon zeigt eine hohe Doppelbrechung; Glas ist viel weicher.

Fundorte	
1 Thomas Range, Utah, USA	3 Mursinka, Ural
2 Mursinka, Ural, Russland	4 Schneckenstein, Vogtland

1 2

3 4

1 Dumortierit

Chem. Formel $Al_7(BO_3)(SiO_4)_3O_3$
Härte 8–8½, **Dichte** 3,3–3,5
Farbe Violett, purpur, blau, braun
Strichfarbe Weiß
Glanz Glasglanz
Spaltbarkeit Schlecht erkennbar
Bruch Faserig
Tenazität Spröde
Kristallform Orthorhombisch

Ausbildung Kristalle langprismatisch bis nadelig, fast immer eingewachsen, derb, strahlig, faserig, radialstrahlig.
Entstehung und Vorkommen In Pegmatiten eingewachsene Kristalle, in aluminiumreichen, metamorphen Gesteinen und Quarzgängen in diesen Gesteinen.
Begleitmineralien Turmalin, Quarz, Feldspat, Glimmer, Cordierit, Andalusit, Korund.
Besonderheit Submikroskopisch kleine Einschlüsse von Dumortierit sind die Ursache für die rosa Farbe des Rosenquarzes.
Ähnliche Mineralien Turmalin ist nie so violett, Gleiches gilt für Andalusit; Cordierit ist nicht faserig oder nadelig.

2–4 Korund

Chem. Formel Al_2O_3
Härte 9, **Dichte** 3,9–4,1
Farbe Viele Farbvarietäten, von denen manche eigene Namen erhalten haben, zum Beispiel blau (Saphir), rot (Rubin), außerdem gelb, orange, grün, braun, violett, weiß, farblos
Strichfarbe Weiß
Glanz Glasglanz
Spaltbarkeit Schlecht, manchmal Absonderung nach der Basis
Bruch Muschelig
Tenazität Spröde
Kristallform Trigonal

Ausbildung Kristalle prismatisch, bipyramidal, tafelig, oft tönnchenförmig, spindelförmig, derb.
Entstehung und Vorkommen Eingewachsen in Pegmatiten, Peridotiten, Amphiboliten, Gneisen, Marmoren, als Fremdeinschluss in vulkanischen Gesteinen, aufgewachsene Kristalle in vulkanischen Auswürflingen, abgerollt in Seifen. Korundreiche Gesteine werden Smirgel genannt.
Begleitmineralien Spinell, Magnetit, Kalkspat, Biotit, Feldspat, Quarz.
Ähnliche Mineralien Härte und Kristallform unterscheiden Korund von allen anderen Mineralien; Spinell ist weicher und zeigt deutlich oktaedrische Kristalle; Dumortierit ist im Gegensatz zum Korund meist strahlig ausgebildet.

5–6 Korund

Edelstein

Farbe Rot (Rubin), rosa, blau (Saphir), gelb, orange (Padparadscha)
Schliffform Facettenschliff; Exemplare, die wegen zahlreicher Einschlüsse nur durchscheinend sind, und vor allem die Sternsteine werden als Cabochons geschliffen

Besonderheit Manche Rubine und Saphire zeigen als Cabochon geschliffen einen sechsstrahligen Lichtstern.
Behandlung Saphir wird meist gebrannt, um die schöne blaue Farbe hervorzubringen.
Verwendung Als facettierter Stein oder Cabochon hauptsächlich als Ringstein oder für Anhänger verwendet, meist als Zentralstein. Seltener werden undurchsichtige Steine zu Kugeln für Steinketten verschliffen.
Unterscheidungsmöglichkeiten Die entsprechend gefärbten Gläser sind viel weicher; synthetischer Sternrubin und Sternsaphir zeigen einen viel schärferen Stern als natürliche Steine und haben eine viel zu einheitliche, undurchsichtige Grundmasse; Spinell ist weicher, aber mit einfachen Mitteln nur schwer zu unterscheiden; bei Rohsteinen ist die jeweilige Kristallform charakteristisch; Granat ist deutlich weicher und weist meist einen anderen Rotton als der Rubin auf.

Fundorte		
1 Kalifornien, USA	3 Hunzatal, Pakistan	5 Pakistan
2 Madagaskar	4 Campolungo, Schweiz	6 Kaschmir

1
2
3
4
5
6

1–2 Diamant

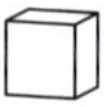

Chem. Formel C
Härte 10, **Dichte** 3,52
Farbe Farblos, weiß, gelb, braun, rötlich, grünlich, blau, grau, schwarz
Strichfarbe Weiß
Glanz Diamantglanz
Spaltbarkeit Nach dem Oktaeder vollkommen
Bruch Muschelig
Tenazität Spröde
Kristallform Kubisch

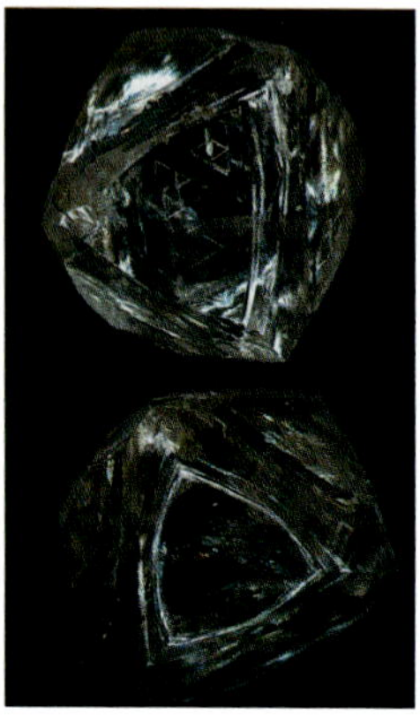

Oktaedrische Diamant-Kristalle aus Brasilien

Ausbildung Am häufigsten sind Oktaeder, Rhombendodekaeder, seltener Würfel, oft stark geätzte, gerundete Kristalle, radialstrahlige Aggregate (Bort), Kristalle immer eingewachsen, nie aufgewachsen.
Entstehung und Vorkommen In basischen, vulkanischen Gesteinen, insbesondere Kimberliten, die sogenannte Pipes bilden, in Eklogiten, herausgewittert in Seifen, wieder verfestigt in Konglomeraten und metamorphen Schiefern, in Meteoriten.
Begleitmineralien Pyrop, Olivin, Phlogopit, Chromit, Diopsid, Spinell.
Besonderheit Diamantvorkommen sind normalerweise schwer bewacht, man kann sie als Laie oder Sammler nicht besuchen. In den USA gibt es aber eine Fundstelle bei Dumfriesboro in Arkansas, wo man gegen eine geringe Gebühr nach Diamanten suchen kann. Diese sind auch dort recht selten, aber einzelne Sammler haben schon Steine mit vielen Karat Gewicht gefunden.
Ähnliche Mineralien Die hohe Härte unterscheidet Diamant von allen anderen Mineralien. Bergkristall und Zirkon haben eine viel niedrigere Lichtbrechung, Zirkon außerdem eine sehr hohe Doppelbrechung. Farbloser Saphir ist weicher als Diamant, farbloser Topas hat eine vollkommene Spaltbarkeit und ist deutlich weicher.

3–4 Diamant

Edelstein

Farbe Farblos, weiß, gelb, grün, blau, rot, rosa, braun, schwarz; durchsichtig bis undurchsichtig
Glanz Diamantglanz
Schliffform Facettenschliff
Diamant wird immer im Facettenschliff verarbeitet, weil dann seine hohe Lichtbrechung gut zur Geltung kommt. Die klassische Form des Diamantschliffs heißt Brillantschliff. Im allgemeinen Sprachgebrauch werden so geschliffene Diamanten auch nur Brillanten genannt, obwohl diese Schliffart auch bei anderen Edelsteinen verwendet wird

Verwendung Diamanten werden zu jeder Art hochwertigen Schmucks verarbeitet, kleine Diamanten dienen oft auch dazu, einen Hauptstein einer anderen Edelsteinart, zum Beispiel Smaragd, Saphir, Rubin, zu umkränzen.
Behandlung Diamant ist zwar sehr hart, trotzdem aber sehr stoßempfindlich und kann relativ leicht absplittern oder springen.

Fundorte	
1 Südafrika	**3** Kimberley, Südafrika
2 Südafrika	**4** Südafrika

1 2
3 4

Die Gesteine

1 Granit *Tiefengestein*

Hauptgemengteile Kalifeldspat, Plagioklas, Quarz
Nebengemengteile Muskovit, Hornblende, Turmalin
Farbe Weiß, grau, rötlich, grünlich, gelblich
Struktur Mittel- bis grobkörnig, häufig Einschlüsse von Fremdgesteinen, häufig stark geklüftet

Entstehung Durch Aufschmelzen von Gesteinen granitischer Zusammensetzung als Endstadium der Metamorphose.
Vorkommen Kleinere und größere Intrusionen, Stöcke, Kuppeln, Gänge.
Verwendung Als Baustein, zu Dekorationszwecken, als Grabstein, Bordstein, als Schotter im Straßenbau.
Ähnliche Gesteine Bei Granodiorit überwiegt der Plagioklas den Kalifeldspat, Gneis zeigt eine deutliche Schieferung.

2 Zweiglimmergranit *Tiefengestein*

Hauptgemengteile Kalifeldspat, Plagioklas, Quarz
Nebengemengteile Muskovit, Biotit, Hornblende, Turmalin
Farbe Weiß, grau, rötlich, grünlich, gelblich
Struktur Mittel- bis grobkörnig, häufig Einschlüsse von Fremdgesteinen, häufig stark geklüftet

Entstehung Durch Aufschmelzen von Gesteinen granitischer Zusammensetzung als Endstadium der Metamorphose.
Vorkommen Kleinere und größere Intrusionen, Stöcke, Kuppeln, Gänge.
Verwendung Als Baustein, zu Dekorationszwecken, als Grabstein, Bordstein, als Schotter im Straßenbau.
Ähnliche Gesteine Bei Granodiorit überwiegt der Plagioklas den Kalifeldspat, Gneis zeigt eine deutliche Schieferung, normaler Granit führt nur einen Glimmer.

3 Porphyrischer Granit *Tiefengestein*

Hauptgemengteile Kalifeldspat, Plagioklas, Quarz
Nebengemengteile Biotit, Muskovit, Hornblende, Turmalin
Einsprenglinge Kalifeldspat, Plagioklas, Hornblende, Turmalin
Farbe Weiß, grau, rötlich, grünlich, gelblich
Struktur Mittel- bis grobkörnige Grundmasse, porphyrisch mit großen Kalifeldspäten, häufig Einschlüsse von Fremdgesteinen, häufig stark geklüftet

Entstehung Durch Aufschmelzen von Gesteinen granitischer Zusammensetzung als Endstadium der Metamorphose.
Vorkommen Kleinere und größere Intrusionen, Stöcke, Kuppeln, Gänge.
Verwendung Als Baustein, zu Dekorationszwecken, als Grabstein, Bordstein, als Schotter im Straßenbau.
Ähnliche Gesteine Bei Granodiorit überwiegt der Plagioklas den Kalifeldspat, Gneis zeigt eine deutliche Schieferung.

4 Biotitgranit *Tiefengestein*

Hauptgemengteile Kalifeldspat, Plagioklas, Quarz
Nebengemengteile Biotit, Hornblende
Einsprenglinge Kalifeldspat, Plagioklas, Hornblende
Farbe Weiß, grau, rötlich, grünlich, gelblich
Struktur Mittel- bis grobkörnige Grundmasse, selten porphyrisch

Entstehung Durch Aufschmelzen von Gesteinen granitischer Zusammensetzung als Endstadium der Metamorphose.
Vorkommen Kleinere und größere Intrusionen, Stöcke, Kuppeln, Gänge.
Verwendung Als Baustein, zu Dekorationszwecken, als Grabstein, Bordstein, als Schotter im Straßenbau.
Ähnliche Gesteine Bei Granodiorit überwiegt der Plagioklas den Kalifeldspat, Gneis zeigt eine deutliche Schieferung.

Fundorte	
1 Gavorrano, Italien	**3** Höhenberg, Bayern
2 Leuchtenberg, Bayern	**4** Wegscheid, Bayern

1 2

3 4

1 Schriftgranit

Ganggestein

Hauptgemengteile Kalifeldspat, Quarz
Nebengemengteile Muskovit, Plagioklas
Farbe Weiß, grau, rötlich, grünlich, gelblich
Struktur Schriftartige Verwachsung von Kalifeldspat und Quarz

Entstehung Bildung im Randbereich von Pegmatiten oder in deren Zwischenzone.
Vorkommen Im Bereich von Pegmatit-Gängen und Pegmatit-Stöcken.
Verwendung Als Baustein, zu Dekorationszwecken, als Grabstein, Bordstein, als Schotter im Straßenbau.
Ähnliche Gesteine Bei Granodiorit überwiegt der Plagioklas den Kalifeldspat; Gneis zeigt eine deutliche Schieferung.

2 Kugelgranit

Tiefengestein

Hauptgemengteile Kalifeldspat, Plagioklas, Quarz
Nebengemengteile Biotit, Muskovit, Hornblende, Turmalin
Einsprenglinge Kalifeldspat, Plagioklas, Hornblende, Turmalin
Farbe Weiß, grau, rötlich, grünlich, gelblich
Struktur Kugelige Aggregate in mittel- bis grobkörniger Grundmasse

Entstehung Durch Aufschmelzen von Gesteinen mit granitischer Zusammensetzung, die Entstehung der Kugelstruktur ist noch nicht sicher geklärt.
Vorkommen Kleinere und größere Intrusionen, Stöcke, Kuppeln, Gänge.
Verwendung Als Baustein, zu Dekorationszwecken, als Grabstein, Bordstein, als Schotter im Straßenbau.
Ähnliche Gesteine Bei Granodiorit überwiegt der Plagioklas den Kalifeldspat; Gneis zeigt eine deutliche Schieferung.

3 Tonalit

Tiefengestein

Hauptgemengteile Plagioklas (Oligoklas-Andesin), Quarz, Hornblende
Nebengemengteile Biotit, Muskovit, Pyroxen
Einsprenglinge Hornblende, Biotit
Farbe Hell- bis dunkelgrau, oft hell mit dunklen Einsprenglingen
Struktur Mittel- bis grobkörnig, oft mit Einsprenglingen in einer feineren Grundmasse

Entstehung Bei der Aufschmelzung von Gesteinen in großen Tiefen, erstes Produkt der Differentiation granitischer Magmenkörper.
Vorkommen Innerhalb großer, granitischer Magmenkörper, zum Beispiel am Adamello in Südtirol, Italien.
Verwendung Als Baustein, Straßenschotter, als Dekorationsstein.
Ähnliche Gesteine Granit und Granodiorit unterscheiden sich von Tonalit durch das Vorhandensein von Kalifeldspat, gleiches gilt für Syenit, Pegmatit ist viel grobkörniger, Nephelinsyenit enthält Nephelin.

4 Aplit

Ganggestein

Hauptgemengteile Quarz, Kalifeldspat
Nebengemengteile Biotit, Muskovit, Hornblende, Turmalin
Einsprenglinge Turmalin, Hornblende
Farbe Weiß bis hellgrau
Struktur Feinkörnig, manchmal zoniert, gangförmig, oft auch als feinkörnige Zone neben oder um Pegmatit

Entstehung Am Ende des Kristallisationsvorgangs eines Magmenkörpers bilden sich in Rissen und Spalten Ganggesteine wie Aplit.
Vorkommen Als Gänge in Graniten und den sie umgebenden Nebengesteinen, in allen Granitgebieten häufig.
Verwendung Aplit wird bei der Schotterherstellung aus Granit mitgewonnen, sonst gilt er als unerwünschtes Nebengestein.
Ähnliche Gesteine Das gangförmige Auftreten ist typisch und macht zusammen mit der hellen Farbe den Aplit unverwechselbar; Pegmatit ist viel grobkörniger.

Fundorte

1 Bodenmais, Bayern	**3** Zillertal, Österreich
2 Finnland	**4** Tittling, Bayern

1

2

3

4

1 Lamprophyr *Ganggestein*

Hauptgemengteile Biotit, Hornblende, Kalifeldspat
Nebengemengteile Pyroxen, Olivin
Einsprenglinge Hornblende
Farbe Dunkelgrau bis braun
Struktur Feinkörnig, gangförmig, manchmal porphyrisch

Entstehung Am Ende des Kristallisationsvorgangs von größeren Intrusivkörpern.
Vorkommen Als Gänge in Graniten und Gabbros und den sie umgebenden Nebengesteinen.
Verwendung Lamprophyr wird bei der Schotterherstellung mitgewonnen, ansonsten gilt er als unerwünschtes Nebengestein ohne Verwendungszweck.
Ähnliche Gesteine Das gangförmige Auftreten ist typisch; Aplit ist viel heller; Pegmatit ist viel grobkörniger.

2 Pegmatit *Ganggestein*

Hauptgemengteile Quarz, Kalifeldspat
Nebengemengteile Plagioklas, Muskovit
Einsprenglinge Turmalin, Columbit, Beryll, Topas, Lepidolith und viele andere seltene Mineralien
Farbe Weiß, grau, rosa, sehr verschiedenfarbig
Struktur Grob- bis riesenkörnig (Korngrößen im Meterbereich)

Entstehung Am Ende der Gesteinskristallisation bleiben leichtflüchtige Phasen übrig, die auch all die Elemente enthalten, die in die normalen gesteinsbildenden Mineralien nicht hineinpassen. Aus ihnen bilden sich in Spalten, Rissen und anderen Hohlräumen die Pegmatite.
Vorkommen Als Gänge, Schlieren, Stöcke, meist zusammen mit Graniten.
Verwendung Der Kalifeldspat der Pegmatite wird als Rohstoff für die Porzellanindustrie gewonnen.
Ähnliche Gesteine Die Riesenkörnigkeit des Pegmatits lässt keine Verwechslung zu.

3 Syenit *Tiefengestein*

Hauptgemengteile Kalifeldspat, Plagioklas (Andesin-Oligoklas), Hornblende
Nebengemengteile Biotit, Pyroxen, Quarz
Einsprenglinge Hornblende, Pyroxen, Titanit
Farbe Hell- bis dunkelgrau
Struktur Mittel- bis grobkörnig, selten porphyrisch, manchmal drusig, porös

Entstehung Durch Differentiation aus basischeren Magmen.
Vorkommen In kleineren eigenen Intrusionskörpern, als Teil von großen, differentiierten Gabbrogesteinskörpern. In Deutschland bei Seußen und Wölsau im Fichtelgebirge und im Plauenschen Grund in Sachsen.
Verwendung Lokal als Baustein, zur Schotterherstellung.
Ähnliche Gestein Granit hat im Gegensatz zu Syenit Quarz als Hauptbestandteil und Hornblende bestenfalls als Nebengemengteil; Diorit enthält im Gegensatz zu Syenit keinen Kalifeldspat als Hauptgemengteil.

4 Nephelinsyenit *Tiefengestein*

Hauptgemengteile Kalifeldspat, Albit, Nephelin
Nebengemengteile Pyroxen, Amphibol, Sodalith
Einsprenglinge Hornblende, Pyroxen, Titanit
Farbe Hell- bis dunkelgrau
Struktur Mittel- bis grobkörnig, selten porphyrisch, manchmal drusig, porös

Entstehung Aus sehr alkalischen Magmen.
Vorkommen In kleineren eigenen Intrusionskörpern, als Teil von großen, differentiierten Alkaligesteinskörpern.
Verwendung Lokal als Baustein, zur Schotterherstellung.
Ähnliche Gestein Granit hat im Gegensatz zu Nephelinsyenit Quarz als Hauptbestandteil und enthält keinen Nephelin. Das Auftreten von Nephelin ist charakteristisch.

Fundorte

1 Kropfmühl, Bayern	3 Vogesen, Frankreich
2 Naabburg, Bayern	4 Langesundfjord, Norwegen

1

2

3

4

1 Essexit

Tiefengestein

Hauptgemengteile Plagioklas (Labradorit), Kalifeldspat, Pyroxen
Nebengemengteile Nephelin, Leucit, Sodalith
Einsprenglinge Plagioklas
Farbe Hell- bis dunkelgrau
Struktur Fein- bis mittelkörnig, selten porphyrisch

Entstehung Aus sehr alkalireichen und siliziumarmen Magmen.
Vorkommen In kleineren eigenen Intrusionskörpern, oft zusammen mit anderen Alkaligesteinen.
Verwendung Lokal als Baustein im Mauerbau.
Ähnliche Gestein Granit hat im Gegensatz zu Essexit Quarz als Hauptbestandteil; Nephelinsyenit enthält keinen Labradorit, Monzonit enthält keinen Nephelin, ebenso wie Diorit und Granodiorit, alle ähnlich zusammengesetzten vulkanischen Gesteine sind viel feinkörniger als Essexit.

2 Monzonit

Tiefengestein

Hauptgemengteile Plagioklas (Labradorit), Kalifeldspat, Pyroxen
Nebengemengteile Quarz, Biotit
Einsprenglinge Plagioklas
Farbe Hell- bis dunkelgrau
Struktur Fein- bis mittelkörnig, oft Fließstrukturen

Entstehung Durch lokale Umschmelzungen.
Vorkommen In kleinen Intrusionskörpern, Stöcken, Linsen.
Verwendung Lokal als Baustein, zur Schotterherstellung.
Besonderheit Monzonit ist benannt nach seinem Vorkommen im Monzoni-Massiv in Südtirol.
Ähnliche Gestein Granit hat im Gegensatz zu Monzonit Quarz als Hauptbestandteil; Norit und Gabbro enthalten keinen Kalifeldspat, Essexit enthält im Gegensatz zu Monzonit die Feldspatvertreter Nephelin, Leucit und Sodalith, Diorit enthält Hornblende und keinen Nephelin.

3 Diorit

Tiefengestein

Hauptgemengteile Plagioklas (Oligoklas-Andesin), Hornblende
Nebengemengteile Quarz, Biotit, Pyroxen
Einsprenglinge Hornblende, Quarz, Titanit
Farbe Mittel- bis dunkelgrau
Struktur Fein- bis mittelkörnig, selten kugelige Struktur

Entstehung Als erste Ausscheidung bei der Differentiation granitischer Magmen.
Vorkommen Im Randbereich großer, siliziumreicher Gesteinskomplexe, auch in kleineren, eigenständigen Gesteinskomplexen.
Verwendung Lokal als Baustein, zur Schotterherstellung, schön gefärbte Varianten als Dekorationsstein.
Ähnliche Gesteine Gabbro enthält anorthitreicheren Plagioklas und Pyroxen als Hauptbestandteil im Gegensatz zur Hornblende des Diorits.

4 Granodiorit

Tiefengestein

Hauptgemengteile Plagioklas (Oligoklas-Andesin), Hornblende, Quarz
Nebengemengteile Biotit, Pyroxen
Einsprenglinge Hornblende, Quarz
Farbe Mittel- bis dunkelgrau
Struktur Fein- bis mittelkörnig, selten porphyrisch

Entstehung Als erste Ausscheidung bei der Differentiation granitischer Magmen.
Vorkommen Im Randbereich großer, siliziumreicher Gesteinskomplexe, auch in kleineren, eigenständigen Gesteinskomplexen.
Verwendung Lokal als Baustein, zur Schotterherstellung, schön gefärbte Varianten als Dekorationsstein.
Ähnliche Gesteine Gabbro enthält anorthitreicheren Plagioklas und Pyroxen als Hauptbestandteil im Gegensatz zur Hornblende des Diorits.

Fundorte

1 Schottland, Großbritannien
2 Monzoni, Südtirol, Italien
3 Fürstenstein, Bayern
4 Fürstenstein, Bayern

1 2

3 4

1 Titanitfleckendiorit *Tiefengestein*

Hauptgemengteile Plagioklas (Oligoklas-Andesin), Hornblende
Nebengemengteile Quarz, Biotit, Pyroxen
Einsprenglinge Hornblende, Quarz, Titanit
Farbe Mittel- bis dunkelgrau
Struktur Fein- bis mittelkörnige Grundmasse, porphyrisch mit Titanit-Einsprenglingen, die jeweils einen plagioklasreichen, weißen Hof haben

Entstehung Als erste Ausscheidung bei der Differentiation granitischer Magmen, bei höheren Titan-Gehalten.
Vorkommen Im Randbereich großer, siliziumreicher Gesteinskomplexe, auch in kleineren, eigenständigen Gesteinskomplexen.
Verwendung Lokal als Baustein, zur Schotterherstellung, schön gefärbte Varianten als Dekorationsstein.
Ähnliche Gesteine Gabbro enthält anorthitreicheren Plagioklas und Pyroxen als Hauptbestandteil im Gegensatz zur Hornblende des Diorits, das fleckige Aussehen ist typisch.

2 Gabbro *Tiefengestein*

Hauptgemengteile Plagioklas (Labradorit-Bytownit), Pyroxen (monoklin)
Nebengemengteile Hornblende, Magnetit, Ilmenit
Einsprenglinge Plagioklas, Pyroxen
Farbe Mittel- bis dunkelgrau, dunkelgrün, schwarzbraun
Struktur Mittel- bis grobkörnig, manchmal porphyrisch, oft gebändert, Fließstrukturen

Entstehung Durch Differentiation aus ultrabasischen Magmen des Erdmantels.
Vorkommen In großen, geschichteten, basischen Intrusionen, als eigenständige Gesteinskörper.
Verwendung Lokal als Baustein, zur Schotterherstellung, schönere Varianten als Dekorationsstein in der Architektur, zu Grabsteinen.
Ähnliche Gesteine Diorit enthält Hornblende als Hauptgemengteil anstelle des Pyroxens; Norit enthält orthorhombischen Pyroxen; Pyroxenit enthält keinen Feldspat.

3 Norit *Tiefengestein*

Hauptgemengteile Plagioklas (Labradorit-Bytownit), Pyroxen (orthorhombisch)
Nebengemengteile Hornblende, Magnetit, Ilmenit
Einsprenglinge Plagioklas, Pyroxen
Farbe Mittel- bis dunkelgrau, dunkelgrün, schwarzbraun
Struktur Mittel- bis grobkörnig, manchmal porphyrisch, oft gebändert, Fließstrukturen

Entstehung Durch Differentiation aus ultrabasischen Magmen des Erdmantels.
Vorkommen In großen, geschichteten, basischen Intrusionen, als eigenständige Gesteinskörper.
Verwendung Lokal als Baustein, zur Schotterherstellung, schönere Varianten als Dekorationsstein in der Architektur, zu Grabsteinen.
Ähnliche Gesteine Diorit enthält Hornblende als Hauptgemengteil anstelle des Pyroxens; Gabbro enthält monoklinen Pyroxen; Pyroxenit enthält keinen Feldspat.

4 Anorthosit *Tiefengestein*

Hauptgemengteile Plagioklas (Labradorit-Bytownit)
Nebengemengteile Pyroxen, Olivin, Chromit, Magnetit
Farbe Weiß, grau, schwarz, grünlich, rötlich
Struktur Mittel- bis grobkörnig, immer gleichkörnig, selten von Magnetit oder Chromitschichten durchsetzt

Entstehung Bei der Differentiation basischer Magmen.
Vorkommen Als Lagen und Schichten innerhalb basischer Gesteinskomplexe. In Europa gibt es kaum Anorthosit, große Vorkommen liegen besonders in Südafrika und in den USA.
Verwendung Bei genügendem Chromitgehalt zur Chromgewinnung abgebaut, schön gefärbte und strukturierte Varietäten als Dekorationssteine in der Architektur, zu Grabsteinen.
Ähnliche Gesteine Granit und Aplit enthalten immer Quarz und Kalifeldspat anstelle des Plagioklases; Pegmatit ist immer grob- bis riesenkörnig und besteht aus Kalifeldspat.

Fundorte

1 Fürstenstein, Bayern	3 Südafrika
2 Harzburg, Harz	4 Labrador, USA

1 2

3 4

1 **Peridotit** *Tiefengestein*

Hauptgemengteile Olivin, Pyroxen
Nebengemengteile Spinell, Hornblende, Pyrop, Phlogopit, Chromit
Einsprenglinge Pyrop, Pyroxen
Farbe Hell- bis dunkelgrün
Struktur Mittelkörnig, zum Teil porphyrisch mit großen Pyroxen- oder Pyrop-Einsprenglingen, manchmal deutlich zoniert

Entstehung Bei der Differentiation basischer Magmen, durch Hochtransport aus dem oberen Erdmantel. Man nimmt an, dass der Erdmantel zum Teil aus peridotitischen Gesteinen aufgebaut ist. Die Olivinbomben aus vulkanischen Gesteinen sind hochgerissene Teile solcher Gesteine des Erdmantels.
Vorkommen Als kleinere, eigenständige Gesteinskomplexe, in Ophiolith-Komplexen, in basischen Gesteinskomplexen.
Verwendung Manchmal als Dekorationsgestein.
Ähnliche Gesteine Gabbro enthält immer noch Feldspat.

2 **Kimberlit** *Tiefengestein*

Hauptgemengteile Olivin, Pyroxen, Biotit, Phlogopit
Nebengemengteile Pyrop, Ilmenit, Melilith
Einsprenglinge Pyrop, Pyroxen, Olivin, Phlogopit, Diamant
Farbe Hell- bis dunkelgrün, graugrün, blaugrün
Struktur Fein- bis mittelkörnig, zum Teil porphyrisch mit großen Olivin-Einsprenglingen, oft brekkziiert

Entstehung Beim explosionsartigen Durchbruch von Pipes. Dabei werden Gesteine des Erdmantels und Nebengesteine mit hochgerissen. Dabei sind die Drücke so hoch, dass Diamanten entstehen können.
Vorkommen Als Schlote und Lagergänge in geologisch alten Gebieten der Erdkruste.
Besonderheit Kimberlit-Pipes sind wichtige Diamant-Lagerstätten.
Ähnliche Gesteine Gabbro enthält immer noch Feldspat; Peridotit enthält keinen Glimmer; das Vorkommen in Form von Pipes ist typisch.

3 **Dunit** *Tiefengestein*

Hauptgemengteile Olivin
Nebengemengteile Spinell, Hornblende, Pyrop, Phlogopit, Chromit
Einsprenglinge Pyrop
Farbe Hell- bis dunkelgrün
Struktur Mittelkörnig, zum Teil porphyrisch mit großen Pyrop-Einsprenglingen

Entstehung Bei der Differentiation basischer Magmen, durch Hochtransport aus dem oberen Erdmantel.
Vorkommen Als kleinere, eigenständige Gesteinskomplexe, in Ophiolith-Komplexen, in basischen Gesteinskomplexen.
Verwendung Manchmal als Dekorationsgestein, besonders bei porphyrischer Ausbildung mit Pyrop.
Ähnliche Gesteine Gabbro enthält immer noch Feldspat, Peridotit enthält Pyroxen als zusätzlichen Hauptgemengteil.

4 **Karbonatit** *Tiefengestein*

Hauptgemengteile Kalkspat, Dolomit
Nebengemengteile Phlogopit, Apatit, Nephelin, Perowskit, Baryt, Pyrochlor
Einsprenglinge Pyrochlor, Apatit
Farbe Weiß, gelblich, grau, braun
Struktur Mittelkörnig bis sehr grobkörnig

Entstehung Aus Karbonatschmelzen, die aus dem unteren Erdmantel stammen.
Vorkommen Als kleinere, eigenständige Gesteinskomplexe, in Alkaligesteins-Komplexen, sehr selten als Ergussgesteine.
Verwendung Manchmal als Dekorationsgestein, zur Kalkgewinnung, manchmal als Niob-Tantal-Erz.
Ähnliche Gesteine Marmor kommt nicht in Alkaligesteinskomplexen vor.

Fundorte

1 Alpe Arami, Tessin, Schweiz
2 Schweden
3 Kraubath, Steiermark, Österreich
4 Sud As, Schweden

1 2

3 4

1 Rhyolith
Vulkanisches Gestein

Hauptgemengteile Quarz, Kalifeldspat
Nebengemengteile Plagioklas (Albit), Biotit
Einsprenglinge Kalifeldspat
Farbe Sehr hellgrau bis weißlich, hellbraun
Struktur Grundmasse sehr feinkörnig, manchmal große Einsprenglinge von Sanidin (Kalifeldspat)

Entstehung Beim Austritt siliciumreicher Magmen, ist das dem Tiefengestein Granit entsprechende vulkanische Gestein.
Vorkommen In Schlöten, Stöcken, Gängen, selten regelrechte Gesteinsdecken bildend. Fundorte liegen zum Beispiel auf den Liparischen Inseln in Italien, wo das Gestein auch Liparit genannt wird, oder im französischen Zentralmassiv.
Verwendung Lokal als Baustein, zur Schotterherstellung.
Ähnliche Gesteine Granit hat nie eine so feinkörnige Grundmasse wie der Rhyolith, er tritt nie im Bereich vulkanischer Tätigkeiten auf.

2 Quarzporphyr
Vulkanisches Gestein

Hauptgemengteile Quarz, Kalifeldspat
Nebengemengteile Plagioklas (Albit), Biotit
Einsprenglinge Quarz, Kalifeldspat
Farbe Braun, rötlich braun, die Grundmasse ist durch Eisenoxide gefärbt
Struktur Feinkörnige Grundmasse mit Einsprenglingen von Quarz und Kalifeldspat

Entstehung Beim Austritt kieselsäurereicher Magmen, die wegen ihrer starken Beweglichkeit große Flächen überdecken konnten. Quarzporphyr ist der Name für geologisch alte Rhyolithe.
Vorkommen Als riesige Deckenergüsse besonders aus der Zeit von Perm und Trias vor etwa 200 Millionen Jahren.
Verwendung Örtlich als Baustein, zur Herstellung von Pflastersteinen, Bodenplatten, Schottersteinen.
Ähnliche Gesteine Rhyolith hat keine rötlich gefärbte Grundmasse; Granit hat keine so feinkörnige Grundmasse.

3 Dazit
Vulkanisches Gestein

Hauptgemengteile Plagioklas (Labradorit), Quarz, Kalifeldspat
Nebengemengteile Biotit, Hornblende, Pyroxen
Einsprenglinge Plagioklas, Biotit, Quarz
Farbe Hell- bis mittelgrau, hellbraun
Struktur Grundmasse sehr feinkörnig, oft glasig, manchmal große Einsprenglinge von Plagioklas oder Quarz

Entstehung Beim Austritt siliciumreicher Magmen, Dazit ist das dem Tiefengestein Tonalit entsprechende vulkanische Gestein.
Vorkommen In Schlöten, Stöcken, Gängen, selten regelrechte Gesteinsdecken bildend.
Verwendung Lokal als Baustein, zur Schotterherstellung.
Ähnliche Gesteine Granit hat nie eine so feinkörnige Grundmasse wie der Dazit, er tritt nie im Bereich vulkanischer Tätigkeiten auf; Rhyolith und Quarzporphyr haben Kalifeldspat als Hauptgemengteil.

4 Latit
Vulkanisches Gestein

Hauptgemengteile Plagioklas, Sanidin, Pyroxen
Nebengemengteile Hornblende, Biotit
Einsprenglinge Plagioklas, Sanidin
Farbe Hell- bis mittelgrau, hellbraun
Struktur Grundmasse sehr feinkörnig, oft glasig, manchmal große Einsprenglinge von Sanidin, Plagioklas, Pyroxen

Entstehung Beim Austritt monzonitischer Magmen, Latit ist das dem Monzonit entsprechende vulkanische Gestein.
Vorkommen In Strömen, Gängen, selten regelrechte Gesteinsdecken bildend.
Verwendung Lokal als Baustein, zur Schotterherstellung.
Ähnliche Gesteine Granit hat nie eine so feinkörnige Grundmasse wie der Latit, er tritt nie im Bereich vulkanischer Tätigkeiten auf; Rhyolith und Quarzporphyr haben Kalifeldspat als Hauptgemengteil.

Fundorte

1 Massif Central, Frankreich	3 Deva, Ungarn
2 Bozen, Südtirol, Italien	4 Latium, Italien

1

2

3

4

1 **Andesit** *Vulkanisches Gestein*

Hauptgemengteile Plagioklas, Pyroxen, Hornblende
Nebengemengteile Biotit, Magnetit
Einsprenglinge Plagioklas, Pyroxen, Hornblende
Farbe Braun bis braunschwarz
Struktur Grundmasse sehr feinkörnig, manchmal glasig, manchmal große Einsprenglinge

Entstehung Bei der Aufschmelzung ozeanischer Kruste in Subduktionszonen, dort wo das aufgeschmolzene Material dann in Vulkanen wieder an die Oberfläche kommt.
Vorkommen In Strömen, Ergüssen, Kuppeln.
Verwendung Lokal als Baustein, zur Schotterherstellung.
Ähnliche Gesteine Dazit und Rhyolith enthalten Quarz; Latit enthält Sanidin , Phonolith enthält im Gegensatz zu Andesit Nephelin und Olivin, Basalt enthält als Nebengemengteil im Gegensatz zu Andesit Olivin.

2 **Phonolith** *Vulkanisches Gestein*

Hauptgemengteile Nephelin, Kalifeldspat, Aegirin (ein Natrium-Pyroxen)
Nebengemengteile Olivin, Sodalith, Haüyn, Natriumhornblende
Einsprenglinge Haüyn, Kalifeldspat, Nephelin
Farbe Hell- bis dunkelgrau, grünlich, braun
Struktur Feinkörnig mit Einsprenglingen von Nephelin, Kalifeldspat, typisch muscheliger Bruch, oft Fließstrukturen, manchmal säulige Absonderungen

Entstehung Aus alkalireichen Magmen, ist das dem Tiefengestein Nephelinsyenit entsprechende vulkanische Gestein.
Vorkommen Als vulkanische Stöcke, auch in Form von Gängen, dann Tinguait genannt. Vorkommen am Kaiserstuhl, dort kommen auch Tinguait-Gänge mit eingewachsenen Melanitkristallen (Titangranat) vor.
Verwendung Als Baustein, zur Schottergewinnung.
Besonderheit Phonolith hat seinen Namen, der übersetzt „Klingstein“ bedeutet, weil Phonolithplatten beim Anschlagen einen deutlichen glockenähnlichen Klang erzeugen.
Ähnliche Gesteine Tephrit enthält im Gegensatz zum Phonolith noch Leucit, oft in großen Einsprenglingen.

3 **Basalt** *Vulkanisches Gestein*

Hauptgemengteile Plagioklas (Labradorit-Bytownit), Augit
Nebengemengteile Olivin, Hornblende, Biotit
Einsprenglinge Plagioklas, Augit, Olivin
Farbe Schwarz bis grauschwarz, braunschwarz
Struktur Dicht mit muscheligem Bruch, manchmal schlackig, Grundmasse sehr feinkörnig, säulige Absonderung

Entstehung Beim Austritt gabbroähnlicher Magmen, Basalt ist das dem Tiefengestein Gabbro entsprechende vulkanische Gestein.
Vorkommen In Lavaströmen, als Decken, Stöcke, Gänge.
Verwendung Als Straßenschotter, als Pflasterstein.
Ähnliche Gesteine Alle im Prinzip ähnlichen Tiefengesteine sind sehr viel feinkörniger; Rhyolith enthält Quarz als Hauptgemengteil; Tephrit Leucit.

4 **Melaphyr** *Vulkanisches Gestein*

Hauptgemengteile Plagioklas (Labradorit-Bytownit), Augit
Nebengemengteile Olivin, Hornblende, Biotit
Einsprenglinge Plagioklas, Augit, Olivin
Farbe Schwarz bis grauschwarz, braunschwarz
Struktur Grundmasse dicht, feinkörnig, Hohlräume

Entstehung Beim Austritt basaltischer bis andesitischer Laven, oft auch subvulkanische Bildung.
Vorkommen In Lavaströmen, als Decken, Stöcke, Gänge.
Verwendung Selten als Straßenschotter, wegen der vielen Hohlräume als Baumaterial ungeeignet, für Mineraliensammler wegen der Mineralien in den Hohlräumen interessant.
Ähnliche Gesteine Die zahlreichen mineralgefüllten Hohlräume sind charakteristisch.

Fundorte

1 Bulgarien	3 Fichtelgebirge, Bayern
2 Kaiserstuhl, Deutschland	4 Kaiserstuhl, Deutschland

1 2

3 4

1 Trachyt *Vulkanisches Gestein*

Hauptgemengteile Plagioklas (Andesin), Sanidin
Nebengemengteile Pyroxen, Hornblende, Biotit
Einsprenglinge Sanidin
Farbe Weiß bis hellgrau
Struktur Feinkörnige Grundmasse mit oft großen Einsprenglingen, diese oft parallel geordnet, Fließstrukturen, porös mit rauer Oberfläche

Entstehung Beim Austritt syenitischer Magmen, Trachyt ist das dem Tiefengestein Syenit entsprechende vulkanische Gestein.
Vorkommen In Lavaströmen, als Decken, Stöcke, Kuppeln.
Verwendung Als Straßenschotter, als Pflasterstein.
Ähnliche Gesteine Latit enthält anorthitreichere Plagioklase; Dazit und Rhyolith enthalten Quarz als Hauptgemengteil; Tephrit Leucit; Andesin enthält keinen Sanidin.

2 Obsidian *Vulkanisches Gestein*

Hauptgemengteile Gesteinsglas
Nebengemengteile Cristobalit, Magnetit
Einsprenglinge Cristobalit
Farbe Schwarz bis grauschwarz, braunschwarz, mit weißer Bänderung, weißfleckig, braunfleckig.
Struktur Dicht mit muscheligem Bruch, manchmal schlackig mit rauer Oberfläche, durchscheinend bis undurchsichtig

Entstehung Bei sehr schneller Abkühlung kieselsäurereicher Magmen.
Vorkommen In Lavaströmen, Krusten auf Lava, Auswürflinge.
Verwendung Früher zur Herstellung von Steinwerkzeugen, in der Antike für Spiegel, selten als Schmuckstein (Regenbogenobsidian).
Besonderheit Kugelige Obsidian-Einschlüsse, die man in Arkansas in vulkanischen Tuffen findet, werden Apachen-Tränen genannt. Weiß gefleckter Obsidian heißt Schneeflockenobsidian, braun gebänderter wird Mahagoni-Obsidian genannt.
Ähnliche Gesteine Die glasige Beschaffenheit macht Verwechslungen unmöglich.

3 Bimsstein *Vulkanisches Gestein*

Hauptgemengteile Gesteinsglas
Nebengemengteile Sanidin, Hornblende, Pyroxen
Einsprenglinge Hauyn, Titanit
Farbe Weiß, hellgrau, hellbraun
Struktur Porös, locker, extrem leicht (schwimmt auf Wasser)

Entstehung Bei sehr gasreichen Vulkanausbrüchen.
Vorkommen In Schichten in den Auswurfmassen kieselsäurereicher Vulkane.
Verwendung Zur Herstellung von Leichtbaustoffen, als Zuschlagsmittel, als Pflanzstoff.
Ähnliche Gesteine Die glasige, hochporöse Beschaffenheit macht Verwechslungen unmöglich, kein anderes Gestein schwimmt auf Wasser.

4 Ignimbrit *Vulkanisches Gestein*

Hauptgemengteile Gesteinsglas, Kristallbruchstücke, Gesteinsbruchstücke
Nebengemengteile Sanidin, Hornblende, Pyroxen
Farbe Weiß, hellgrau, hellbraun
Struktur Dicht, mit dunklen „Flammen", bei denen es sich um verschweißte, glasige Schlacken handelt

Entstehung Als Absätze von vulkanischen Glutwolken.
Vorkommen In Schichten in den Auswurfmassen kieselsäurereicher Vulkane.
Verwendung Selten als Baustein, als Zuschlagsmittel zu Beton.
Ähnliche Gesteine Die glasige Beschaffenheit mit den typischen „Flammen" macht Verwechslungen unmöglich; Bimsstein ist poröser und schwimmt im Gegensatz zu Ignimbrit auf Wasser.

Fundorte	
1 Siebengebirge/Rhein	3 Azoren
2 Georgien	4 Toskana, Italien

1 2

3 4

1 Vulkanischer Tuff

Vulkanisches Gestein

Hauptgemengteile Auswürflinge, vulkanische Asche, Gesteinsglas
Einsprenglinge Augit, Hornblende, Sanidin, Olivin
Farbe Schwarz bis grauschwarz, braun, grau
Struktur Sehr verschiedenkörnig, porös, oft schön geschichtet

Entstehung Durch Ablagerung und Verfestigung der von Vulkanen ausgestoßenen Lockermassen.
Vorkommen In der Umgebung von Vulkanen.
Verwendung Manchmal als Baustein, zur Zement-Herstellung, für Beton.
Ähnliche Gesteine Kalktuff braust beim Betupfen mit verdünnter Salzsäure.

2 Tephrit

Vulkanisches Gestein

Hauptgemengteile Plagioklas (Labradorit-Bytownit), Pyroxen
Nebengemengteile Nephelin, Leucit
Einsprenglinge Leucit-Kristalle, Plagioklas
Farbe Grau bis schwarz
Struktur Feinkörnige Grundmasse, oft porös, Einsprenglinge von Feldspat und Leucit

Entstehung Aus basischer, kieselsäurearmer Lava, die oft karbonatische Nebengesteine aufgenommen hat.
Vorkommen In vulkanischen Ergüssen, Decken. In Deutschland zum Beispiel am Kaiserstuhl, in Italien häufig im Latium, zum Beispiel am Lago Bracciano.
Verwendung Lokal als Schottermaterial.
Ähnliche Gesteine Phonolith enthält im Gegensatz zu Tephrit Kalifeldspat, ebenso Rhyolith.

3 Leucit-Tephrit

Vulkanisches Gestein

Hauptgemengteile Leucit, Plagioklas (Labradorit-Bytownit)
Nebengemengteile Nephelin, Pyroxen
Einsprenglinge Leucit-Kristalle, Plagioklas
Farbe Grau bis schwarz
Struktur Feinkörnige Grundmasse, oft porös, mit großen Leucit-Einsprenglingen

Entstehung Aus basischer, kieselsäurearmer Lava, die oft karbonatische Nebengesteine aufgenommen hat.
Vorkommen In vulkanischen Ergüssen, Decken. In Deutschland zum Beispiel am Kaiserstuhl, in Italien häufig im Latium, zum Beispiel am Lago Bracciano.
Verwendung Lokal als Schottermaterial.
Ähnliche Gesteine Phonolith enthält Kalifeldspat, ebenso Rhyolith; Tephrit enthält Leucit nicht als Hauptgemengteil.

4 Lava

Vulkanisches Gestein

Hauptgemengteile Plagioklas, Pyroxen
Nebengemengteile Olivin, Hornblende, Biotit
Einsprenglinge Olivin, Augit, Hornblende, Biotit
Farbe Schwarz, grau, braun
Struktur Zackige, fladenähnliche, strickähnliche Erstarrungsformen mit vielfältigen Fließstrukturen, dicht bis porös, feinkörnig, mit verschiedenartigen Einsprenglingen

Entstehung Der Begriff Lava bezeichnet ganz oberflächlich erstarrte vulkanische Gesteine mehr oder weniger basaltischer Zusammensetzung. Lava findet sich oft in Form von Lavaströmen.
Vorkommen Im Bereich junger, zum Teil noch tätiger Vulkane, zum Beispiel in der Eifel, auf Island, Hawai, am Vesuv und Ätna in Italien, auf den Liparischen Inseln und Stromboli im Mittelmeer.
Verwendung Als Zuschlag zu Beton, im Gartenbau, im Zierpflanzenanbau als Substrat.
Ähnliche Gesteine Die Oberflächenstruktur macht Lavagestein unverwechselbar.

Fundorte

1 Argentinien	3 Trevignano, Italien
2 Limburg, Kaiserstuhl	4 Teneriffa, Kanarische Inseln

1 2

3 4

1 Tonschiefer

Metamorphes Gestein

Hauptgemengteile Tonmineralien
Nebengemengteile Körner von Quarz, Glimmer, Kalkspat, Feldspat
Farbe Grau bis schwarz
Struktur Extrem feinkörnig, einzelne Körner nur unter dem Mikroskop sichtbar, geschiefert, in Platten spaltbar

Entstehung Durch Ablagerung von Tonmineralien in Gewässern, besonders im Meer.
Vorkommen Als Schichten zwischen anderen Sedimentgesteinen, in Salzwasserablagerungen, aber auch in Ablagerungen von Seen, zum Beispiel während der Eiszeiten.
Verwendung Schieferplatten zum Decken von Dächern, zu Tischplatten, als Bodenplatten.
Ähnliche Gesteine Phyllite lassen auf den Schichtflächen reichlich silbrig schimmernden Glimmer erkennen.

2 Chiastolithschiefer

Metamorphes Gestein

Hauptgemengteile Tonmineralien
Nebengemengteile Körner von Quarz, Glimmer
Einsprenglinge Stängeliger Andalusit, sog. Chiastolith
Farbe Grau bis schwarz
Struktur Grundmasse extrem feinkörnig, einzelne Körner nur unter dem Mikroskop sichtbar, geschiefert, in Platten spaltbar

Entstehung Durch Kontaktmetamorphose aus Tongesteinen.
Vorkommen In der Kontaktaureole um Intrusivgesteinskörper in Sedimentgesteinen.
Verwendung Wenn die Chiastolithe groß sind, als Dekorgestein, für kunstgewerbliche Zwecke.
Ähnliche Gesteine Phyllite lassen auf den Schichtflächen reichlich silbrig schimmernden Glimmer erkennen, Tonschiefer weisen keine Andalusit-Einsprenglinge auf.

3 Hornfels

Metamorphes Gestein

Hauptgemengteile Diopsid, Biotit, Cordierit
Nebengemengteile Granat, Cordierit, Biotit, Sillimanit
Einsprenglinge Granat, Biotit, Spinell, Andalusit
Farbe Grau bis schwarz
Struktur Grundmasse extrem feinkörnig, dicht, strukturlos

Entstehung Durch Kontaktmetamorphose aus Tongesteinen, Dolomiten.
Vorkommen In der Kontaktaureole um Intrusivgesteinskörper in Sedimentgesteinen, nahe am Intrusivgestein entstanden.
Verwendung Als Schotter.
Ähnliche Gesteine Basalte kommen in ganz anderer geologischer Umgebung vor; Obsidian ist viel glasiger. Amphibolit ist viel gröber.

4 Phyllit

Metamorphes Gestein

Hauptgemengteile Quarz, Glimmer
Nebengemengteile Graphit, Feldspat, Chlorit, Chloritoid
Farbe Grau, gelblich, grünlich, silbrig, oft seidiger Glanz
Struktur Sehr feinkörnig, die einzelnen Glimmerblättchen sind auch mit der Lupe nicht erkennbar, schiefrig, lagig gefaltet, oft ganz fein geriffelt

Entstehung Bei niedriggradiger Regionalmetamorphose aus tonigen bis sandigen Sedimentgesteinen.
Vorkommen In Gebieten mit großflächiger Metamorphose (Regionalmetamorphose).
Verwendung Feingemahlen zur Beschichtung hochreflektierender Pappen und Matten.
Ähnliche Gesteine Tonschiefer glänzt nicht seidig wie der Phyllit; beim Glimmerschiefer kann man die einzelnen Glimmerblättchen mit der Lupe unterscheiden, er hat auch im Gegensatz zum Phyllit häufig Einsprenglinge verschiedenster Minerale.

Fundorte

1 Krautheim, Baden-Württemberg	3 Kösseine, Fichtelgebirge
2 Gefrees, Oberfranken	4 Ainet, Osttirol, Österreich

1

2

3

4

1 Glimmerschiefer

Metamorphes Gestein

Hauptgemengteile Glimmer, Quarz
Nebengemengteile Feldspat, Chlorit, Granat, Turmalin, Aktinolith
Farbe Grau, silbergrau, schwarz, braun, glänzend
Struktur Fein- bis grobkörnig, oft gefaltet, zum Teil mit quarz- oder feldspatreichen Lagen

Entstehung Bei mittel- bis hochgradiger Metamorphose aus sandigen bis tonigen Ausgangsgesteinen.
Vorkommen Häufig in regionalmetamorphen Gebieten, zum Beispiel in den Alpen.
Ähnliche Gesteine Beim Phyllit kann man im Gegensatz zum Glimmerschiefer die einzelnen Glimmerblättchen nicht mit der Lupe erkennen, Phyllit hat auch keine Einsprenglinge; Gneise enthalten immer auch Feldspat als Hauptgemengteil.

2 Granatglimmerschiefer

Metamorphes Gestein

Hauptgemengteile Glimmer, Quarz
Nebengemengteile Feldspat, Chlorit, Granat, Turmalin, Aktinolith, Hornblende, Disthen
Einsprenglinge Granat
Farbe Grau, silbergrau, schwarz, braun, glänzend
Struktur Fein- bis grobkörnig, oft gefaltet, zum Teil mit quarz- oder feldspatreichen Lagen, große Almandin-Kristalle

Entstehung Bei mittel- bis hochgradiger Metamorphose aus sandigen bis tonigen Ausgangsgesteinen.
Vorkommen Häufig in regionalmetamorphen Gebieten, zum Beispiel in den Alpen.
Ähnliche Gesteine Beim Phyllit kann man im Gegensatz zum Glimmerschiefer die einzelnen Glimmerblättchen nicht mit der Lupe erkennen, Phyllit hat auch keine Einsprenglinge; Gneise enhalten immer auch Feldspat als Hauptgemengteil; Granatamphibolit besteht nicht hauptsächlich aus Glimmer.

3 Hornblendeglimmerschiefer

Metamorphes Gestein

Hauptgemengteile Glimmer, Quarz
Nebengemengteile Feldspat, Chlorit
Einsprenglinge Hornblende
Farbe Grau, silbergrau, schwarz, braun, glänzend
Struktur Fein- bis grobkörnig, oft gefaltet, zum Teil quarz- oder feldspatreiche Lagen

Entstehung Bei mittel- bis hochgradiger Metamorphose aus sandigen bis tonigen Ausgangsgesteinen.
Vorkommen Häufig in regionalmetamorphen Gebieten, zum Beispiel in den Alpen.
Ähnliche Gesteine Beim Phyllit kann man im Gegensatz zum Glimmerschiefer die einzelnen Glimmerblättchen nicht mit der Lupe erkennen, Phyllit hat auch keine Einsprenglinge; Gneise enhalten immer auch Feldspat als Hauptgemengteil.

4 Disthenglimmerschiefer

Metamorphes Gestein

Hauptgemengteile Glimmer (besonders Paragonit), Quarz
Nebengemengteile Feldspat, Chlorit
Einsprenglinge Disthen
Farbe Grau, silbergrau, schwarz, braun, glänzend
Struktur Fein- bis grobkörnig, oft gefaltet, zum Teil quarz- oder feldspatreiche Lagen

Entstehung Bei mittel- bis hochgradiger Metamorphose aus sandigen bis tonigen Ausgangsgesteinen.
Vorkommen Häufig in regionalmetamorphen Gebieten, zum Beispiel in den Alpen.
Ähnliche Gesteine Beim Phyllit kann man im Gegensatz zum Glimmerschiefer die einzelnen Glimmerblättchen nicht mit der Lupe erkennen, Phyllit hat auch keine Einsprenglinge; Gneise enthalten immer auch Feldspat als Hauptgemengteil.

Fundorte

1 Hohe Tauern, Österreich
2 Zillertal, Österreich
3 Zillertal, Österreich
4 Alpe Sponda, Tessin, Schweiz

1 2

3 4

1 Metavulkanit

Metamorphes Gestein

Hauptgemengteile Chlorit, Pyroxen, Serpentin
Nebengemengteile Magnetit, Quarz, Hornblende
Farbe Hell- bis dunkelgrün
Struktur Fein- bis grobkörnig, manchmal kugelige Strukturen ehemaliger Lithophysen, die Strukturen des ehemaligen vulkanischen Gesteins sind noch erkennbar

Entstehung Bei niedriggradiger Metamorphose aus Laven, und unterschiedlichen vulkanischen Gesteinen entstanden.
Vorkommen In Gebieten niedriggradiger Metamorphose, dort, wo vulkanische Gesteine betroffen sind.
Verwendung Bei interessanten Strukturen als Dekorgestein und für kunsthandwerkliche Gegenstände verwendet, dann oft mit Fantasienamen belegt (zum Beispiel Kabamba).
Ähnliche Gesteine Die durch Chlorit und Serpentinminerale intensiv grüne Farbe bei Vorliegen vulkanitischer Gesteinsstrukturen ist sehr charakteristisch.

2 Chloritschiefer

Metamorphes Gestein

Hauptgemengteile Chlorit
Nebengemengteile Magnetit, Pyrit, Hornblende, Epidot, Albit
Einsprenglinge Magnetit, Pyrit
Farbe Hell- bis dunkelgrün
Struktur Fein- bis grobkörnig, blättrig, schiefrig, oft mit Einsprenglingen von Magnetit und Pyrit

Entstehung Bei niedriggradiger Metamorphose aus Laven, vulkanischen Tuffen und anderen basischen Gesteinen.
Vorkommen In Gebieten großflächiger Metamorphose, zum Beispiel in den Alpen.
Verwendung Nur für Mineraliensammler interessant.
Ähnliche Gesteine Glimmerschiefer und Phyllit haben Glimmer als Hauptmineral, Amphibolite enthalten Hornblende oder Aktinolith als Hauptgemengteil. Die grüne Farbe und die geringe Härte (Härte 2) machen den Chloritschiefer unverwechselbar.

3 Talkschiefer

Metamorphes Gestein

Hauptgemengteile Talk
Nebengemengteile Magnetit, Pyrit, Hornblende, Epidot, Albit, Dolomit, Magnesit, Serpentin
Einsprenglinge Magnetit, Pyrit, Dolomit
Farbe Hell- bis dunkelgrün, silbrig grau
Struktur Feinkörnig, blättrig, schiefrig, oft mit Einsprenglingen von Magnetit und Pyrit

Entstehung Bei niedriggradiger Metamorphose aus Peridotiten, Pyroxeniten oder dolomitischen Mergeln.
Vorkommen In Gebieten großflächiger Metamorphose.
Verwendung Als Füllstoff in der Farbenindustrie, in der Kosmetikindustrie, für Feuerfestprodukte.
Ähnliche Gesteine Glimmerschiefer und Phyllit haben Glimmer als Hauptmineral; Chloritschiefer hat Chlorit als Hauptmineral; die geringe Härte von Talkschiefer ist sehr charakteristisch.

4 Amphibolit

Metamorphes Gestein

Hauptgemengteile Hornblende, Aktinolith
Nebengemengteile Epidot, Plagioklas, Chlorit, Granat
Farbe Dunkelgrün bis schwarz
Struktur Grobkörnig, geschiefert, manchmal mit Einsprenglingen von Granat

Entstehung Bei niedrig- bis mittelgradiger Metamorphose aus basischen, meist vulkanischen Gesteinen.
Vorkommen Amphibolite sind weit verbreitet in metamorphen Schichtfolgen der Alpen, zum Beispiel im Habachtal in den Hohen Tauern in Österreich und im St. Gotthard Massiv in der Schweiz.
Verwendung Selten lokal zur Schotterherstellung.
Ähnliche Gesteine Serpentinite enthalten keine Amphibole; Chloritschiefer haben Chlorit als Hauptbestandteil und sind viel weicher; Eklogit hat als Hauptbestandteil Pyroxene.

Fundorte	
1 Madagaskar	**3** Matrei, Osttirol, Österreich
2 Zillertal, Österreich	**4** Schobergruppe, Österreich

1

2

3

4

1 Granatamphibolit

Metamorphes Gestein

Hauptgemengteile Hornblende, Aktinolith
Nebengemengteile Epidot, Plagioklas, Chlorit, Granat
Einsprenglinge Granat
Farbe Dunkelgrün bis schwarz
Struktur Grobkörnig, geschiefert, manchmal mit Einsprenglingen von Granat

Entstehung Bei niedrig- bis mittelgradiger Metamorphose aus basischen, meist vulkanischen Gesteinen.
Vorkommen Amphibolite sind weit verbreitet in metamorphen Schichtfolgen der Alpen.
Verwendung Selten lokal zur Schotterherstellung und als Baustein, manchmal Dekorationsstein.
Ähnliche Gesteine Serpentinite enthalten keine Amphibole; Chloritschiefer haben Chlorit als Hauptbestandteil und sind viel weicher als Amphibolit; Eklogit hat als Hauptbestandteil Pyroxene und enthält keine Amphibole.

2 Gneis

Metamorphes Gestein

Hauptgemengteile Feldspat, Quarz, Glimmer
Nebengemengteile Granat, Cordierit, Sillimanit, Hornblende
Farbe Hell- bis dunkelgrau, grünlich, gelblich, bräunlich
Struktur Mittel- bis grobkörnig, lagig mit hellen und dunklen Lagen, schlierig, gefaltet

Entstehung Bei mittlerer bis hochgradiger Metamorphose aus tonigen Sedimenten (Paragneise) oder granitischen Gesteinen (Orthogneise).
Vorkommen Überall in metamorphen Gebieten.
Verwendung Gut geschieferte, nicht gefaltete Gneise als Boden- und Dachplatten.
Ähnliche Gesteine Granit ist nicht geschiefert.

3 Granatgneis

Metamorphes Gestein

Hauptgemengteile Feldspat, Quarz, Glimmer
Nebengemengteile Granat, Cordierit, Sillimanit, Hornblende
Einsprenglinge Granat
Farbe Hell- bis dunkelgrau, grünlich, gelblich, bräunlich
Struktur Mittel- bis grobkörnig, lagig mit hellen und dunklen Lagen, gefaltet, Einsprenglinge von Almandin

Entstehung Bei mittlerer bis hochgradiger Metamorphose aus tonigen Sedimenten (Paragneise) oder granitischen Gesteinen (Orthogneise).
Vorkommen Überall in metamorphen Gebieten.
Verwendung Gut geschieferte, nicht gefaltete Gneise als Boden- und Dachplatten.
Ähnliche Gesteine Granit ist nicht geschiefert; Granatamphibolit besteht hauptsächlich aus Amphibolen.

4 Hornblendegneis

Metamorphes Gestein

Hauptgemengteile Feldspat, Quarz, Glimmer
Nebengemengteile Granat, Cordierit, Sillimanit, Hornblende
Einsprenglinge Hornblende
Farbe Hell- bis dunkelgrau, grünlich, gelblich, bräunlich
Struktur Mittel- bis grobkörnig, lagig mit hellen und dunklen Lagen, schlierig, gefaltet, Einsprenglinge von Hornblende

Entstehung Bei mittlerer bis hochgradiger Metamorphose aus tonigen Sedimenten (Paragneise) oder granitischen Gesteinen (Orthogneise).
Vorkommen Überall in metamorphen Gebieten.
Verwendung Gut geschieferte, nicht gefaltete Gneise als Boden- und Dachplatten.
Ähnliche Gesteine Granit ist nicht geschiefert; Amphibolit besteht hauptsächlich aus Amphibolen, andere Gneise enthalten keine Hornblende.

Fundorte	
1 Fichtelgebirge, Bayern	**3** Kinzigtal, Schwarzwald
2 Zillertal, Österreich	**4** Hohe Tauern, Österreich

1 2

3 4

1 Cordieritgneis

Metamorphes Gestein

Hauptgemengteile Feldspat, Quarz, Glimmer
Nebengemengteile Granat, Cordierit, Sillimanit, Hornblende
Einsprenglinge Cordierit
Farbe Hell- bis dunkelgrau, grünlich, gelblich, bräunlich
Struktur Mittel- bis grobkörnig, lagig mit hellen und dunklen Lagen, schlierig, gefaltet

Entstehung Bei hochgradiger Metamorphose aus tonigen Sedimenten.
Vorkommen Überall in hochgradig metamorphen Gebieten.
Verwendung Selten als Bodenplatten.
Ähnliche Gesteine Granit ist nicht geschiefert; Granatgneis hat Granat als Einsprengling; Amphibolit besteht hauptsächlich aus Amphibolen.

2 Anatexit

Metamorphes Gestein

Hauptgemengteile Feldspat, Quarz, Glimmer
Nebengemengteile Granat, Cordierit, Sillimanit, Hornblende
Einsprenglinge Granat
Farbe Hell- bis dunkelgrau, grünlich, gelblich, bräunlich, in hellen und dunklen Lagen gebändert, wenig geschiefert
Struktur Mittel- bis grobkörnig, unregelmäßig lagig mit hellen und dunklen Lagen, schlierig, gefaltet

Entstehung Bei hochgradiger Metamorphose aus tonigen Sedimenten oder granitischen Gesteinen durch Teilaufschmelzung der helleren Bestandteile.
Vorkommen Überall in hochgradig metamorphen Gebieten.
Verwendung Manchmal als Dekorstein.
Ähnliche Gesteine Granit ist nicht geschiefert; Granatamphibolit besteht hauptsächlich aus Amphibolen; Granatgneis ist besser geregelt.

3 Eklogit

Metamorphes Gestein

Hauptgemengteile Pyroxen (Omphacit), Granat
Nebengemengteile Disthen, Quarz, Aktinolith
Einsprenglinge Granat, Disthen
Farbe Hell- bis dunkelgrün, rot gesprenkelt
Struktur Grobkörnig, Einsprenglinge von Granat, seltener von Disthen, manchmal geschichtet, meist aber ungerichtet

Entstehung Bei hochgradiger Metamorphose aus basischen Gesteinen. Oft bilden sich bei rückläufiger Metamorphose auch Mineralien niedrigerer Temperaturen und Drücke, wie zum Beispiel Glimmer oder Disthen.
Vorkommen Linsen und Lagen innerhalb hochmetamorpher Gesteinsfolgen und -körper. Häufigere Vorkommen in den Alpen, aber auch in der Münchberger Gneismasse in Bayern.
Verwendung Als Dekorationsgestein.
Ähnliche Gesteine Die charakteristische Zusammensetzung lässt keine Verwechslung zu.

4 Granulit

Metamorphes Gestein

Hauptgemengteile Kalifeldspat, Plagioklas, Granat
Nebengemengteile Disthen, Cordierit, Sillimanit
Einsprenglinge Granat
Farbe Weiß bis grau, gelblich, bräunlich, leicht violett schattiert
Struktur Fein- bis grobkörnig, ungeschichtet, mit Einsprenglingen von Granat

Entstehung Bei hochgradiger Metamorphose aus sandigen bis tonigen Sedimentgesteinen.
Vorkommen In Gebieten besonders hochgradiger Regionalmetamorphose, zum Beispiel im Valle d'Ossola in Italien.
Verwendung Bei besonders attraktiver Struktur als Dekorationsgestein im Baugewerbe, auch zu Bodenplatten oder Tischplatten.
Ähnliche Gesteine Quarzite enthalten im Gegensatz zum Granulit keinen Granat; Gneise enthalten im Gegensatz zu Granulit immer Quarz und Glimmer.

Fundorte	
1 Bodenmais, Bayern	3 Weissenstein, Fichtelgebirge
2 Lam, Bayern	4 Meidling, Niederösterreich

1 2

3 4

1 Marmor

Metamorphes Gestein

Hauptgemengteile Kalkspat
Nebengemengteile Dolomit, Wollastonit, Vesuvian, Graphit, Diopsid, Spinell, Korund
Einsprenglinge Spinell, Granat, Wollastonit
Farbe Weiß, gelblich, bräunlich
Struktur Fein- bis grobkörnig, manchmal zoniert

Entstehung Aus Kalkstein durch Regional- oder Kontaktmetamorphose.
Vorkommen In der Kontaktaureole um Tiefengesteine, in regionalmetamorphen Gesteinszügen.
Verwendung Als Baustein, für Dekorationszwecke, für Grabsteine, für Bildhauerarbeiten, als Zierstein.
Ähnliche Gesteine Bei Kalksteinen kann man im Gegensatz zum Marmor die Spaltflächen der einzelnen Kalkspatkörner nicht sehen; Gipsgestein ist weicher.

2 Dolomitmarmor

Metamorphes Gestein

Hauptgemengteile Dolomit
Nebengemengteile Muskovit, Kalkspat, Albit
Einsprenglinge Pyrit, Dolomitkristalle, Kalkspatkristalle
Farbe Weiß, gelblich, bräunlich
Struktur Feinkörnig, zuckerkörnig, bröselig

Entstehung Aus Dolomit durch Regional- oder Kontaktmetamorphose.
Vorkommen In der Kontaktaureole um Tiefengesteine, in regionalmetamorphen Gesteinszügen.
Verwendung Für Bildhauerarbeiten.
Ähnliche Gesteine Bei Dolomiten kann man im Gegensatz zum Dolomitmarmor die Spaltflächen der einzelnen Dolomitkörner nicht sehen; Gipsgestein ist weicher; Marmor braust beim Betupfen mit verdünnter Salzsäure.

3 Silikatmarmor

Metamorphes Gestein

Hauptgemengteile Kalkspat, Forsterit, Wollastonit, Grossular, Vesuvian
Nebengemengteile Graphit, Diopsid, Spinell, Korund
Einsprenglinge Spinell, Granat, Wollastonit
Farbe Weiß, gelblich, bräunlich
Struktur Fein- bis grobkörnig, manchmal zoniert

Entstehung Aus Kalkstein durch Regional- oder Kontaktmetamorphose.
Vorkommen In der Kontaktaureole um Tiefengesteine, in regionalmetamorphen Gesteinszügen.
Verwendung Als Baustein, für Dekorationszwecke, für Grabsteine, als Zierstein.
Ähnliche Gesteine Bei Kalksteinen kann man im Gegensatz zum Marmor die Spaltflächen der einzelnen Kalkspatkristallite nicht erkennen.

4 Serpentinit

Metamorphes Gestein

Hauptgemengteile Serpentin als Antigorit, seltener als Chrysotil
Nebengemengteile Magnetit, Chromit, Olivin, Talk, Dolomit, Magnesit
Einsprenglinge Olivin
Farbe Gelb, hell- bis dunkelgrün, braun
Struktur Fein- bis grobkörnig, filzig, blättrig, dicht

Entstehung Durch niedriggradige Metamorphose von Peridotiten.
Vorkommen In regionalmetamorphen Gebieten.
Verwendung Als Baustein, für Dekorationszwecke, für Grabsteine, als Zierstein.
Ähnliche Gesteine Amphibolite bestehen aus Amphibolen als Hauptgemengteile, Talkschiefer ist deutlich geschiefert und weicher, Peridotit und Dunit enthaltent frischen, nicht umgewandelten Olivin.

Fundorte

1 Obernzell, Bayern
2 Campolungo, Schweiz
3 Ivrea, Italien
4 Obernzell, Bayern

1 2

3 4

1 Kalkstein *Sedimentgestein*

Hauptgemengteile Kalkspat
Nebengemengteile Limonit, Dolomit, Quarz, Tonmineralien
Einsprenglinge Pyrit, Feuerstein, Markasit, Quarz
Farbe Weiß, gelblich, bräunlich, grau, schwarz
Struktur Feinkörnig, geschichtet, gebankt, manchmal gefaltet, selten völlig dicht und strukturlos

Entstehung Meist aus den Überresten von Lebewesen, selten auch anorganisch ausgefällt.
Vorkommen In allen sedimentären Schichtenfolgen außerordentlich weit verbreitet, häufig gebirgsbildend, so zum Beispiel in der Schwäbischen und Fränkischen Alb und in den Kalkalpen.
Verwendung Als Baustein, als Schotter, zum Kalkbrennen, schön gefärbte und gezeichnete Varietäten auch als Zierstein, für Wandverkleidungen, als Bodenplatten.
Ähnliche Gesteine Dolomit braust im Gegensatz zum Kalkstein nicht beim Betupfen mit verdünnter Salzsäure.

2 Kalkoolith *Erbsenstein, Rogenstein, Sprudelstein* *Sedimentgestein*

Hauptgemengteile Kalkspat
Nebengemengteile Limonit, Dolomit, Quarz, Tonmineralien
Einsprenglinge Quarz, Sand
Farbe Weiß, gelblich, bräunlich
Struktur Feinkörnig bis grobkörnig, geschichtet, besteht aus kugeligen, schaligen Kalkaggregaten (Ooide), die dicht miteinander verbacken sind

Entstehung Meist anorganisch ausgefällt, Bildung in Brandungsgebieten, in Quellen.
Vorkommen In allen sedimentären Schichtenfolgen, in Bildungen warmer, kalkreicher Quellen (Sprudelstein, Erbsenstein).
Verwendung Zu dekorativen Zwecken, zu kunstgewerblichen Gegenständen.
Ähnliche Gesteine Dolomit braust nicht beim Betupfen mit verdünnter Salzsäure; Kalkstein zeigt keine Ooide; Eisenoolith besteht hauptsächlich aus Limonit.

3 Eisenoolith *Sedimentgestein*

Hauptgemengteile Limonit
Nebengemengteile Kalkspat, Quarz, Tonmineralien
Einsprenglinge Fossilien
Farbe Bräunlich, braun
Struktur Fein- bis grobkörnig, geschichtet, besteht aus kugeligen, schaligen Limonitaggregaten (Ooide)

Entstehung Meist anorganisch ausgefällt, Bildung in Brandungsgebieten.
Vorkommen In vielen sedimentären Schichtenfolgen, insbesondere des Braunen Juras.
Verwendung Bei genügend hohen Gehalten als Eisenerz (zum Beispiel Lothringer Minette).
Ähnliche Gesteine Kalkoolith ist heller und braust beim Betupfen mit verdünnter Salzsäure.

4 Ammonitenkalk *Sedimentgestein*

Hauptgemengteile Kalkspat
Nebengemengteile Limonit, Dolomit, Quarz, Tonmineralien
Einsprenglinge Pyrit, Feuerstein, Markasit, Quarz
Farbe Weiß, gelblich, bräunlich, grau, schwarz
Struktur Feinkörnig, geschichtet, gebankt, manchmal gefaltet, enthält, zum Teil sehr reichlich, Überreste von Ammoniten

Entstehung Durch Füllung und Verkittung der Ammonitengehäuse mit Kalk und Tonmineralien.
Vorkommen In allen sedimentären Schichtenfolgen vom Erdaltertum bis zur Kreide weit verbreitet.
Verwendung Als Baustein, als Schotter, schön gefärbte und gezeichnete Varietäten auch als Zierstein, für Wandverkleidungen, als Bodenplatten, für Ziergegenstände, Tischplatten.
Ähnliche Gesteine Dolomit braust nicht beim Betupfen mit verdünnter Salzsäure.

Fundorte	
1 Mörnsheim, Franken	3 Haverlahwiese, Niedersachsen
2 Weserbergland	4 Dorset, Großbritannien

1

2

3

4

1 Korallenkalk

Sedimentgestein

Hauptgemengteile Kalkspat
Nebengemengteile Limonit, Dolomit, Quarz, Tonminerale
Einsprenglinge Pyrit, Feuerstein, Markasit, Quarz
Farbe Weiß, gelblich, bräunlich, grau, schwarz, oft mit weißen Korallenstrukturen
Struktur Feinkörnig, geschichtet, gebankt, enthält, zum Teil sehr reichlich, Überreste von Korallen

Entstehung Durch Füllung und Verkittung der Korallenstöcke mit Kalk und Tonmineralien.
Vorkommen In allen sedimentären Schichtenfolgen vom Erdaltertum bis heute weit verbreitet.
Verwendung Als Baustein, als Schotter, schön gefärbte und gezeichnete Varietäten auch als Zierstein, für Wandverkleidungen, als Bodenplatten, für Ziergegenstände, Tischplatten.
Ähnliche Gesteine Dolomit braust im Gegensatz zum Kalkstein nicht beim Betupfen mit verdünnter Salzsäure und enthält nur selten Versteinerungen.

2 Schneckenkalk

Sedimentgestein

Hauptgemengteile Kalkspat
Nebengemengteile Limonit, Dolomit, Quarz, Tonmineralien
Einsprenglinge Pyrit, Feuerstein, Markasit, Quarz
Farbe Weiß, gelblich, bräunlich, grau, schwarz
Struktur Feinkörnig, geschichtet, gebankt, manchmal gefaltet, enthält, zum Teil sehr reichlich, Überreste von Schnecken

Entstehung Durch Füllung und Verkittung der Schneckengehäuse mit Kalk und Tonmineralien, sowohl im Süß- wie im Salzwasser.
Vorkommen In allen sedimentären Schichtenfolgen vom Erdaltertum bis heute vorkommend.
Verwendung Als Baustein, als Schotter, schön gefärbte und gezeichnete Varietäten auch als Zierstein, für Wandverkleidungen, als Bodenplatten, für Ziergegenstände.
Ähnliche Gesteine Dolomit braust im Gegensatz zum Kalkstein nicht beim Betupfen mit verdünnter Salzsäure und enthält nur selten Versteinerungen.

3 Plattenkalk

Sedimentgestein

Hauptgemengteile Kalkspat
Nebengemengteile Limonit, Dolomit, Quarz, Tonmineralien
Einsprenglinge Pyrit, Feuerstein, Markasit, Quarz
Farbe Weiß, gelblich, bräunlich, grau, schwarz
Struktur Feinkörnig, geschichtet, gebankt, manchmal gefaltet, enthält, zum Teil sehr reichlich, Fossilien

Entstehung Durch laminare Ausfällung besonders in lagunären Bereichen.
Vorkommen In allen sedimentären Schichtenfolgen vom Erdaltertum bis heute vorkommend.
Verwendung Als Baustein, für Wandverkleidungen, als Bodenplatten, für Ziergegenstände.
Ähnliche Gesteine Dolomit braust im Gegensatz zum Kalkstein nicht beim Betupfen mit verdünnter Salzsäure und enthält nur selten Versteinerungen.

4 Kalktuff *Kalksinter*

Sedimentgestein

Hauptgemengteile Kalkspat
Nebengemengteile Limonit, organische Substanzen
Farbe Weiß, gelblich, bräunlich
Struktur Feinkörnig, faserig, geschichtet, sehr porös, oft organische Substanzen (zum Beispiel Schilfstängel) umkrustend

Entstehung Durch Ausfällung aus kalkreichem Wasser.
Vorkommen Am Austritt heißer Quellen, an Flüssen und Bächen, die kalkreiches Wasser führen.
Verwendung Als Baustein, da der bergfrisch weiche Stein in Kürze aushärtet.
Ähnliche Gesteine Vulkanischer Tuff braust nicht beim Betupfen mit verdünnter Salzsäure.

Fundorte

1 Adnet, Salzburg	**3** Solnhofen, Bayern
2 Liesberg, Basel, Schweiz	**4** Murnau, Bayern

1 2

3 4

1 Kreide *Sedimentgestein*

Hauptgemengteile Kalkspat
Nebengemengteile Limonit, Dolomit, Quarz, Tonmineralien
Einsprenglinge Pyrit, Feuerstein, Markasit
Farbe Weiß, gelblich, bräunlich
Struktur Sehr feinkörnig, geschichtet, gebankt, manchmal gefaltet, enthält, zum Teil sehr reichlich, Überreste von Lebewesen, zum Beispiel Seeigeln.

Entstehung Aus den Überresten winziger einzelliger Lebewesen.
Vorkommen Besonders im Zeitalter der Kreide, dem jüngsten des Erdmittelalters.
Verwendung Zum Kalkbrennen, zur Herstellung von Tafelkreide, als Füllmittel für Papier.
Ähnliche Gesteine Dolomit braust im Gegensatz zum Kalkstein nicht beim Betupfen mit verdünnter Salzsäure und enthält nur selten Versteinerungen.

2 Mergel *Sedimentgestein*

Hauptgemengteile Kalkspat, Tonmineralien
Nebengemengteile Limonit, Dolomit, Quarz
Einsprenglinge Pyrit
Farbe Weiß, gelblich, grau
Struktur Feinkörnig, geschichtet, gebankt, manchmal gefaltet, enthält, zum Teil sehr reichlich, Fossilien, ist relativ locker und weich

Entstehung Durch kombinierte Ablagerung von Kalkschlamm und Tonmineralien besonders im Flachwasserbereich.
Vorkommen Besonders in den jüngeren Schichtenfolgen vorkommend.
Verwendung Zur Bodenverbesserung, als Zuschlag bei der Zement-Herstellung.
Ähnliche Gesteine Dolomit braust im Gegensatz nicht beim Betupfen mit verdünnter Salzsäure und enthält nur selten Versteinerungen; Kalkstein ist dichter und fester.

3 Ton *Sedimentgestein*

Hauptgemengteile Tonmineralien
Nebengemengteile Körner von Quarz, Glimmer
Farbe Weiß, hellgrau bis schwarz
Struktur Extrem feinkörnig, einzelne Körner nur unter dem Mikroskop sichtbar, richtungslos, plastisch

Entstehung Durch Ablagerung von Tonmineralien in Gewässern aller Art.
Vorkommen Als Schichten zwischen anderen Sedimentgesteinen, in Salzwasserablagerungen, aber auch in Ablagerungen von Seen, zum Beispiel während der Eiszeiten.
Verwendung Als Grundmaterial zur Keramikherstellung, zur Ziegelherstellung, zur Herstellung von Steingut und Steinzeug, für Feuerfestmaterialien.
Ähnliche Gesteine Tonschiefer sind geschichtet; Mergel nicht so plastisch.

4 Dolomit *Sediment*

Hauptgemengteile Dolomit
Nebengemengteile Kalkspat, Quarz, Limonit
Einsprenglinge Dolomit enthält nur selten Fossilien
Farbe Weiß, gelb, beige, grau, bräunlich
Struktur Fein- bis mittelkörnig, geschichtet, gebankt, seltener gefaltet

Entstehung Meist aus Kalksteinen durch Magnesiumaustausch mit magnesiumhaltigem Wasser oder Gestein entstanden, selten primär als Dolomit gebildet.
Vorkommen In vielen sedimentären Schichtfolgen.
Verwendung Als Baustein, zur Schotterherstellung, als Bodenplatten, für die Herstellung von Dolomitsteinen für Hochöfen, als Zuschlag bei der Stahlverhüttung.
Ähnliche Gesteine Kalkstein braust im Gegensatz zum Dolomit beim Betupfen mit verdünnter Salzsäure.

Fundorte	
1 Rügen	**3** Westerwald
2 Rosenheim, Bayern	**4** Eschenlohe, Bayern

1

2

3

4

1 Sandstein
Sediment

Hauptgemengteile Quarzkörner
Nebengemengteile Glimmer, Feldspat, Kalkspat
Einsprenglinge Feldspat, Glimmer
Farbe Weiß, hell- bis dunkelgrau, rot, rotbraun, braun, violett, schwarz
Struktur Fein- bis mittelkörnig, geschichtet, bankig. Die Sandkörner können durch Quarz, Kalkspat oder Ton verkittet sein

Entstehung Bei der Ablagerung der Abtragungsrückstände von Silikatgesteinen, durch Verfestigung von Sand.
Vorkommen In allen sedimentären Schichtfolgen, immer in Kontinentnähe gebildet. Sandsteine gibt es aus allen Zeiten, zum Beispiel aus der Trias (Buntsandstein, Schilfsandstein) oder dem Tertiär (Molassesandstein des Voralpengebietes).
Verwendung Als Baustein vielfältig verwendet, als Bodenplatten, für Bildhauerarbeiten.
Ähnliche Gesteine Brekkzien und Konglomerate bestehen aus Gesteins-Bruchstücken.

2 Arkose
Sediment

Hauptgemengteile Quarzkörner, Feldspat
Nebengemengteile Glimmer
Einsprenglinge Feldspat, Glimmer
Farbe Weiß, hell- bis dunkelgrau, rot, rotbraun, braun, violett, schwarz
Struktur Fein- bis mittelkörnig, geschichtet, bankig

Entstehung Bei der Ablagerung der Abtragungsrückstände von Silikatgesteinen, zum Beispiel Graniten, durch Verfestigung von Sand mit Feldspatkörnern.
Vorkommen In allen sedimentären Schichtfolgen, immer in Kontinentnähe gebildet.
Verwendung Selten als Baustein, Schotter, Füllmaterial.
Ähnliche Gesteine Brekkzien und Konglomerate bestehen aus Gesteins-Bruchstücken.

3 Sand
Sediment

Hauptgemengteile Quarzkörner, bis wenige Millimeter Korngröße
Nebengemengteile Glimmer, Kalkspat
Einsprenglinge Glimmer, Muschelschalen
Farbe Weiß, grau, rot, rotbraun, braun, violett, schwarz
Struktur Fein- bis mittelkörnig, geschichtet, ohne Bindungsmittel, Sand ist ein Lockergestein

Entstehung Bei der Ablagerung der Abtragungsrückstände von Silikatgesteinen, ohne Verfestigung.
Vorkommen In allen sedimentären Schichtfolgen, sowohl Süßwasser- als auch Salzwasser-Ablagerung.
Verwendung Für Bauzwecke, Straßenbau, vielfältig verwendet, als Zugabe bei der Betonherstellung.
Ähnliche Gesteine Sandsteine sind fest; Kies hat viel größere Körner.

4 Mineralseifen
Sediment

Hauptgemengteile Quarzkörner, Kieselsteine, Tonmineralien
Nebengemengteile Edelsteine, wie Rubin, Saphir, Diamant und viele andere, Gold, Magnetit, Monazit, Ilmenit
Farbe Weiß, hell- bis dunkelgrau, rot, rotbraun, braun, violett, schwarz, vielfarbig
Struktur Fein- bis großkörnig, ohne Bindungsmittel, ein Lockergestein

Entstehung Bei der Ablagerung der Abtragungsrückstände von Silikatgesteinen, Marmoren und Sedimenten, ohne Verfestigung.
Vorkommen In allen sedimentären Schichtfolgen, es gibt Fluss-, See-, Meeres- oder Brandungsseifen. Auch durch Wind können Mineralseifen zusammengeweht werden.
Verwendung Zur Edelsteingewinnung, zur Gewinnung von Thorium und Cer (Monazitseifen), Titan (Ilmenitseifen).
Ähnliche Gesteine Sandsteine sind fest; Mineralseifen identifizieren sich durch ihre charakteristischen Nebengemengteile.

Fundorte

1 Helgoland
2 Schmidgaden, Oberpfalz, Bayern
3 Koroni, Griechenland
4 Sri Lanka

1 2

3 4

1 Kies *Sediment*

Hauptgemengteile Kieselsteine, bis mehrere Zentimeter Korngröße
Nebengemengteile Sand, Tonmineralien
Farbe Weiß, hell- bis dunkelgrau, rot, rotbraun, braun, violett, schwarz
Struktur Grobkörnig, geschichtet, ohne Bindungsmittel, Kies ist ein Lockergestein

Entstehung Bei der Ablagerung der Abtragungsrückstände von Silikat- und Kalkgesteinen.
Vorkommen In jüngeren sedimentären Schichtfolgen, meist eine Kontinentalbildung, häufig als Folge der Vergletscherung.
Verwendung Für Bauzwecke, Straßenbau, vielfältig verwendet, als Zugabe bei der Betonherstellung.
Ähnliche Gesteine Sandsteine sind fest; Sand hat viel kleinere Körner; Konglomerate und Nagelfluh sind verfestigte Kiese.

2 Brekkzie *Sediment*

Hauptgemengteile Gesteinsbruchstücke
Nebengemengteile Kalkspat, Quarz
Einsprenglinge Gesteinsbruchstücke
Farbe Farblich sehr unterschiedlich, auch sehr bunt
Struktur Grobkörnig, auch mit sehr unterschiedlichen Korngrößen, alle Gesteinsbruchstücke sind eckig, Bindemasse sandig, kalkig, tonig

Entstehung Durch Zerbrechen von Gesteinen und nachträgliche Wiederverfestigung ohne Wegtransport der Gesteinsbruchstücke.
Vorkommen In Gebieten mit starker mechanischer Beanspruchung, in tektonischen Grabengebieten, entlang von Störungszonen, in Bergsturzmassen, in Erzgängen.
Verwendung Mechanisch feste und optisch attraktive Brekkzien werden als Dekorationssteine verwendet.
Ähnliche Gesteine Konglomerate bestehen aus abgerollten Gesteinsbruchstücken.

3 Konglomerat *Sediment*

Hauptgemengteile Gesteinsbruchstücke
Nebengemengteile Kalkspat, Quarz, Tonmineralien
Farbe Farblich sehr unterschiedlich, auch sehr bunt
Struktur Grobkörnig, auch sehr unterschiedliche Korngrößen, manchmal geschichtet, alle Gesteinsbruchstücke gerundet

Entstehung Durch Verfestigung von Schottern.
Vorkommen In Süßwasser- und Meeressedimenten, oft an der Basis. Das Vorhandensein von Konglomeraten deutet auf stark bewegtes Wasser hin, bei Meeressedimenten auch auf große Küstennähe.
Verwendung Stark verfestigte Konglomerate werden als Bausteine verwendet.
Ähnliche Gesteine Brekkzien bestehen nur aus eckigen Gesteinsbruchstücken.

4 Nagelfluh *Sediment*

Hauptgemengteile Gesteinsbruchstücke
Nebengemengteile Kalkspat, Quarz, Tonmineralien
Farbe Farblich sehr unterschiedlich, auch sehr bunt
Struktur Grobkörnig, auch sehr unterschiedliche Korngrößen, meist ungeschichtet, alle Gesteinsbruchstücke gerundet

Entstehung Durch Verfestigung von Eiszeitschottern des Voralpenlandes.
Vorkommen Im Voralpenland, im ehemaligen Gletschervorland.
Verwendung Verwendung als Baustein, zu Schotter.
Ähnliche Gesteine Brekkzien bestehen nur aus eckigen Gesteinsbruchstücken; Kies ist im Gegensatz zur Nagelfluh ein Lockergestein.

Fundorte	
1 Isar, Bayern	**3** Traunstein, Bayern
2 Garmisch-Partenkirchen, Bayern	**4** Grünwald, München

1 2

3 4

1 Quarzit

Metamorphes und sedimentäres Gestein

Hauptgemengteile Quarz
Nebengemengteile Glimmer, Feldspat
Einsprenglinge Glimmer
Farbe Weiß, gelblich, grau, bräunlich
Struktur Feinkörnig, geschichtet

Entstehung Aus kieselsäurereichen Gesteinen, bereits bei beginnender Verfestigung aus Sanden als Sedimentgestein, dann in allen Metamorphosestufen.
Vorkommen Eingelagert in Sandschichten, in vielen metamorphen Schichtfolgen.
Verwendung Als Baustein, zur Herstellung von Silikatsteinen, als Zuschlag zur Erzverhüttung, zur Glasherstellung, zur Glasfaserfabrikation, zur Siliziumherstellung.
Ähnliche Gesteine Sandsteine lassen im Gegensatz zum Quarzit die einzelnen Sandkörner erkennen.

2 Gipsgestein

Sediment

Hauptgemengteile Gips
Nebengemengteile Steinsalz, Kalkspat, Tonmineralien
Einsprenglinge Steinsalz, Quarz-Kristalle, Schwefel
Farbe Weiß, gelblich, bräunlich, rötlich, grau
Struktur Fein- bis grobkörnig, selten geschichtet, manchmal gekröseartig verbogen

Entstehung Bei der Eindampfung von Meerwasser, oft durch Wasseraufnahme aus primär entstandenem Anhydrit, dabei verbiegen sich die einzelnen Gesteinslagen wegen des größeren Volumens des Gipses wurm- oder gekröseartig.
Vorkommen In sedimentären Schichtenfolgen, oft in Verbindung mit Steinsalz-Lagerstätten.
Verwendung Zur Herstellung von Gipsmörtel und anderen Gipsprodukten.
Ähnliche Gesteine Kalkstein braust im Gegensatz zum Gipsgestein beim Betupfen mit verdünnter Salzsäure; Dolomit ist deutlich härter.

3 Steinkohle

Sediment

Hauptgemengteile Inkohlte organische Substanzen, besonders Pflanzenteile
Nebengemengteile Quarz, Kalkspat, Pyrit
Einsprenglinge Pyrit
Farbe Schwarz
Struktur Dicht mit muscheligem Bruch, schuppig, faserig, körnig

Entstehung Durch Inkohlung pflanzlicher Substanz unter Luftabschluss. Steinkohle ist meist geologisch älter. Bei Temperaturanstieg, zum Beispiel bei Gebirgsbildungsprozessen, kann auch geologisch jüngere Braunkohle zu Steinkohle umgewandelt werden. Man nennt sie dann auch Pechkohle.
Vorkommen In zahlreichen sedimentären Abfolgen, Braunkohle besonders im Karbon.
Verwendung Als Brennstoff zur Energiegewinnung, als Ausgangsprodukt für die organisch-chemische Industrie.
Ähnliche Gesteine Obsidian ist viel härter.

4 Braunkohle

Sediment

Hauptgemengteile Inkohlte organische Substanzen, besonders Pflanzenteile
Nebengemengteile Quarz, Kalkspat, Pyrit
Einsprenglinge Pyrit
Farbe Braun bis schwarz
Struktur Pflanzenteile fest verbacken, aber noch gut erkennbar, körnig, faserig

Entstehung Durch Inkohlung pflanzlicher Substanz unter Luftabschluss. Braunkohle ist meist geologisch jünger.
Vorkommen In zahlreichen sedimentären Abfolgen meist jüngeren Alters, besonders im Tertiär.
Verwendung Als Brennstoff zur Energiegewinnung, als Ausgangsprodukt für die organisch-chemische Industrie.
Ähnliche Gesteine Obsidian ist viel härter; Steinkohle ist viel dichter, fester.

Fundorte

1 Lienz, Osttirol, Österreich
2 Unterfranken, Bayern
3 Peissenberg, Bayern
4 Wackersdorf, Bayern

1 2

3 4

Die Meteoriten

1–2 Oktaedrit

Typus Eisenmeteorit
Magnetismus Stark
Farbe Kruste braun bis schwarz, innen stahlgrau metallisch
Glanz Im Schnitt Metallglanz

Ausbildung Metallisch, sehr schwer, magnetisch, nie Bruchstellen, manchmal verbogene, zerrissene Stücke (sog. Schrapnells) häufig Regmaglyphen.
Entstehung und Vorkommen Eisenmeteoriten sind Teile des Eisenkerns ursprünglich, in den Anfängen unseres Sonnensystems entstandener und schnell wieder zerstörter Planeten.
Hauptbestandteile Kamazit, Taenit.
Begleitmineralien Troilit, Scheibersit, Chromit.
Besonderheit Angeschliffen und angeätzt zeigen sich Strukturen aus Balken von Kamacit und Lamellen von Taenit, die sogenannten Widmanstättenschen Figuren (siehe Bild).
Ähnliche Mineralien Hämatit ist nicht magnetisch, Gleiches gilt für Pyrit und Limonit. Künstliche Hochofenschlacken weisen immer Blasenhohlräume auf. Die Widmanstättenschen Figuren sind absolut diagnostisch.

3 Pallasit

Typus Steineisenmeteorit
Magnetismus Stark
Farbe Kruste braun bis schwarz, innen Matrix stahlgrau metallisch, Einschlüsse grünlich bis bräunlich
Glanz Im Schnitt Metallglanz, Einschlüsse Glasglanz

Ausbildung Metallische Grundmasse mit darin eingeschlossenen, idiomorphen, gerundeten oder zerbrochenen Kristallen.
Entstehung und Vorkommen Pallasite sind Bildungen aus der Schmelzkammer eines Asteroidenkörpers.
Hauptbestandteile Kamazit, Taenit, Einschlüsse von Olivin-Kristallen in Zentimetergröße.
Begleitmineralien Troilit, Chromit.
Besonderheit Angeschliffen und angeätzt zeigen die Metallpartien Strukturen aus Balken von Kamacit und Lamellen von Taenit, die sogenannten Widmanstättenschen Figuren; die Einschlüsse sind im dünnen Schnitt durchscheinend bis durchsichtig.
Ähnliche Mineralien Hämatit ist nicht magnetisch, Gleiches gilt für Pyrit und Limonit. Künstliche Hochofenschlacken weisen immer Blasenhohlräume auf. Die typische Kombination von Metall und Olivin ist absolut diagnostisch.

4 Mesosiderit

Typus Steineisenmeteorit
Magnetismus Stark
Farbe Kruste braun bis schwarz, innen Matrix stahlgrau metallisch, Einschlüsse weiß, grau, bräunlich
Glanz Im Schnitt Metallglanz, Einschlüsse Glasglanz

Ausbildung Metallische Grundmasse mit darin eingeschlossenen brekkziierten Silikatbruchstücken.
Entstehung und Vorkommen Mesosiderite sind entstanden bei Zusammenstößen hochmodifizierter, großer Asteroiden.
Hauptbestandteile Kamazit, Taenit, Silikat-Einschlüsse bestehen aus Olivin, Plagioklas und Pyroxen.
Begleitmineralien Troilit.
Ähnliche Mineralien Haematit ist nicht magnetisch, Gleiches gilt für Pyrit und Limonit. Künstliche Hochofenschlacken weisen immer Blasenhohlräume auf. Die typische Kombination von Metall und Silikatbruchstücken ist diagnostisch.

Fundorte	
1 Gibeon, Namibia	3 Brenham, USA
2 Gibeon, Namibia	4 Estherville, USA

1

2

3

4

1–4 Chondrit

Typus Steinmeteorit
Magnetismus Merkbar
Farbe Kruste braun bis schwarz, innen Matrix weißlich, grau, braun, grünlich, mit Metalleinschlüssen
Glanz Im Schnitt Glasglanz bis matt, Einschlüsse Metallglanz

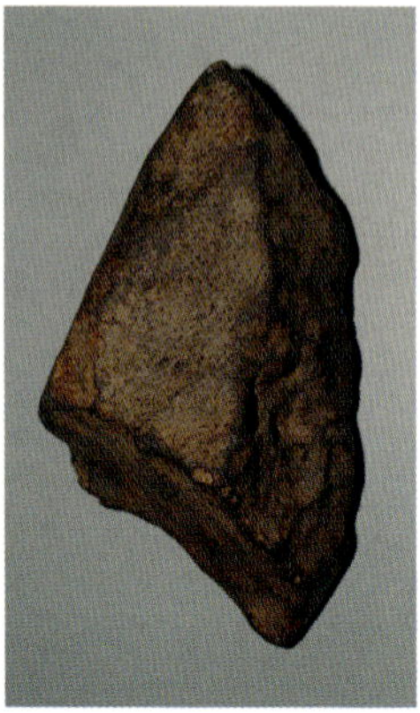

Chondrit von Gao in Burkina Fasp, Zentral-Afrika

Eine gut ausgebildete, gut sichtbare Chondre im Chondrit Bjurböhle aus Finnland

Ausbildung Grundmasse aus silikatischen Mineralien mit mehr oder weniger zahlreichen und gut ausgebildeten, kugelförmigen Aggregaten, den sogenannten Chondren und Metalleinschlüssen, teilweise auch brekkzienartige Strukturen. Die Chondren können aus verschiedenen Mineralen aufgebaut sein und werden nach Mineralgehalt und Struktur der Minerale in den Chondren klassifiziert.
Entstehung und Vorkommen Chondrite sind Materie der solaren Wolke, die seit dem Beginn der Bildung unseres Planetensystems nie Teil eines größeren Planetenkörpers waren. Sie stellen daher eine sehr ursprüngliche Materie unseres Sonnensystems dar.
Unterteilung Die Chondrite werden nach ihrem Gesamt-Eisen-Gehalt (als Metall und in den Silikaten) in drei Gruppen eingeteilt:

H-Chondrite (**H**igh-Metal, Fe-Gehalt: 27,5 Gewichts-%)
L-Chondrite (**L**ow-Metal, Fe-Gehalt: 21,5 Gewichts-%)
LL-Chondrite (**L**ow-Metal, **L**ow-Iron, Fe-Gehalt: 18,5 Gewichts-%)

Darüber hinaus werden die Chondrite dieser Gruppen nach der petrologischen Ausbildung aufgeteilt. Diese ist besonders an der Ausbildung der Chondren erkennbar. Chondrite der Klasse 3 (zum Beispiel. H3 oder L3) wurden seit ihrer Bildung nur geringen Temperaturen ausgesetzt, die Chondren sind daher zahlreich und sehr scharf ausgebildet.
Chondrite der Klasse 6 (zum Beispiel H6 oder L6) wurden bis zu 900°C erhitzt, sie sind stark rekristallisiert, Chondrenstrukturen nur mehr verwischt zu erkennen.
Hauptbestandteile Je nach Chondrittypus in verschiedenen Mengenverhältnissen Olivin, Pyroxen, Plagioklas, Glasmasse.
Begleitmineralien Troilit, Kamacit, Taenit, Schreibersit.
Besonderheit Die Chondrite sind 4,5 Milliarden Jahre alt und stellen somit die älteste Materie unseres Sonnensystems dar.
Ähnliche Mineralien Die chondritische Struktur zusammen mit den metallischen Einschlüssen ist sehr diagnostisch; Kalk- oder Eisenoolithe sind weicher; Kalkoolith braust beim Betupfen mit verdünnter Salzsäure.

Fundorte	
1 H5 Gao, Burkina Faso	**3** L6 Holbrook, USA
2 L6 Alfianello, Italien	**4** L4 Bjurböhle, Finnland

1 2

3 4

1 Lunait

Typus Steinmeteorit
Magnetismus Schwach bis fehlend
Farbe Kruste braun bis schwarz, innen Grundmasse dunkel, mit hellen Einschlüssen, hell
Glanz Im Schnitt Glasglanz

Ausbildung Silikatische Grundmasse, zum Teil brekkziiert, dunkel mit hellen Einschlüssen, rhegolithisch.
Entstehung und Vorkommen Mondmeteoriten stellen Gestein von der Mondoberfläche dar, das beim Einschlag großer Meteoriten auf dem Mond ins All hochgeschleudert und später von der Erde angezogen wurde. Die Gesteine gleichen je nach Typus irdischen Basalten, Anorthositen oder sind Teile der durch Meteoriteneinschläge zermürbten Regolithschicht, wie es sie auf der Erde nicht gibt.
Hauptbestandteile Anorthit, Pyroxen, Olivin.
Begleitmineralien Armstrongit, Tranquillityit, Pseudobrookit, Pyrrhotin.
Ähnliche Mineralien Ähnliche irdische Gesteine haben keine Schmelzkruste; Marsmeteoriten haben andere Gesteinsstrukturen, eine sichere Identifikation als Lunait bedarf aber ausführlicher wissenschaftlicher Untersuchungen.

2–3 Shergottit

Typus Steinmeteorit
Magnetismus Schwach bis fehlend
Farbe Kruste braun bis schwarz, innen Grundmasse dunkel bis hell, grau, braun
Glanz Im Schnitt Glasglanz

Ausbildung Silikatische Grundmasse, zum Teil mit glasigen Schmelzadern.
Entstehung und Vorkommen Shergottite stellen Gestein von der Marsoberfläche dar, das beim Einschlag großer Meteoriten auf dem Mars ins All hochgeschleudert und später von der Erde angezogen wurde. Die Gesteine gleichen irdischen Basalten oder basaltähnlichen vulkanischen Gesteinen.
Hauptbestandteile Anorthit, Pyroxen, Olivin.
Begleitmineralien Magnetkies, Ilmenit, Magnetit.
Ähnliche Mineralien Ähnliche irdische Gesteine haben keine Schmelzkruste; Mondmeteoriten haben andere Gesteinsstrukturen, eine sichere Identifikation als Shergottit bedarf aber ausführlicher wissenschaftlicher Untersuchungen.

4 Nakhlit

Typus Steinmeteorit
Magnetismus Schwach bis fehlend
Farbe Kruste braun bis schwarz, innen Grundmasse dunkel, grau, braun, grünlich
Glanz Im Schnitt Glasglanz

Ausbildung Silikatische Grundmasse, zum Teil mit glasigen Schmelzadern.
Entstehung und Vorkommen Nakhlite stellen Gestein von der Marsoberfläche dar, das beim Einschlag großer Meteoriten auf dem Mars ins All hochgeschleudert und später von der Erde angezogen wurde. Die nakhlitischen Gesteine gleichen irdischen Peridotiten.
Hauptbestandteile Pyroxen, Olivin.
Begleitmineralien Titanomagnetit, Ilmenit.
Ähnliche Mineralien Ähnliche irdische Gesteine haben keine Schmelzkruste; Mondmeteoriten haben andere Gesteinsstrukturen, eine sichere Identifikation als Shergottit bedarf aber ausführlicher wissenschaftlicher Untersuchungen.

Fundorte	
1 Dho 490, Oman	**3** NWA 1068, Nordwest-Afrika
2 Zagami, Nigeria	**4** NWA 998, Nordwest-Afrika

1 2

3 4

1 Eukrit

Typus Steinmeteorit
Magnetismus Schwach bis fehlend
Farbe Kruste braun bis schwarz, innen Grundmasse dunkel bis hellgrau, braun, grünlich
Glanz Im Schnitt Glasglanz

Ausbildung Silikatische Grundmasse.
Entstehung und Vorkommen Eukrite entstehen durch Aufschmelzung von chondritischem Material in großen Asteroidenkörpern.
Hauptbestandteile Pyroxen, Plagioklas.
Begleitmineralien Olivin, Ilmenit, Magnetit.
Ähnliche Mineralien Ähnliche irdische Gesteine haben keine Schmelzkruste; Mond- und Marsmeteoriten haben andere Gesteinsstrukturen; eine sichere Identifikation als Eukrit bedarf aber ausführlicher wissenschaftlicher Untersuchungen.

2 Howardit

Typus Steinmeteorit
Magnetismus Schwach bis fehlend
Farbe Kruste braun bis schwarz, innen Grundmasse dunkel bis hellgrau, braun, grünlich
Glanz Im Schnitt Glasglanz

Ausbildung Silikatische Grundmasse.
Entstehung und Vorkommen Howardite sind eine brekkziöse Mischung aus Eukriten und chondritischem Material.
Hauptbestandteile Pyroxen, Plagioklas.
Begleitmineralien Olivin, Ilmenit, Magnetit.
Ähnliche Mineralien Ähnliche irdische Gesteine haben keine Schmelzkruste; Mond- und Marsmeteoriten haben andere Gesteinsstrukturen; von Eukrit unterscheidet die Brekkzienstruktur. Eine sichere Identifikation als Howardit bedarf aber ausführlicher wissenschaftlicher Untersuchungen.

3 Kohliger Chondrit

Typus Steinmeteorit
Magnetismus Schwach bis fehlend
Farbe Kruste braun bis schwarz, innen Grundmasse dunkel, zum Teil mit hellen Einschlüssen
Glanz Im Schnitt Glasglanz

Ausbildung Silikatische Grundmasse.
Entstehung und Vorkommen Kohlige Chondrite enthalten Kohlenstoff (bis zu 3%) und zum Teil hohe Wassergehalte.
Hauptbestandteile Pyroxen, Plagioklas, Olivin.
Begleitmineralien Diamant, Magnetit, Nickeleisen-Calcium-Aluminium-Silikate, organische Kohlenstoffverbindungen (zum Beispiel Aminosäuren), Graphit, Carbonate.
Ähnliche Mineralien Kohlige Chondrite haben keine Entsprechung in irdischen Gesteinen; eine sichere Identifikation bedarf aber ausführlicher wissenschaftlicher Untersuchungen.

4 Enstatitchondrit

Typus Steinmeteorit
Magnetismus Schwach
Farbe Kruste braun bis schwarz, innen Grundmasse dunkel bis hell mit Metalleinschlüssen
Glanz Im Schnitt Glasglanz, die Einschlüsse Metallglanz

Ausbildung Silikatische Grundmasse mit Chondren und Metall-Einschlüssen.
Entstehung und Vorkommen Enstatitchondrite sind die am stärksten reduzierten Chondrite.
Hauptbestandteile Enstatit, Plagioklas, Olivin, Taenit, Troilit.
Begleitmineralien Graphit, Oldhamit (Calciumsulfid), Schreibersit, Alabandin.
Ähnliche Mineralien Enstatitchondrite haben keine Entsprechung in irdischen Gesteinen, eine sichere Identifikation bedarf aber ausführlicher wissenschaftlicher Untersuchungen.

Fundorte	
1 Smara, Sahara	**3** CV3 Allende, Mexiko
2 Jelica, Serbien	**4** EL6 Yilmia, Australien

1 2

3 4

1 Moldavit

Typus Tektit
Magnetismus Fehlend
Farbe Flaschengrün bis olivgrün durchscheinend bis durchsichtig
Glanz Glasglanz

Ausbildung Glasige Aggregate, rundlich, scherbenartig, oberflächlich mit Grübchen angeschnittener Gasblasen und Ätzstrukturen übersät.

Entstehung und Vorkommen Die Moldavite entstanden beim Einschlag des Rieskrater-Meteoriten vor 15 Millionen Jahren.

Hauptbestandteile Glas.

Ähnliche Mineralien Die grüne Farbe und das typisch glasige Aussehen erlauben keine Verwechslung mit natürlichen Mineralien; künstliche Gläser zeigen nicht die typischen aerodynamischen Formen und Oberflächenstrukturen. Indochinite sind immer schwarz.

2 Indochinit

Typus Tektit
Magnetismus Fehlend
Farbe Schwarz, undurchsichtig
Glanz Glasglanz

Ausbildung Glasige Aggregate, mit aerodynamischen Formen, kugelig, scheibenartig, rundlich, scherbenartig, oberflächlich mit Grübchen angeschnittener Gasblasen übersät.

Entstehung und Vorkommen Die Indochinite entstanden beim Einschlag eines großen Meteoriten vor knapp einer Million Jahre in Südostasien.

Hauptbestandteile Glas.

Ähnliche Mineralien Die schwarze Farbe und das typisch glasige Aussehen erlauben keine Verwechslung mit natürlichen Mineralien; künstliche Gläser zeigen nicht die typischen aerodynamischen Formen und Oberflächenstrukturen. Moldavite sind immer grün.

3 Suevit

Typus Impakt-Schmelzgestein
Magnetismus Fehlend
Farbe Hell bis dunkelgrau
Glanz Glasglanz

Ausbildung Stark inhomoges Gestein mit hellen und dunklen Partien, zum Teil löchrig, mit verschiedenartigen Gesteinsbruchstücken.

Entstehung und Vorkommen Suevit entstand beim Einschlag des Rieskrater-Meteoriten durch Aufschmelzen und Durcheinandermischen des Untergrundgesteins.

Hauptbestandteile Glas, Gesteinsbruchstücke.

Ähnliche Mineralien Die stark inhomogene Struktur mit den hohen Glasgehalten ist sehr charakteristisch und nur auf Impaktgesteine beschränkt.

4 Shatter cone

Typus Impaktgestein
Magnetismus Fehlend
Farbe Hell- bis dunkelgrau
Glanz Glasglanz bis matt

Ausbildung Gestein mit typisch strahlenförmigen Strukturen, die kegelförmige Bruchstücke erzeugen.

Entstehung und Vorkommen Shatter cones entstehen in der Umgebung eines großen Meteoriteneinschlags als Auswirkung der starken, gerichteten Druckwelle.

Ähnliche Mineralien Die typische strahlenartige Struktur ist sehr charakteristisch.

Fundorte

1 Mähren, Tschechien
2 Thailand
3 Nördlinger Ries, Bayern
4 Haughton, Devon Island, Kanada

1 2

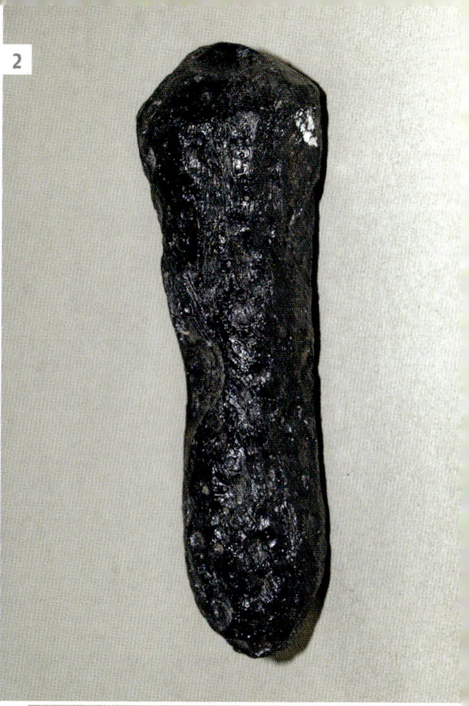

3 4

Mineralien und Gesteine sammeln

Das Sammeln von Mineralien ist ein beliebtes und weltweit verbreitetes Hobby.
Die einfachste, aber auch teuerste Möglichkeit, Mineralien zum Aufbau einer Sammlung zu erwerben, ist, sie zu kaufen. Dafür gibt es Spezialgeschäfte in allen größeren Städten, aber auch Geschäfte in Urlaubsgebieten und Touristenorten führen oft Mineralien, manchmal aus der Gegend, meist aber aus aller Welt.
Eine Besonderheit sind die Mineralienbörsen, Verkaufsmessen, auf denen Händler aus aller Welt ihr Angebot ausstellen. Während man beim Besuch eines Geschäftes auf das Angebot dieses einen Händlers angewiesen ist, bietet eine Mineralienbörse die Möglichkeit zum Vergleich. Dabei wird man schnell feststellen, dass ein und dasselbe Mineral bei verschiedenen Händlern sehr unterschiedlich teuer sein kann, selbst wenn es vom gleichen Fundort stammt. Vergleich ist also unbedingt nötig. Wer beim erstbesten Anbieter kauft, zahlt oft unnötig viel. Dabei ist ein Börsenanbieter nicht automatisch billiger, als der Inhaber eines Ladengeschäfts. Die Standmieten auf Börsen sind teuer, der Aussteller ist oft von weither angereist, all das muss der Käufer mitbezahlen. Eines ist allerdings auf Börsen unvergleichlich: die Größe der Auswahl. Selbst wenn der Geldbeutel klein ist und man eigentlich nichts kaufen kann, ist die Information, das Wissen, das man aus einem Börsenbesuch ziehen kann, enorm. Große Börsen, wie etwa die Münchner Mineralientage, bieten zusätzlich Sonderausstellungen, die allein schon den Besuch wert sind.
In der Regel billiger, befriedigender, aber auch sehr viel anstrengender ist es, seine Mineralien selber zu sammeln. Zum Anlegen einer Gesteinssammlung ist das sogar praktisch der einzige Weg, da Gesteine für Sammlungszwecke kaum im Handel angeboten werden. Wo ist das nun möglich? Prinzipiell überall dort, wo die oberste Erdschicht abgetragen oder gar nicht vorhanden ist, wo Eingriffe in die Erdkruste stattgefunden haben. Beste Fundmöglichkeiten bieten Steinbrüche, die Abraumhalden von Bergwerken, in den Bergen auch Schutthalden und die Bachbetten von Gebirgsbächen. Die Fundmöglichkeiten sind natürlich nicht immer gleich, Auskünfte über besonders gute Fundstellen bieten zum Beispiel Fundstellenführer, die von einschlägigen Verlagen herausgegeben werden.
Die erste wichtige Frage lautet: Wo erhalte ich Mineralien? Wie komme ich an Stücke, wie sie in diesem Buch abgebildet sind? Am faszinierendsten und auch am billigsten ist das Suchen von Mineralien in der Natur.
Mineralien und Kristalle gibt es überall dort, wo Gesteine frei liegen. Das kann natürliche Ursachen haben, zum Beispiel an Ufern von Flüssen und Bächen, an Felshängen oder auf Felssturzhalden in den Gebirgen. Gesteinspartien werden aber auch künstlich freigelegt, so beim Straßenbau, im Steinbruch und Bergwerken. Hier sind

Alte Bergwerkshalden können interessante Fundstellen seltener Mineralien sein.

Ein Steinbruch, in dem vulkanisches Gestein abgebaut wird: Die Cava Funtanafigu auf Sardinien ist Fundort hervorragender Osumilith-Kristalle.

die Fundmöglichkeiten oft am besten. Allerdings darf man nicht überall sammeln, wo man gerade will.
In Deutschland und Österreich ist in bestimmten Gebieten (Nationalparks, Naturschutzgebieten, geschützten Geotopen) das Abbauen von Mineralien mit Werkzeugen eingeschränkt bzw. teilweise ganz verboten. Auskunft über solche Beschränkungen geben die entsprechenden Gemeinde- oder Fremdenverkehrsämter, in Deutschland auch die jeweiligen Geologischen Landesämter der Bundesländer. In vielen Gebieten der Schweiz ist das Mineraliensammeln nur mit Erlaubnisschein möglich. Bitte erkundigen Sie sich bei der jeweiligen Gemeinde. Das Gleiche gilt für Südtirol, wo Sie die Sammelerlaubnis beim Landesverband der Mineralien- und Fossilien-Sammelvereine Südtirols, Ostmarkt 9, I-39100 Bozen, beantragen müssen. Erteilt wird die Erlaubnis allerdings nur Mitgliedern von Mineraliensammler-Vereinigungen. Generell ist es wichtig, sich schon bei der Planung einer Exkursion über Sammelbeschränkungen zu informieren.
Auch wenn es keine allgemeinen Sammelbeschränkungen gibt, bedenken Sie, dass Fundorte oft auf Privatgrund liegen. Vergessen Sie nicht, den Besitzer oder Steinbruchsleiter um eine Erlaubnis zu bitten. Wenn Sie an arbeitsfreien Tagen suchen, behindern Sie die Arbeiter nicht und werden von diesen auch nicht bei Ihrer Tätigkeit gestört, trotzdem brauchen Sie auch dann eine Erlaubnis zum Betreten des Steinbruchs, der Fundstelle. Wollen Sie jedoch Fundstücke erwerben, sollten Sie zusätzlich an einem Werktag hingehen. Bei Bergwerken ist es manchmal an Arbeitstagen möglich, mit Erlaubnis zu sammeln. Besonders vorbildlich ist das an der Grube Clara im Schwarzwald organisiert, wo Sammler gegen eine geringe Gebühr auf extra für sie aufgeschütteten Halden in Oberwolfach gegen eine geringe Gebühr suchen dürfen. Informieren Sie sich möglichst schon im voraus über solche Gelegenheiten!

Auch wenn es keine offensichtlichen Verbote gibt und die Fundstelle frei zugänglich ist, sollten Sie einiges beachten: Gegen einfaches Absammeln an der Oberfläche wird kaum jemand etwas haben. Problematisch wird es immer dann, wenn Sie Blöcke zerschlagen oder Löcher graben, wie das gerade auf alten Halden oft nötig ist. Verlassen Sie die Fundstelle so, wie Sie sie vorgefunden haben. Schließen Sie die von Ihnen gegrabenen Löcher wieder, beschädigen Sie keine Bäume oder Pflanzen, nehmen Sie Ihre Abfälle (Getränkedosen etc.) wieder mit. Arbeiten Sie prinzipiell umweltschonend. Der beste Sammler ist der, dessen Anwesenheit man hinterher nicht mehr erkennt.

Fundstellen, Steinbrüche, Bergwerkshalden sind Privatbesitz. Vor dem Betreten muss immer um Sammelerlaubnis gefragt werden!

Wenn Sie das Glück haben, mit einem versierten Sammler auf Mineraliensuche gehen zu können, werden Sie sowieso keine Schwierigkeiten haben, Mineralien zu finden. Solche Möglichkeiten finden Sie besonders in Mineraliensammler-Vereinen, wo Sie immer Gleichgesinnte treffen können, die Sie auf eine Sammlertour mitnehmen. Doch wenn das nicht der Fall ist, oder Sie einfach Neuland betreten wollen, um selbst einmal der Erste zu sein, müssen Sie Ihre Reise oder Ihren Ausflug gut vorplanen.

Literatur

An erster Stelle steht das Literaturstudium. Wenn Sie in ein Ihnen mineralogisch unbekanntes Gebiet fahren wollen, müssen Sie sich über die dortigen Fundstellen informieren. Sehr brauchbar dafür sind zum Beispiel die Bücher aus der Reihe „Mineralfundstellen", erschienen im Christian Weise Verlag. Darin werden die Fundorte in verschiedenen Landschaften Deutschlands und Europas beschrieben. Die Sonderhefte der Zeitschrift „Der Aufschluss" behandeln meist ebenfalls ein bestimmtes Sammelgebiet. Einzelne Fundorte werden oft in Zeitschriften wie „Lapis" oder „Der Aufschluss" vorgestellt. Beachten Sie auch die dort angegebenen Literaturhinweise. Je umfassender Sie sich vorher über eine Lagerstätte informiert haben, desto größer sind Ihre Fundchancen.

Einen Sonderfall stellen alpine Klüfte dar. Wenn ein solcher Fund veröffentlicht wird, ist die Kluft mit Sicherheit schon ausgebeutet. Hier sollten Sie in der Literatur nach Gebieten mit einer gewissen Klufthäufigkeit suchen. Auch wenn Sie keine neue Kluft finden, bieten Schutthalden oder Abfallhaufen vor ausgeräumten Klüften oft schöne Kleinmineralien, hin und wieder sind sogar größere Funde möglich.

Wenn Sie bei Ihren vorbereitenden Studien auf ein Ihnen unbekanntes Mineral stoßen, schlagen Sie im vorliegenden „Der neue Kosmos-Mineralienführer" nach. Sollte das Mineral wegen seiner großen Seltenheit darin nicht beschrieben sein, greifen Sie auf ein Lehrbuch der speziellen Mineralogie zurück. Literaturangaben hierzu finden Sie auf Seite 437 „Zum Weiterlesen". Auf alle Fälle ist es wichtig, dass Sie schon vorher wissen, wie die zu findenden Minerale aussehen.

Karten

Über den Fundort und seine Mineralien haben Sie sich nun ausreichend informiert. Um ihn zu finden – oft handelt es sich um eine alte Halde irgendwo um Wald-, brauchen Sie gutes Kartenmaterial. Wenn es sich nicht um ein großes Bergwerk oder Ähnliches handelt, reichen Straßenkarten nicht aus. Gut geeignet sind Wanderkarten im Maßstab 1:100 000, besser 1:50 000 und Messtischblätter im Maßstab 1:25 000. Legen Sie den genauen Weg schon vorher nach der Karte fest. Für viele Länder gibt es solche Kartenwerke heute auch digital zu erwerben, so dass Sie die Sammelreise schon auf dem PC vorausplanen können. Auch Google Earth bietet mit seinen Satellitenkarten hervorragende Möglichkeiten, allerdings ist die Qualität der Satellitenbilder nicht in allen Gebieten gleich, so dass oft gerade die interessante Fundstelle in der Unschärfe verschwindet. Für einzelne Länder gibt es im Internet zugänglich noch gesonderte Satellitenbilder, die manchmal besser und detailreicher sind, als die von Google Earth. Allerdings ändern sich Angebot und Zugänglichkeit dauernd, so dass eine genaue Recherche vor jeder Reise unumgänglich ist.

Zusätzlich können Sie sich auch an Ort und Stelle an einen Sammler in der Umgebung des Fundorts wenden (Adressen zum Beispiel im Mitgliederverzeichnis der VFMG) oder an den Autor eines Zeitschriftenartikels. Doch sollten Sie dabei bedenken, dass wissenschaftliche Autoren meist nicht in der Nähe der Fundstelle wohnen und außerdem meist nicht die Zeit haben, Führungen vorzunehmen. Im Gegensatz dazu kann Ihnen ein Sammler, der in der Nähe des Fundorts wohnt, sicher viel helfen, Sie vielleicht führen oder Ihnen weitere interessante Fundorte zeigen. Über das Internet können Sie leicht die Adressen zum Beispiel örtlicher Sammlervereine – auch im Ausland – recherchieren. Vielleicht findet zum Reisezeitpunkt auch gerade eine kleine lokale Börse statt. Besuchen Sie sie dann unbedingt. Dort können Sie leicht Kontakte schließen, Sie sehen sofort, was gerade so gefunden wird, und Sie können interessante lokale Funde in der Regel viel billiger erwerben, als auf großen, internationalen Börsen.

Angaben über Fundmöglichkeiten sollten Sie immer mit etwas Vorsicht bewerten. Fundstellen, die ein Sammler von großen Stücken für ausgebeutet hält, können für den aufmerksamen Sammler von Kleinstufen, die mit dem Mikroskop betrachtet werden, ein Eldorado sein. Für einen Sammler schön kristallisierter Stufen war ein Fundort mit sehr seltenen, aber mehr oder weniger derben Mineralien vielleicht ganz unergiebig. Wenn jemand meint, er hätte auf einer Halde kein einziges brauchbares Mineral gefunden, hat er vielleicht nur nicht an der richtigen Stelle gegraben. In Steinbrüchen, die noch in Betrieb sind, ändern sich die Bedingungen oft sehr schnell. Wer vor einem Monat gar nichts gefunden hat, könnte heute fast an der gleichen Stelle wunderbare Stücke finden.

Ausrüstung

Wichtig für den Sammelerfolg ist auch die richtige Ausrüstung. Als Erstes benötigen Sie einen normalen Hammer (etwa 500g) zum Zerschlagen von kleinen Stücken und zur feineren Meißelarbeit. Hämmer mit Stahlstiel sind vorzuziehen. Für gröbere Arbeiten eignet sich ein handelsüblicher Fäustel. Außerdem brauchen Sie verschiedene Meißel, Flachmeißel und Spitzmeißel. Sie benötigen mindestens einen großen für

Hämmer sind die wichtigsten Ausrüstungsgegenstände eines Mineraliensammlers.

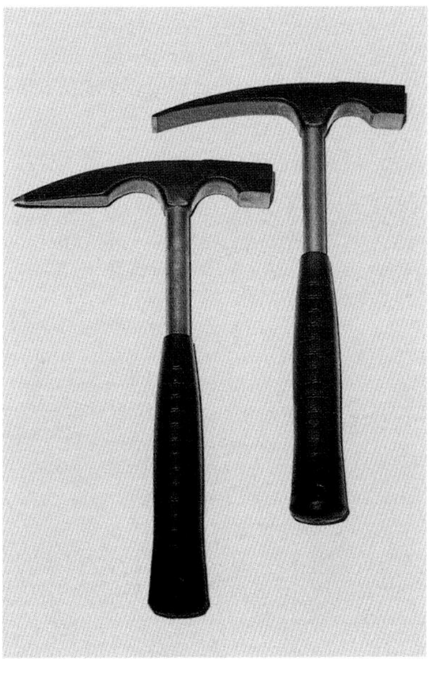

die Grob- und einen kleinen für die Feinarbeit. Zur Suche auf alten Halden eignen sich ein Klappspaten und ein Hammer mit möglichst breiter Schneide. Damit die Augen nicht durch Splitter verletzt werden, sollten Sie bei der Arbeit mit Hammer und Meißel immer eine Schutzbrille tragen.

Um die gefundenen Stücke gut nach Hause zu bringen, brauchen Sie Verpackungsmaterial: Zeitungspapier für weniger empfindliche, weiches Papier oder Schaumstoff für zerbrechliche Stücke, Tütchen oder Döschen und Mineralienkitt für kleine Funde, die sonst leicht verloren gehen. Wenn Sie bis zum Fundort fahren können, ist eine Obststeige zur Aufnahme der Funde viel besser geeignet als der Rucksack, auf den Sie natürlich bei längerem Anmarsch nicht verzichten können. Am Fundort selbst orientieren Sie sich am besten zuerst einmal an den Stellen, wo schon andere geklopft oder gegraben haben. Oft haben Sammler vor Ihnen Stücke, die sie nicht brauchen konnten, an einer Stelle zusammengelegt. Dort können Sie gleich sehen, was es zu finden gibt und worauf Sie zu achten haben. Vielleicht entdecken Sie auch noch ein für Sie brauchbares Stück. Wenn Sie die Fundstelle verlassen, machen Sie es wie Ihr Vorgänger, Ihr Nachfolger wird sich freuen!

Nun noch eine dringende Bitte: Verlassen Sie den Fundort so, wie Sie ihn betreten haben! Auch in Steinbrüchen herrscht eine gewisse Ordnung. Es ist unverantwortlich, wenn Sammler Schürfgräben, tiefe Gruben und heruntergestürzte Blöcke hinterlassen. Vergessene Werkzeuge können in Abbaugeräte geraten und dort immensen finanziellen Schaden anrichten. Auf diese Weise wird die Arbeit im Steinbruch behindert, und der Besitzer könnte sich gezwungen sehen, ein Sammelverbot auszusprechen.

Kauf von Mineralien

Um Ihre Sammlung zu vervollständigen, müssen Sie Mineralien, die Sie nicht selbst finden können, kaufen. Da es für Mineralien wegen der Einzigartigkeit eines jeden Stückes keine festen Preise geben kann, bleibt die Preisgestaltung ganz dem einzelnen Händler überlassen. Sehr große Preisunterschiede bei ähnlichen Stücken sind daher möglich. Auf den vielen Mineralienbörsen, großen und kleinen Verkaufsausstellungen haben Sammler die Möglichkeit, eine Vielzahl von Mineralien aller Art zu betrachten, ihre Preise zu vergleichen und Stücke zu kaufen. Wegen der mittlerweile oft sehr hohen Standmieten auf den großen Börsen, müssen die Mineralien dort allerdings durchaus nicht billiger als im Mineraliengeschäft sein. „Börsenpreise sind oft nicht niedriger, sondern höher, als in den Fachgeschäften. Während man die teuren Superstufen, seltene Systematika und internationales Material aus fast allen Ländern der Welt eher auf den großen Börsen erhält, bieten die kleineren Lokalbörsen die Möglichkeit, interessante Funde aus lokalen Fundstellen, oder auch von der letzten Sammelreise ins Ausland direkt vom Sammler zu erwerben. Dies dann natürlich zu sehr viel günstigeren Preisen.

Tausch von Mineralien

Die dritte Möglichkeit, Mineralien zu erwerben, ist der Tausch. Voraussetzung ist, dass Sie Zweitstücke von Mineralien Ihrer Sammlung besitzen und sie jetzt zum Tausch gegen andere, für Sie interessante Mineralien anbieten wollen. Die meisten Sammlervereine organisieren monatliche Treffen ihrer Mitglieder, bei denen Vorträge gehalten werden und Gelegenheit zu Tausch und informativem Gespräch gegeben ist. Ein Tausch in persönlichem Kontakt ist vorzuziehen, aber nicht immer möglich, insbesondere zwischen Sammlern, die weit voneinander entfernt wohnen. Gerade hier ist ein Tausch aber besonders interessant, da sich die Angebote umso mehr unterscheiden, je weiter die beiden Partner von einander entfernt sind. So kann ein Mineral, das in Deutschland niemand mehr

haben will, weil es schon jeder hat, für einen Sammler in den USA exotisch und sehr interessant sein. Gleiches gilt natürlich auch umgekehrt. Man kann daher auch per Post tauschen. Als Erstes werden Such- und Angebotslisten versandt. Wenn sich die beiden Partner über ihre Wünsche und die Verfahrensweise geeinigt haben, werden die Pakete verschickt. Wichtig ist dabei die gute Verpackung. Wer einmal die Verladung von Paketen auf einem Bahnhof beobachtet hat, wird wissen, dass man mit den Sendungen wirklich nicht sorgfältig umgeht. Auch die Aufschriften „Vorsicht Glas!“ oder „Nicht werfen!“ nützen hier nicht viel. Verpacken Sie Ihr Paket so, dass Sie es guten Gewissens aus einem Meter Höhe zu Boden fallen lassen können. Dann wird es auch den Postweg überstehen. Die übersandten Mineralien gehen erst in Ihren Besitz über, wenn sich der Tauschpartner mit dem Tausch einverstanden erklärt hat.
Adressen von möglichen Tauschpartnern finden Sie im Mitgliederverzeichnis der VFMG oder in der Tauschecke der von dieser Vereinigung herausgegebenen Zeitschrift, oder im Sammlermarkt der Zeitschrift „LAPIS“. Eine besonders gute Möglichkeit, Kontakt zu anderen Sammlern weltweit aufzunehmen, bieten verschiedene „chat-rooms“ im Internet. So finden Sie zum Beispiel unter mindat.org umfassende Infos zu praktisch allen existierenden Mineralien inklusive Fundortangaben, haben aber auch die Möglichkeit, mit den anderen Nutzern der Seite in Kontakt zu treten, Fragen zu stellen, aus Ihrem Erfahrungsschatz zu beantworten oder nach Tauschpartnern zu suchen.

Der Aufbau einer Mineraliensammlung

Am Anfang sammeln Sie wahrscheinlich jedes erreichbare Stück. Bald aber ist die Zahl Ihrer Mineralien so angestiegen, dass Sie sich Gedanken darüber machen müssen, was Sie nun sammeln und auf welche

Sammlungsschränke mit vielen Schubladen sind ideal zum Aufbewahren der Mineralstufen.

Stücke Sie sich gegebenenfalls beschränken wollen. Da gibt es viele Möglichkeiten: Eine systematische Sammlung, kurz als Systematik bezeichnet, ist am umfassendsten. Sie sollte möglichst alle bekannten Mineralien enthalten. Das kann keiner erreichen, eine vollständige Systematik gibt es selbst in Museen und mineralogischen Instituten nicht. Eine Sammlung mit mehr als tausend der weit über viertausend bekannten Mineralien (und es werden pro Jahr etwa dreißig neue beschrieben) ist schon als recht gut zu bezeichnen. Für einen Anfänger sind dreihundert bis fünfhundert Mineralarten schon recht beachtlich. Eine anspruchsvolle Systematik sollte darüber hinaus auch die wichtigsten Fundorte, Kristallformen, Habitusarten und Paragenesen des jeweiligen Minerals dokumentieren. Eine Systematik ist also mehr oder weniger ein Fass ohne Boden, Vollständigkeit kann zwar angestrebt, aber nie erreicht werden. Allerdings ist das auch einer der besonderen Reize, die eine Systematik bietet: Man kann sich ein Leben lang damit beschäftigen und wird immer noch etwas Neues hinzufinden.

Leichter ist die Vollständigkeit zu erreichen, wenn man sich Spezialsammlungen anlegt, also Sammlungen, die sich nur mit einem Teil des großen Bereichs der Mineralien befassen. Dabei gibt es viele Möglichkeiten – der Phantasie sind hier keine Grenzen gesetzt. Besonders lohnende Gebiete für Spezialsammlungen sind zum Beispiel die Kupferoxidations-Mineralien, die Mineralien der Zeolithgruppe, Phosphatmineralien oder die Mineralien alpiner Klüfte, aber auch Zwillinge oder verschiedene Ausbildungen eines einzigen Minerals, zum Beispiel des Quarzes oder des Fluorits. Besonders schön, allerdings mit großem finanziellen Aufwand verbunden, ist zum Beispiel auch das Sammeln von Edelsteinmineralien, womöglich auch mit dem jeweils geschliffenen Pendant dazu.

Eine auch wissenschaftlich interessante Art der Spezialsammlung ist die Lokalsammlung. Sie enthält die Mineralien eines einzigen Fundortes oder Fundgebietes, diese aber möglichst vollständig in allen Ausbildungen und Vergesellschaftungen. Hier ist es günstig, zum Vergleich nebenbei noch eine gute Systematik aufzubauen, um die lokal gefundenen Mineralien mit den gleichen von anderen Fundorten zu vergleichen. In den meisten Fällen besitzt der fortgeschrittene Sammler neben einigen Lokal- und Spezialsammlungen auch eine Systematik.

Die Stufengröße

Mit wachsendem Umfang der Sammlung stellt sich die Frage nach der Stufengröße automatisch. Das Raumproblem ist gerade in den Stadtwohnungen ein ganz wichtiger Faktor für jeden Sammler, nicht nur den von Mineralien. Die Sammlung soll nach etwas aussehen, daher sollten die Stufen einigermaßen gleich groß sein. Großstufen von mehr als 15 × 20 cm Größe zu sammeln, kann sich kaum jemand leisten, weder finanziell noch räumlich. Dies ist Sache ei-

Die sogenannten Micromounts sind kleine Mineralstufen, die in Kästchen geklebt werden, auf deren Deckel das Etikett mit allen notwendigen Angaben befestigt ist.

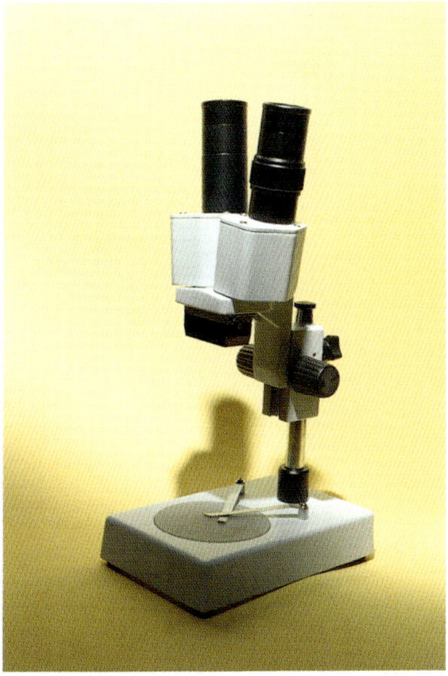

Zum Betrachten der Micromounts braucht man ein Binokular oder Stereomikroskop.

nes Museums oder Instituts, nicht umsonst werden solche Prachtstufen oft als Museumsstufen bezeichnet. Einen guten Kompromiss stellen die Größen zwischen 5 × 7 cm und 9 × 12 cm dar. Diese Stücke sind gerade so groß, dass sie nicht zu teuer sind und zu viel Platz wegnehmen. Allerdings gibt es genügend Mineralarten, die normalerweise so klein vorkommen, dass auch solche Größen nicht erreicht werden können, sie müssen kleiner gesammelt werden, oder man muss auf sie verzichten.

In Zeiten des Platz-, aber auch des Finanzmangels bietet sich eine Art des Sammelns an, die ursprünglich aus den USA zu uns gekommen ist: Das Sammeln von Micromounts, von maximal 2 × 2 cm großen Kleinstufen, die man mit dem Stereomikroskop betrachtet. Der Vorteil dieser Stüfchen ist, dass sie weniger Platz beanspruchen und viel billiger sind als größere Exemplare. Für Sammler, die ihre Stufen zum ersten Mal mit dem Stereomikroskop betrachten, tut sich eine Welt auf, deren Schönheit sie vorher nicht einmal geahnt haben. Die Anschaffung eines Stereomikroskops bedeutet allerdings eine einmalige größere Ausgabe, die aber durch die Ersparnis beim Mineralienkauf bald wieder hereingeholt ist. Vor dem Kauf eines so teuren Geräts (ab etwa Euro 300,–) sollten Sie sich von Sammlerfreunden beraten lassen, und die verschiedenen Geräte erproben. Ein Stereomikroskop ist heute praktisch für jeden fortgeschrittenen Sammler (nicht nur für Micromounter) ein unentbehrliches Hilfsmittel. Viele Sammlervereine besitzen ein Vereinsmikroskop, das man sich ausleihen kann. So können Sie ausprobieren, was für Sie am besten ist. Prinzipiell ist es besser, etwas länger zu sparen und dafür ein Gerät mit besserer Optik zu kaufen, immerhin kann so ein Stereomikroskop eine Lebensanschaffung sein.

Die Aufbewahrung der Stufen

Sie erfolgt am besten in Kästchen aus Plastik, die in vielen Mineralienhandlungen erhältlich sind. Pappschächtelchen sind kaum billiger und nicht so stabil. Kaufen Sie nur Kästchen, mit denen Sie den vorhandenen Platz möglichst ohne Raumverlust ausnützen können. Da dies umso schwieriger ist, je mehr verschiedene Größen Sie verwenden, sollten Sie sich auf etwa zwei bis drei beschränken.

In das Kästchen legen Sie ein Etikett, auf dem Name, Nummer und Fundort des Minerals verzeichnet sind, dann zum Schutz ein durchsichtiges Kunststoffblättchen darüber und darauf die Stufe. Alternativ können Sie auch das Etikett gleich mit einer durchsichtigen Klebefolie überziehen oder etwa laminieren.

Die Mineralnummer müssen Sie unbedingt fest an der Stufe anbringen, damit auch beim Herausnehmen mehrerer Stücke keine Verwechslungen passieren können. Einen Sonderfall stellen wieder die Micromounts dar. Sie werden mit Kitt in kleine Schächtelchen geklebt. Die Sammlung sieht dann viel ordentlicher aus und ist viel leichter zu handhaben. Die Etiketten werden in diesem Fall auf das Schächtelchen geklebt. Eine weitere Kennzeichnung des Minerals ist nicht notwendig, da dieses ja durch den Kitt fest mit dem beschrifteten Schächtelchen verbunden ist. Wichtig ist, dass die Klebeetiketten gut aufgeklebt sind und sich nicht, wie viele der fertigen Klebeetiketten nach einigen Jahren lösen und herunterfallen. Dann geht sofort die ganze Information verloren und das Mineral ist wertlos. Genauso muss der zur Beschriftung verwendete Stift dokumentenecht sein und darf nicht verblassen. Viele Druckertinten genügen diesen Ansprüchen nicht. Einige Sammler sind dazu übergegangen, auch größere Stufen in Deckel-Schachteln aufzubewahren, wodurch sie besonders gut vor Staub geschützt sind. Die größeren Ausführungen der Schächtelchen sind jedoch so teuer, dass diese Art der Aufbewahrung noch nicht weit verbreitet ist.

Zur Einordnung der Schachteln oder Kästchen eignet sich natürlich am besten ein maßgeschreinerter Mineralienschrank. Er ist aber auch am teuersten. Deshalb müssen meist normale Schränke als Ersatz dienen. Sehr praktisch sind Büroschränke mit englischen Zügen, das heißt offenen, flachen Schubladen zur Ablage von Formularen. Die Schubladen sollten nicht zu groß sein, damit sie sich auch voll beladen noch leicht herausziehen lassen.

Auch wenn Sie Ihre Sammlung noch so schön in Schränke verstaut haben, kann es ihnen beim Besuch eines Sammlerfreundes passieren, dass Sie eine Stufe, die Sie ihm unbedingt zeigen wollten, nicht mehr finden. Außerdem reicht der Platz auf dem Etikett im Kästchen bei weitem nicht für alle notwendigen Angaben aus.

Die Sammelkartei

Diese Probleme beseitigt die Sammelkarte. Im Laufe der Zeit haben sich zwei Formen als praktisch herausgestellt: Die erste besteht darin, für jedes Mineral eine gesonderte Karteikarte zu schreiben. Am besten, weil raumsparend, ist DIN A 7, also halbe Postkartengröße. Die Karte sollte die folgenden Angaben enthalten: Nummer des Minerals, Name, chemische Formel, Farbe, Tracht und Habitus, Fundort, Funddatum, Finder, Herkunft des Minerals (zum Beispiel selbst gefunden, getauscht, gekauft), Begleitmineralien, spezielle Behandlung der Stufe (zum Beispiel mit HCl gesäuert) und, ganz besonders wichtig, der Standort in der Sammlung. Über die Notwendigkeit der Aufzählung weiterer Eigenschaften des Minerals, wie zum Beispiel Härte, Dichte, Strichfarbe lässt sich streiten. Es ist auch eine Frage des Fleißes, ob man bei zwanzig Calciten immer wieder Härte 3 eintragen will.

Eine vielleicht praktischere Lösung ist, zu jedem Mineral eine Karte zu schreiben, die alle Eigenschaften aufzählt und den anderen Karten für das jeweilige Mineral in der Kartei voranzustellen.

Geordnet werden die Karten nach den Mineralnummern, um ein schnelles Auffinden zu gewährleisten. Einige Sammler nummerieren ihre Stufen einfach fortlaufend. Das hat mehrere Nachteile: Erstens ist die Nummer dann eine bloße Zahl und sagt nichts über das Mineral aus, zweitens muss zusätzlich eine Liste angelegt werden, in die alle Nummern zu dem jeweiligen Mineral eingetragen werden, denn Sie wollen vielleicht einmal alle Quarze heraussuchen, deren Karten bei dieser Art der Nummerierung in der ganzen Kartei verstreut wären. Besser ist es, der Stufe eine Nummer nach der kristallchemischen Systematik der Mineralien zu geben. Am nützlichsten sind für diesen Zweck die „Strunz Mineralogical Tables", in denen bis zu den Mineralgruppen herab bereits eine Nummerierung durchgeführt ist: Die Phosphate, Arsenate usw. haben zum Beispiel alle die römische Ziffer VII, A bedeutet wasserfrei ohne Fremde Anionen und 1 bezieht sich auf die Berlinit-Beryllonit-Hurlbutit-Gruppe. Sie brauchen jetzt nur noch die Mineralien dieser

Gruppe mit Kleinbuchstaben zu bezeichnen und den Buchstaben an die Nummer anzuhängen, und schon haben Sie eine eindeutige Kennziffer für das Mineral. Berlinit hat dann zum Beispiel die Nummer VIIA1a. Die einzelnen Stufen der gleichen Mineralart werden ganz normal von 1 bis x durchnumeriert. Die Berlinitstufe Nr. 1 hat dann die Kennziffer VIIA1a1. Der Vorteil dieser Methode ist, dass die Karten aller Stufen einer Mineralart in der Kartei hintereinander stehen und damit auf einen Griff erreichbar sind.

Aufbewahrt werden die Karten am besten in kleinen Karteikästen aus Holz, wie sie im Bürofachhandel erhältlich sind. Bereits vorgedruckte Karteikarten sind in vielen Mineralienhandlungen erhältlich.

Für die zweite Karteiart brauchen Sie ein Ringbuch, am besten DIN A 4. Sie legen für jede Mineralart ein Karteiblatt an, das alle gleichbleibenden Eigenschaften enthält. Die einzelnen Stufen tragen Sie auf dem gleichen Blatt in eine Tabelle ein, die Spalten für alle wichtigen Angaben (wie oben aufgezählt) enthält. Vorteil dieser Methode ist die leichte Handhabung, da alle Stufen der gleichen Mineralart auf einem Blatt verzeichnet sind. Ein Nachteil ist, dass zum Beispiel bei seltenen Mineralien für eine einzige Stufe ein großes Blatt beschrieben werden muss. Es wird also bei den häufigen Mineralien Platz gespart, der bei den seltenen wieder verschenkt wird. Die Nummerierung erfolgt wie oben beschrieben.

Im Computerzeitalter gibt es natürlich auch schon viele Sammler, die ihre Sammlung per PC verwalten, entsprechende Programme, die auf die Bedürfnisse des Mineraliensammlers zugeschnitten sind, gibt es im Fachhandel. Wer über entsprechende Kenntnisse und entsprechende Zeit verfügt, kann sich natürlich auch ein ganz auf seine speziellen Bedürfnisse zugeschnitte-

Sammlungsstücke von Gesteinen werden in einer Größe von 7 x 9 bis 9 x 12 cm zurechtgeschlagen und in entsprechenden Sammlungskästchen aufbewahrt.

nes Datenbank-Programm selbst zusammenstellen.

Welche Methode der Dokumentierung man auch anwendet, wichtig ist allein, dass der Fundort immer eindeutig dem Sammelstück zugeordnet werden kann. Sie können ein Mineral jederzeit neu bestimmen, doch die Fundortangabe ist meist nicht mehr zu rekonstruieren. Ohne die Fundortangabe ist Ihr Mineral für die Sammlung jedoch praktisch wertlos.

Gesteine sammeln

Das Sammeln von Gesteinen ist sowohl einfacher als auch schwieriger als das von Mineralien. Einfacher deshalb, weil Gesteine, als große, geologische Körper, meist leichter zu finden und entdecken sind, als winzige Kristalle. Ein Problem ist, dass Sie die meisten Stücke wirklich selber sammeln müssen, da ein Erwerb kaum möglich ist. Gesteine werden auf Börsen nur sehr selten angeboten. Andererseits ist das aber auch ein Vorteil: Gesteine gibt es prinzipiell überall, man kann also überall, auf allen Wanderungen, auf allen Reisen, fündig werden, eine solche Sammlung trägt oft sehr viel individuellere Züge als eine auf Börsen zusammengekaufte Mineraliensammlung.

Gesteine zu sammeln ist auch viel billiger, denn wegen des geringen Angebots kann man – zumindest auf Börsen – gar nicht viel Geld ausgeben.

Gesteine werden in Handstücken gesammelt. Das sind rechteckig zurechtgeschlagene Stücke von etwa 7 × 9 bis 9 × 12 cm Größe, wie sie auch im Gesteinsteil dieses Buches abgebildet sind. Diese Größe genügt in der Regel, um das Typische des Gesteins gut zu dokumentieren. Dabei muss besonderer Wert darauf gelegt werden, dass das

Dünnschliff-Aufnahme eines Peridotits bei gekreuzten Polarisatoren. Dadurch erscheinen die Olivine in verschiedenen Blautönen, die Pyroxene sind unterschiedlich braun gefärbt.

ausgewählte Gesteinsstück frisch und nicht durch Verwitterung schon verändert ist. Bei grobkörnigen Gesteinen, etwa Pegmatiten oder grobporphyrischen Graniten, reicht diese Größe nicht aus, um die Charakteristika des Gesteins darzustellen, da muss das Sammlungsstück dann größer sein. Dies führt natürlich sofort zum nächsten Problem, zum Raumproblem. Gesteine kann man nicht in Form von Micromounts sammeln, für sie braucht man Platz. Allerdings braucht man auch nicht mindestens 1000 Stück, um etwas vorzeigen zu können, 200 verschiedene Gesteine charakterisieren durchaus schon einen fortgeschrittenen Sammler. Interessant ist das Sammeln von Besonderheiten, zum Beispiel schönen Fältelungen, Einschlüssen von Fremdgesteinen zum Beispiel in Graniten oder Vulkaniten, oder das Sammeln besonderer Schichtstrukturen in Sedimentgesteinen, wie etwa Stylolithen, Schieferungsstrukturen, Verkittung von Rissen und Bruchstrukturen, oder etwa Kreuzschichtung oder Wellenrippeln. Auch wenn die Gesteinshandstücke groß sind, braucht man trotzdem für die Geländearbeit eine Lupe und für zu Hause ein Stereomikroskop. Viele Gesteinsbestandteile, deren Erkennen essentiell wichtig für die Gesteinsbestimmung ist, sind so klein, dass man sie nur mit entsprechender Vergrößerung bestimmen kann. Jeder Gesteinesammler ist letztendlich immer auch ein Mineraliensammler, und es ist immer von Vorteil, wenn nicht sogar absolut notwendig, sich zu Vergleichszwecken eine Sammlung aller wichtigen gesteinsbildenden Mineralien anzulegen.

Petrographen, das heißt Wissenschaftler, die sich speziell mit den Gesteinen und ihrer Entstehung beschäftigen, bestimmen

Typischer Granatschmuck zeichnet sich durch die Verwendung vieler, verhältnismäßig kleiner Steine aus.

Gesteine selten nach dem Augenschein. Die genaue Einteilung ist nur durch Analysen und Dünnschliffuntersuchungen möglich. Bei letzterer Methode stellt man Gesteinsplättchen her, die so dünn geschliffen sind, dass man durch sie die Zeitung lesen kann. Diese werden unter dem Polarisationsmikroskop betrachtet. Dabei kann man die Art und Ausbildungs- und Verwachsungsverhältnisse der einzelnen gesteinsbildenden Mineralie genau feststellen, genauso wie deren Mengenverhältnisse untereinander. Zusammen mit einer Gesamtgesteinsanalyse erlaubt das dann eine ganz genaue Benennung eines Gesteins. Es gibt Gesteinssammler, die auch Dünnschliffe anfertigen und diese sammeln. Die Geräte zum Herstellen der Schliffe und das dann zum Betrachten notwendige Polarisationsmikroskop sind aber sehr teuer. Die zur Bedienung des Mikroskops und zur Untersuchung der Dünnschliffe notwendigen Kurse werden nur an entsprechenden Universitätsinstituten angeboten.

Edelsteine sammeln

Edelsteine sammeln ist zum beliebten Hobby geworden. Dabei trägt man die geschliffenen Steine natürlich nicht als Schmuck am Körper, sondern verwahrt sie in extra dafür hergestellten Schächtelchen und Schatullen. Dabei ist es möglich und auch besonders reizvoll, auch jene Mineralien im geschliffenen Zustand zu sammeln, die aus bestimmten Gründen, zum Beispiel wegen zu geringer Härte, für die Schmuckherstellung nicht geeignet sind. So kann zum Beispiel facettierter Calcit außerordentlich schön sein, obwohl er wegen seiner geringen Härte zur Herstellung von Schmuck völlig ungeeignet ist.

Wer nicht gerade eine Schleifanlage sein eigen nennt, muss solche geschliffenen Steine natürlich beim Händler oder beim Schleifer erwerben. Es gibt Edelsteinschleifer, die sich ganz auf solche speziellen „Sammlersteine“ spezialisiert haben. Ihre Adressen entnimmt man den Anzeigen in Sammlerzeitschriften, auf größeren Mineralienbörsen kann man ihr Angebot direkt in Augenschein nehmen. Da es von vielen Seltenheiten oft nur wenige Einzelstücke gibt, weil Schleifmaterial nur selten auf den Markt kommt, ist es zum Aufbau einer umfangreicheren Sammlung notwendig, möglichst regelmäßigen Kontakt mit den Anbietern zu halten, um auch auf ungewöhnliche Gelegenheiten reagieren zu können.

Möchte man diese geschliffenen Gesteine nicht nur sammeln, sondern sich auch näher damit befassen, ist die Anschaffung gemmologischer (= edelsteinkundlicher) Literatur und entsprechender Untersuchungsgeräte (Edelsteinmikroskop, Refraktometer, Diamanttester etc.) auf Dauer unumgänglich.

Beim Edelsteinkauf, sei es zu Sammlungszwecken, oder, um später Schmuck daraus herstellen zu lassen, sind einige Dinge zu beachten:

Kaufen Sie wertvolle Steine nur beim Fachhändler oder direkt beim Schleifer. Der Kauf von Edelsteinen ist, noch viel mehr als der von anderen Gegenständen, Vertrauenssache.

Seien Sie immer misstrauisch bei besonders günstigen Gelegenheiten, besonders in Urlaubsländern. Oft werden billige, synthetische Steine als echt verkauft. Verlassen Sie sich auch nicht auf mitgelieferte Gutachten. Es ist fast unmöglich festzustellen, ob sich das Zertifikat wirklich auf den losen Stein, der Ihnen angeboten wird, bezieht.

Kaufen Sie auch keine Edelsteine zur Geldanlage. Das ist, wenn überhaupt, nur etwas für Fachleute. In der Regel können Sie nicht erwarten, beim Verkauf den Einkaufspreis, geschweige denn eine Wertsteigerung zu erzielen. Es gibt sehr viel bessere und insbesondere sicherere Geldanlagen.

Glossar

Aggregat Verwachsung mehrerer Kristallindividuen. Es kann zum Beispiel strahlig, faserig, kugelig oder nierig sein.

Amorph Nicht kristallin, Mineralie, die keine Kristallstruktur aufweisen, zum Beispiel Opal

Amphibole Gruppe von Silikatmineralien mit dem typischen Spaltwinkel von etwa 120°

Anlauffarben Farben, die durch die Bildung dünnster Oxidationshäutchen auf Mineralien, besonders Sulfiden, entstehen

Bruch Form der Bruchfläche, zum Beispiel muschelig, uneben, spätig, hakig, körnig

Begleitmineralien Mineralien, die immer wieder mit dem beschriebenen Mineral gemeinsam auftreten

Derb Mineralstücke, die nicht von Kristallflächen, sondern von unregelmäßigen Bruchflächen begrenzt sind, sind derb.

Dichte (spezifisches Gewicht) Gewicht eines Würfels eines speziellen Minerals mit der Kantenlänge von 1 cm

Doppelender Frei gewachsener, rundum ausgebildeter Kristall

Druse Ein mehr oder weniger runder Hohlraum im Gestein, in dem Kristalle wachsen

Duktil Dehnbar, verformbar, wie zum Beispiel Gold

Durchkreuzungszwilling Zwilling, bei dem die beiden Kristallindividuen kreuzförmig verwachsen sind

Einsprengling Kristall, der in einem feinkörnigeren Gestein eingebettet ist

Erz Mineral oder Mineralgemenge, das zur Gewinnung von Metallen oder auch anderen Elementen dient

Erzlagerstätten Lagerstätten, die ein Erz in abbauwürdigen Mengen enthalten

Exhalation Austritt von Gasen aus dem Erdinnern

Gang Ausfüllung einer Spalte im Gestein mit Mineralien, die jünger sind als das umgebende Gestein

Gangarten Mineralien, die die Erzmineralien in einem Erzgang begleiten, zum Beispiel Quarz, Kalkspat, Schwerspat

Gediegen Ein Metall, das in elementarer Form in der Natur auftritt, zum Beispiel Gold, Silber, Kupfer, Platin

Gemengteile Mineralarten, aus denen ein Gestein aufgebaut ist

Geode Ist ein kugeliger Hohlraum in vulkanischen Gesteinen, der mit Kristallen ausgekleidet ist

Hydrothermale Bildungen sind Mineralien, die sich aus warmen bis heißen, wässrigen Lösungen gebildet haben.

Imprägnation Füllung kleinster Hohlräume im Gestein durch eine später gebildete Mineralart (zum Beispiel durch ein Erz)

Kluft Hohlräume oder Spalten im Gestein, die aufgrund von Spannungszuständen entstanden sind. Klüfte in silikatischen Gesteinen werden, besonders in den Alpen, alpine Klüfte genannt.

Konkretion Eine knollenförmige mehr oder weniger kugelförmige Mineralanreicherung in einem Sedimentgestein

Lagerstätte Anreicherung von Mineralien an einer bestimmten Stelle unseres Planeten

Metamorphose Umwandlung von Gesteinen durch Einwirkung von Druck und/oder Temperatur

Mischkristalle Kristalle, die zwei oder mehrere Elemente in variablen Mengenverhältnissen enthalten, wobei jeweils ein Element das andere ersetzt.

Oxidationszone Bereich einer Lagerstätte, der dem Einfluss der Verwitterung ausgesetzt ist

Paragenese Durch die Entstehungsbedingungen bedingtes typisches Zusammenvorkommen von Mineralien

Petrographie Gesteinskunde

Pneumatolytische Bildungen Mineralien, die aus der Gasphase entstanden sind

Sekundärmineralien Mineralien, die sich auf Kosten anderer Mineralien neu gebildet haben

Pseudomorphose Ein Mineral in der Kristallform eines anderen Minerals

Pyroxene Gruppe von Silikatmineralien mit dem typischen Spaltwinkel von etwa 90°

Salzsäure-Probe (HCl-Probe) Das zu prüfende Mineral wird mit einem Tropfen kalter, verdünnter Salzsäure benetzt.

Radioaktiv Ein Mineral ist radioaktiv, wenn es Alpha-, Beta- oder Gamma-Strahlen aussendet.

Seife Anreicherung schwerer, verwitterungsbeständiger Mineralie, je nach Ort und Mechanismus der Anreicherung gibt es Fluss-, Meeres-, Strand- oder Brandungsseifen. Typische Mineralie, die in Seifen angereichert sind, sind Gold, Diamant, Korund, Magnetit, Ilmenit, Monazit, Granat, Chromit.

Stufe Verwachsung mehrer Kristalle gleicher oder verschiedener Mineralarten

Subvulkanische Bildungen Mineralbildungen, die unmittelbar unterhalb eines Vulkans in der Erdkruste entstanden sind

Varietäten Exemplare eines Minerals, die sich durch besondere Eigenschaften (Farbe, Aggregatform etc.) unterscheiden

Vorkommen Bevorzugte Art des Auftretens eines Minerals in bestimmten Gesteinen oder Lagerstätten

Zementationszone In einer Lagerstätte der Bereich des Grundwasserspiegels, in dem bestimmte Elemente angereichert werden

Zwillinge Gesetzmäßige Verwachsung zweier Kristalle der gleichen Mineralart. Es gibt auch Drillinge, Vierlinge, Fünflinge etc.

Faltenstrukturen sind typisch für metamorphe Gesteine: Gneis aus dem Bayerischen Wald.

Zum Weiterlesen

Duda/Rejl
Der Kosmos Edelsteinführer
Die bekanntesten und schönsten Edelsteine werden, nach der Härte geordnet – auf 296 Bildern dargestellt. Der Text bietet alles Wissenswerte von der Geschichte und vom Vorkommen der Edelsteine bis hin zu Hinweisen auf die Astrologie und die Pflege der Edelsteine.

Hochleitner/Philipsborn/Weiner/Rapp
Minerale – Bestimmen nach äußeren Kennzeichen
Das klassische Lehrbuch aus der E. Schweizerbart'sche Verlagsbuchhandlung – seit über 50 Jahren immer wieder neu aufgelegt – ist in seiner neuesten Auflage auch für den interessierten Laien von großem Nutzen. Speziell ausgearbeitete, nach Härte und Strichfarbe geordnete Bestimmungstabellen erlauben ein schnelles und sicheres Bestimmen der für das Sammeln im Gelände wichtigsten Mineralien. In einem speziellen Farbtafelteil werden Eigenschaften, wie sie im Tabellenteil immer wieder auftauchen, von Farbstreifung bis Zwillingsbildung, mit charakteristischen Fotos erläutert.

Weiß
Das große LAPIS-Mineralienverzeichnis
Dieses Verzeichnis aus dem Christian Weise Verlag enthält tabellarisch die Namen aller existierenden und anerkannten Mineralien, versehen mit Angaben zu ihren Eigenschaften: Chemie, Kristallsystem, Härte, Farbe, Strich, Spaltbarkeit, Ausbildung, Seltenheit, Systematik.

Mineralienmagazin LAPIS
Hier findet der Mineraliensammler die aktuellsten Informationen zu neuen und klassischen Fundstellen, neu entdeckten Mineralien, zu den Geschehnissen in der Sammlerwelt. Kleinanzeigen bieten die Möglichkeit zum Finden von Tauschpartnern, zur Kontaktaufnahme mit Sammlerkollegen oder zum Kauf und Verkauf überzähliger Sammlungsstücke.

Weitere Literatur

Strunz H., Nickel, E.H., Strunz Mineralogical Tables. E. Schweizerbart'sche Verlagsbuchhandlung Stuttgart, 2001

Duthaler, R., Weiß, St., Mineralien reinigen und aufbewahren. Christian Weise Verlag, München, 2008

Borchardt-Ott, W., Kristallographie. Springer Berlin, 2002.

Dietrich, R.V., Skinner, B. J., Die Gesteine und ihre Mineralien. Ott Verlag Thun, 1984

Wimmenauer, W., Petrographie der magmatischen und metamorphen Gesteine. Enke Verlag, 1985

Anthony, J. W., Bideaux, R. A., Handbook of Mineralogy, Band I–V. 1990–2000

Eppler, W. F., Praktische Gemmologie, Rühle-Diebener Verlag, 1984

Press, F., Siever, R., Allgemeine Geologie. Spektrum Verlag, 2003

Register

Zweitnamen von Mineralien und Gesteinen sind *kursiv* gesetzt

A

B

C

L

M

N

O

P

Q

R

S

Autor

Rupert Hochleitner ist promovierter Mineraloge. Sein Spezialgebiet ist die Systematische Mineralogie, weitere Forschungsbereiche sind Meteoriten, insbesondere solche vom Planeten Mars, Oxidationsmineralien und pegmatitische Phosphatmineralien. Hierüber hat er zahlreiche wissenschaftliche Artikel veröffentlicht. Seine Bücher zum Thema Mineralbestimmung sind in vierzehn verschiedenen Sprachen erschienen.
Er war lange Zeit Chefredakteur der Zeitschrift LAPIS, einer Fachzeitschrift für Mineraliensammler und Mineralien-Liebhaber. Seit 1993 ist er stellvertretender Direktor der Mineralogischen Staatssammlung München.

Impressum

Mit 807 Farbfotos von Rupert Hochleitner und 41 Farbfotos von Christian Rewitzer: 22/4, 24/1, 24/4, 26/2, 40/2, 44/3, 44/4, 48/3, 76/2, 76/3, 86/3, 94/2, 110/3, 112/1, 132/1, 140/3, 142/2, 162/3, 174/4, 184/2, 196/1, 198/1, 198/2, 198/4, 200/4, 204/1, 204/2, 206/2, 212/3, 222/1, 222/3, 224/2, 228/4, 230/1, 230/2, 236/2, 238/4, 252/1, 256/4, 278/1, 288/1, Bild drei (Karribit) auf der vorderen Klappe sowie 1 Foto von Melanie Kaliwada (423) und 191 Schwarzweiß-Zeichnungen von Rupert Hochleitner und 2 Schwarzweiß-Zeichnungen von Wolfgang Lang (Seite 1).

Umschlaggestaltung von eStudio Calamar, Pau,
unter Verwendung von 1 Farbfoto von Rupert Hochleitner:
Die Aufnahme zeigt Prasem-Kristalle von der griechischen Insel Serifos.
Die kleinen Aufnahmen auf der Rückseite zeigen Autunit,
Likasit und Cyrilovit (Christian Rewitzer).

Unser gesamtes lieferbares Programm und viele
weitere Informationen zu unseren Büchern,
Spielen, Experimentierkästen, DVDs, Autoren und
Aktivitäten finden Sie unter www.kosmos.de

Gedruckt auf chlorfrei gebleichtem Papier

ISBN: 978-3-440-11803-0
Redaktion: Carsten Vetter, Antje Albrecht
Produktion: Siegfried Fischer, Markus Schärtlein
Grundlayout: eStudio Calamar
Printed in Italy / Imprimé en Italie

Beispiele von Gefügetypen der Gesteine

1. Tiefengestein (Granit) mit Einsprenglingen

2. Gleichkörniges Tiefengestein (Granit)

3. Vulkanisches Gestein mit Einsprenglingen (Quarzporphyr)

4. Vulkanisches Gestein mit ungefüllten Hohlräumen (Lava)

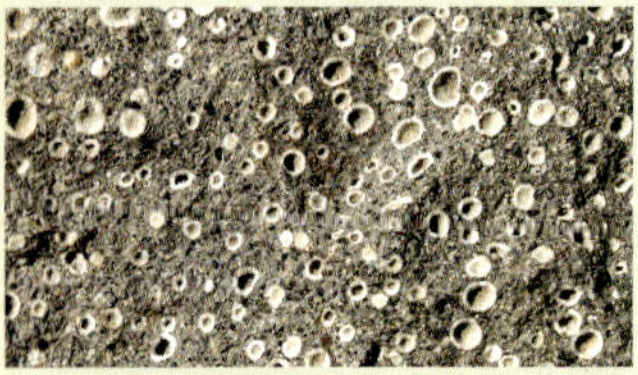

5. Vulkanisches Gestein mit Blasenhohlräumen, die mit Mineralien gefüllt sind

6. Metamorphes Gestein mit einfacher Schichtung (Gneis)